国家社会科学基金重点项目“共建共享目标下跨区域生态贡献计量方法及补偿机制研究”（17AJY005）成果

跨区域生态保护补偿研究

彭文英　王瑞娟　著

中国财经出版传媒集团

图书在版编目（CIP）数据

跨区域生态保护补偿研究/彭文英，王瑞娟著．--
北京：经济科学出版社，2022.6
ISBN 978-7-5218-3738-4

Ⅰ.①跨…　Ⅱ.①彭…②王…　Ⅲ.①生态环境-补偿机制-研究-中国　Ⅳ.①X321.2

中国版本图书馆CIP数据核字（2022）第103103号

责任编辑：李　雪　刘　莎
责任校对：隗立娜
责任印制：王世伟

跨区域生态保护补偿研究
彭文英　王瑞娟　著
经济科学出版社出版、发行　新华书店经销
社址：北京市海淀区阜成路甲28号　邮编：100142
总编部电话：010-88191217　发行部电话：010-88191522
网址：www.esp.com.cn
电子邮箱：esp@esp.com.cn
天猫网店：经济科学出版社旗舰店
网址：http://jjkxcbs.tmall.com
北京季蜂印刷有限公司印装
787×1092　16开　24.5印张　290000字
2022年6月第1版　2022年6月第1次印刷
ISBN 978-7-5218-3738-4　定价：126.00元
（图书出现印装问题，本社负责调换。电话：010-88191510）

前言

共建共治共享是提升区域治理水平的重要抓手，跨区域生态保护补偿是促进生态环境共建共治共享的有效措施，是落实生态保护权责、调动各方参与生态保护积极性、推进生态文明建设的重要手段，对于促进生态环境跨区域大保护和促进经济社会协调发展具有重要意义。我国环境保护法、生态保护补偿意见及行动计划均明确提出积极探索跨区域生态保护补偿机制建设，鼓励生态保护地区和受益地区开展横向生态保护补偿，推动建立绿色利益分享机制。我国有序推进了生态保护补偿机制建设，但还需要进一步健全生态保护的分类补偿制度，进一步优化以受益者付费原则为基础的市场化、多元化补偿格局，促进生态保护者和受益者良性互动的体制机制建设，积极探讨构建跨区域横向生态保护补偿机制，推动形成地区之间的绿色利益分享机制。在理论层面，跨区域生态保护补偿的“为什么补”“谁补谁”“补多少”“如何补”还没有一套客观可行的标准和方法，缺乏能够综合反映行政区域之间的生态关系、生态贡献，以及发展机会成本、区域协商意愿的生态保护补偿计量方法。在深入推进生态文明建设的新阶段，迫切需要构建共建共治共享目标下跨区域生态保护补偿机制，以引导和指导生态受益地区与生态保护地区之间开展跨区域横向生态保护补偿，完善生态保护补偿机制，探索跨区域生态保护补偿的政策支持体系。

本书包括三篇十六章。第一篇为理论和方法，包括跨区域生态保护补偿研究背景、跨区域生态保护补偿理论基础、区域生态共建共治共享逻辑理路、跨区域生态贡献及补偿理论框架、跨区域生态贡献及生态保护补偿计量方法五章，旨在论述跨区域生态贡献及生态保护补偿理论框架和逻辑思路，生态共建共治共享的学理基础，为实证分析奠定理论基础；第二篇为探索与例证，包括全国生态保护区与受益区界定、基于生态系统服务的跨区域生态保护补偿、基于发展机会成本的跨区域生态保护补偿、基于生态产品供给能力的跨区域生态保护补偿、基于土地资源绿色绿意分享的生态保护补偿、基于区域意愿协商的跨区域生态保护补偿、城市群系统区域生态贡献与补偿七章，主要研究在不同区域范围内如何界定生态保护区和生态受益区，并基于多种计量方法对跨区域生态保护补偿进行实证研究，为共建共治共享目标下的跨区域生态保护补偿和生态贡献量化分析提供理论依据；第三篇为实践与措施，包括生态环境区域共建共治共享实践、跨区域生态保护补偿实践经验、跨区域生态保护补偿机制构建、跨区域生态保护补偿保障措施四章，主要研究国内外生态环境区域共建共治共享和跨区域生态保护补偿的实践经验，构建跨区域生态保护补偿机制和保障措施。

本书阐释了习近平生态文明思想重大原则“绿水青山就是金山银山”“良好生态环境是最公平的公共产品，是最普惠的民生福祉”①，揭示生态—经济紧密联系区域的行政区域间生态关系本质与形式，探索了生态共建共享重要路径“跨区域生态保护补偿”；提出了在生态、经济、社会利益关系紧密地区范围内的跨地区生态保护补偿核算理论框架和计量思路，以及跨地区横向生态保护补偿长效机制建设路径，探索了建立地区之间的绿色利益分享机制措施，以期为相关政府部门制定共建共治共享生态环境和跨区域生态保护补偿政策提供理论依据，可供广大学术研究者们学习参考。

作者

2022 年 1 月

① 中共中央文献研究室. 习近平关于社会主义生态文明建设论述摘编［M］. 北京：中央文献出版社，2017.

目录

第一篇　理论与方法

第三篇　实践与措施

第一篇

理论与方法

第一章

跨区域生态保护补偿研究背景

人与自然和谐共生是我国现代化建设的新要求，提供优质生态产品是满足人民对优美生态环境需要的基础。党的十九大报告提出的“加大生态系统保护力度”“建立市场化、多元化生态补偿机制”，为满足人民群众日益增长的优良生态环境需要指明现实实施路径。当前人类生产生活造成的环境破坏影响通常跨越区域边界，为提升生态治理和保护能力，不同行政区域需要形成协同治理模式，建立生态共建共治共享良性机制。在共建共治共享目标下深化分析生态补偿和跨区域生态贡献计量方法的研究背景和意义，系统化梳理国内外相关文献和研究问题，为区域生态共建共治共享的理论逻辑、跨区域生态贡献及补偿理论框架的构建以及计量方法模型的建立奠定理论基础，为后续跨区域生态补偿探索和例证提供遵循，对更好落实区域协调发展战略、建设生态文明具有指导性意义。

一、研究背景及意义

在生态文明建设要求下，具体化分析跨区域生态问题，在生态共建共治共享理论框架指导下建立跨区域生态补偿机制，梳理国内外相关文献为建立跨区域生态补偿机制提供指导。

（一）研究背景

党的十九大报告指出“实施区域协调发展战略”是落实新发展理念的重要内容。加强区域之间生态保护联防联控，生态协同治理会取得显著成效。但是，人民日益增长的优美生态环境需要和生态环境自身脆弱性之间存在尖锐矛盾，制约了生态共建共治共享建设。

党的十九大报告深刻阐释了新时代国家建设思想的理论本质和建设内涵，生态文明是国家永续发展的关键，实现人与自然和谐共生必须坚持贯彻创新、协调、绿色、开放、共享的新发展理念。生态共建共治共享是建立跨区域生态补偿机制的重要理论依据。依据国家区域协同发展战略，建立跨区域的生态共建共治共享机制，是有效缓解区域社会经济发展与脆弱生态环境之间矛盾和建设“资源节约与环境友好”的经济发展新模式的客观诉求，找寻生态共建共治共享机制措施是国家生态文明建设的重要任务。

区域性资源严重短缺、地下水严重超采、环境污染问题突出、人与自然关系紧张、资源环境超载等问题使得生态联防联治要求最为迫切。严峻的生态环境形势是提出区域生态环境共建共治共享的背景，也是生态环境共建共治共享需要着力解决的现实矛盾。近几年，各地区不断加大生态环境治理力度，大气质量稳步提升，地表水质量不断改善，生态环境稳中向好。大气污染联合防范协作治理机制不断完善，并取得显著性治理成果，这是区域性协同发展的利好信息。但研究表明，生态系统脆弱、保障能力不足，环境污染严重，资源禀赋不足且资源消费过度，地区生态关系不明确、跨区行政分割是当前制约区域协同保护与协调发展，以及引发国家资源环境与发展之间矛盾的重要原因，这些问题也是影响跨区域协同发展的重大挑战。

（二）研究意义

生态治理问题通常是跨区域统筹考虑的系统性问题，跨区域合作治理已是必然趋势，生态共建共治共享、环境污染联防联控是区域协同合作的重要途径之一，完善生态补偿机制是跨区域生态共建共治共享的重要议题之一。

生态共建共治共享指在生态—经济紧密联系区域中行政区之间生态建设和环境保护的协商与合作。跨区域生态保护补偿是在全区域内行政区之间协商一致的前提下，以全区域社会经济可持续发展和生态良性循环为目标，公益性生态环境效益和直接经济效益在各行政区及特定市场主体的分布，按照收益比例和生态受益来分担生态建设和环境保护成本，最终达到优势互补、生态共建、资源共享、环境共保、经济共赢的目标。不同于单纯的生态系统服务研究，也与流域以及工程项目等生态补偿研究不同，跨区域生态补偿是立足于生态共建共治共享目标，以生态利益联系紧密而又没有行政隶属关系的区际生态关系及生态贡献为逻辑，揭示区际生态关系本质与形式，明确跨区域生态贡献表征指标；综合考虑生态系统服务价值以及生态保护直接成本、发展机会成本、支付意愿，构建跨区域生态贡献计量模型，设计跨区域生态贡献计量方法与程序，提出反映跨区域生态系统服务外部性、体现发展机会成本、区域之间协商的跨区域生态补偿长效机制。深化了生态关系及生态系统服务研究，拓展了生态补偿理论与方法，可支撑区域生态共建共治共享理论。

我国生态补偿理论研究、政策制度制定及实践探索起步较晚，一些流域积极开展横向生态保护补偿试点取得了较好效果，但工作仍处于起步阶段，实施的《2012 年中央对地方国家重点生态功能区转移支付办法》还存在生态补偿标准测算问题。2016 年推出的《关于加快建立流域上下游横向生态保护补偿机制的指导意见》仅仅明确了跨界流域补偿基准。党的十八届三中全会提出了“推动地区间建立横向生态补偿制度”。我国各地区在横向生态补偿实践探索和跨行政区域协商中往往在补偿标准和方式等方面难以达成共识，生态补偿机制有待完善。以生态共建共治共享为目标，深入研究生态利益关系紧密的区域生态贡献计量方法及生态补偿机制，有助于解决以上急需解决的现实问题。本研究成果可直接被发展改革委、财政部、环保部，以及水务、国土、规划等部门所参考采纳，可以为京津冀、长三角、成渝地区推进生态共建共治共享、完善生态补偿政策制度奠定有力基础。

二、研究评述

随着区域经济发展，跨区域性生态环境问题已日趋严重，加强全球性或区域性生态合作现今已成为国际生态环境领域的研究重点，对于生态系统服务及生态补偿问题已经开展了大量研究。在全球或区域范围内探索生态合作模式，将生态补偿作为生态保护的方式已得到国内外认可。生态补偿在概念内涵、标准依据及实施等方面已有大量研究，这些研究成果对我国在生态共建共享目标下构建跨区域生态补偿机制奠定了有力基础。

（一）生态保护补偿内涵

伴随对生态科学及环境保护重要性的认知，生态系统服务的公共性、外部性价值日益被肯定，对生态服务提供者（区域）给予经济补偿而鼓励和刺激生态建设和环境保护是有效的政策工具，生态补偿能够将生态环境的外部性转化成现实价值。生态保护者理应得到补偿、生态受益者理应付费成为基本规则，对此，国内外学者对生态补偿进行了深入研究，其概念内涵不断深化发展。

1. 国外生态补偿概念

国外生态补偿的目的是运用经济激励手段强化或者改善自然资源和生态系统管理者而设计的新的制度，常被称为对生态（环境）服务付费。19 世纪末，西方学者开始对生态系统服务功能展开相关分析和研究，指出生态系统服务（Ecosystem Service）是保证人类生存和发展所需生产和生活资料的自然环境效用和条件（Holder，1974）。荷兰于 1993 年首次将生态补偿引入高速公路的建设中，要求那些高速公路的建造者依据生态补偿对那些被破坏的公路以及那些被破坏的生态系统进行重建。不同的学者从不同角度阐述了生态系统服务付费的内涵，有学者认为生态系统服务付费是对开发建设而受损的生态功能的替代，应通过提高自然保护投入弥补生态消耗，使得生态与自然环境无净损失产生（Ruud Cuperus，1999）。有学者指出应当通过建立新的生态环境来弥补被破坏的生态环境（Allen etc.，2000）。相对较有影响力的定义是国际林业研究中心文德尔（Wunder）于 2005 年提出的，该定义具有一定的条件性，即生态系统服务的购买者和提供者必须同时具备，此时提供者提供生态系统服务，并且双方的交易行为自愿，生态系统服务基本内容才能够有效界定（Wunder S.，2005）。国际上的生态补偿多是政府支付类型，鲜少有生态补偿项目严格满足该定义。

在文德尔早期定义的基础上，学术界对生态系统服务付费展开了广泛的讨论，国际上“生态系统或环境服务付费”（payments for ecosystem/environmental services，PES）是对生态补偿广泛认同的概念，生态系统服务价值通过经济手段来体现，各国很多案例都是通过生态系统生态服务展开的（Stefano P.，2008；Arturo S A.，2007）。有学者指出生态系统服务付费需要满足对贫穷者有利、条件性、自愿性和现实性 4 个特性（Noordwijk M V. etc.，2007）；有学者认为这是一种有条件的正向激励，不同的制度环境对生态系统服务付费具有相应影响（Sommerville M M. etc.，2009）；还有的学者认为生态系统服务付费是自然资源管理中的一种激励，是资源在社会成员之间的转移，最终使土地资源利用更符合社会利益（Muradian R.，2010）；也有学者认为生态系统服务付费是生态系统服务供给者和提供者之间自愿进行的付费交易（Tacconi L. etc.，2012）。文德尔（2013）则认为该服务实际上是具有保障性特征的生态服务。由于生态系统能够间接改变土地提供者对于土地的利用方式，因此又可以将此视为一种具有明确概念的土地利用策略。文德尔（2015）进一步整合了上述概念及内涵，并将其基础概念界定为生态系统服务的提供者和使用者之间进行的一种资源交易。随着对该内涵的研究不断深入，国外相关定义基本形成相对一致观点，即这是一种激励机制而不是惩罚机制，遵循“谁受益谁补偿”的原则。目前国际上很多生态系统服务付费案例的裁定原则与文德尔对生态系统服务付费的定义标准存在差异性，但其概念内涵目前得到学术界一致认可。

2. 国内生态补偿概念

改革开放以来，生态补偿问题已引起广大学者的关注，尤其是20世纪90年代以来不少学者从理论和实践层面研究生态保护补偿。早期研究定义是依据自然能力的生态补偿，或是生态破坏的惩罚手段（章铮，1995）。《环境科学大辞典》（1991）将自然生态补偿定义为生态系统受到干扰时的恢复能力；叶文虎等（1998）将其定义为自然生态系统受到社会经济影响时的缓冲和补偿能力。20世纪90年代后期，生态补偿更多为国家财政转移性补偿，是对环境保护者和生态建设者的激励和利益驱动机制（庄国泰，1995；李键和王学军，1996；张智玲和王华东，1997）。进入21世纪，将生态补偿作为一种以鼓励生态环境保护和减少对其损害为目的手段，通过一系列奖励与惩罚措施使得破坏环境生态而承担的成本更高、保护生态环境的收益更高（毛显强，2002），借助经济、市场和政策手段，平衡经济建设和环境保护的关系（李文华和刘某承，2010）。生态补偿有三层含义：第一层是自然生态补偿，即最早界定的生态补偿含义，这对整个生态系统以及种群都有积极的影响，可提升生态系统自身的恢复能力；第二层是对生态保护地区或者土地进行补偿；第三层是对生态保护的公共管理区域进行补偿，比如为了保护生态系统而建造隔离区等措施（万军等，2005；王金南等，2006）。

党的十八大以来全面开展生态文明建设，生命共同体、绿水青山就是金山银山等理念不断深入生态补偿领域，国家层面提出完善生态保护补偿的意见和行动计划，实践层面更加重视生态保护补偿的试点示范，深入拓展了生态补偿含义。生态保护补偿是一项以促进生态系统良性循环和协调人与自然关系为目的，调整生态保护地区与受益地区的发展权和利益关系的措施（刘春腊等，2014）。狭义的生态补偿一般认为是依据生态系统的功能或者相关奖励进行补偿，广义上还包括对环境污染和生态破坏的补偿（刘桂环，2015）。综合考察生态系统服务价值、发展权损失以及生态保护成本，运用行政和市场等方式进行转移支付或市场交易，从而使得生态保护受益者向生态保护者或者受损者进行补偿，包含资金、物质补偿及其他非物质的利益补偿方式（汪劲，2014；吴乐等，2019），进一步将生态补偿分为政府出资、市场化以及政府和社会资本合作三种类型（靳乐山等，2019）。

生态保护补偿实质上是生态经济的延伸，包括提供的生态系统服务、对生态系统的保护，对生态环境破坏损害的惩罚力度，自然资源开发权益、土地发展机会成本，以及对于生态建设和环境保护的激励，依据谁开发谁保护、谁破坏谁赔偿、谁受益谁补偿的原则，通过直接的费用补偿、环境税、排污权交易和水权交易等方式进行合理的补偿，有效地引导各利益主体主动参与生态建设和环保活动，从而协调生态建设与经济社会发展的关系。

（二）生态保护补偿类型与方式

20 世纪 90 年代以来，生态补偿在理论研究层面和实践进展层面不断深化和拓展，从生态保护补偿的主体、客体、标准，以及生态保护补偿的条件性、效率以及缓减贫困等视角进行了生态补偿框架、类型、方式的研究（柳荻，2018）。整体上来看，主要以政府为主导并依靠市场力量的参与而实现，可以分为行政层级的纵向生态补偿、区域之间和主体之间的横向生态补偿。

1. 纵向生态补偿

纵向生态补偿是“庇古理论”中解决公共产品外部性问题的模式，对环境产生负外部性的主体征税，并补贴产生环境正外部性的生态制造者，从而实现外部性的内部化，中央以及地方政府的财政转移支付是主要方式（张捷，2017；陶恒和宋小宁，2010）。

在国外，纵向生态补偿可以分为三类，一是政府主导购买社会所需的生态服务，资金来源于政府的年度预算；二是依赖于政府主导建立的使用者专项使用费；三是政府针对某项资源保护设立专项基金，由政府机构直接负责和间接运作。

国内纵向生态补偿按不同方式可以大致分为三类。诸如退耕还林、退耕还草、天然林木的保护、荒漠化风沙的治理都属于第一类“节能环保”类。二是“农林水事务”类，包括恢复草原植被的费用支出安排等农业生态补偿方式；森林培育和生态效益补偿等森林生态补偿方式；水资源保护费用支出、南水北调、土地治理等水资源生态补偿方式。三是“生态资源事务”类，包括土地利用与保护以及专项收入支出安排等国土资源事务；海域使用金支出等海洋管理事务（杜振华、焦玉良，2004）等。纵向生态保护补偿主要以政府为主体的自上而下的财政转移支付为主，是我国实施生态保护补偿以来最普遍的生态补偿方式，但存在较大的局限性，补偿效果不佳，其规定的平均分配实际上不符合实际需求，使得这样的补偿形式有着很大的局限性。

纵向生态补偿为国家生态治理提供了实践方式，但也存在一些不足。首先，纵向生态补偿覆盖范围较小，实际补偿效果有限，相关生态保护项目与补偿计划多为临时创立，缺乏组织性与制度化保证，往往只能为影响力较强的生态补偿项目做贡献，却难以帮助到地区性的生态补偿项目。其次，纵向生态保护补偿往往根据财政收支情况进行补偿核算，数额不稳定，资金拨付来年才能到账，时效性较差，对于生态保护计划而言，资金相对不足（徐孟洲、叶姗，2010）。再次，纵向生态补偿存在激励与约束规范机制不足的问题，在这种模式下，生态保护区容易产生依赖补偿的消极态度。通过生态保护获得利益的地区，仅仅以获得补偿为目的，而忽视了环境的生态服务价值。而纵向生态补偿方案不够完善，补偿资金不足。资金的来源十分单一化，补偿的方式也不够全面，加之相关资金的支付与管理的措施仍不完善，生态保护者没有获得应该的补偿，这将会打击生态保护积极性，出现保护者破坏生态环境的情况（杨春平等，2015）。最后，涉及跨区域生态系统补偿的问题依然难以解决，很多生态保护区的问题都有跨区域这一特征。由于不同地区的财政支付体系的区别，中央财政难以直接解决，需要通过跨区域横向生态保护补偿机制来解决。

2. 横向生态保护补偿

横向生态保护补偿指运用政府政策以及市场化手段调节不具有纵向行政隶属关系的整个地区生态问题。污染的外部性使得市场失灵，政府如果能在产业选择以及资源配置等方面采取适当的政策调控，则市场会提升区际生态补偿政策有效性（安虎森，2013），在横向生态补偿中，市场和政府手段都必不可少。国际上横向生态补偿方式包括政府主导下的横向转移支付和市场化的生态补偿模式。

政府主导下的横向转移支付，往往依据区域协调发展、生态保护项目以及相关政策制度，制定转移支付标准，引导受益区和保护区之间协商横向转移支付的数额。补偿对象多为自然资源所有者而很少直接对当地政府直接补偿，横向生态补偿多方参与的特点相对突出。

国外市场化的横向生态补偿模式有四种类型：一是以法律为保证生态资源保护而实施的“生态保护指标交易”。二是建立“生态产品市场”，比如“绿色产品”的认证、监管机制。三是实施“绿色偿付”，生产企业要赔付生态或绿色利益受损者，维护和保障生态产品数量、质量及生态系统服务。四是建设清洁生产市场。

国内横向生态补偿可分为两类，一是省内横向生态补偿，二是跨省生态补偿。其中省内生态保护的实现方式有将水资源水边际效益扩大的水权交易，地方之间的对口合作与园区合作等。跨省的生态保护补偿目前研究的相对较少，对口援藏、对口援疆、对口支持抗震事业、对口支援三峡建设等有关生态环境保护的相关实践也是横向生态补偿的一种，除此之外主要集中在流域生态补偿中（何军等，2017）。2011 年，财政部、环保部和安徽省、浙江省联合投资 5 亿元设立生态补偿基金。南水北调工程实施期间，国务院批准了《丹江口库区及上游地区对口合作工作方案》，要求相关省市建立对口合作关系，支持水源地生态环境和社会经济发展（段宜宏，2017）。

在确定补偿方式这一方面，徐梦月（2012）和高新才（2013）等都提出要采用财政支付转移的方式，不同的是前者是由开发区向保护区支付补偿资金，后者的方法是政府与企业提供补偿资金。施晓亮（2008）以宁波地区的生态补偿为主要依据地区，对于生态补偿提出了新的方式，其认为可以将生态补偿基金作为补偿主体，并借助公共补偿和其他市场补偿等多样补偿方式对主体功能区展开生态补偿。现阶段，横向生态补偿大部分都是以中央政府牵头，结合各地的实际情况来确定横向转移支付的标准与支付方式，并与区域范围内的地方政府协商转移支付规模（邓晓兰，2014）。横向生态补偿尚没有形成统一补偿标准，基本是中央政府、补偿主体和受偿主体相互协商博弈的结果，地方政府之间协商成本是主要弊端（卢伟，2015）。在流域生态补偿实践中采取“正补”加“反补”一次性补偿的双向补偿方式，若水质达标实行“奖励补偿”，若水质超标实行“罚款补偿”，该补偿方式有较好的约束激励效果（崔晨甲等，2019）。区域生态补偿协调机制应该从经济、政治、社会、文化四个维度探索，明确利益主体之间的责任，协商，平等谈判交流，寻求生态补偿标准测算方式，合理化分配补偿资金，构建区域协调博弈机制等，形成跨区域生态补偿约束与监督制度。约束与监督是主体功能区生态补偿中不可缺少的协调方式（温薇，2017）。推动跨地区的横向生态补偿，可在地区间协商一致的前提下，定量测算各区域和特定市场主体所分享的公益性生态效益和直接经济效益，并按照收益比例分担生态建设和环保成本，最终实现生态共建、环境共保、资源共享、优势互补、经济共赢的目标（彭文英，2019）。横向生态补偿由于不存在行政上的隶属关系，可以较灵活地进行跨区域的生态补偿，并且针对性也更强。其坚持的“谁污染谁付费”原则有助于提高受补偿者对生态保护的积极性。由于生态补偿标准的确立存在困难，对横向生态补偿方式的研究主要还处在理论探索阶段。

（三）生态保护补偿依据与标准

实施生态补偿需要厘清“为什么补”“谁补谁”“补多少”“如何补”等一系列问题，需要揭示地区之间的生态关系，合理核算地区生态服务的区域外溢价值。即寻求补偿依据和探索补偿标准是生态补偿的核心（彭文英，2019）。根据国内外各类生态保护补偿理论可以形成不同的补偿依据及标准，根据不同的测算思路可包括基于生态系统服务的生态补偿测算、基于生态建设直接成本的生态补偿测算、基于发展机会成本的生态补偿测算和生态补偿意愿及其测算等。

1. 生态补偿标准确定思路

国外生态补偿机制研究重点在于确定利益主体间的补偿标准、补偿条件、补偿方式，其中环境外部性、补偿条件性及行为自愿性也是重要构成部分。其中效率最高的支付标准是根据生态服务提供的实际机会成本确定（Pham T T.，2009）；其次是环境服务价值评估方式，这种方式因为评估复杂性一直受到争议（Farber S C. etc.，2002）。也有学者认为生态系统服务使用者与提供者之间只需要对异地外部性进行生态补偿（Wunder S.，2015）。近三十年来，国内学者也不断进行生态补偿研究，近十年来生态补偿研究得到重视。国内研究根据各类生态补偿方式可以形成不同的补偿依据及标准。根据法律有无明确规定可分为法定和协定标准，依据法律提出的没有任何浮动空间的确切性补偿标准是法定标准，而根据双方协商确定的称为协定标准。依据补偿性质，可分为激励标准、出让型标准和恢复保护价格标准（王格芳，2010）。激励标准中的主体是企业，鼓励企业采取生态保护型生产方式，运用行政补偿、税收优惠等方式，建立生态保护补偿模式；出让型标准需要运用生态产品自身价值，利用转让等市场化手段实现生态保护补偿。生态系统的服务价值和发展权的丧失是指一种补偿模式，这是当前主要使用的补偿标准。

马世骏、王如松（1984）基于城市的社会—经济—自然复合生态系统理论对城市生态建设提出了指导性措施。在生态系统服务研究中，生态系统服务功能的尺度特征与多尺度关联是需要探索的重要科学问题（傅伯杰，2009）。从生态系统的功能到服务都存在时空异质性，同时生态系统服务供给与消费双方相互作用及耦合关系也呈现出显著的空间异质性和区域分异特点（李双成等，2013）。李国平以外部性理论为基础，将生态补偿标准分为正向和负向外部性两方面。其中正向生态补偿分为两类：第一是研究生态补偿价值，这与生态服务价值密切相关；第二是尝试确立补偿标准，与生态建设投入成本以及后期的发展机会相关，在此类补偿确定中也要充分考虑受益者和本地情况。而负外部性生态补偿标准指的是对生态环境破坏者收费实现生态环境治理的生态补偿模式（李国平等，2013）。靳乐山（2018）指出标准应介于机会成本和生态系统服务价值之间，即机会成本是补偿下限，生态系统服务价值是补偿上限，因为生态系统服务价值较高，实践中标准确定以机会成本为主（柳荻等，2018；段靖等，2010）。欧阳志云等（2013）提出了补偿原则、补偿地域范围、补偿载体与对象及补偿标准核算方法，强调生态补偿金额应考虑生态保护所造成的经济损失、放弃发展经济的机会成本以及生态保护投入；彭文英等（2020）基于生态贡献率和生态消耗率比较生态补偿地区的生态系统服务价值并将其作为区际生态补偿的标准。

2. 基于生态系统服务的生态补偿测算

准确监测和度量生态系统服务的供给以及需求总量和变化量，可科学合理地管理自然资本（Pataki D E. ，2011）。国内外当前已从各种视角并各种方式对生态系统的服务价值和补偿进行了测算，并形成较多定量核算方法。国内外很多学者始终将生态系统服务价值评估作为重点研究对象和方向。1974 年首次提出关于生态系统服务的相关理念（Holdren，1974；Ehrlich，1974），引发了诸多专家对其价值的评估工作的重视和关注。后来有学者开始系统而全面地探索和研究生态系统服务功能及其评估内容（Daily G C. ，2000；Costanza，1997）。对有关生态系统服务的资料进行了更为细致的整合以及分析（Daily，2000）。为了能够对世界上生态系统服务的功能价值进行预测，从各地区的地貌、水分以及环境角度出发，对不同体系的结构进行了非常细致的分析研究（Costanza，1997）。这类研究对生态补偿标准的制定具有重要作用和意义，还提出了一种衡量生态系统服务价值的合理方法。国外在森林生态系统等方面采用多种测算方法，比如，在芬兰森林资产核算中，构建了经济发展与森林生态系统服务的相互关联模型，将森林生态服务价值纳入资产核算中（Matero，2007）。从生物多样性的角度对森林生态服务功能进行了测算和分析，认为森林生态服务价值主要受土壤降解相关元素周期以及植物的入侵等相关影响（Publishing S R. ，2015）。在分析森林资源与玉米混合种植过程中，利用成本—受益法来量化森林资源的固碳能力（Winans，2015）。

近年来，随着对生态系统服务价值评价方法的深入研究，我国学者从多方面、多层次、多角度对我国生态系统服务价值进行了全面的阐释，人们对于生态系统的关注程度也越来越高，也出现了很多新方法，比如机会成本法、影子工程法等一系列用来估算和评估生态系统的服务价值的方法，从而有助于更准确地理解补偿额度。20 世纪晚期，我国正式开始对生态系统服务进行探索和研究，20 世纪 80 年代初，中国林学会初步评测了森林的综合效益；80 年代末期，国务院发展研究中心开始探索和研究自然资源核算与国民经济核算体系的关系。欧阳志云（1999）等则对我国各种类型的生态系统评估以及具体服务价值有了更加详细的计算，对我国当前的预算方法进行了改进，创造出了新的预估模型，对我国生态系统的发展起了非常大的作用。谢高地等（2001）的当量因子测算模型在相关理论研究和实践过程中被使用的次数较多，以此为前提进一步调整了草地生态系统服务价格，对我国范围内的草地生态系统服务价值进行系统的探究与估算。湖泊、沼泽、河流、水库组成了我国陆地水生态系统，赵同谦等（2003）将水生态系统服务功能的直接、间接使用价值评价指标和制度标准进一步建立健全以及完善，前者主要包括五个指标，分别是生产生活用水、水电、水产品等，后者主要包括七个指标，主要有保持水质、涵养水分、汛期调节、防止水土流失、发展和维护生物多样性等，系统地评测了全国范围内的陆地水生态系统服务价值。有相当一部分学者在对生态系统的服务价值进行评价时采用的方法非常灵活，他们通常会将多种方式一起使用，这样能够保证评估工作的准确，比如在对江苏互花米草海滩的生态系统服务价值进行评价的过程中，学者就将能值法、市场价值法以及其他的方法相结合，对其进行综合的评价（李加林、张忍顺，2003）；再比如海南岛尖峰岭热带森林，在预测和评价森林生态系统服务的经济价值过程中，学者将替代花费、影子工程等若干方法相结合，将大气净化、涵养土壤和水源、生产能力和效率等诸多因素列入必不可少的重要指标（肖寒等，2000）。与此同时，由于对当量法的研究越来越广泛和深入，对生态系统服务价值评估结果的探索趋于合理化、科学化、制度化，例如，在研究洪泽湖的过程中，借助相关学者的当量法评价和预测 2005～2015 年洪泽湖的生态系统服务功能价值，通过遥感技术获取相应的土地信息内容，获取其服务价值与不同土地利用类型的面积大小之间的具体关系（曹蕾，2020）；通过当量法细致而具体地预测和估算银川市 2008～2018 年的生态系统服务价值，与土地利用动态度及线性回归模型相结合，对生态系统服务价值变化进行全面而详细的探究，最后获取银川市生态系统服务价值与土地利用类型的内在联系，对于驱动因素而言，人口密度、工业产值与生态系统服务价值成反比，旅游收入与生态系统服务价值成正比（郭婉婷和邓宇，2019）；以辽宁沿海地区瓦房店市为例，选取遥感估算模型、当量因子法和生态经济法相结合的估算方法，对该地区 2000～2014 年生态系统服务价值进行测算，该方法避免了当量因子法通过专家打分方式建立生态系统服务当量的主观局限性，使测算结果更加科学客观（韩增林等，2019）；利用上述方法评估预测山东省生态区和县市的生态系统服务价值，设计了生态区、市和县不同层次的生态保护补偿办法（王女杰等，2010）。

生态系统服务价值可以采用较多的方法进行评估，其中能值法得到了一些学者的青睐，该评估方法是由美国学者奥德姆（Odum）提出的，该理论认为，地球上全部的资源都是直接或者间接来源于太阳能的，因此可以将单位产品或者物质需要的太阳能进行统一，从而转换为统一度量标准的能量值。能值分析方法将经济和生态系统的量化联系在一起，具有可统一化度量标准和单位的优点，可广泛应用到生态补偿核算中（刘文婧等，2016）。除流域、农田等生态系统外，能值理论还不断被应用在矿产资源开采造成的生态环境损失测算中（刘文婧等，2016）；通过构建海洋生态系统分析模型，对海洋生态系统可持续发展进行测评（胡伟等，2018）；将能值理论与 GEP（生态系统服务总价值）相结合构建生态文明建设评价标准（金丹和卞正富，2013）；通过充分结合能值法与旅游生态经济系统，科学合理地进行了旅游生态经济系统可持续发展空间的评估（杨涵和沈立成，2020）。使用能值法对生态系统服务价值进行测算，测算了黄河流域 2000 ~ 2015 年省级及地级市层面生态系统服务价值的变化及其变化原因（刘耕源等，2020）。

因此，生态系统服务价值在整个生态文明建设中的地位是不可撼动的，对生态服务价值的评价直接关系到生态环境的保护和生态补偿机制。但是，当前所采用的生态系统服务价值的计算方法与实际情况之间依然存在着很大的问题，不能形成有效的生态补偿机制，这就需要进一步推进生态系统服务价值的计算，对评估的方法进行改进，为生态文明建设和生态补偿提供更科学的理论依据。

3. 基于生态建设直接成本的生态补偿测算

以改善生态环境而投入的相应资金即为生态保护直接成本，具体可以细分为以下几类：污染治理投入的成本、基础设施建设所需要的成本以及科学研究所需要投入的成本等（李彩红等，2014）。水源地生态建设主要依赖于政府投资，因而直接成本核算也以政府为主导，主要核算政府在生态建设中的人力、财力等直接投入，核算方式和范围主要以投资类型进行定义。现有研究表明，市场定价法是水源地生态保护直接成本核算的主要方式，同时成本核算准确与否取决于核算范围的科学性。但是如何确定核算范围当前尚没有统一、具体化的理论界定，主要是在案例实践中论述。对于新安江流域水源地，其直接成本主要由林业建设成本、水土流失治理成本和污染防治成本组成（刘玉龙等，2006）。在整个南水北调工程中，成本类型主要包含了水土流失治理成本、退耕还林成本、工业治理成本等方面（李怀恩等，2009）。对于汉江水源地，直接成本主要包括水土保持成本、退耕成本、基础设施建设成本、科研教育投入成本、工业污水治理成本以及河道清理成本等（李小燕、胡仪元，2012）。对于东江源区水源地，主要涉及的直接成本类型包括林业建设成本、生态移民成本、自然保护区建设成本以及生态建设直接损失成本、科研环境保护研究投入成本（史晓燕等，2012）。

4. 基于发展机会成本的生态补偿测算

国外部分学者进行生态补偿标准制定时，提出通过提供服务的方式来确定支付标准，这是一种具有效率的方法（Pham T T. and Campbell B M. ，2009）。有部分学者认为生态补偿标准应介于生态系统服务提供者的发展机会成本和生态系统服务使用者的经济收益之间（Engel S. and Pagiola S. etc.）。因此，如何使生态系统的服务价值和机会成本得到有效的确立是目前生态补偿标准制定过程中所遇到的主要问题。

对于生态系统服务的机会成本核算，国外主要关注信息不对称和异质性两个方面。有学者认为生态系统服务者比生态系统服务使用者拥有信息优势，存在隐瞒真实信息以获利的可能，导致补偿支付标准较高（Ferraro P J.，2002）。同时对生态系统服务者的道德风险监管成本也较高，最终导致机会成本异质性的产生。同时还有一些其他导致机会成本异质性的原因，比如生态系统服务者的家庭规模、谋生手段、所在地区的经济发展状况以及地理位置等（Newton P. etc.，2012；Takasaki Y. and Barhan B L.，2012；Coomes O T.，2012）。研究表明，生态系统服务提供者的机会成本异质性与隐瞒信息行为的发生率存在正相关（Munoz - Pina C. etc.，2008）。有人认为可以基于公平性原则进行机会成本异致性问题研究，即按照机会成本进行补偿数额的计算（Ohl C. etc.，2008）。而另一些人则认为机会成本量化困难，确定补偿标准时应充分考虑地方经济特征和当地居民的收入渠道（Newton P. etc.，2012）。机会成本法存在信息不对称和异质性问题，有时会使估计结果存在偏差（Kosoy，2007），但目前机会成本法使用较多（Pagiola，2008；Rendon，2016）。

机会成本是指生态保护地区因生态保护和生态建设所导致的发展权损失，即选择了环境保护方案而放弃另一个发展方案引起的收益损失，尽管其不属于生态保护区直接的费用支出，但本质上应算为生态保护成本。森林、草原等生态补偿标准制定的过程中主要采用的方法是机会成本法，胡振通在对禁牧补助标准进行估算过程中所采用的方法为机会成本法（胡振通，2017），秦艳红以陕西省吴起县作为研究对象，采用机会成本法测算了退耕还林的相应标准（秦艳红，2011），李晓光使用机会成本法计算了海南中部地区森林的保护成本（李晓光，2009）。机会成本法是目前我国大多数草原生态补偿标准制定中使用较多的测算方法。

5. 生态补偿意愿及其测算

条件价值评估方法是确定生态系统服务使用者愿意支付给生态系统服务提供者最大支付意愿的方法，是基于构造模拟市场的测算方法，使用范围较广，但结果与现实也存在一定偏差（Whittington and Pagiola，2012）。条件价值法（contingent valuation method，CVM）也被称为意愿调查法，其提出者认为公开调研是一种有效的调查公众对公共物品价值看法的工具（Bowen，Ciriacy - Wantrup S V.，1947）。

详细阐述了“直接访问法”（direct interviewmethods）的应用原理（Ciriacy－Wantrup S V.，1952）。戴维斯（Davis R K.，1963）是第一个运用条件价值法测算服务价值的学者，他通过计算缅因州森林的休闲价值发现在公众行为中可以通过调研描述可替代性的方式评估价值。还有学者使用条件价值法研究支付意愿（willingness to pay，WTP）和受偿意愿（willingness to accept，WTA）问题（Arrow K J. and Fisher A C.，1974）。近年来，条件价值法普遍运用在气象（吴先华等，2012）、旅游资源和景观（查爱苹和邱洁威，2016）、生态补偿（于庆东和李莹坤，2016；么相姝等，2017）、人工鱼礁（姜书和赵鹏，2016）、湿地保护区（蒋劭妍等，2017）及流域（张丽云等，2016）等方面的价值评估上。

（四）跨区域横向生态保护补偿

生态系统是一个开放系统，其功能与服务是开放的。生态系统的层次、结构独立于人类活动，自然生态系统往往与行政边界不一致，且行政区管理及经济建设依托生态环境基础寻求经济社会利益，生态治理与区域经济发展目标可能相矛盾。生态环境问题往往是跨区域的系统性问题，如流域跨越多个行政区，造成沙尘天气沙源与风的上游多个行政区有关，所以打破行政区界线开展区域生态合作，是保障区域生态安全和促进生态文明建设的必由之路。

1. 国外区际生态补偿理论与实践

国外区际生态补偿包括跨国界河流的水量、水质的补偿；流域上游建设水利工程破坏下游生态环境并导致的生态风险；国际碳贸易、生态认证以及为保护生物进行的多边贸易协定。全球、国家等区域间市场交易等，按照不同领域可以归结为以下方式。

在国外流域区际生态补偿中，具体模式有项目共建、共设管理机构、基金管理、水权交易、政府横向转移支付等。流域项目共建如玻利维亚的洛斯内格罗斯流域保护项目，该项目中保护上游水环境的资金分别来自下游灌溉者付费、当地政府及美国渔业及野生动物服务组织的捐赠（Asquith N M. etc.，2008）；莱茵河穿越欧洲多国，过去污染严重而被称为“欧洲下水道”，相关国家为保护流域生态和修复污染环境，协商建立了莱茵河国际委员会、水文委员会、水处理厂以及莱茵河保护国际协会等国际性组织，有力保障了流域综合管理的有效协作，进而保障流域的生态系统健康（Asheim B. etc.，2008）；同在欧洲的奥德河流域治理也采用了国家间生态补偿模式，国家之间共同决策并根据流域所在的国家区域的自然、社会、经济条件差别协议承担差异化经费；日本为保护水源涵养区建立了水源林基金，受益上游水源涵养的流域下游地区集资补贴上游的林业建设，对环境污染者、生态受益者进行收费而补充生态保护补偿资金（Matsuoka R H.，2008）。德国和捷克为保护易北河流域，德国在捷克城区投资建造大型污水处理厂，并发布多项流域保护法律政策以保障流域范围内水质安全；澳大利亚的墨累—达令河流域不仅设立专业化的流域管理机构，而且因为上游植树造林而受益的下游需要按相应价格对上游流域支付资金，并实行水权交易以实现横向生态补偿，明确利益主体间的生态用水量（张淼，2018）。

在水源区的区际生态补偿中，具体的实践模式主要有四类：其一，政府直接的生态补贴是最直接和普遍性的补偿方式，即政府直接提供给水源区保护者和相关机构或者法人资金或技术支持，例如在美国田纳西河水源区生态补偿中，政府直接收购生态敏感和环境脆弱的土地，纳入自然保护区统一管理，对保护区周边实施农业用地休耕制度来保护重要生态服务功能，并直接补贴其农场主；其二，实施限额交易的生态补偿，即先对各个水源受益区进行生态保护补偿的信用评价，将评价结果作为衡量水资源使用额度的标准，并确定使用权，由市场机制来实现水源保护区的生态保护收益，从而补偿水源区生态保护行为。例如澳大利亚《新南威尔士州水法规》规定：经部级公司的批准，拥有水权证的主体可将水权证所具有全部水权或部分水权转让给其他主体。其三，私人直接补偿，水源受益区的机构或个人对水源区的某一个具有生态保护行为的对象进行补偿，以激励生态保护行为者管理生态风险，澳大利亚为解决新北威尔士地区的土地盐渍化问题，提出下游利用水源的灌溉者要为流域上游主动植树造林的行为付费的计划。其四，生态产品认证，这是对生态系统服务付费的间接生态补偿方式，指对绿色生产和具有生态保护型的产品进行认证标记，例如对天然有机和无公害绿色的食品予以认证，认证产品价格更高，体现了对可持续生产、环境友好发展方式的附加值，政府可以予以补贴，市场交易促成价值实现，从而达成生态保护补偿（朱九龙，2014）。

大气治理的区际生态补偿中，首先，起初治理大气污染的方式是地方政府间召开非正式会议，协调地方政府各自为政的政策制度，从而防控区际空气污染。该合作模式没有具体化的规章制度引导，主要依赖政府之间的管理者沟通协调，后期政府间开始尝试设立跨行政区而且具有监管权力的防范空气污染的机构，例如美国加州建立的南海岸空气质量管理区（SCAQMD）。其次，是建立完善的大气信息报告与污染预警机制。再次，建立严格健全的法律制度，美国一直沿用《1970 年清洁空气法》，制定了严格的空气质量标准和详细的行动计划，形成了完善的空气污染治理体系。最后，有力的监督和畅通广泛的监督渠道，美国公民有权利和通道参与污染治理政策的制定、实施，大幅度提高了环保意识和能力，增强了环保监督。通过对国外区际生态补偿理论实践探索发现，政府和市场的作用同等重要。政府在生态补偿中表现出主导作用，体现在法律法规政策制度的制定、宏观部署与调控、生态保护区规划，以及资金补贴和技术支持等方面，而市场在推动生态保护补偿的有效持续运转以及调动全社会力量中发挥着关键性作用。

2. 国内跨区域生态补偿理论探讨

跨区域生态补偿机制研究重点包括确定区域生态补偿范围、生态补偿主体、生态补偿标准和跨区域生态补偿协调谈判四个方面。

一是跨区域生态补偿范围问题。2007 年 8 月 24 日印发的《关于开展生态补偿试点工作的指导意见》指出，将在自然保护区、重要生态功能区、矿产资源开发以及流域水环境保护四个领域开展生态保护补偿试点；我国已将森林、草原、湿地、荒漠、海洋、水流、耕地等生态要素资源纳入生态保护补偿重点任务领域，根据国家“十一五”首次提出的主体功能区战略，明确了国土空间的优化开发区、重点开发区、限制开发区和禁止开发区四种主体功能区，以及其功能定位、发展方向与发展重点，鼓励将各类禁止开发区域、重要生态屏障等作为完善补偿机制的重点生态区域（安虎森，2011）。2016 年，国务院办公厅印发《关于健全生态保护补偿机制的意见》进一步提出生态保护补偿原则，以及在长江、黄河等典型流域和在京津冀水源涵养区等开展跨地区生态保护补偿试点。因此结合国土空间规划，以“生态—经济”紧密联系为重要依据，考虑在推进国土空间规划的同时，要鼓励各生态补偿区内进行地区之间的协商沟通，健全资源开发补偿制度、碳排放权抵消机制等，开展跨地区生态补偿，建立地区之间的绿色利益分享机制，实现区域生态共建共享（彭文英，2019）。

二是区域主体问题。“区域”是指与自然生态系统相适应的自然地域单元，或生态—经济紧密联系的经济地域单元，可以包含多个没有隶属关系的行政区域。在不同的自然生态系统中，区域主体各不相同，因此首先要划分生态保护区和生态受益区以确定“谁补谁”。从人与自然关系视角看，主体包括补偿方（支付主体）和受偿方（受偿主体），包括参与生态活动的各个利益主体。从参与主体的属性分析，包括政府机构、环境保护组织等公共主体，资源环境开发者和所有者等市场主体；从生态补偿的利益关系分析，包括资源环境的受益者（支付者）、受偿者（补偿费用的获得者）以及公共利益的分享者。

区域的生态补偿主要集中在流域、水资源、主体功能区等领域，在进行水源生态补偿中，补偿对象可以是政府、企业组织和群众个体等。补偿主体和受体则分别为政府或企业、政府或群众。在不同属性资源的生态补偿中存在不同的补偿主体和受偿主体，例如矿产资源和林业资源的开发者和保护者以及流域上下游的生态保护区和生态收益区。徐劲草等（2012）根据市场中的价值观念对区域内生态补偿机制进行一定的改革，即受益者付费的经济价值观，例如晋江的下游是晋江流域内的生态受益者，晋江下游各产业也随着收益发展迅猛，所以当晋江上游因为治理等原因出现生态损失时理应由晋江下游的受益者进行生态补偿，晋江上游的补偿对象主要有湿地、水源地等，并且根据晋江上游对下游的贡献计算出了8327万元/公顷的价值。其中对有效使用主体功能区的资源，达到“受益者付费，保护者受偿”的生态循环目的，对于建设生态文明意义重大。在对主体功能区跨区域生态补偿内容的研究中，以补偿的主客体和补偿的度量标准为主，基本形成了将限制和禁止开发区作为受偿主体，将优化和重点开发区作为补偿主体的一致性（龚霄侠，2009）。如果从开发和保护这两方面来分析这个问题，以集聚人口产业和发展经济为主的优化和重点开发区应该属于开发型，而以生态环境的保护为重要功能的限制和禁止开发区则应划分为保护型。具有不同主体功能的主体功能区所具有的权利义务以及补偿方向必然不同。优化开发区和重点开发区是生态服务的使用者，应承担补偿的责任，限制和禁止开发区是生态服务保护者的角色，权益应该得到保障（刘银喜和任梅，2010）。根据不同区域发展的着重点不同，可分为开发型和保护型，而对两种不同发展类型的划分依据取决于其选择技术和资金的发展还是生产要素和生态屏障的保护。主体功能区区域生态补偿的责任主体遵循“谁受益谁补偿”的原则，按照责权利对等的原则，应由中央和相关地方政府承担上述生态保护补偿责任，包括受益的个人和法人（刘桂环等，2015）。区域补偿的对象包括三类，即区域政府、居民和生态建设项目。为维护和保护生态环境，需要上级区域政府的财政转移支付补偿该部分投入；由于退耕还林、退牧还草等生态过程建设影响农牧民生活，应得到适当补偿；由于生态建设的投入比其他地区高很多，应对相关生态建设项目进行补偿（龚霄侠，2009）。

三是区域补偿标准问题。目前我国已经有相关学者对区域生态补偿进行了一定的研究，并总结了以下几点观念：第一是通过一定的算法，能够将生态的不良影响转化为地区的经济损失，例如通过算法计算出自然干旱两个月对当地农户造成的经济损失。最后当地政府根据算法结果对当地进行一定的经济补偿（张贵和齐晓梦，2016）；第二是由当地政府自主对生态不良影响进行一定的估算，并提出相对的解决措施，最后提交到相关政府，再由相关政府提供一定的经济补偿以解决问题（邓晓兰，2014）；第三是当地政府与中央政府签订协约，共同对生态环境进行监督，并在生态灾害发生后共同研究经济损失与经济补偿数额，形成有效的双保险机制（郑海霞，2010）；第四是地方与中央政府共同参与相关的生态赔偿鉴定与生态赔偿调查（曲富国等，2014），分析流域、主体功能区和水源地生态保护补偿依据和标准，以及生态保护补偿的测算方法。

流域内生态补偿机制的核心是生态补偿的评估机制，因为生态补偿的评定标准决定了该地区得到的补偿力度，同时补偿标准也必须具备一定的客观性、公正性、公平性，它能够有效地改善地区的生态环境（王军等，2020）。吴波等（2009）根据南水北调中线工程陕西段水源区－汉丹江流域的评定方法总结了“三段分析控制方法”，并希望以此来建立较为公平的评定标准。杜勇等（2020）按照“水量为主、量质统筹”的原则，综合补偿标准由水质和水量共同组成，水量补偿按照单方水补偿金额确定补偿标准，水质采取调节系数形式，在水量标准基础上乘水质调节系数来确定综合补偿标准。李超显（2020）利用某种系统的算法，测算该流域的生态价值及生态损失，由此当地政府便根据此算法结果进行生态补偿。杨兰（2020）以新安江流域为例，在机会成本与生态系统服务价值的基础上构建跨界动态生态补偿标准研究。刘俊威和吕惠进（2012）根据区域内的污染水平标准进行生态补偿测算。吕明权等（2012）在潘家口水库水源区平泉市、隆化县等流域通过研究得出一种算法，即根据下游的土地利用率、土地收成率来计算对上游的生态补偿，因为该流域的下游也可能面临一些问题，虽然没有上游的问题明显，但不能盲目地全部将损失由下游补偿。乔旭宁等（2012）参考了渭干河流域的多方民众意见，并将这些意见进行整合，得出了较为中肯的评定标准，并以此来决定生态补偿的力度。

随着社会经济快速发展，水资源短缺矛盾日益突出，水源地生态环境日益脆弱，水源地政府为保证水质不断加大水源地生态建设资本投入，增加了财政负担，同时损失了巨大的发展机会成本。所以，应把水源地保护区域的生态补偿作为平衡当地经济与环境二者关系的主要方式和着重关注的方面（穆贵玲等，2018）。在水资源生态补偿标准研究中，国外主要是在市场机制基础上，使用排污权交易、水权交易等方式对所需生态系统服务功能进行付费，应用较多的是支付意愿法（Salamon L M.，2011；Van Hecken G. etc.，2012）。并且补偿衡量的标准涵盖水资源的价值、机会成本、生态系统服务等前期的相关投资的计算检测。以上这些测量主要是以获利、破坏区域恢复和生态服务成本等为标准进行计算的。蔡邦成等（2008）采用成本与效益结合法来计算项目的补偿金额，把生态服务效益作为核算标准之一。熊鹰等（2004）综合运用生态经济学和生态效益的方法，评估测算了区域生态系统服务功能价值，对水源地生态移民的生态补偿金额进行了测算。张落成、李青等主要人员以条件价值评估等方法为依据，展开对小流域生态补偿的探究和发现。陈江龙等（2012）运用边际分析法论证了生态环境建设直接成本与机会成本，提出以此作为生态补偿的最低标准。除此之外，张文翔（2017）通过对昆明市松花坝饮用水源地的实地考察与问卷调查，揭示了生态保护补偿主客体意愿，并利用“水资源价值”和“机会成本法”模型计量生态保护补偿需求。王新年等（2017）结合相关模型及案例，对天津对河北的补偿标准进行了测量和计算。郑雪梅（2016）以我国最大的湖库型饮用水水源地为例，在条件价值评估法问卷调查基础上评估水源地生态系统服务价值并确立生态补偿标准，对水源地跨区域生态补偿提供了借鉴价值。

生态系统服务价值法、条件价值法、生态环境保护机会成本等已经作为衡量主体功能区区域生态补偿标准的主要因素（龚霄侠，2009）。有学者提出采用核算法和协商法确定生态补偿标准（郭培坤、王勤耕，2011）。代明等（2012）通过企业、区域之间工业排放配额的公平分配和在市场自由交易的方式确定主体功能区的生态补偿标准。李海燕（2016）以湖北地区的相关区域研究和条件价值评估法对农户维护和改善农田生态环境的受偿金额进行了研究分析。与以上具有区别的是，徐婕等则以四川地区为主要区域进行了补偿标准的划分和计算，而在标准的度量中造林成本和碳税率发挥主要作用。张化楠等（2020）在主体功能区视角下，采用多边界二分选择式 CVM 评估大汶河优化和重点开发区居民的支付意愿和支付水平。陈传明（2018）将机会成本法和意愿调查法作为戴云山保护区内的生态补偿标准制定的衡量要素。陈学斌（2012）从另外角度提出在对生态补偿标准的制定中要加入对自然和行为主体人的参考因素，因此人地两者都应在生态补偿中得到体现。

已有生态补偿的核算方法通常从不同视角、不同层面分析，但是实操性差，不能综合性反映跨行政区域之间的生态关系以及生态贡献。我国生态补偿理论和实践中未充分分析生态系统服务价值的外部性、生态补偿的条件性和自愿性，在我国区域协调协同发展的重要时期，从理论和实践层面探索跨区域生态贡献计量方法及生态补偿标准测算方法具有重要的理论价值和实践意义。

四是区域协商谈判问题。跨区域生态补偿主要是本区域的经济发展对其他区域产生了生态环境影响，往往涉及多个利益主体和地方政府，多为同一级或者不同隶属关系的政府，区域生态补偿机制的建立存在一定困难。跨区域生态补偿协调机制建设涉及多个方面，区域之间的关系，政府与市场的关系，政府、企业及社会组织团体、公众的关系，生态保护者与生态受益者之间的关系，需要有持续的资金支持，需要法律法规、政策制度、经济技术的有力支持，需要多区域多方面的协商谈判。

国外已有许多经验值得参考，比如，德国柏林-勃兰登堡首都都市区建立了具有政府性质的多元化、多层次的区域性治理协同机制。国内近年来有学者探究了区域生态补偿问题，如考虑生态外溢价值来研究我国生态功能区财政转移支付制度体系重构（伏润民，2015）；提出了不具有行政隶属关系地区间的横向生态补偿制度框架，强调生态保护成本、发展机会成本，并通过协商来确定合理可行的补偿标准（国家发展改革委国土开发与地区经济研究所课题组，2015）。已有学者对我国具体地区开展调查研究，普遍认为区域发展面临诸多困境，缺乏区域认同，建立区域污染协同治理、生态协同保护机制已是当务之急（龙开胜，2015）；共同承担区域生态治理成本以及共享收益，可以增强地区之间共同参与生态治理的自觉性（王家庭，2014）。因为生态治理的利益主体具有多元化特征，因此区域环境问题呈现“脱域化”，在一定的区域内建立政府间的横向协同治理机制，可健全多维度长效的跨区域生态补偿机制（徐继华，2015）。构建全球或区域性的生态合作方式得到广大学者的认同，生态补偿作为有效保护生态环境的方式得到国内外认可。当前的定量测算方法为建立跨区域生态共建共治共享的生态补偿机制中的依据和标准奠定了计量基础。

3. 国内跨区域生态补偿实践探索

2013 年，中国共产党第十八届中央委员会第三次全体会议通过《中共中央关于全面深化改革若干重大问题的决定》，正式宣布生态补偿政策在我国实施，2016 年国务院颁布了《国务院办公厅关于健全生态保护补偿机制的意见》，明确了生态保护补偿机制建设方向和任务，各级政府积极推动实施了生态保护补偿；2019 年《建立市场化、多元化生态保护补偿机制行动计划》，进一步明确市场化生态保护补偿的几种主要形式。

其一，主体功能区的跨区域生态补偿实践。2010 年颁布的《全国主体功能区规划》中规定，依据主体功能划分为城市化地区、农产品主产区和重点生态功能区三类地区。国家重点生态功能区指以提供生态产品为主体功能的区域，包括中央对地方转移支付的纵向生态保护补偿，针对单一资源要素的生态保护补偿，地方政府之间横向的生态保护补偿（廖华，2020）。

2011 年，中央开始对重点生态功能区实施转移支付。为规范转移支付过程，发挥政府的主导作用，财政部印发《中央对地方重点生态功能区转移支付办法》，对转移支付的运作模式、资金流动、监督管理以及激励考核做出具体规定。在实践探索中，资金用于防治污染，包括污水、垃圾处理，土地资源整治，发展居民基础教育，提升公共服务，乡村扶贫等，平衡地方生态环保与经济社会发展的矛盾。还有对生态资源的特定单一要素的生态补偿，被称为“项目制”（渠敬东，2012），主要方式是国家直接给予资金补助和直接帮扶建立生态项目，其中包括保护天然防护林、修复湿地等。尽管和政府直接拨付类似，表现方式都是纵向转移支付，但是针对单一资源要素的项目制的转移支付资金用途具体明确，补偿更具针对性。例如为补偿公益林建设的机构和经营者的管理支出而设立的森林生态补偿基金，国家审议通过的《中华人民共和国森林法》《国家级公益林管理办法》等对资金使用、公益林的保护管理方式以及补偿标准做出具体安排。另外还有横向补偿。依据国土空间对自然资源的规划，根据资源要素禀赋可划分为具有不同主体功能的区域，生态功能区的建设者和政府是受偿主体，补偿主体是享受生态服务的受益地区。因为生态功能区主要功能在于提供生态产品，因而丧失部分发展权，但是受益地区无偿享有生态功能区提供的生态服务以及生态产品，为平衡生态功能区和受益地区的利益，体现社会公平，横向转移支付具有重要作用，例如，2008 年重庆、湖南政府签署了《酉水流域横向生态保护补偿协议》，因为酉水河流域涉及两省市多个县级区域，从而被作为武陵山区的生态功能区，协议规定，两个省市政府以两地交界处的断面水质为补偿依据，根据水质监测部门的实际监测结果确定补偿资金，同时对清理水污染的生态工作的资金运用做出约定。

当前生态功能区区域生态补偿存在诸多问题，有关补偿的标准和政府规章政策频繁变动，导致受偿主体和补偿主体无法准确衡量利益问题（杜群和车东晟，2019）；地方政府的服务水平不足，地方政府缺乏提升产业结构的能力，生态补偿标准不合理、激励机制不足等问题。

其二，流域内区域生态补偿。国内流域内区域生态补偿实践可以划分为制度建立和实践落实两个阶段。制度建立表现为国家和地方政府对于流域生态补偿的统筹安排和规章要求，例如为进一步促成新安江跨流域生态补偿机制创新实践，安徽省出台了《关于进一步推深做实新安江流域生态补偿机制的实施意见》，推进新安江生态保护补偿机制“十大工程”建设；《浙江省推进长江三角洲区域一体化发展行动方案》提出了协同创新生态环境联保共治机制，推动共建新安江－千岛湖生态补偿试验区（曾凡银，2020）。2016 年 10 月，广东和江西两省签订的《东江流域上下游横向生态补偿协议（2016－2018）》，在补偿资金问题上，在中央每年帮扶的 3 亿资金外，两省还要各自出资 1 亿元，用于东江源头生态建设和污染治理工程。水质考核依据主要是跨界断面水质，跨省水质如果逐年提升并达到三类标准及以上，中央政府以及广东省将共同出资补偿资金 4 亿元以奖励江西省的生态贡献；反之，江西省给予广东省 1 亿元补偿资金，该协议实施三年后，东江源跨省水质完全达标，充分证实该合作模式的有效性（刘慧芳和武心依，2020）。

在具体跨区域生态补偿实践中，流域内生态补偿根据区域范围可以分为省内和跨省界流域生态补偿。省内补偿主要目标是提高流域上游的水源涵养和防范水源污染，补偿方式有政府纵向转移支付、横向转移支付以及纵横向相结合方式。

第一类是在政府纵向转移支付实践中，2007 年起福建省开始实施江河下游补偿上游提供的森林生态服务，以各个城市工业及生活用水量作为综合考察生态区位、流域生态贡献和经济发展水平的依据，并且每三年衡量各区市需要承担的补偿资金数量。上游各区市政府负责上报辖区内补偿资金并上报省级财政。省级财政在流域上游的公益林面积基础上依据统一的补偿标准核算流域下游相关市、县（区）需要缴纳的补偿金。第二类是地方政府主导的横向转移支付补偿，尽管全国如浙江、四川等各省市的具体实践略有不同，但基本都依据流域跨界的断面水质考核状况做出优奖劣罚，形成流域下游地方政府横向补偿上游地方政府的补偿依据。第三类是纵、横转移支付相结合的综合型生态补偿方式。从 2016 年起江西省境内全流域都开始实施生态补偿，包括 100 个县（市、区）。整合国家支持的转移支付资金以及省级拨付用于流域生态补偿的专项资金，还有地方政府参与出资、社会捐赠、市场筹集等方式，构成流域生态补偿资金。当前国内跨省流域横向生态补偿应用范围更广，实施过程具有阶段性和递进性。横向生态补偿首要形式是协商谈判，比如河北省承德和张家口作为北京市的重要生态和水源屏障。作为水源受益区的北京市从 2006 年起每年提供 2000 万元补偿位于水源区的承德和张家口，补偿资金用于治理密云和官厅水库上游水环境。再是中央政府引导位于流域上游的省份主动对下游省份横向转移支付。比如，新安江流域的水环境补偿是国家引领下的全国性跨省流域补偿首个试点（郑雪梅，2017）。

流域内生态保护补偿机制还存在诸多不足，一是在省内转移支付中，纵向、横向生态补偿以政府为主导，市场化补偿机制非常不足。二是在省级生态补偿中生态补偿机制的评定标准与评定体系较为混乱，各个省份的标准不同，同时政府既要负责本地区的补偿，又要负责其他地区的补偿，导致各地区的补偿金额较少，某些地区出现了收到补偿却无法维持生态环境的恶性循环出现。三是流域内区域之间生态补偿实施过程中，地方政府多以地方利益最大化为目的，下游地区补偿态度消极。四是缺乏明确规定跨区域生态补偿依据和标准的法律（刘小廷和任英欣，2020）。五是跨区域生态补偿实践落后于理论探究与制度规定，实践落实和行动方案需要具体化探究。

其三，水源地保护的跨区域生态补偿。综合国内现行的水源地生态补偿实践，跨区域生态补偿模式以政府为主、市场为辅。政府补偿主要通过以下三种方式：一是财政转移支付方式实施生态补偿。二是通过政策支持、技术合作等实施生态补偿。三是政府引导水资源保护方和受益方通过自愿协商建立水质水量协议，依据达标标准判断奖惩并实施补偿。

其四，城市群内区域生态补偿。城市群是推进城镇化的主体形态，跨区域生态补偿是协调城市区域之间的生态关系，实现城市群生态共建共享的重要措施。

在京津冀区域生态补偿实践中，京津冀围绕生态建设和环境保护的一些重点领域协同推进了一系列项目，重点围绕大气污染、风沙源治理、河湖湿地、生态红线划定、耕地休耕、储备林、土壤污染、生态清洁小流域等进行了项目协同，取得了良好成效（彭文英，2018）。京津冀城市群跨区域生态补偿实践主要集中在水资源保护、大气污染治理、防风固沙三方面。在京津冀城市群水资源保护中，京津冀跨区域水生态补偿最初采用"一事一议"的方式，以建设水源保护工程项目为主，北京和河北省的张家口、承德林业管理部门协商建立水源涵养林项目，设计布局工程建设，在密云和官厅两个水库的水源地建设涵养林。京津冀协同发展战略提出后，天津—河北以及北京—河北之间签订关于水生态的横向生态保护补偿协议，对补偿资金的来源和使用方式、补偿考核标准、补偿协作管理等方面做出约定；除了在水源涵养区的跨区域生态补偿外，京津冀城市群还对大气污染展开协同治理，2010 年，国务院发布的《关于推进大气污染联防联控工作改善区域空气质量指导意见的通知》明确将京津冀确定为治理大气污染的跨区域联合防控重点区域。2013 年根据大气联防联控行动方针，颁布《大气污染防治行动计划》和《京津冀及周边地区落实大气污染防治行动计划实施细则》，从 2017 ~ 2018 年秋冬起，生态环境部等十个部委以及以北京市为主体的六个省市为综合治理大气污染，连续联合印发京津冀和周边地区的攻坚行动方案，以重点区域、领域作为治理关键，明显改善京津冀大气质量。风沙源防治项目主要由北京和河北张家口市双方出资建设，北京市提供防治风沙技术，张家口负责实施具体的防风固沙规划，共同合作建设防风固沙林；同时北京市为保持坝上林业建设，主动为该区域的牧民和农民提供其他工作岗位，减少本地放牧和农产品种植的人口数量（杜建政，2019）。

从京津冀生态补偿实践可见，城市群内的政府行政差异仍然制约跨区域生态补偿进程；具体项目建设和问题解决模式具有短期性，不具备长效性机制；跨区域生态补偿制度建设和项目实践中省级层面的协作较多，地市级协作较少且缺失具体的生态共建共治共享的协作机制；京津冀跨区域生态补偿重点集中在水资源、大气以及风沙治理三个领域，没有形成生态系统整体的协作模式（孟庆瑜等，2018）。因此构建京津冀城市群整体生态治理协作模式需要梳理生态系统服务价值及生态补偿标准的评估评测方法，以区域生态共建共享为目标，建立了反映区域生态投入、生态消耗的跨区域生态贡献指标体系，设计区域生态角色、生态补偿与受偿模式（彭文英，2018）。

长三角城市群跨区域生态补偿实践中，更多的是以区域生态一体化为目标的跨区域、多政府主体共同架构制度的探索。其中包括长三角为治理各类生态领域多方主体联合制定的《长江口及毗邻海域碧海行动计划》《长江三角洲地区环境保护工作合作协议》等。因为跨区域治理的客观要求，多主体之间协作治理方式和考核方式都存在难点，当前环境污染的负外部性仍然大量存在，并放大了污染区域和对社会的影响，典型案例是长三角地区的跨区域倾倒垃圾和黄浦江死猪事件。因为跨区域生态治理受到各个行政区的现有体制和发展模式的限制，难以协调解决污染问题并自发形成统一方案，即地区间行政壁垒的存在使得跨区域生态补偿方案未取得深层次突破性的合作模式，导致在区域之间的根本利益难以协调。同时由于区域之间存在竞争，在共同利益面前各区域自发地以本地利益为重，区域间共同利益难以协调（席恺媛和朱虹，2019）。

（五）研究评述

全球性或区域性生态合作已达成共识，生态保护补偿作为一种生态环境保护手段已得到国际公认。生态保护补偿从概念内涵、标准依据到实施等已有大量研究，这些研究成果为我国当前跨区域生态共建共享及生态补偿机制完善奠定了有力基础。然而，生态环境服务向商品转变要经历很长的一段过程，跨区域生态保护补偿在理论与实践层面仍还处于探索阶段。（1）已有研究对于我国生态共建共享基本还处于理论框架层面，对其长效机制的设计还处于探讨阶段；（2）对于生态补偿依据、补偿对象、补偿标准及补偿方式等研究，较多是以流域的生态补偿为对象，或基于工程项目的生态补偿，致使补偿范围偏窄；（3）行政区域间生态补偿理论依据、标准不明确，跨区域生态补偿研究刚起步。行政区域之间的横向生态补偿，“为什么补”“谁补谁”“补多少”“如何补”在理论逻辑上还不甚清晰，还没有一套客观可行的补偿标准和计算方法。（4）已有的生态补偿核算方法往往是基于不同角度、不同层面，目前还缺乏能够综合反映行政区域间生态关系、生态贡献，因生态保护而承担的发展机会成本，以及区域协商意愿的生态补偿计量方法。我国生态补偿还未充分体现生态系统服务价值的外部性、生态补偿的条件性和自愿性，当前从理论和实践层面探索跨区域生态贡献计量方法及生态补偿标准测算方法具有重要的理论价值和实践意义。

三、本章小结

生态共建共治共享是建立跨区域生态补偿机制的重要理论依据，找寻生态共建共治共享机制措施是区域生态文明建设的重要任务。立足于生态共建共治共享目标，以生态—经济利益联系紧密而又没有行政隶属关系的区际生态关系及生态贡献为逻辑，揭示区际生态关系本质与形式，构建跨区域生态贡献表征指标及生态保护补偿长效机制具有重要意义。

跨区域生态补偿方式表现为纵向生态补偿和横向生态补偿相结合、政府主导和市场化生态补偿方式相结合。生态补偿类型包括跨国界河流的水量、水质的补偿；工程建设造成的环境破坏和生态风险；国际碳贸易、生态认证以及为保护生物进行的多边贸易协定；全球、区域以及国家之间的市场交易等。自然生态系统和行政边界往往不一致，生态治理与区域经济发展目标可能相矛盾，打破行政区界线开展跨区域生态合作，跨区域横向生态保护补偿可以解决跨区域的生态与经济系统性问题，是保障区域生态安全和促进生态文明建设的必由之路。在已有研究及实践基础上，依据“为什么补、谁补谁、补多少”的生态保护补偿逻辑，应重点研究区域生态保护补偿范围、主体、标准和协商谈判四个方面，应体现森林、草地、湿地、水流、耕地等重点领域，以及主体功能区、流域、城市群等典型区域的生态系统发展规律及区域间的生态关系特征，探讨构建分域、分区、分类的具有可操作性的跨区域生态保护补偿长效机制，为形成绿色利益分享机制、生态共建共治共享格局给予理论支持和技术支撑。

第二章

跨区域生态保护补偿理论基础

生态系统发挥着重要的生态服务价值，生态系统服务是生态学、生态经济学、资源环境经济学的研究热点之一，已经形成了较为成熟的理论，为跨区域生态补偿奠定了理论基础。随着社会经济的发展，社会—经济—自然复合系统特征日益显著，而区域自然生态、经济社会发展存在区域差异，生态系统功能、生态系统服务存在时空异质性，生态系统服务供给与消费双方相互作用及耦合关系具有区域分异特点，区域规划发展定位受政策制度、经济社会条件等多方面影响，自然生态系统服务与行政区往往不相一致，跨区域生态保护补偿就是要解决以上空间异质性和空间错配问题。因此，跨区域生态保护补偿是以生态系统服务理论、外部性和公共物品理论、发展权理论、生态足迹理论和成本理论等为基础进行分析并构建理论框架，为解决“为什么补”“谁补谁”“补多少”的跨区域横向生态保护补偿核心问题奠定理论基础。

一、基本概念

跨区域生态保护补偿需要明确生态—经济紧密联系的区域范围，厘清其中区域之间的生态关系，客观判断一个区域是否存在生态系统服务的外溢价值。为此，需要界定“生态共建共治共享”“跨区域”“生态贡献”“跨区域生态保护补偿”等核心概念，为探索设计跨区域生态保护补偿理论框架奠定理论基础。

（一）生态共建共治共享

党的十九大报告要求“打造共建共治共享的社会治理格局”，对新时代社会治理明确提出了深层次要求。“共建共治共享”的核心是“协作”，即共同建设、治理和分享，各利益主体一起分担治理的责任、一起分享建设的成果。生态共建共治共享是在一定地域范围内所有行政单元之间针对生态环境问题进行沟通与合作，在达成一致意见的前提下，制定生态环境建设和生态环境保护相应规划和目标，对各行政区域所提供的生态系统服务或者享有的生态环境效益进行评估，按照“受益者付费”“保护者获益”的基本原则，按照相应贡献承担环境保护和建设的成本，最终实现共同建设、治理生态环境、共享生态资源、互利共赢的可持续发展目标（彭文英，2018）。

生态是共建共治共享的重要抓手，完善区域生态共建共治共享机制，是有效解决生态环境保护与经济发展矛盾的现实要求，也是构建区域协调发展机制的有力保障。在生态共建共治共享的内涵界定基础上，以流域、城市群、主体功能区为重要对象范畴，厘清不同对象范畴内省级、地市级层面之间的生态共建共治共享的内容、任务、目标以及形式、方式等，为跨区域生态保护补偿给予理论支持，为区域经济、社会、生态协调发展奠定基础。

（二）跨区域

19 世纪中叶，德国地理学家阿尔夫雷德·赫特纳（A. Hettena）界定“区域”为形态和内部性质相对一致而外部差异性最大的地表连续的地段或状态（赫特纳，1983）。《简明不列颠百科全书》将区域定义为：“区域是指有内聚力的地区。按照相应标准发现区域自身有同质性，通过同样标准判断与相邻地区以及其他区域的区别性。”1971 年，胡佛界定区域为以描述、分析、管理、计划或制定政策等目的而应用性地将整体纳入考虑的地区（胡佛杰莱塔尼，1992）。我国学者陈传康（1986）认为区域是由某个或某几个特定指标划分出来的一个连续而不分离的空间，可以是如气候区、植被带等均质共性区，可以是如流域、贸易等辐射影响区，可以是土地类型区，城市规划的功能区，也可以是行政区、开发区等。孙久文（2014）从经济学意义上将区域定义为，考虑某个地区空间的人口、经济、环境、资源、公共设施和行政管理等特点，是一个相对完整的居民认同、地域完整、功能明确、内聚力强的地域单元。张可云（2001）认为是在经济上具有同质性和内聚性且构成空间单元的具有一定共同利益的彼此邻近的地区。区域首先是客观存在的原始空间，其次是为了某种需要而主观划分的完整空间，再次区域系统内部存在某种相似性，如行政区、自然区（蔡之兵，2014）。

综上，广义的跨区域是泛指为了某种需要或目的系统整体部署两个或多个区域，达到系统整体性效益；狭义的跨区域是指两个或多个行政区域之间的合作协同，重点是跨区域生态保护、跨区域环境治理、跨区域经济规划。生态系统区域是客观存在的原始空间，生态系统具有复杂性、层次性、多样性特征，从行政区意义上来看生态系统服务外部性特征显著。自然生态系统往往与行政区不相一致，比如流域生态系统往往包含了多个行政区；国土空间划分为优化开发、重点开发、限制开发以及禁止开发四类主要功能区；为了保护保障某种生态功能，国家划分了国家公园、自然保护区，制定实施了重点生态屏障建设工程；为了提升城镇化水平，提出发展城市群战略。坚持尊重自然、顺应自然、保护自然的原则，生态保护应以客观原始生态空间为基础，需要不同行政区域的通力协作，实施跨区域保护政策和保护行动。

（三）跨区域生态贡献

跨区域生态贡献是通过量化区域生态系统为人类提供的生态系统服务价值，判断不同行政区域之间的生态关系，在此基础上明确生态贡献区域和生态消耗区域，判断生态保护和生态受益地区，在此基础上进行跨区域生态补偿。行政区划的内部结构与自然生态系统的内部结构不能有效吻合，原因在于不同行政区域之间存在经济利益和环境效益的失衡现象，使不同行政区域之间的利益不均衡，区域的经济发展和生态保护失衡。因此，跨区域生态贡献就是在测算区域生态系统服务价值的基础上，对不同行政区域之间的生态关系进行量化，为跨区域生态补偿和生态共建共享共治奠定基础（彭文英、李若凡，2018）。

生态贡献价值的核算需建立在两方面的假设前提下，第一将研究区域作为一个相对封闭的区域；第二跨区域生态补偿建立的空间尺度为生态—经济紧密联系的地区，地区之间不存在行政隶属关系。根据生态系统的规律特征以及区域协调发展的总体思路，在生态经济紧密联系的地区，按照生态投入、生态消耗、生态服务核算各区域的生态贡献，按照生态贡献的多少来核算无行政隶属关系的区域之间的生态补偿，在区域之间协商一致的条件下，核算不同类别的区域和特定市场的不同主体所共享的直接经济价值和服务外溢价值，依据生态环保过程中收益共分、成本共担原则，以此最终实现生态共建、共同维护，实现效益共赢的目标。

跨区域生态贡献最终的实现目标是区域生态共建共治共享，在生态—经济紧密联系的地区，区域的生态贡献可以按照生态的投入和消耗来衡量。对于某个研究区域，当生态投入大于生态消耗时，该区域属于生态贡献方，区域的生态系统服务价值存在外溢，当生态投入小于生态消耗时，该区域属于生态消耗方，属于消耗了整个研究区域的生态系统服务。依据“谁受益谁补偿”的补偿原则，生态消费方应合理补偿生态贡献方和保护方。跨区域生态贡献主要体现不同区域之间的生态投入和生态消耗的关系，这种关系客观上直接核算的难度较大，现阶段不同学者对生态消耗进行了不同研究方法的尝试，对生态贡献进行了较好的测算。

（四）跨区域生态保护补偿

跨区域生态保护补偿机制的建立首先要在一定的区域中界定生态保护区以及生态受益区以判断补偿利益主体，根据生态系统服务价值外溢、生态建设和保护成本以及区域发展机会成本的损失等，采取财政补偿、市场化补偿等多样化的补偿方式，调整不同区域的生态、经济和环境利益的不均衡，实现区域协调发展，生态环境质量整体提升（王昱、丁四保等，2010）。从广义的角度，跨区域生态补偿包括区域之间的纵向生态补偿和横向生态补偿，纵向跨区域生态补偿是指在具有行政隶属关系的区域之间开展生态补偿，主要指中央政府对不同层级地方政府的补偿，或者上级政府对下级政府的直接补偿。本研究中界定的跨区域生态保护补偿指不存在行政隶属关系的各个区域进行的横向生态补偿，如省际政府或市际政府之间的补偿行为，可以产生于相同级别政府之间，也可以是不同层级政府之间。跨区域生态补偿是横向生态补偿，主要在生态关系紧密但不存在行政隶属关系的地区之间展开，一般情况下，区域范围相对较小，不同地区之间生态关系紧密，权责利清晰。具体特征如下：

1. 区域之间生态关系紧密

跨区域生态补偿开展的区域之间生态关系往往十分密切，生态保护地区和生态受益地区之间生态利益存在紧密联系。对国家级的重点生态功能区、禁止开发区等区域，若存在生态受益地区难以确定的情况，则由中央或者上级政府进行纵向生态补偿。而相互之间存在明确生态利益关系的区域，生态受益区会与生态保护区形成一种平衡，即生态受益区想要继续受益时必须给予生态保护区一定的补偿，并且随着生态受益区的发展呈线性趋势，虽然是一种利益关系，但恰恰是这种利益关系保持了生态的平衡。如流域的上下游、输水工程的水源地与受水区、资源的开发区和消费区之间等，可明确界定生态保护地区和生态受益地区，进而确定生态补偿标准，通过资金补偿、技术补偿、劳务培训等多元化的补偿方式进行跨区域的横向生态补偿。

2. 区域之间不存在行政隶属关系

跨区域生态补偿的主体和客体往往是跨行政区的，可以是跨省的、跨市的或者跨县的，生态保护地区和生态受益地区之间没有明确的行政隶属关系，可以是同一层级的行政区划，也可以是不同层级的行政区划，如北京市或者天津市对承德或张家口的生态补偿，就是不同层面政府之间的生态补偿；厦门市位于福建九龙江流域下游，对九龙江上游的龙岩市进行的生态补偿属于相同层级政府之间的生态补偿。

3. 区域之间可自主协商生态保护补偿

跨区域生态补偿可通过生态保护地区和生态受益地区之间自愿协商的方式进行补偿，在补偿标准的制定、补偿方式的选择以及监管方式等不同层面均可进行自主协商。区域内的相关政府担任从中调解协商的角色，生态受益地区有着进行生态补偿的责任，由当地政府从中协调，会使生态受益地区在利益与责任面前做出正确的选择，并且政府还会提供一定的生态补偿相关标准，并监督生态受益地区与生态保护地区责任的落实和权利的保障，确保了生态补偿能够顺利进行。

4. 区域之间责权利对等

跨区域生态保护补偿的生态保护地区和生态受益地区之间对各自区域的责权利有明确的约束，双方的责任、权力和利益是对等且明确的。生态受益地区对生态保护地区提供的生态产品和生态服务具有一定的要求，同时承担额外的生态保护和建设成本，在确保生态产品和生态服务达标的基础上，会向生态保护地区提供补偿资金。生态保护地区为保证提供优质的生态产品和生态服务，将对本区域的生态破坏情况进行修复，生态污染情况进行治理，同时对林地、草地和耕地的用途进行严格的用途管制，对企业的环保要求相应提高，由此产生的生态修复和生态保护成本将增加，同时丧失一定的发展机会成本，这些成本将通过生态补偿的方式进行弥补。若生态保护区在生态保护和生态建设过程中提高的生态产品或者生态服务不达标，或者对生态受益区造成了重大不利影响，生态保护地区也需要向生态受益地区进行赔偿。

二、基础理论

跨区域生态保护补偿涉及生态学、地理学、区域经济学等基础学科理论，生态系统服务是补偿的基础，从经济学层面将考量生态系统服务价值的投资回报，产权理论、外部性理论、公共物品理论、成本理论给予重要理论支撑；从可持续发展层面应考量生态承载力、生态服务与消耗，生态足迹理论将予以理论支持；从区域经济学层面将思考区域竞争与协调协同发展，区域分工理论、博弈论、协同论等提供理论支持；利益相关者理论为生态保护补偿主客体界定予以理论支持。在跨区域生态保护补偿内涵基础上，梳理基础理论的指导和支持意义，为构建跨区域生态保护补偿理论体系框架奠定理论基础。

（一）生态系统服务理论

在20世纪70年代，生态系统服务被认为是科学概念。对生态系统服务的研究比较深入，明确划分了生态系统服务的价值和功能，还将消费者的支付意愿（willing to pay，WTP）作为生态系统服务评估的重要依据（Costanza，1997）。2001年联合国发起了第一次全球陆地和水生生态系统的评价和估计，被称为千年生态系统评估项目，其主要内容是研究生态系统和人类生产生活的关系框架，建立了评估生态系统服务价值的方法，具体包括使用和非使用价值两类，其中，使用价值包括直接使用价值、间接使用价值、选择价值及非使用价值（Winpenny J T.，1995）。生态服务产生多样化的价值，一部分价值可以通过市场转变为经济价值，其他部分因公共产品的属性，没有市场不能得到实现和补偿，需要对这部分外溢到其他区域的生态系统服务价值进行补偿，才能全面实现生态服务价值（谢高地、曹淑艳，2016）。

其中价值评估作为有效评判生态系统对社会和经济系统的影响程度的重要标准，通过生态系统服务价值的评估可以直观地反映在社会经济活动中获得直接经济利益的同时可能损失更多的生态系统服务价值，进而在社会经济活动中的政策制定和产业布局时充分考虑生态环境的影响，改变社会经济系统与生态系统之间的博弈。生态系统服务价值估计具有重要作用，主要体现在生态补偿决策上，开展评估工作的主要内容如下所述，评估对象为生态保护者，评估内容是生态保护者的生态系统服务价值流向，评估活动产生的主要影响则是可以为确定补偿标准和对象提供支持。跨区域生态补偿标准的制度是以生态系统服务价值为核心设计的，既要界定生态保护者和生态受益者，另外，又要按照受益者付费、生态保护者获得收益的原则进行补偿，从而达到利益均衡的目的。在理论意义上，生态补偿标准主要包括三个组成部分，一是生态保护者因为放弃了开发和利用生态资源而损失的机会成本，二是新增给生态保护者的生态管理成本，三是生态保护者提供生态系统服务的外溢价值。这三部分就是受益者所获得的收益。在制定和实施生态补偿政策的过程中，协商和谈判是确定补偿标准的主要方式，可以看出补偿标准的客观科学性比较低。谈判能力的高低，决定了生态补偿标准的高低，二者存在正向相关关系，谈判能力越高，补偿标准越高。在生活中实际发生和实施的补偿项目中，谈判能力较低的是生态保护者，因此，生态补偿标准在社会正义的方向上有所偏离。

因此，生态系统服务可作为区分生态保护区域和受益区域的重要标准，而其服务价值的测评是进行生态补偿的基础性工具，量化生态受益者的生态收益价值和生态保护者的生态服务价值是研究核心，为跨区域生态补偿对象和标准的确定提供科学依据，生态系统服务理论是跨区域生态保护补偿的重要基础理论。

（二）公共物品理论

公共物品理论具有重要地位，它是公共事务的现代经济理论之一，根据美国经济学家萨缪尔森（1954）对公共物品的定义，某消费者消费某种商品的同时不会影响其他消费者对该物品的消费水平。公共物品具有四大特征，一是非排他性，二是非竞争性，三是外部性，四是外部效用。“搭便车”和“公地悲剧”在使用公共物品时是不可避免的。布坎南对萨缪尔森所定义的公共物品进行了分析，认为他提出的定义是“纯公共物品”，“纯私有产品”是完全由市场决定的。然而，实际中的商品的大部分处于这二者之间，这些物品则为准公共物品或混合商品。来源于生态资源的生态系统服务具有两大特征，一为非排他性，二为非竞争性，这两大特征也是公共物品的属性。然而，若是对生态系统服务过度开发和应用，则会使生态环境遭受破坏，进而破坏生态平衡，导致在生态区域内的相关利益者的利益受到损害，引发“公地悲剧”。同时由于生态系统服务的非竞争性，产生“搭便车”现象（Olson，1994），所有人都想不付或少付成本享受公共产品，最终使得生态资源短缺，生态环境破坏，影响生态服务价值提供者的积极性，也不利于生态系统的可持续发展。

外部性最早由马歇尔提出，通俗地讲代表某一个组织的动作会对另外一个组织产生作用，带来的影响既可以是有益的正面的，又可以是消极的负面的（马歇尔，2017）。道格拉斯（1973）就曾对外部性做出如下定义，即第三方在未获得同意的情况下，就需要承担额外的费用或获得额外收益。萨缪尔森针对外部性给出的定义是“其他组织不管是在自身的生产行为方面，还是在消费行为方面，被迫必须负担的非弥补性的利益，或者非可弥补性的成本”，同时诺德豪斯对此做出了补充说明（保罗·萨缪尔森和威廉·诺德豪斯，2004）。关于生态补偿，兰德尔对其做过如下描述：“决策者不可能考虑到某一个行动所需要的全部成本或带来的效益，而这部分在决策者考虑范围之外的成本或效益就叫作生态补偿”，也可以描述成被强加给决策者的成本或效益。外部性可以被分成两种类型：一种是正外部性；另一种是负外部性。其中负外部性表示当生态遭受到破坏由此产生的来自外部的负担，其最终造成的损失是同其他人共同分担的；而正外部性表示受到生态保护所产生的来自外部的经济利益，同样是被其他人共同所有并享受的。区际外部性就是外部性扩展到了区域经济范畴。一个地区的经济在高速发展的过程中所产生的生态环境问题和资源短缺问题会转移到其他地区（陈秀山和张可云，2004）。负外部性会在两种情况下造成不同的利益纠纷：一种是不同的区域之间，另一种是全局和部分之间。

生态系统服务具有公共物品属性和外部性特征。从竞争性角度分析，在一定时期内，生态环境的自净能力是有限的，某些生态产品如水资源是有限的，当部分经济主体过度使用时，会明显影响其他经济主体的使用效用，此时生态环境和生态系统服务的稀缺性会有所体现。为了杜绝“搭便车”现象，解决公共服务价值的外部性问题，平衡生态保护和经济发展关系，保障提供生态公共服务地区的生态保护积极性和经济发展，激励各地区投入生态系统保护，最有效的措施是实施跨区域生态保护补偿。因此，公共物品理论及外部性理论是构建跨区域生态保护补偿长效机制的重要基础理论。

（三）生态足迹理论

20 世纪 90 年代，加拿大经济学家里斯（Rees）提出了生态足迹的概念，瓦克纳格尔（Wackernagel）和里斯对生态足迹模型加以完善，生态足迹是定量研究区域可持续发展程度的模型，是衡量人类对自然资源的利用程度和人类从自然界获取的生命支持服务功能的理论和方法。瓦克纳格尔（1996）从个体、城市到国家各层面将生态足迹定义为，当前人口所需要的生态资源，以及分解人口产生的所有废弃物所需要的生态土地和水资源总量。通过把某个地区或者国家的资源、能源的消费与该地区或国家所提供的生态服务进行对比，可以判断该地区或国家的可持续发展状况是否处于生态承载能力范围内。因此，估算某个地区或国家对自然资源和能源的需求以及自然所能供给的生态系统服务之间的差距可以为自然资产的核算提供简单的理论框架。将某个区域的能源或者资源总消耗量转化为所需的物质流，并归结为所要提供的生物生产性土地面积，与该地区现有土地面积作对比，可判断该地区的生产生活消费活动是否超过生态承载力，同时提供了量化依据。生态足迹模型的测算和分析也可以在全球范围内或者区域范围内对比自然资源和能源的产出与相应人口的消费状况。生态足迹在1999年引入我国后成为生态学研究的常用方法（杨振，2005）。国内相关领域的专家对这一模型在实践层面进行了较深入的研究，通过分析全国范围1978～2003年的生态足迹的时间变化，发现中国的人均生态足迹在连年持续上升，增长率达到了77%（陈敏，2004）。还有学者对地方生态足迹进行了测算，在对北京2010年的生态足迹进行测算后辨明北京市的生态消耗大于生态投入，生态赤字严重，对北京市的可持续发展造成了较大影响（赵正，2011），除此之外，很多学者在国家、省、市甚至县域尺度上进行了旅游、水资源等方面的研究（李朋娟等，2012）。

生态足迹具有两个现实理论依据，一是可量化分析人类消费的资源以及排放的废弃物量；二是假设各种类型的物质、能源消费以及废弃物处理都可以转换成一定量的生物性生产土地面积，某个地区或国家的资源、能源消费以及废弃物处理可以转换为相应的生物生产性土地面积或者水域面积。模型构建通常以人口总数和人均资源消耗量为基础，个人生态足迹是指生产某个人所需要的各类物质能源所需要消耗的生物生产性土地面积总量，某个地区或者国家的生态足迹往往是人均生态足迹与人口数量的乘积，生态足迹随着人类对资源的利用效率发生动态变化。在模型核算中，生物生产性土地面积主要分为耕地、林地、草地、化石燃料用地、建筑用地和水域六大类，不同类型土地的单位面积生物生产能力不同。在测算生态足迹需求时，针对不同类型的土地面积需要设计相应的均衡因子，以保证每种土地类型都可以转换成可以比较的生物生产性土地均衡面积。在核算不同地区或国家的生态足迹供给时，不同地区或国家的不同类型土地生物生产性面积产出差异较大，为了计算结果可以进行比较和加总，需将不同类型土地面积乘以相应的产出因子，转换成生物生产均衡面积。同时考虑不同地区或国家的开放性和对外交流的必要性，不同类型商品的贸易量需转换成相应类型的生物生产性土地面积。

生态足迹理论为衡量不同地区或国家的可持续发展状况提供了简单易操作的理论框架，主要优势在于，生态足迹模型可以有效解释可持续发展理论，对可持续发展的量化是一个具有较强针对性、系统性和较为公平的综合性评价指标；最后的测算结果可表明在一定的社会条件与技术水平下，人类的各类发展需要和生态承载力的关系与差距；测算指标统一为生物性生产土地面积，易操作，可直接进行分析对比。但生态足迹模型也存在相应的局限性，该测算模型主要针对经济发展对环境的影响，对土地利用中的其他影响因素没有全部考虑到，因此对区域的生态状况存在高估的可能性。如果仅用生态足迹考察人类的生态需求和区域提供的生态价值作为衡量生态和人类可持续的标准，会忽略衡量人类可持续发展的其他标准。在跨区域生态保护补偿研究中，可将生态足迹和生态承载力的比值或者生态足迹与生态承载力的差值作为生态系统服务外溢价值的判断依据，进一步确定生态补偿对象。

（四）成本理论

成本是经济学重要考量内容之一，直接成本是为了实现目标而必须投入的人力、资本、技术，机会成本是为了实现目标、得到回报而必须放弃或失去的东西。奥地利学派弗·冯·维塞尔提出了机会成本，该理论不断得以深化发展并在实践中运用。英国经济学家罗纳德科斯认为：“任何一种行为成本都包含行为主体如不接受特定决策而可能获得的收益。”美国经济学家罗杰·A. 阿诺德进一步指出：“当我们做出一个选择，所放弃的最有价值的那个机会或选择则被称为机会成本。”可以看出，机会成本是为了某项选择或决策而被迫放弃的、除此以外的最佳选择或决策的价值。有学者研究苏格兰造林的生态补偿时发现，任何稀缺资源的使用均存在机会成本，森林、草地、水域等土地的生态建设和生态保护放弃了土地开发建设权，将造成开发建设收益损失（Macmillan，1998）。目前学术界普遍认同应将机会成本纳入生态保护补偿，可作为补偿标准的下限（侯元兆等，2005）。

生态建设的机会成本是指因保护生态发展权造成的损失，在没有实施生态补偿的情况下，比如林地可以用于种植、林业生产及企业生产等而产生收益，为了研究的一致性，本研究认为这些林地都要种植当地种植面积最大的粮食作物，则机会成本相当于退耕前（或生态建设前）的净收益。机会成本在各国补偿政策中占有重要的位置，应用的对象也不尽相同，比如欧盟各国从环保政策切入，通过计算各种环保政策导致的损失费来确定补偿标准。机会成本理论为生态保护补偿依据、标准的制定给予了重要的理论支持和方法支撑。

（五）产权理论

生产关系是经济社会关系中最基本的关系，产权是法律层面的经济所有制关系的具体表现，即物品的所有权。产权理论是现代市场经济学的重要基础，科斯1937年在《企业的性质》中提出了产权概念，1960年的《社会成本问题》标志着产权理论的成熟和发展。科斯首次提出了交易费用概念，作为产权理论的核心和基础，产权是制度上保障资源有效配置的核心。1967 年德姆塞茨（Demsetz）进一步深入研究，提出产权理论更大的价值在于引导实现外部性的内部化，指导市场主体对自身与其他主体之间的交易形成合理预期。1975 年威廉松（Williamson）从市场的不确定性、交易对手的数目和基础等不同层面对市场交易的影响因素和对企业的影响进行了深入分析。我国学者张五常（2000）进一步改进了企业理论，用实证方法对产权理论的研究进一步深化，将企业理解为市场制度，强调交易费用的重要性。

在跨区域生态补偿研究中，生态资源和生态系统服务产权的界定是生态保护区和生态受益区进行生态补偿的前提，只有明确界定生态资源和生态系统服务的产权，才能在生态资源和利益相关方之间形成明确的责权利关系，进一步确定相关利益方的生态补偿额度。

（六）区域分工理论

各个区域之间存在的经济关系具有多样性，其中区域分工是最常用的方式之一。区域经济空间组织的方式重点是利用各个区域之间的经济往来交易方式来实现两个目的：一是实现专业化的经济收益目标；二是使资源进行最优化的配置，最终可以达成最大化的回报目标。形成这种情况有两个原因：一是不同的地理位置所拥有的资源情况不尽相同；二是各地区之间的经济效益权衡比重也不相同。区域分工理论不仅是地区经济集中范围的展现形态，而且是区域经济学针对当前区域关系进行剖析研究的参考依据。古典贸易理论与区域分工理论紧密相关，其认为，每个国家都应该在本国商品中选择成本优势最大的商品，并运用此商品与其他国家进行交易，从而获利。这种“绝对成本理论”的局限性在于很难解释没有绝对优势的国家如何参与社会分工和贸易。以此为依据，相对成本理论就此诞生，李嘉图认为，每个国家选择的用以国际交易的商品，都应该是成本优势最大或者成本劣势最小的商品，并利用其相对成本优势获利。根据要素禀赋理论进行理解，不难发现，不同区域由于要素禀赋的不同，最终造成划分工作的差异性。基于传统提出的新古典贸易理论，新贸易理论在进行区域划分工作时，不仅利用产业组织的相关理论进行研究，还采用市场结构的有关学术进行剖析。区域分工相关的学术理论尚未完善，还在不断地修改更正中，但不管是新古典贸易理论，还是新贸易理论，二者一致认同一个观点：对区域划分工作如果表现得比较适当合理，那就能够有效提高所有资源在地理空间的配置利用率。

中国的主要功能区域划分遵循“不仅根据区域分工理论，还要保证稳步提升原则，规划出特定主体功能的范围标准，以此达成稳步提升区域进步空间”

的目的。根据既定的主体功能区域进行划分，不仅要划分出限制生态系统为公众服务的发展区域，还要划分出禁止生态系统为公众服务的发展区域，同其他类型相比通常具备生产生态商品的相对优点，其最重要的作用即生产研发出生态商品，为公众服务。由于区域分工的利益需要通过区域间贸易来实现，而生态产品一般无法在真实市场上交易，因此限制和禁止开发区不能依靠生态产品从区域间贸易中获得利益。这种比较独特的区域分工方式，为需要进行生态保护区域的进步和提升带来了一定程度的困难，因此，需要利用生态补偿机制对生态保护区域做两方面的工作：可以是经济扶持方面的补助，也可以是为其搭建生态产品贸易往来市场制度。这种方式不仅是保证生态保护地区推进区域分工从而获取经济收益的主要方法，也是达成区域间的协同发展、共同进步的一个主要理论依据（孔德帅、靳乐山，2017）。

在跨区域生态补偿机制的构建中，假设研究区域是个封闭系统，内部可以进行区际贸易和分工合作，区域分工与合作的比较优势理论可以很好地解释在区域内实施生态补偿的必要性。根据不同地区的自有资源情况，以及对比各区域的生产要素条件，其中需要进行生态补偿的区域，重点发展生态产品再加工服务，不仅供应生态产品，而且提供生态性质的服务；而获取生态收益的区域则重点生产物质类型的商品，为社会供应物质形态的商品。生态系统服务价值外溢与生态系统服务价值亏欠的地区之间区域分工，可以促进生态产品和物质产品合理流动，促进整体效益（经济效益和生态效益）的最大化。从理论上讲，生态保护区域主要表现为三方面：一是该地区的产品生产重点是具备生态属性；二是最终能够形成生态经济收益；三是生态系统表现为其对公众的服务效益是充足的，或者向外延展的倾向。而受到生态保护的作用并产生收益的区域，此时地区生态体系表现为对公众服务效益是不充足的状态。但生态产品产权不清晰且具有外部性，经常会被无偿享用，使生态保护地区无法得到应有的收益，不能实现区域公平。为解决生态保护地区和生态受益地区的区域分工和合作带来的市场失灵问题，应构建相应的体制机制，将生态受益地区产生的超额经济效益对生态保护地区进行补偿，保证生态资源和生态产品合理配置，构建跨区域生态保护补偿机制是解决生态产品外部性问题的有效措施，是实现生态环境与经济社会协调发展的重要途径（李国平，2016）。

（七）博弈理论与协同理论

博弈论是研究主体的行为在直接相互产生影响时主体如何进行决策以及决策均衡的理论，是对矛盾和合作的规范研究。博弈论思想的主要特征是博弈参与方所采取的行为相互依存，各博弈参与方在决策后所实现的收益不仅取决于自己的决策，而且依赖于其他博弈参与方的决策，是各参与方决策行为组合的函数。约翰·冯·诺伊曼（Von Neumann，1994）和奥斯卡·摩根斯特恩（Morgenstern，1994）合著的《博弈论和经济行为》是公认的博弈理论产生的标志。两人在这本书中对博弈论进行了系统研究，在总结以前研究成果的基础上，对博弈论的一般框架、概念术语和表述方法进行了界定和阐述，并正式提出了构建博弈论理论体系的思想。虽然两人的研究与现代博弈论在研究方向和中心上有明显区别，但是他们的研究成果极大地促进了博弈论的发展，特别是对博弈论在经济学中的应用起到了巨大的推动作用，使得博弈论有了经济学这个最好的应用领域，为博弈论最终完全融入现代经济学体系奠定了坚实的基础（李宁，2018）。

德国物理学者哈肯（Haken）在研究激光理论过程中提出了协同作用的概念。20 世纪 80 年代，协同的概念被应用到创新的发展理论中。该理论的内涵是指在两个或两个以上不同的资源或者系统中，能量流、物质流以及信息流等方式的相互作用，需要共同协作、合作达成共同目标、整体效应或者宏观结构，以现代信息论、控制论、突变论等现代科学的理论方法为基础，综合运用统计学和动力学的方法，研究整体系统从无序状态到有序状态的转变，建立完整的数学模型方案，将科研成果进一步应用到其他领域。协同理论的本质更多地注重目标的一致性，以及利益的共享和风险的共担，追求整体利益的最大化。跨区域生态保护补偿涉及区域之间的协作、多方面主体，区域之间、主体之间相互作用相互影响，每个区域、每个主体将根据实际情况、权衡利弊得失而进行最有利的行为决策，既有利益趋同相互联合行为形成利益共同体的倾向，又有竞争博弈而形成排他行为，是联合和竞争相互作用的过程，需要某种机制促使实现整个群体的利益最大化或达成某种均衡状态。博弈论和协同理论在解决跨区域生态补偿问题中起到指导作用，有助于解释“如何补偿”的问题。在跨区域生态保护补偿中，利益相关者中的每一个主体的行为选择都会对其他主体的行为选择产生影响，每一个行为主体都会结合自身实际情况以及当前经济社会环境情况，根据其他行为主体的行为，做出对自身最有利的行为决策，行为主体之间不断博弈而达成系统利益最大化和结构均衡状态。博弈理论与方法能够为生态保护补偿利益相关者分析、政策制定提供支持，为实现区域协商一致的生态保护补偿奠定理论基础。

三、理论体系框架

跨区域生态保护补偿理论研究和实践探索中尚没有达成一致的补偿依据和补

偿标准，“为什么补”“谁补谁”“补多少”等问题仍没有形成科学的理论体系和量化方法。现有的跨区域生态保护补偿测算标准和依据多是在不同视角和不同层面，综合性、可操作性不强，还不能综合反映行政区域之间的生态关系和生态贡献。我国目前的跨区域生态保护补偿主要以纵向的财政转移支付为主，在森林、流域等开展了跨区域横向生态保护补偿实践探索，但还未全面形成绿色利益分享的生态保护补偿格局。因此，在理论和实践探索基础上，深化落实共建共治共享理念，以绿色发展、区域协调发展、高质量发展为前提，构建跨区域生态保护补偿理论体系框架具有重要的理论意义和实践价值。

（一）跨区域生态保护补偿的基本原则

2016 年《国务院办公厅关于健全生态保护补偿机制的意见》出台，明确了生态保护补偿的总体建设要求和战略规划。相继推出《关于加快建立流域上下游横向生态保护补偿机制的指导意见》，为跨区域生态保护补偿给予了原则性指导。按照跨区域生态保护补偿含义及相关要求，在国家生态保护补偿原则基础上，重点应遵循以下原则：

1. 遵循生态共建共治共享的区域共赢原则

自然生态系统可以在一定的时间和空间内，依靠自然的调节能力来维持稳定。跨区域生态保护补偿涉及生态系统服务、发展权益、社会经济发展、当地民生保障等，国家与地方、地方之间，政府主导与社会参与，行政管理与市场机制等各方权益，需要达成区域意愿与协商一致。因此，跨区域生态保护补偿机制构建要按照生命共同体框架，从系统性整体性高度寻求合作共赢，切实推动形成区域生态共建共治共享的新格局。

2. 坚持“谁保护谁接受补偿，谁受益谁支付补偿”的原则

跨区域生态补偿是生态受益地区向生态保护地区提供的用于保护生态的投入成本以及因生态环境保护而损失的发展机会成本，是生态产品在市场上与经济产品进行的平等交换。在这个过程中，必须坚持“开发者保护、破坏者恢复、受益者补偿”的根本原则，从而为生态环境保护地区提供长效激励机制和经济补偿，同时对生态受益者进行约束进而形成长效机制。避免生态受益地区长期享受生态产品的公共消费外部性行为，也避免“搭便车”的消费心理，逐步建立起“受益者付费”的生态消费理念。

3. 坚持生态受益区和生态保护区的区际公平原则

区域协调发展是开展补偿的根本目的，其长效机制在于保障生态和经济利益，保持供给的生态产品质量以促进生态保护区域和受益区的可持续发展。在构建跨区域生态补偿长效机制过程中，应具备系统和整体的指导思想，对待不同区域，尤其是流域生态补偿领域，必须坚持公平公正的态度。在生态补偿实践中，下游对上游地区生态环境保护付出的生态贡献和生态系统服务应进行补偿，但上游地区因不合理开发和生态环境破坏造成对下游的生态环境破坏和污染，也应该予以补偿。补偿标准必须体现等价交换的基本准则，补偿标准应大于或等于生态环境保护投入或生态环境修复的成本。

4. 坚持生态保护区和生态受益区的责权利对等原则

跨区域生态补偿的利益相关方包括政府、生态保护和补偿地区的个人、企业和单位，要充分调动各个主体的积极性，做到责任、权力和利益相对等，这样才能促使生态补偿达到生态保护和协调经济利益的双赢发展目标。根据责权利对等的基本理念，生态受益地区应对生态环境保护问题具有全局意识和责任感，将生态补偿作为一种应尽的义务，自觉自愿进行生态补偿。生态保护地区应将生态环境保护作为必须履行的责任，接受生态补偿的同时，保证补偿主要用于生态环境保护和建设，同时还应兼顾当地居民和相关受影响企业的民生改善。

5. 遵循政府主导、市场运作、社会参与的原则

生态系统服务具有公共性、外部性特点，生态系统服务付费是解决此问题的有效措施。我国政府具有自然资源管理权责，发挥政府的生态环境保护主导作用能够保障跨区域生态补偿的有效实施。但政府压力过大难以持续运行，也不能形成全社会参与生态建设的合力。因此，跨区域生态补偿机制构建要加强政府主导作用，加快健全资源开发补偿制度建设，充分运用市场机制，激发全社会参与生态保护的积极性，促进形成绿色利益分享的区域格局。

6. 遵循因地制宜分域分类有序推进的原则

生态系统可以提供许多生态功能，比如，生物生产功能、生态调节功能、生态景观功能、生物多样性保护功能等。不同生态系统构成要素的生态功能类型及其价值各不相同，比如，森林、草原、水域及湿地、海洋等。不同的自然地理条件和社会经济发展情况有不同特征的生态系统类型，比如，自然生态系统、农业生态系统、城市生态系统。还有一些重要的、特定的生态系统单元，比如，流

域、城市群、黄土高原、环渤海、粤港澳等，主体生态功能区、水源保护地、自然保护区、国家公园等。因此，跨区域生态保护补偿机制建设应遵循因地制宜分域分类有序推进的原则。

（二）跨区域生态保护补偿关键问题

在行政区基础上建立的经济区域（简称行政经济区）之间存在激烈竞争和互相协作的关系，构成推动国家发展的重要力量，但是行政经济区本身在生态治理和经济利益等方面存在冲突，并在区域矛盾中处于主导地位，严重制约区域协调共同发展，相对于其他区域类型，行政经济区域存在相对清晰的界限——行政界限，因此也是分配区域之间利益的边界；而区域的利益代表就是政府，其利益界限与区域界限是一致的，政府管控的生态资源使得其成为区域的行动主体。因此，要关注行政经济区域间的生态补偿模式，发挥保护生态、合理配置生态资源的作用。对于跨区域生态保护补偿，主要有以下几个关键问题：

1. 区域生态关系界定问题

生态关系是可持续发展、生态文明建设的基础科学问题，区域生态关系是区域协调发展、跨区域生态保护补偿的重要科学依据。在一定地域范围内，比如流域、城市群，或生态功能区、经济功能区等范围内，内部物质循环、能量流动、信息交流等使行政区之间相互联系相互影响，表现出人口流动、区域贸易、交通联系、产业援助，生态系统服务外部经济性、生态产品交换，生产生活的生态外部不经济性，等等。其中，行政区之间生态关系错综复杂，生态系统服务公共物品、外部性特征明显，生态系统的物质、能量流动比较难以监测，生态系统与行政区又往往不相一致，区域生态关系界定是跨区域生态保护补偿的关键科学问题。已有学者从碳平衡、物质流、生态系统服务的区域外溢价值等视角进行理论探讨，当前还亟须探索科学的又便于实践部门操作的界定理论方法。

2. 生态功能区域识别问题

依据不同类别和区域的生态系统、判断生态—经济之间相互作用的功能类型以及空间分布格局，有效识别不同类型的生态功能区域是开展补偿的关键问题。每个行政地区都是一个自然—生态—经济—社会的复合体，生产生活活动一方面保护和促进复合体系统发展，另一方面又对复合体系统造成扰动甚至破坏，造成某方面的损益。跨区域生态保护补偿要界定“谁补谁”的问题，分析每个地区生态服务的外部作用，通过一些表征指标、量化方法来判断区域的生态功能特征，揭示在生态保护补偿范围内所发挥的生态作用，判断生态正外部性或非正外部性，即科学界定生态保护区、生态受益区，解释生态保护补偿的区域格局。为此，需要探讨构建生态功能区识别理论方法。

3. 生态保护补偿中的政府主导作用问题

政府是提供公共服务的主体，是生态资源配置、主体功能区划分、国土空间规划的政策制定者，生态系统服务的公共性、外部性特征要求政府在生态保护补偿中发挥主导作用。《国务院办公厅关于健全生态保护补偿机制的意见》已明确指出“发挥政府对生态环境保护的主导作用”，坚持“政府主导、社会参与”的基本原则。《生态保护补偿条例（公开征求意见稿）》指出“以政府为主导搭配市场运作模式”为补偿原则，具体规定国家各个部门的负责领域以及各地方政府的行政职责。发挥生态保护补偿中的政府主导地位，明确政府的作用内容、行为边界、介入程度等，改变传统上对政府的过度依赖，健全市场化运营，探索多元化的生态补偿方式，这是当前生态保护补偿的关键问题之一。为此，需要在公共物品理论、公共服务、行政管理等层面探索构建生态保护补偿的政府主导作用机制。

4. 地方政府间的协商一致性问题

跨区域生态保护补偿需要在政府主导作用下达成区域协商一致，才能保障政策实施的有效性、持续性。其一，政府的上下级之间存在纵向指导和反馈关系，同时区域之间和地方之间各自存在横向协作和竞争关系，政府上级要对下级行为指导承担相应制度上的责任，平行的同级间不存在责任关系，因此存在制度管理障碍；其二，政府的行为相对于区域发展而言是提供公共服务，具有公益性和非排他性特征，但是由于生态和经济之间存在发展冲突，政府的行为选择可能保护生态而损失经济发展，或者发展经济中忽视了生态保护。在国家各个历史阶段，由于强调经济增长的重要性，地方政府通常会将发展经济作为首要任务而忽略生态，于是在整个区域发展中，政府公共服务会对生态保护产生负外部效用；其三，区域作为开放性的空间，一个区域的任何生态变化都会对其他区域或者整个区域发生影响。

不同层级的政府管辖区域共同组成区域体系，最高层级是国家中央政府，下至低层级的乡镇政府，上级政府通常关注区域全局性的经济发展与生态环保问题，因此具有公益性，但是拥有的资源具有短缺性。对于相同级别的区域，自身发展所需资源被看作私人物品，而本区域外的生态环境为公共物品，因此地方政府之间会相互竞争以在市场中或者从上级甚至中央政府获取私人资源，因此地方政府为保障自身利益通常在发展和生态保护的选择中忽视其他政府而对其他区域产生负面生态影响。同一层次的地方政府在区域利益分配中是排他的并存在竞争性，地方财政的建设、使用和管理必然以行政区域为界限严格地执行，提供了生态服务的区域很难从生态服务受益的其他区域得到补偿，这需要中央或上级政府的调节、调控，形成区域生态保护协商谈判规则，促使地方政府之间达成生态保护补偿的协商一致。

5. 生态保护补偿的市场机制问题

市场化是利用市场机制来解决社会、经济、政治、生态、环境等问题的一种态势，即利用价格杠杆来调节供给与需求平衡。生态系统服务市场化工具的核心是将自然生态系统服务赋予货币价值，用以补偿生态系统服务价值外溢地区的生态保护和生态建设成本，从而实现生态保护和环境治理政策目标。在生态文明体制深化改革的情况下，充分发挥市场对生态资源配置的决定性作用，调动各方力量积极投入生态保护，提升优质生态产品的供给能力，加快推进健全市场化生态保护补偿机制。为此，需要在市场机制框架下，界定生态系统服务、生态产品，按照市场外包、市场出售等多种市场化工具进行政策设计，促使区域之间生态保护市场主体进入，促进区域之间的生态产品市场交易、生态产业市场竞争选择，拓宽生态保护补偿渠道，推进建立市场化的跨区域生态保护补偿机制。

6. 生态保护补偿的多元化参与问题

我国生态保护补偿范围偏小，主要依赖于政府资金补偿，还存在补偿主体缺位、补偿方式单一等问题，构建多元化生态保护补偿机制已上升到国家生态保护补偿战略层面。生态保护补偿的多元化问题，从补偿主体来看是指生态直接受益者和生态间接受益者，包括中央政府与各级地方政府、企事业单位、各类社会组织团体、公众个体；从补偿资金来看应含有政府资金、各种社会资本，多种形式的市场资金进入渠道，如生态产业发展、生态产品市场交易、生态资源配额交易等；从补偿形式来看应含有货币化资金、实物补偿、人才技术援助、生态建设对口项目支持、教育医疗等公共服务对口支持等。多元化参与投入才能保障生态保护补偿的持续稳定性，如何激励激发各类主体参与生态保护、各种社会资本进入生态保护补偿，建立健全多元化生态保护补偿长效机制成为生态保护补偿研究的重要议题。

（三）跨区域生态保护补偿的理论体系框架

新时代下跨区域生态补偿研究应以生态文明作为理论指引，落实国家部门的决策部署，坚持资源节约和环保政策，协同推动新型城镇化和工业化、建设农业信息化，生产绿色化产品，以美丽中国建设为要求优化国土开发，以《国务院办公厅关于健全生态保护补偿机制的意见》《建立市场化、多元化生态保护补偿机制行动计划》等生态保护补偿方针政策为基本框架，修复环境，提升生态产品和服务的供给能力，加强区域协作，激发全社会共同参与环保的积极氛围，推动形成以政府为主导、社会各主体广泛参与、市场化运营、区域可持续的补偿机制。理论体系如图 2 - 1 所示。

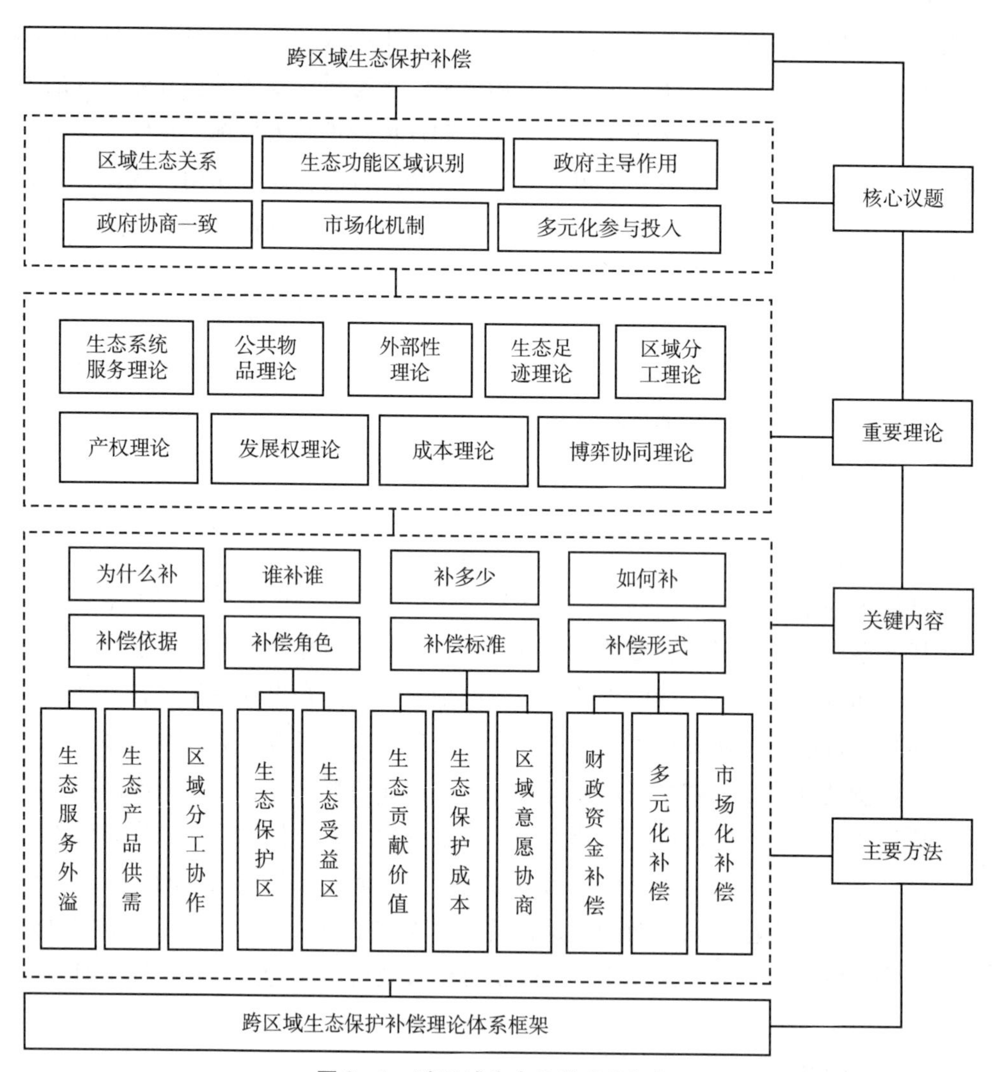

图 2 - 1　跨区域生态补偿理论框架

1. 跨区域生态补偿的研究对象和内容

跨区域生态保护补偿是在生态保护补偿基本理论与方法下解决区域生态系统服务价值外部性问题，以补偿为措施协调区域之间的生态环境保护与经济社会关系，区域生态关系是其核心科学问题。因此，跨区域生态保护补偿研究对象是一定区域范围内行政地区之间的生态关系；如何量化识别地区之间的生态关系，即生态功能区识别技术、规则，合理界定生态保护区和生态受益区是跨区域生态保护补偿的关键技术问题；生态功能区划分、国土空间优化、区域分工协作等是政府决策行为，政府是提供公共服务、提升地方品质的主体，地方政府之间的协商意愿成为重点，而如何引入市场机制、多元主体参与生态保护是弥补政府作用的重点，是生态保护补偿稳定性、持续性的重要支撑，研究的主要内容是生态保护补偿的政府主导作用、地方政府的协商一致、市场化机制、多元化参与投入机制，构建政府主导下市场化、多元化的跨区域生态保护长效机制。

2. 跨区域生态保护补偿研究基础理论与技术方法

跨区域生态保护补偿研究支持学科主要有生态学、地理学、区域经济学、公共管理学等，理论支撑主要包括生态系统服务理论、公共物品与外部性理论、产权理论、成本理论、生态足迹理论，以及区域分工理论、博弈论、协同论等。为了有效推动生态保护补偿市场机制建设，促进生态产品价值的市场化交易，应以生态产品供给能力提升、生态产品标识标准及价值评估、产品市场交易监管，以及生态保护补偿标准、绩效监测评估等为基础，构建统一的市场化生态保护补偿的技术支撑体系。当前重点完善以下五个方面的技术支撑：一是生态产品标识标准技术；二是生态产品生产成本、机会成本及价值价格核算技术；三是生态资源产权界定及价值核算技术；四是生态破坏、环境污染的损失性量化核算技术；五是生态补偿的判断标准、补偿方式、绩效考核、监管规范和技术要求等。

3. 跨区域生态补偿相关法律法规基础

《中华人民共和国环境保护法》《中华人民共和国土地管理法》《中华人民共和国水资源保护法》《中华人民共和国水法》《中华人民共和国森林法》《中华人民共和国草原法》《中华人民共和国矿产资源法》《中华人民共和国水土保持法》《中华人民共和国防沙治沙法》等法律法规，以及市场监管法律法规是生态保护补偿的重要基础，主体功能区规划、国土空间规划，以及重点生态功能区建设规划等对于生态保护补偿具有法律效力。今后应统一相关规定，在法律层面明确生态保护补偿事权划分及责任配置，专题专条规定重点领域、重点区域、重大项目的生态保护补偿法规条文，建立公开透明的生态保护补偿程序规则和严格的生态保护补偿责任制度，加强生态产品市场的法律制度保障。

4. 跨区域生态保护补偿理论框架

跨区域生态补偿以“为什么补”“谁补谁”“补多少”“如何补”为逻辑理路形成理论框架。“为什么补”重点思考生态系统服务的区域外溢问题、生态产品供给与需求的空间错位问题、区域分工协作问题，结合区域协调发展战略、乡村振兴战略等探讨生态保护补偿依据。“谁补谁”问题，即生态保护区和生态受益区的科学合理界定，既考虑生态系统服务、生态保护的投入产出、因生态保护而承担的发展机会成本等，又考虑区域经济社会发展的差异性、生态扶贫等问题，建立生态功能区域识别技术方法。“补多少”是补偿标准问题，量化生态保护区的生态建设直接成本、发展机会成本，定量评估生态贡献；核算生态受益区的生态分享利益，评估生态受益区因发展造成的生态环境损益，在罚款赔偿基础上的持续性支付补偿；生态保护区的受偿意愿、生态受益区的支付意愿等，综合区域生态—经济—社会发展条件与水平，制定补偿标准规则。“如何补”是生态保护补偿方式问题，政府作用范围及效益，挖掘市场主体潜力，激发多元化参与，探索形成政府财政资金补偿、市场化补偿、多元化补偿有机衔接的补偿方式。

5. 跨区域生态保护补偿实践

在生态文明建设试点示范基础上，全国《生态综合补偿试点方案》等实践探索，依据不同层面拓展生态补偿的方式和范围，以流域、生态功能区和城市群等作为补偿重点区域，以森林、湿地、荒漠、水流、耕地等作为补偿重点领域，探索跨区域生态补偿的实践体系和方式。针对不同区域和领域，核算不同森林、草地、湿地等各类资源要素价值，监测水土流失、水质、空气质量、耕地质量等统计指标，结合生态文明综合评价建立实践区域的生态贡献核算方法。并以全国，京津冀、长三角、珠三角城市群为例，实证生态保护区、生态受益区界定方法，探索政府主导的、市场化的多元化跨区域横向生态保护补偿实践模式，为深化生态保护补偿理论、完善生态保护补偿机制提供实践经验与启示。

四、本章小结

跨区域生态补偿是在生态文明建设指引下，立足于区域生态共建共治共享理念，秉承遵循生态共建共治共享的区域共赢原则，遵循“谁保护谁接受补偿，谁受益谁支付补偿”的原则，遵循生态受益地区和生态保护地区之间的区际公平原则，遵循生态保护区和生态受益区责权利对等原则，遵循政府主导、市场运作、社会参与的原则，遵循因地制宜分域分类有序推进原则，着力解决区域生态关系界定、生态功能区域识别、生态保护补偿的政府主导作用、地方政府间的协商一致性、生态保护补偿的市场机制、生态保护补偿的多元化参与等关键问题，建立健全跨区域生态保护补偿成效机制。

跨区域生态补偿理论框架体现“为什么补、谁补谁、补多少、如何补”的逻辑理论，核心科学问题是区域之间生态关系，关键技术是生态功能区域识别，关键方法是区域生态贡献量化，重要支撑理路包括生态系统服务理论、外部性理论、公共物品理论、生态足迹理论，以及产权理论、发展权理论、成本理论、区域分工理论等，实践载体为流域、重点功能区、城市群系统内跨区域生态保护补偿政策实施，并以森林、草原、湿地等七大重点领域为构成要素，探索形成流域系统内跨区域生态保护补偿范式、重点功能区内跨区域生态保护补偿范式、城市群系统内生态保护补偿范式。今后要加强生态文明制度体系建设研究，进一步深化资源开发补偿制度、生态产品价值实现，排污权、碳排放权、水权等生态环境权益配置，以及生态产业化、产业生态化等理论研究和实践探索，为建立健全市场化、多元化的跨区域生态保护长效机制奠定理论基础和提供实践指导。

第三章

区域生态共建共治共享逻辑思路

生态环境问题已是我国人民日益增长的美好生活需要和不平衡不充分发展之间矛盾的重要体现，改善生态环境是我国新时代的重要任务之一。不同地区生态资源禀赋和环境本底也各不相同，生态环境问题通常与区域产业特征、生态环保投入等相关，生态治理涉及产业类型和发展方式，与地方经济利益密切相关。因此，区域生态治理与地方行政区利益往往存在不一致甚至冲突，生态共建共治共享是“打破一亩三分地”的重要措施，是生态建设与环境保护在一定区域内所有行政区之间的协商与合作，探索区域之间协同保护和治理、互利共赢、保障公平效率的生态共建共治共享路径与措施具有重要理论和现实意义。

一、生态共建共治共享的学理基础

自然生态系统是在一定时间和空间范围内依靠自然调节能力而保持动态平衡和相对稳定，为人类提供食物、原材料，维持人类赖以生存的生命支持系统。20世纪初以来，世界各国开始研究生态系统，发展形成了生态学及其各分支学科，为生态建设和环境保护奠定了有力的理论基础。人类活动不断作用于自然生态系统，并对其造成干扰和破坏，区域发展和环境治理具有很强的行政辖区特性，区域共建共治共享是遵循自然、顺应自然、保护自然的必然选择。

（一）生态系统的跨区域特性

生态环境指水、土地、生物以及气候等资源数量和质量的总称，影响人类生产生活并关系到社会与经济协调发展的复合生态系统。人类为满足生存发展需要，改造自然和利用生态资源过程中，造成危害人类健康的资源破坏、环境污染等各类负反馈效应。生态环境也可理解为“由生态关系构成的环境”，是各种自然（包括人工作用形成的第二自然）力量（物质和能量）或作用的总和，与人类息息相关并且影响人类日常活动。

1. 生态资源的区域差异

生态资源作为支撑人类生产生活的基础性资源，提供的各类生态服务和产品在人类生存发展中被人类利用以满足其物质和精神需求。自然生态资源作为生态资源的本质具有重要的生态生产和服务功能，重要的生态资源具有生态调节、提供生态服务等重要价值，比如气候调节、水源涵养、保护生物多样性、形成生态景观等功能，这些生态资源包括森林、草原、河流湖泊、海洋、荒地以及生物资源等。从开发利用层面来看，首先，生态资源最大的特征是数量的稀缺性。随着人类活动范围扩展、程度的深化，林草、湿地、耕地、河湖等生态资源日益被挤占，许多地区资源退化，甚至枯竭，严重影响人类生态系统发展。其次，生态资源表现出再生能力的非常有限性。生态资源一旦遭受人类破坏，如造成森林毁灭、湿地消失、草地沙化等，很难恢复重建，有些资源甚至在人类历史长河里也难以再生恢复。最后，生态资源发挥的生态服务功能具有外部经济性，生态产品属于公共产品。如何保护生态资源，优化配置生态资源的物质性产品、生态服务，促进生态资源与社会经济发展相协调，保障人与自然和谐共生，一直是重要的研究问题和实践难题。

2. 生态系统服务的区域外部性

生态系统服务（ecosystem service，ES）为“人类从自然生态系统获得的产品或收益”，分为供给、文化、支持和调节服务四大类（millennium ecosystem assessment，MA，2005）。随着人类社会的发展，人类对生态系统服务的开发和利用强度逐渐增大，全球60%的生态系统已经退化，其中人类活动是主要驱动因素（刘慧敏，2017）。生态系统服务是指人类从各种生态系统中获得的所有惠益，由生态系统的支持功能、供给功能、文化功能、调节功能及其相互作用形成（傅伯杰，2017）。我国已经开展了几十年的生态系统服务研究，在生态系统服务类型、价值及货币化方面进行了大量的基础研究和应用研究，为区域生态建设和生态保护补偿奠定了理论基础。

从生态系统功能到生态系统服务都存在着时空异质性，生态系统服务供给与消费双方相互作用及耦合关系呈现出显著的空间异质性和区域分异特点。生态系统服务供给与需求在空间上存在不匹配的特征（Burkhard B.，2012；姚婧，2018），对人类生存和经济社会发展条件有支持和改善作用的生态系统变化，即生态效益，表现出明显的区域性和地方性特征，产生生态服务福祉的生态系统区域和获得服务福祉的区域在时间、空间上往往不相一致，生态系统服务福祉的区域外溢性显著，生态系统服务具有区域外部性特征（欧阳志云，1999；王效科，2019）。

（二）生态治理与行政区管理的冲突

自20世纪60年代以来，针对环境污染、生态破坏、资源枯竭等问题，全球掀起了生态治理运动。联合国的《人类环境宣言》进一步指明环境破坏的危害，要求政府、企业、社会团体和公民承担环境保护责任，协同治理环境污染。而由于生态问题的复杂性、系统性和嵌套性，单一主体难以独自承担治理责任，且各种力量要求参与生态治理，由此形成多元主体共同参与生态治理的格局（朱喜群，2017）。研究表明，与环境需求相适应的良性生态治理制度和多主体协同治理是实现生态现代化的重要保证（Young，2000；Weidner，2002），政府在生态治理方面承担着重要责任，现实中生态治理效果受政府行为的影响较大，中央政府提倡的生态保护原则在现实中可能被地方政府背离（王家庭，2014）。

生态治理往往与地方行政区管理相冲突，主要体现如下：一是生态治理侧重于遵循自然生态系统规律，自然生态系统往往与行政边界不一致，且行政区管理及经济建设依托生态环境基础寻求经济社会利益，生态治理与区域经济发展目标可能相矛盾。二是生态治理主要是公共行为，侧重于公共利益，政府是主体。而不同行政区政府对生态治理的认识、区域发展目标及利益各不相同，生态问题往往跨多个行政区，生态系统服务具有区域外部经济性，不受行政边界分割。三是不同地区生态资源禀赋有差异，地方政府发展经济对于生态优先还是经济优先具有选择权，通过主体功能区规划、生态红线划定等来规制区域生态与经济的协调关系，对生态保护区域限制了发展权，生态资源产权与区域经济发展权相冲突。因此，生态治理更需要宏观部署和制度设计，将生态治理作为一种“集体行为”（崔晶，2013），生态治理的区域协同具有客观必然性。

二、生态共建共治共享的实践需要

随着社会经济的发展，受自然资源、地理格局、历史发展、政策规划等多种因素的影响，区域分工不断深化，产业布局不断优化调整，国土空间功能区特征日益显现，区域经济发展的地区差异明显。在生态文明建设时代，促进人与自然和谐共生，应探索生态优先绿色发展的高质量发展道路，打破行政区域分割，秉承自然生态的系统性、完整性，推动实现区域生态共建共治共享新局面。

（一）区域分工与产业布局使然

同一流域或其他地貌等自然单元、一些区域同时受到某些自然灾害的影响，并且行政区域之间存在着生态关系。长期以来，区域各自建设自身的社会和经济发展模式，区域与区域之间在资源开发、产业发展、城镇规划等方面没有进行较好的合作和分工布局，缺乏统一跨行政区建设的规划，跨行政区的管理协调存在较大难度。各区域经济水平差距较大、战略地位不平衡，利益分配不均衡，不能有效平衡经济发展和生态保护的关系，难以构成区域层面的综合管理决策机制。区域间产业结构及布局尚未形成合理的引导和有效约束。

1. 资源要素支撑力限制

要素禀赋是区域发展的基础和坚强后盾，对区域共建共治共享起着至关重要的支撑作用。在区域发展初始阶段，地理和自然条件起着决定性作用，劳动和资本作用相对较弱。要素密集型产业比较容易出现在生产要素富裕的地区，而具备生产要素优势的地区也因为比较优势而更倾向于放弃高新技术产业而集中发展要素密集型产业。技术创新和制度往往作为另一种生产要素，某种程度上具有非流动性，但溢出效应明显。技术创新能力和基础设施具有带动效应，也就是说其效果是可以溢出的，并不具有排他性。这种非排他性体现为作为区域内共建成员，可以享受转出地的技术优势，降低其自身学习、交易成本，更为高效地提高生产效率，溢出的结果带来了效益最大化，区域整体收益递增，促进区域内经济长期增长。从空间上来讲，鉴于创新本身具有的根植性和溢出效应的“距离衰减规律”，其溢出效果与空间距离呈负相关，不同区域间的发展差距会逐渐扩大。

2. 信息资源共建共享制约

信息化水平差距较大，区域经济最大的特点就是集聚效应，而聚集效应会随着区域一体化的加快而日益显著，与此同时区域经济发展水平差异会日益加剧，区域之间的信息化差异会进一步扩大，必须采取有效措施解决区域信息化差异问题。信息占有量不平衡，管理模式和运营机制不统一，无论资源优势有多么显著，管理和运营都是决定资源优势得以充分发挥的保障。从区域信息资源的建设、管理方面来看，尤其是生态信息资源管理，我国目前尚未形成系统的区域合作运营机制，信息资源共建共享基本处于起步阶段。

3. 人力资本要素限制

人力资本不是自然产生的，主要包括依靠后天获取的知识、科技和健康等，是所含经济价值的因素组合。人力资本的本质是人力资源的价值外现形式。人力资本在当前经济发展中作为推动区域经济、转变产业结构的重要驱动力，最终优化资源配置，从根本上推动区域协调发展。要素、信息和融资市场是区域人力资本市场的基本内容，我国目前人力资本市场尚未形成，区域之间的人才要素流动受行政区壁垒限制，发达地区的人力资本进入欠发达地区有较多障碍，区域之间的人力资本产出效率较低。人力资本是区域增长的核心要素，形成共建共治共享的社会格局需要尽快打破行政区限制，促进人力资本在区域之间的流动，提升人力资本在区域产业结构优化、区域协调发展中的作用和地位。

4. 区域发展冲突限制

受传统发展模式及本位主义等影响，长期以来经济发展模式追求“小而全”，产业配置、功能布局等区域雷同，一则区域发展效益低下，二则造成资源浪费环境破坏。各地方政府在制定规划时，受利益驱动或管理者决策者素质等限制，往往缺乏全局意识和整体大局观，过分追求区域本土经济利益，忽视本土生态环境保护，也可能影响其他地区的经济社会发展，或造成异地生态环境问题，区域发展冲突与矛盾突出。只有打破行政区界线，打破“一亩三分地”的本土思维，有整体观、大局观，才能实现生态共建共治共享的区域格局。

5. 区域分工和产业布局的生态共同体建设

因为生态问题通常是跨区域性和系统性的，突破区域行政管理的界线开展合作，是生态治理和环保建设的必然要求，也是实现生态安全和建设生态文明的必由之路。在水资源等自然资源的供给消费问题，以及风沙、大气治理等生态问题的解决上，需构建生态协作治理机制，明确生态合作的组成要素，确定生态合作的各方主体，完善生态合作及监督评价机制。生态合作机制构建的基本原则有六点：国家主导、地方配合；突出重点、先行试点；量力而行、共建共治共享；因地制宜、双向合作；政府为主、多方参与；责权对等、考核反馈。生态合作作为系统工程，从判断存在的生态问题、确立生态合作基础和合作主体，到确定重点的合作领域和合作方式，最后制定监督考核监管机制，形成生态治理全过程，合作期间利益主体之间形成诸多博弈（张予，2015），形成协同发展、共同进步的生态共同体，必须从合作、升级双管齐下，发展生态思想，统一布局。通过区域分工合作，实现区域生态红利共享，生态建设共赢，以建设绿色产业与和谐社会（胡鞍钢，2015）。

（二）国土空间优化与功能区规划使然

国土空间优化是对一定区域范围内的国土空间的开发利用、保护修复，及在时间和空间上的科学部署和合理安排；功能区划是为了保护某种功能或强调突出某种功能而进行的区域划分。二者均是为了追求系统整体效益，促进资源优化配置，实现全部区域的可持续发展。我国中央政府管理体制在统筹协调各主体功能区协同发展方面，存在许多尚未形成指导性意见的问题，导致地方政府间合作体系在区域共建中几乎成为空谈，相关体制机制的不健全造成了很多问题。

1. 国土空间优化与功能区规划制约因素

国土空间优化与功能区规划还存在一些问题，一是主体功能区之间没有形成集体参与、共同承担成本共担、共享利益的互动机制，无法确保不同功能区之间是否利益分配公平、良性协同发展；二是未统一健全行政规划，形成有效的监管治理机制；三是没有形成以市场运作为主、政策支持为辅的跨区域生态补偿机制。

2. 国土空间优化与功能区规划的生态共建共治共享建设需求

一是需要针对生态资源底线和红线的对策。区域格局优化要以优化环境空间为主体；将生态红线作为调控发展规模的主线；政策制度创新促进区域关系的协调。明确定位各个功能区的功能，以各生态分区的功能为主体管控空间用途；以生态红线为基础构建具有严格约束性的制度体系；创新生态保护的联防联控机制，促进区域协调持续发展（王金南，2015）。

二是需要区域生态一体化的对策。区域协调持续发展的关键是突破区域生态恶化和经济落后的恶性循环。在产业发展和生态治理中加强行政区域合作，以区域一体化为基础开展生态保护。路径在于通过资源生态补偿，区域间共担生态建设成本；开展生态型产业建设等生态合作。政府治理要从独立的行政区内管理转向基于区域一体的公共治理（张云，2009）。生态一体化需要在区域一体化中设计规划，才能突破生态功能区环境保护与经济增长的矛盾，进而形成生态协同治理与经济良性增长的协调互动新格局。反思区域一体化建设过程中的生态困局，从多个视角探讨生态协调互动一体化建设的创新路径（张亚明，2013）。

三是需要完善基于主体功能的统一差异化政绩考核机制。政绩考核是评判政府作为以及官员行为绩效的标准。合理化的政绩考核，必须合理定位政府、市场与公众的角色。首先，市场视角下的政绩考核的主要标准是GDP增长量，主体是政府的绩效。其次，政府功能视角下的以黑色GDP作为衡量标准，是政府负绩效。最后，公众需求视角下的政绩考核标准是绿色GDP，是政府的绩效。具备科学性、完备性的生态文明建设评价考核体系，必须将把生态建设纳入政府官员的年度述职中，政绩考核体系中资源损耗、环境污染、生态效益等指标应当相应提高权重，从而形成资源节约和环境保护的正确政绩观。对于不同区域各自形成的差异化的考核指标和评判机制，可运用同类项比较方式作对比。以国务院颁布的主体功能区规划为依据，可建立基于同类项的指标以比较政府间绩效。编制自然资源的资产负债表，官员离任要审计自然资源资产，监控生态质量变化并将监测结果和政府业绩挂钩。

四是需要形成常态化的跨区域生态补偿机制。针对大气、水、森林等重点领域，注重土地生态治理、生态保护区建设，形成国家、省级、市级综合性纵向生态补偿机制，生态建设过程中争取国家资金补助和政策支持。完善跨区域横向生态补偿机制，以区域间生态关系为基础，量化区域直接效益、区域间效益、发展权以及机会成本等生态惠益，合理确定区域间的生态角色分配，构建跨区域生态补偿长效机制。在长效机制指导下，重点在水资源利用、水源地保护、重要生态功能区、矿产开发、土壤污染防治等领域，设计跨区域横向生态补偿机制。

（三）区域经济发展的差异性使然

自然地理条件、自然资源禀赋具有明显的地带性规律和区域差异性，人类活动对自然资源的开发利用程度不同，经济社会发展水平的地区差异也非常明显。随着社会经济的发展，区域协调发展要求越来越强烈，要求各地政府重视整体利益，增强区域合作协作，尤其是产业、交通、生态环境等领域的协作协同，寻求区域共同建设和共同治理、经济发展红利共享的区域协调格局。

1. 战略规划差异

如何准确定位不同区域的发展重点及其生态关系成为地区发展的重大难题。以京津冀为例，中共中央政治局针对当前的经济形势和工作重点，2015 年审议通过《京津冀协同发展规划纲要》，明确指出推动京津冀协同发展是国家重大战略之一，明确了北京的政治文化中心定位，天津的制造业、航运业基地及金融示范区定位，河北的物流基地、产业转型及新型城镇化示范区定位，提出河北省是京津冀的生态环境支撑区，北京市进行非首都功能疏解。战略规划定位差异在某种层面体现了区域冲突，如果按照过去行政分割的发展模式很难协调也很难推动协同发展，这迫使加快形成区域有效合理竞争和合作共赢的发展模式，以共建共治共享机制推动协同发展。

2. 产业发展差异

产业发展因自然地理条件、资源环境以及政策制度等在时间和空间上具有显著差异，地域分工不同，产业布局的区域差异突出，随着产业经济发展，势必造成产业的结构同质化，产业带动力不足。区域间在产业发展和协同创新缺乏合作性，尤其是生态环境保护更是陷入自扫门前雪的状态，生态治理呈现碎片化、短期化特点，需要建立合作机制和信息共享平台。重点区域尽管在极化效应基础上产生扩散辐射效应，但是作用力较弱，不足以带动落后区域。各个区域内的生态资源禀赋各有优势，但是各政府根据区域禀赋优势发展产业，会造成区域间资源重复开发；各地产业发展成熟时，两地间会因为生态资源产生利益冲突，造成资源浪费和恶性竞争；区域政府间为保护本地资源开发，整个区域的产业会因为资源保护形成分割状态，难以形成区域内生态资源的共建共治共享，最终导致区域间发展差距进一步扩大，生态环境缺乏协同保护，阻碍共建共治共享机制的建立。

3. 政策制度差异

除了各地资源禀赋引起的产业发展问题，政府间行政权力分割和市场贸易壁垒也影响区域的生态共建共治共享。例如京津冀城市群，城市间的行政关系复杂，天津市和河北省政府处于平级关系，但是两者的区域性质不同，天津属于直辖市，河北省属于地方省；北京市和河北省也属于并列平级，但是北京市和中央政府紧密相关，可对河北省进行管理指导。行政关系的错综复杂不仅影响地区间的生态保护中的利益倾向，而且阻碍了京津冀的资源协同保护进程，区域间合作仍要加强。区域间只有从整体权益出发，放弃地方生态效益争夺，相互交流合作才能从根本上避免资源浪费、生态利用效率低下等问题。这要求政府部门间统筹合作规划，制定合理的行政规范，运用制度引导区域内各行政主体降低区域壁垒，通过生态资源利益分配和补偿，协同促进区域生态保护一体化。

4. 促进经济—生态协调发展的生态共建共治共享需求

其一，需要建立资源综合管理和专项要素规划相衔接机制。在综合性生态保护基础上，细化规划环节，分解生态管理目标，明确任务，建立具体化指标，按照不同区域、不同类别建立标准，保障生态规划目标与任务内容、指标设立、标准量化的一致性，并根据生态系统的特点、环境突出性问题、重点防治区域，针对性制定要素和区域规划，系统性推进生态保护规划实施。其二，需要建立区域规划协商动态调整机制。规划的区域协调、规划的地方落地、生态环境日常工作等均需要中央地方以及相关重点区域、重点行业或部门深度协商协作，需要定期常态化的协商沟通，保障规划的实施及规划的动态调整。其三，需要强化生态环境保护规划约束性，加快制定要素专项规划，健全规划体系。在区域生态系统、环境保护系统深入研究和认识基础上，具体制定地方专项规划，重点恢复重建生态系统，保护区域内耕地、水资源等，推进防治大气、水资源、土壤污染等进程，建设风沙源防治工程、流域治理工程，开展山地绿化建设以及水源地保护工程建设，根据区域要素的特殊性形成专项规划，完善综合性规划体系。

三、基于区际生态关系的机制设计

生态共建共治共享是全面形成共建、共治、共享社会治理格局的重要内容，是建设生态文明、提升生态质量的重要措施和方式。具体的机制设计要打破行政区域壁垒，需要明确共建共治内容与任务、共享权益与福慧，从理论层面和实践层面厘清区域之间的生态关系与经济联系。以区际生态关系为纽带，对科学考察区域生态贡献，合理界定生态保护区和生态受益区，制定跨区域生态共建共治共享机制具有重要意义。

（一）区际生态关系及其意义

生态的本质就是一种关系状态，研究生态关系的目的是揭示物质流、能量流、信息流的传递方式及其特点（沈清基，2003）。如城乡之间、流域上下游之间等生态关系，是自然生态系统、人类生态系统，以及自然地域和行政地域生态系统的高度复合系统下的区域间生态联系。区域生态关系是指在不同层次、不同特质的区域之间，因生态产品供给、生态净化调节、生态文明服务及生态危害影响而形成的相互作用关系。生态文明建设的目的就是采取各种有效措施调控生态关系，实现人与自然复合生态系统的良性可持续发展。生态关系是分析区域分工和产业布局、国土空间规划和功能区规划、区域发展地区差异性、建设跨区域生态共建共治共享逻辑框架的基础。

1. 生态关系是可持续发展研究中的基础科学问题

可持续发展能力的“硬支撑”为和谐的人与自然的关系，“软支撑”为和谐的人与人的关系（李磊，2014）。人类的生产和生活，离不开自然界提供的基础环境（空间、气候、水、生物环境等）、资源保证（水、土地、矿产资源等）、生态服务（大气调节、水土涵养与净化等）。只有处理好当代人与子孙后代、国内与国外、本地区与其他地区的生态和环境的关系，以及不同人群之间的关系，才能使全人类全社会可持续前进。一个特定地区可持续发展的人与自然的关系、人与人的关系就是区域生态关系。因自然系统、社会经济发展水平、历史文化发展等的差异，不同特定地区内部及其与其他地区的生态关系具有各自的特点。所以，在可持续发展研究中要重点研究生态关系问题。

2. 生态关系是生态文明建设的关键科学议题

客观认识生态关系能够正确评判人地关系，科学揭示人地矛盾、人地关系演变规律与趋势，为生态文明建设总体目标和方针政策的制定奠定科学基础。科学探索区域生态关系能客观认识区域资源承载力、环境容量，为人口分布、产业布局、生态建设规划、环境保护规划等提供理论依据，为调控人类的生态利用行为提供科学依据，是生态经济和循环经济的生态学基础。科学揭示区域生态关系问题能客观认识生态退化现状、根本原因及未来趋势，探索生态问题对人类生存环境的影响，为环境保护提供科学依据。只有科学认识生态关系，才能找到促进区域可持续发展和生态文明建设、恢复和建设生态系统的方法途径。

3. 生态关系是生态建设和生态服务的跨区域桥梁

生态资源是支撑人类生存发展的必要基础性资源，为人类的生产生活提供各种各样的生态服务和生态产品，并可被人类开发利用以满足人类物质需求和精神追求。生态资源的本质是指自然环境资源，主要是具有生态生产功能的自然资源，能够进行生态调节并产生服务价值，比如具有气候调节、水源涵养、生物多样性保护等功能，这些资源包括森林、草原、耕地、湿地、河流湖泊、荒地、滩涂等。

生态系统服务（ES）为“人类可以从自然生态系统中获取的产品或效益”，具有供给服务、文化服务、支持服务和调节服务四大功能（MA，2005）。人类不断加强对生态系统的开发和利用，全球生态系统的2/3已经退化（刘慧敏，2017）。生态系统服务包括人类从各种各样的生态系统中获取的全部惠益，由生态系统四大功能及其相互之间的作用共同构成（傅伯杰，2009）。我国在自然生态保护区规划、生态功能区建设、生物监测和评价、数据网络化管理等方面开展了大量研究，为区域生态系统服务的提升研究构建了理论基础。生态建设与生态服务往往是跨区域的，区域之间的生态关系是连接区域间生态建设和生态服务的生态桥梁。生态建设必须尊重自然系统规律，必须顺应区域间的生态联系。服务功能取决于基于生态系统自身的服务能力，环境污染对生态系统产生整体性影响，因此生态环境问题往往是跨区域的。依据人与自然和谐共生的理念，遵循尊重自然、顺应自然、保护自然的法则，理清区域间的生态建设关系、自然资源利用关系、环境保护关系、生态服务关系、生态产业关系、产业生态关系等生态关系，确定在大区域系统内部的生态角色和地位，即判断生态受益区还是贡献区，才能坚持“谁受益、谁付费”的原则，从而保证区域生态同责同权，实现跨区域生态共建共治共享，保障区域发展的公平与效率，如图3－1所示。

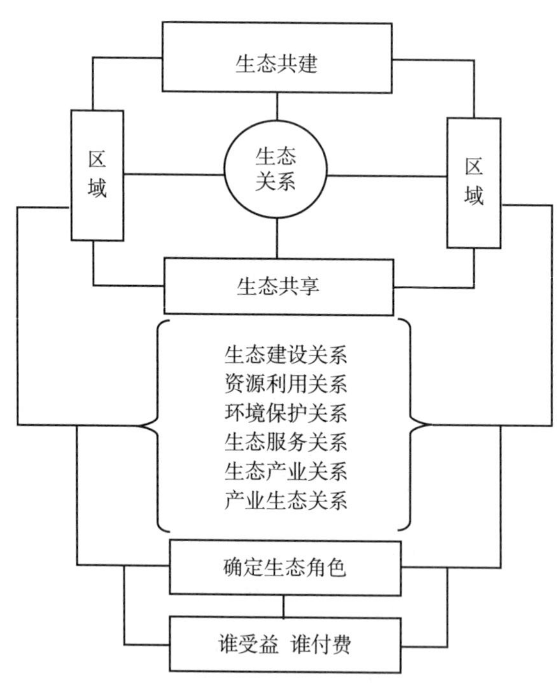

图3－1 跨区域生态桥梁：生态关系

总之，生态关系是生态补偿、区域协调的重要科学依据。通过区域生态关系研究，可以科学评估环境资源价值，客观判断人类活动的外部不经济性及所造成的污染和破坏，科学认识区域外部性、区域之间的生态系统的“服务－被服务”关系格局并进行价值评估，从而为区域生态补偿和协调发展提供理论基础学依据。

（二）生态共建共治共享含义

在工业化初期之后世界各国更加注重环境问题。生态作为一种文明理念、形态以及工具已逐渐形成基础性研究体系。根据生态保护的理论研究和实践探索，结合当今生态文明理论、人与自然和谐共生原则，生态共建共治共享是指在一定区域范围内所有行政区之间的生态建设、生态治理协商与合作，以及共享经济、社会、生态发展惠益，即为促进生态系统良性循环，要求政府间协商一致，制定生态保护和建设的总目标以及各分项目标、设计规划中所需生态投入，分析各区域和主体间的生态效益，并依据收益比例承担相应环保成本并分享红利，最终达到生态资源共建、环境保护共治、生态效益共享的目标。

1. 区域系统的生态共建共治

生态共建共治指承担生态治理的责任，对生态保护与治理做出贡献和成本付出。区域可以分为自然区域、行政区域。自然区域包含了生物、土地土壤、水资源、大气等系统要素，各要素依据自然规律形成、发展、演变。行政区往往鉴于历史、行政管理等多种原因而人为设定，由经济系统、社会系统及其要素构成。一般来说，区域系统受到人类活动扰动，行政区与自然区域相叠加切割，是人工—自然复合系统，如图3－2所示。

生态系统往往是跨区域的，如长江流域、黄河流域等自然流域，黄土高原、云贵高原、长三角、珠三角等自然地貌单元，跨越多个省份多个地级市，其系统修复、恢复、重建及其维育，需要多个没有行政隶属关系的行政区域协作协同。环境污染破坏往往也是跨区域的，如上游污染物质流（飘）至下游，森林植被破坏造成的水土流失、气候失调等也不仅涉及立地区域，所有环境污染治理也需要跨区域的协作协同。随着社会经济的发展，行政区单元与自然系统、经济系统、社会系统各要素相互交织，最终形成相互联系、相互影响、相互牵制、相互促进的命运共同体。生态建设任务需要命运共同体内所有行政区共同承担，走向生态共建。生态共建共治主要内容如图3－3所示。

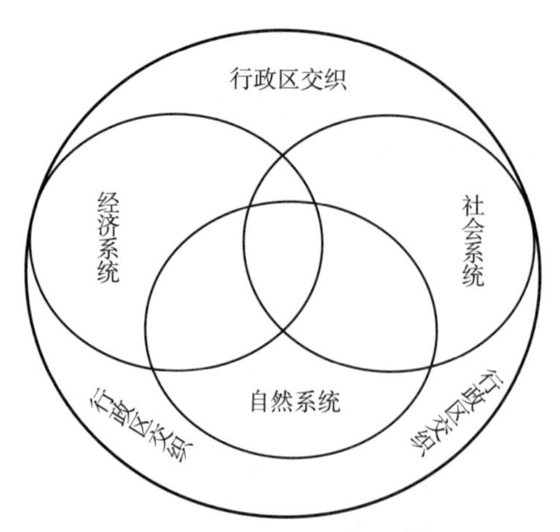

图 3－2　区域人工－自然复合系统

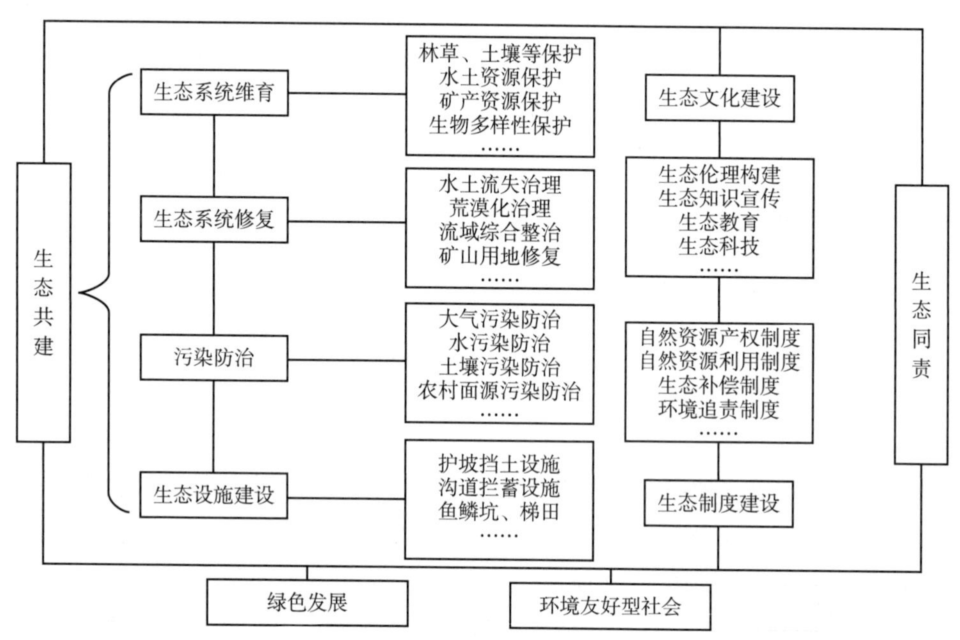

图 3－3　生态共建共治内容体系

从生态系统发展规律来理解，一个相对有系统边界的大区域系统包含的所有行政区域，其生态共建除了共同实现绿色发展、共同建设环境友好型社会外，其体系分为共同的生态系统维育、共同的生态系统修复、共同的污染防治、共同的生态设施建设、共同建设生态文化，以及共同建设生态制度六大内容。这需要统一的区域规划、统一的资源开发、统一的生态建设。

2. 区域系统的生态共享

生态系统服务或产生的效益可分为立地区域效益、异地区域效益、生态关联效益，如图 3 - 4 所示。生态系统服务具有公共产品属性，服务价值的区域外溢性强。狭义层面的生态共享是指在一个相对有系统边界的大区域系统内的所有行政区域，共享生态系统服务惠益，如图 3 - 5 所示；广义上的生态共享，是指不仅共享生态环境和生态保护的成果，而且共享经济发展的成果。

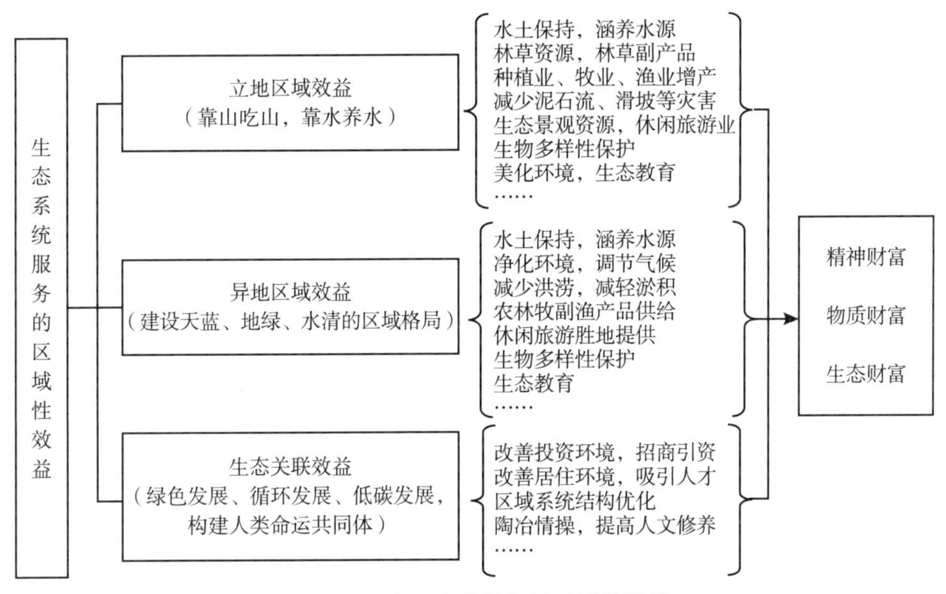

图 3 - 4　生态系统服务的区域性效益

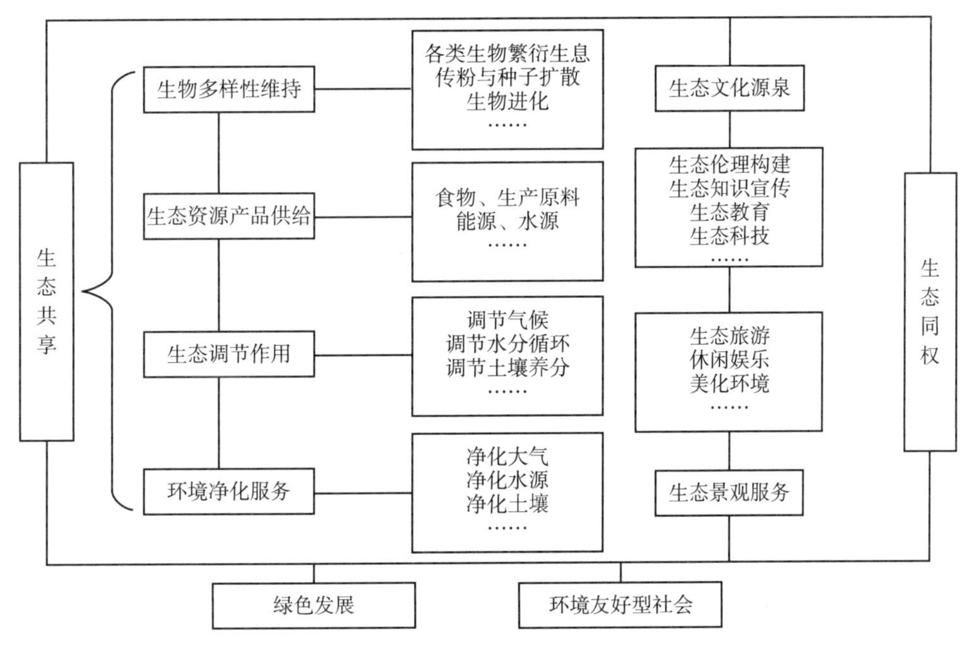

图 3 - 5　生态共享生态服务体系

（三）跨区域生态共建共治共享理论架构

生态共建共治共享是我国共建共治共享的重要抓手，是治理现代化、生态现代化的重要议题，对于协调区域间共同发展、经济社会与生态环境间协调发展具有重要意义。跨区域生态共建共治共享理论架构可为在区域协调发展中落实共建共治共享理念提供理论指导，为跨区域生态保护补偿奠定理论基础。

1. 跨区域生态共建共治共享研究理路

如图3-6所示，鉴于生态环境问题往往是跨区域的系统性问题，生态利益关系紧密地区的跨区域生态共建共治共享，维护自然生态系统的全局性、整体性、系统性，体现经济社会与生态环境的协调发展、区域发展和生态保护的公平与正义。在理论层面跨区域生态共建共治共享要充分运用生态学、环境科学、区域经济学等学科理论，兼顾生态保护和经济社会发展问题，形成生态共建共治共享理论体系。

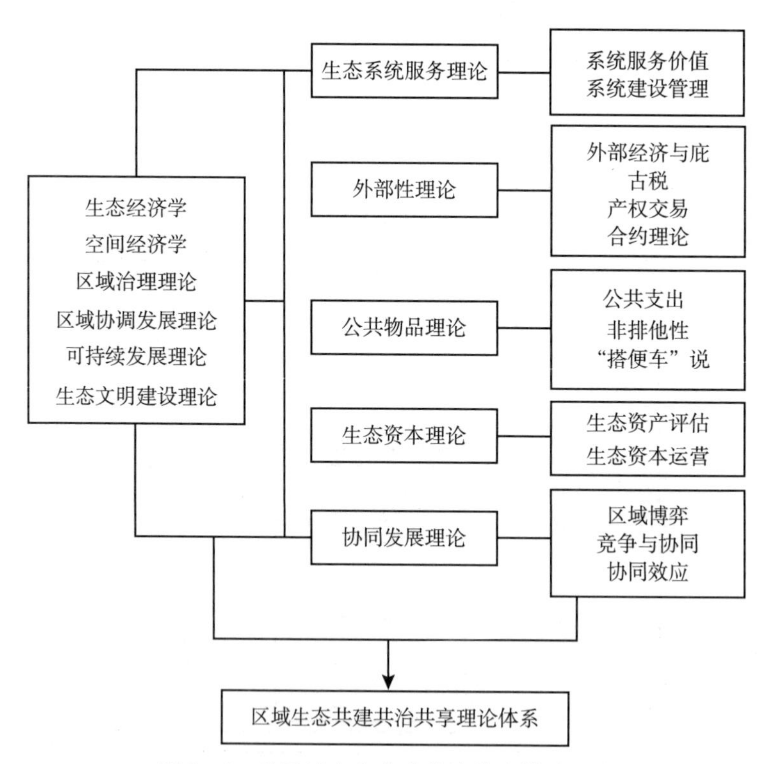

图3-6　跨区域生态共建共治共享基础理论

以“生态关系－生态贡献－生态补偿－生态共建共治共享”为研究逻辑，以“生态系统服务价值－发展机会成本－支付意愿”为定量研究思路，立足生态共建共治共享目标，在学术理论层面，综合城市生态学、区域协调发展、资源环境经济等学科理论，探讨跨区域生态共建共治共享理论内涵，揭示生态紧密地区的行政区域之间的生态关系特征、规律，建立跨区域生态贡献表征指标体系，提出跨区域生态贡献补偿理论，从而构建跨区域生态补偿长效机制。在研究方法层面，运用生态系统服务价值估算、成本核算、条件价值评估等方法，探讨客观可行的行政区之间的生态关系表征办法，构建反映生态系统服务外部性、体现发展机会成本及区域之间协商的跨区域生态贡献计量模型，提出跨区域生态贡献计量流程与方法。在实践措施层面，以京津冀、长三角、成渝城市群等发达地区为实证，检验修正区域生态贡献表征指标体系及计量模型，提出具体的生态共建共治共享的生态补偿办法及保障措施，最终提出适合我国国情的跨行政区域横向生态补偿长效机制，丰富完善生态共建共治共享理论。研究基本思路如图3－7所示。

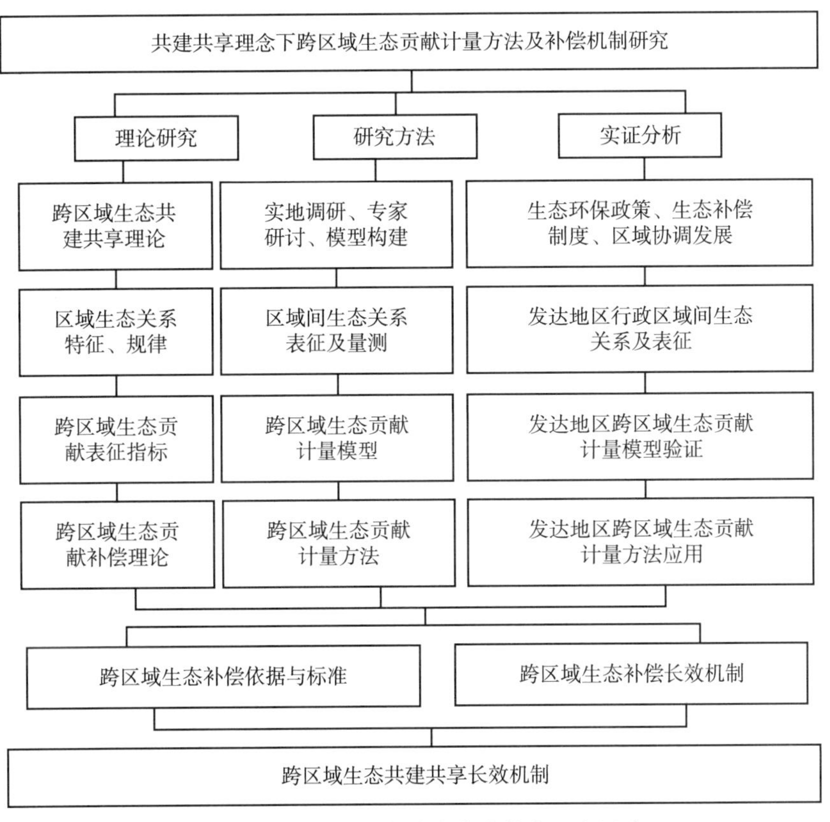

图3－7　跨区域生态共建共治共享研究思路

2. 跨区域生态共建共治共享长效机制框架

生态共建共治共享，是在一定区域内所有行政区之间在生态保护方面的协商与合作。生态环境问题往往是跨区域的系统性问题，自然生态系统的主要功能是为人类的生存和发展提供良好的生态环境基础，其质量和数量奠定了未来人类生存与发展的自然本底，因此需要维护自然生态系统的物质、能量良性循环。服务的数量和质量可以运用生态系统对人类提供的全部生态效益表示。而行政区的内在结构与生态系统结构往往不一致，区域间生态效益分布不均衡。理清生态关系紧密地区的行政区域间生态关系是判断不同行政区域所需要承担的生态系统保护、产品提供、资源开发角色的基础，即明确各行政区域是生态贡献区还是索取区域。

跨区域生态共建共治共享存在一定前提条件：一是在生态、经济、社会利益关系紧密的封闭地区范围内，区域之间没有行政隶属关系；二是在高一级政府统领和各区域协商一致下，统一规划和配置生态资源，实行统一的法律政策制度，区域统一监管，共享资源，共建生态系统；三是遵循“谁受益谁付费”的基本市场交易原则、“谁保护谁获补偿”的市场秩序规则（彭文英，2019），定量估算各区域和主体间的生态效益，依据收益分担生态保护成本，最终实现生态资源共建、环境保护共治、资源收益共享目标。鉴于上述逻辑可以建构“生态关系—生态贡献—生态同责—生态共建共治共享”的理论框架，从生态学原理、生态系统规律、生态系统服务及区域协调发展角度，针对生态紧密联系地区，吸收先进地区管理经验，在区域发展战略指导下，按照生态投入、生态消耗、生态服务的标准来计量生态贡献，以生态贡献为依据来实施生态利益紧密联系而无行政隶属关系地区的跨区域生态责任分担，从而体现区域生态公平与正义，实现区域生态共建共治共享。理论逻辑如图 3－8 所示。

以“生态关系—生态贡献—生态同责—生态共建共治共享”为理论逻辑，在学术理论层面，综合城市生态学、区域协调发展、资源环境经济等学科理论，理清跨区域生态共建共治共享理论内涵，通过揭示生态紧密地区行政区域之间的生态关系特征、规律，建立跨区域生态贡献表征指标体系，提出跨区域生态贡献的补偿理论。在方法层面，综合运用生态系统服务价值估算、成本核算、条件价值评估等方法，结合中国国情，构建反映生态系统服务外部性的跨区域生态贡献计量模型，提出跨区域生态贡献计量流程与方法。在实践措施层面，可以京津冀、长三角、成渝地区发达地区为实证、示范区，检验修正区域生态贡献表征指标体系及计量模型，最终建立适合中国国情的基于生态贡献的跨行政区域横向生态补偿依据、标准及方法，保障实现区域生态共建共治共享。

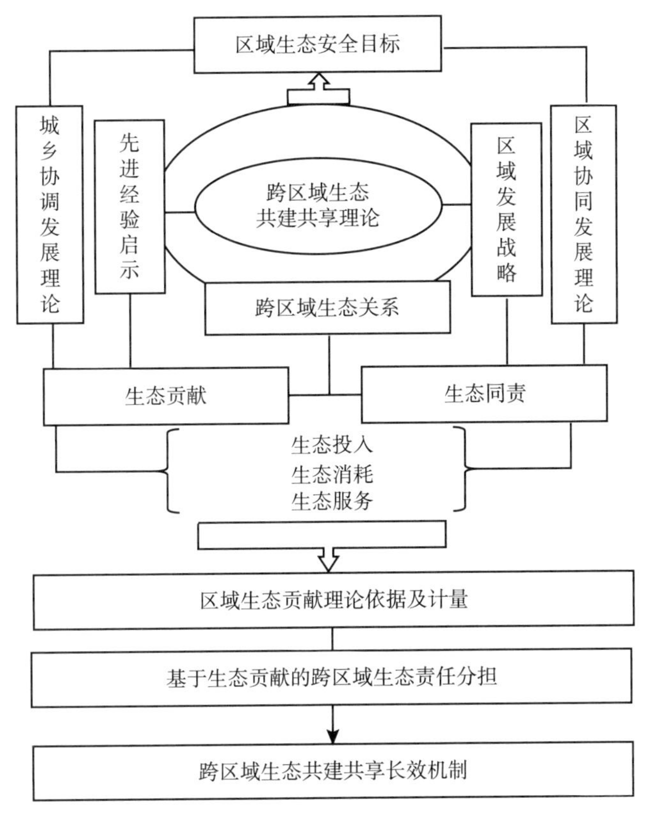

图 3-8　跨区域生态共建共治共享长效机制构建

四、本章小结

生命共同体建设作为中国特色社会主义生态文明建设的核心目标，是生态文明建设的重要理念。立足于生命共同体建设探讨区域之间生态共建共治共享，为促进生态保护区和受益区良性互动的体制机制完善，推动形成绿色利益分享的区域格局提供理论参考。区域生态关系作为生态建设和生态服务的桥梁是构建生态共建共治共享理论框架的基础，区域生态共建共治共享应在分析区域生态关系基础上探讨国家区域分工和产业布局、国土空间优化和功能区规划、区域经济发展的地区差异性等几个方面发展的制约因素，并立足于其客观需求，设计科学合理的跨区域生态共建共治共享理论框架，为跨区域生态贡献及生态保护补偿理论机制建设，以及区域协调发展、生态优先绿色发展提供理论指引。

第四章

跨区域生态贡献及补偿理论框架

跨区域生态保护补偿是生态共建共享和区域生态协同合作的重要实现路径之一，是生态文明体制机制建设的重要内容。基于生态系统服务、区域经济学、区域协调发展、区域规划、区域治理等理论和方法，在既有理论梳理与实践经验基础上，探讨不具有行政隶属关系的区域之间生态关系，以此建构跨区域生态贡献及生态保护补偿理论，理论层面回答“为什么补”“谁补谁”“补多少”等问题，确定生态补偿主客体、依据、标准以及方式等，为科学界定生态保护区和生态受益区、完善生态保护补偿机制奠定理论基础。

一、跨区域生态保护补偿的区域选择

跨区域生态保护补偿涉及流域、生态功能区、重要项目区，以及主体功能区、城市群等生态与经济联系紧密区，近年来，我国在实践层面较多在流域范围、森林领域等开展了跨区域生态保护补偿。当前需要扩大跨区域生态保护补偿的区域和领域范围，建立不同行政等级区域、不同区域形态的跨区域生态保护补偿区域体系，推动全面形成绿色利益分享格局。

（一）流域系统跨区域生态保护补偿

流域生态系统以分水岭为自然边界，区际生态关系明确，在流域系统内山水林田湖草等自然生态系统构成相对完整的自然地理单元。流域作为提供生态系统服务和产品的重要产出区域，以水资源为核心的生态系统服务和环境产品在时空分布上表现出不均衡性，导致流域上下游、左右岸等不同区域的经济利益与生态效益不平衡，生态保护补偿是解决这一不平衡问题的核心。

1. 流域系统的独特性

流域作为天然的集水单元，具有系统性和整体性。从流域的边界划分角度看，流域内生态关系较为明显。流域系统拥有完善的功能结构并且具有一定的独立性，其中包含了众多自然资源和社会经济活动。随着科技的进步，人类不仅可以直接利用流域系统资源，而且可以通过人工降雨、跨流域调水等方式参与流域系统的运转。当人类参与流域系统循环后，流域运转机制成为一个自然、经济并存运行的过程，流域系统就相应转变成自然经济运行的综合系统，从而形成了新型的与水循环相关的流域经济输入和输出的运行模式，并拥有新的功能和结构。从人类干扰程度看，流域内山水林田湖自然地理单元相对完整，上下游之间的生态关系更为明确。

流域是水系连接，上游地区生态功能相对完善，生态系统服务价值更高，下游地区由于地势相对平坦，人口和产业相对聚集，生态系统服务价值与上游相比较薄弱。流域生态系统以水为纽带和驱动因子，以经济发展为核心，因此应以系统分析法研究流域，不断优化自然生态环境。流域内也蕴含巨大的生产力，能够提供水资源和水动能，可开展旅游和发展航运，并提供土地土壤资源等。如何最大化发挥流域的潜在生产力并充分补偿利益主体，是探索流域跨区域生态补偿的核心。

2. 流域系统跨区域生态补偿的必要性

流域系统的核心是水资源，流域生态补偿研究和应用的主体主要是水资源。流域内各行政区在水资源利用问题上存在激烈的竞争性。一个区域如果过度使用水资源，相应地其他区域的可利用水量会短缺，进而阻碍当地经济发展。因此，为平衡区域间水资源权益，调整水资源分配有助于协调流域内环境效益和经济收益。在流域生态补偿中，产权界定是补偿基础，应以政府管理为主导，合理辅助市场手段，对破坏流域生态和浪费水资源的行为按照相应补偿标准收费，另外对保护生态和节约水资源的行为和经济投入做出补偿，从而平衡区域间环境保护效益和经济收益（李宁，2018）。

通常在保护流域生态时，上游地区因为要保护水土资源，相比下游地区要承担更多的生态保护成本，因而在流域整体的水资源利用中各个地区的损失与收益通常是不平等的，下游地区需要按照补偿标准给予上游地区相应补偿。流域中的跨区域生态补偿可认为是因为对生态资源破坏而进行的补偿，或者是对治理流域污染的补偿、对因为保护流域生态而失去发展经济机会的补偿。补偿方式有资金、技术或政策优惠等，有助于协调区域间和主体间的利益，促使全流域实现利益共享和风险共担。

3. 流域系统跨区域生态保护补偿进展

流域跨区域生态补偿中，因为国内的水资源时间和空间分布不平衡，日益增加的产业和生产生活需要使得水需求量大幅度增长，水源污染面增大，国内学者十分重视该领域的生态补偿问题。国内研究者将流域生态补偿类型划分为跨界生态补偿和污染赔偿以及水源地保护三类。早期流域层面的生态补偿研究重点在于对理论内涵、补偿目标和原则、主客体界定以及筹集补偿款的方式等宏观政策性研究。21 世纪以来国内学者由传统的流域定性研究转向流域定量化核算评价阶段，具体的补偿机制被划分为四大类：其一是国家层次的大流域，涉及区域广泛，因此补偿机制设计复杂；其二是流经多个省份尺度相对较小的流域，通常只流经两个省份，补偿方式多是流域上下游主体间补偿和污染赔偿；其三是在单个省级区域内的小流域，由于省内的统一管理和协调，小流域补偿中利益主体的权责清晰；其四是城市内部的水源地，涉及人民的饮水安全，利益主体仅包括作为补偿主体的供水区和作为补偿客体的保护区，因此主体间权责清晰，补偿关系易于协调（曹莉萍、周冯琦、吴蒙，2019）。

2016 年 5 月，国务院办公厅正式印发的《关于健全生态保护补偿机制的意见》中指出生态补偿机制可以使得生态保护者和受益者之间良性协商，调动全社会参与环保的积极性。2016 年 12 月，财政部和环保部、发改委以及水利部联合出台了《关于加快建立流域上下游横向生态补偿机制的指导意见》。2017 年 9 月，财政部制定了《2017 年中央对地方重点生态功能区转移支付办法》。以上三个制度体系已基本形成基本纲领和实施目的相融合的制度体系。国家层面生态补偿的制度顶层设计已经基本形成总体指导框架。

省级层面的生态补偿案例不仅涉及省份之间的横向补偿机制，而且包括省内区域以及省内城市间的补偿机制。安徽和浙江两省在新安江流域治理中建立了省际补偿机制。广西和广东省借鉴“新安江模式”在九洲江流域建立了跨省流域合作保护水环境机制。江苏省和福建省等在省级流域层面上开展了水域补偿机制和生态补偿机制的制度和实践探索。在省内的流域生态补偿实践中，贵州省内的赤水河、湖南省内湘江以及黑龙江省内穆棱河和呼兰河流域为防治水污染开展的生态补偿则是以省内主要流域为研究主体、流域范围涉及多个地市的省内生态补偿。在省级实践的指导下，各地级市、区（县）直至下属乡镇也日益重视生态补偿的作用，因地制宜展开实践。2015 年山东省潍坊市在市内的弥河流域推动签订上下游协议以推动生态补偿，以临朐县、青州市、寿光市多个县市的边界断面水质为补偿依据，开展上下游之间双向补偿，与之相类似的实践还有云南省内的大理和洱源县之间签订的生态补偿协议，以及广东省清远市的主体功能区之间的生态补偿机制等。

（二）功能区跨区域生态保护补偿

2011 年我国颁布的《全国主体功能区规划》明确了国内的国土空间开发模式，重点生态功能区的形成和补偿制度是在该战略规划实施基础上形成的。重点生态功能区具有维护生态安全、提供生态产品和系统服务的功能等。由于各地的自然条件和要素禀赋存在较大差异，因此各地区要根据自身条件发展。根据国家整体规划和各地情况，我国国土空间主要分为优化、重点、限制和禁止四类开发区，划分主体功能区要考察的影响因素包括自然环境、水土承载力、当前的开发密度、区位特点、环境容量，等等。尽管国土空间的功能具有多样性，但是必定有一类主体功能。形成主体功能区的意义在于，得出极具实践性和创新性的规划内容，是我国开展空间规划、形成空间布局的基础性前提，是科学协调经济发展和人口资源环境的综合性载体（冯之浚、杨开忠，2008）。

对区域的主体功能定位使得限制和禁止开发区的发展受到局限，并要承担额外的保护成本。根据规划，限制和禁止开发区要修复和维护本地区环境而负担较大成本，同时因为保护生态需要放弃具有高经济效益的产业、周期短的工业。限制人口量的政策使得人口逐步退出，包括就地以及异地转移。同时需要根据对居民生活不同程度的影响，根据居民需求针对生态移民进行补偿。主体功能定位不同造成的发展机会成本损失，通常表现为两个方面，一个是因为环境控制而导致的工业发展成本损失，其中包含财政收入、税收和就业损失等；另一个是因为生态保护而产生的成本损失，进而造成农、林、牧、渔等产业的经济效益的下降，例如退耕还林/草、建设公益林等，会限制当地的产业发展、居民生活和政府行为，最终造成企业的利益下降、个人收入降低、人力资源外流而政府收入减少，从而限制区域总体发展。

规划的实施加剧了主体功能区间的利益分配不均衡，限制和禁止开发区通常是资源承载力弱、环境脆弱的生态涵养区。区域环境需要依法强制保护，对该区域的干扰要严格控制，严格管控区域经济发展模式和产业布局。优化和重点开发区已经形成了比较好的产业发展基础，聚集了大量的商业和人口，众多具有较高经济效益的产业都布局于此。生态保护的功能定位，让其担负了更多的环保成本和发展机会成本，区域间利益分配不均衡进一步加剧。因此跨越功能区边界进行生态补偿对协调功能区利益、缓解生态和经济矛盾作用重大。如果不积极管制国土的空间开发格局，每个区域都会最大化占用土地并最大强度地开发本区域的资源以开展工业和城镇化建设，从而实现区域最大经济效益。如果政府运用划分功能区的方式，强制一些区域建设生态环境，限制经济发展，则会严重抑制该区域土地利用带动经济增长的功能，因此跨越功能区边界的生态补偿才能平衡经济与生态同时发展的矛盾。

（三）重点项目区跨区域生态保护补偿

跨区域生态补偿初期主要以工程项目建设补偿为主，补偿方式较为单一，主要的跨区域生态补偿项目包括水环境治理项目、生态清洁小流域治理项目、稻改旱项目、上游地区保护水源建设项目等。横向跨区域重点项目生态补偿主要涉及流域和水源地层面。在流域层面主要集中在水环境治理项目、生态清洁小流域治理项目。在初期阶段，补偿方式不够完善，大多数补偿内容都属于工程建设项目。与此同时，实行了丰富多样的补偿方式，即使如此，到目前为止，补偿体制还不够完善，还需要对其加强探索与改进。在水环境治理项目中，通过制定水生态横向生态补偿协议的方式，对补偿资金来源、考核标准和使用管理进行协定，使水生态补偿提升到制度层面。在生态补偿实践层面，开展较早的是生态清洁小流域治理项目。在生态环境保护层面，通过签订协议和备忘录等方式，在水源保护、风沙治理、植树造林等方面推进协同共治。

另外，草原和农田跨区域生态补偿探索也是当前亟待完善的重点项目。草原的跨区域生态补偿在我国草原治理和保护中取得理想效果，促使草原中多类主体共同参与补偿，打破行政区划边界带来的补偿障碍，从而修复草原生态，筑牢生态屏障。草原生态补偿也以行政区划为基础，跨区域的补偿条件尚未形成，同时缺乏相关制度保障。国家可依据空间管制划分为各类生态功能区，形成专业的管理草原的综合部门，并建立相应法律制度，实现协调综合管理（杨冉，2017）。

农田生态系统是开放式的，作为粮食主要生产地，对社会发展存在较强的正外部性，农田生态服务通常是跨越行政区域的，粮食供给具有扩散性，农田生产的受益者不担负任何生产成本下也可享受农田提供的粮食产品和生态服务，并获得生态效用（杨欣，2017）。国家为保障粮食供给和农田生态系统健康安全，采取了相关土地管制以保护农田和农业用地，地区间不同的土地资源差异决定了政府管制也会因地制宜，最终导致农田面积较多、质量较高的区域需要保护好农田，该地区的农地不能转换成建设用地以获取更多的收益。地方政府是处于中央政府和基层农村的连接机构，也是独立理性的行为主体，也趋向追求生态效益和经济利益最大化。从全社会公平角度出发，在农田保护中牺牲自身发展机会的地方政府可从其他区域获取经济补偿用于支付农田保护成本，促使区域间利益分配均衡，全社会生态福利共享。

（四）城市群跨区域生态保护补偿

城市群跨区域生态补偿是以城市群各城市为基础，划分出生态贡献地区和生态受益地区，并分析区域间发展权和利益分配补偿的制度安排。在城市群中，区域间发展是不平衡的，生态资源禀赋和丰富度各不相同，环境承载力存在差异，区域间竞争压力越大，跨越区域边界解决环境问题越重要，构建跨区域的生态补偿机制是解决环境保护和经济发展矛盾的关键。

从生态环境保护贡献与受益情况来看，在城市群系统内将出现生态环境效益受益地区，即贡献出环境效益的地区或生态产品生产供给地区。环境受益区在经济发展中具有资源利用优势，生态效益提供地区在提供生态产品中享有资源禀赋。两个区域在产品生产供给中也存在明显差异：前者主要提供工业品等经济类产品；后者主要供给生态资源类产品。因为区域间的自然要素禀赋存在差异，有的区域产生的经济效益可能不断增多，生态效益趋向减少；有的地区则呈现相反状态，生态效益增大，经济效益逐渐减少。城市群是各个城市组成的整体化的、关联度和外部性极强的区域，若两类地区之间产生较强的生态相关性，则存在明确的生态利益关系。若两类地区是相对封闭的，则市场处于分割状态，彼此间不能交易其所具有的优势产品，各区域资源优势得不到有效利用。如果各具优势的产品可在地区间交易，结果是生态受益区的工业产品的相对价格趋于上升，最终两地区各具优势的两类产品的相对价格趋向一致，从而整合和发挥了两区域各自的比较优势，大幅度提升城市群内区域的整体社会福利水平。这些福利来自地区间开放的市场，可以更好地发挥区域各自的要素禀赋优势。根据主体功能区划，优化以及重点开发区通常是生态受益区，限制和禁止发展区通常是生态贡献区。为使城市群整体利益最大化，必须合理衡量各区域的资源禀赋和各自的最大生态承载力，通过合理配置和交易区域间的工业品以及生态品，促使整个城市群实现经济和环境最大效益分配。

二、“为什么补”：生态保护补偿测算依据

跨区域生态补偿的测算依据主要包括生态系统服务价值的区域外溢、生态产

品的供需不平衡、生态保护的直接和间接成本、区域补偿意愿等，在跨区域生态补偿依据的基础上，有针对性地制定生态补偿标准。

（一）生态系统服务价值区域外溢

生态系统服务价值是生态保护补偿最根本的依据，具有一定的经济学意义。在马克思的劳动价值理论当中，生态系统服务是没有劳动时间和价值的。然而按照效用价值理论的内容规定，生态系统服务应当能够同时满足人类的两个基本条件，分别是效用和稀缺。在经济发展的带动下，人类各种活动对生态环境产生越来越严重的影响，往往导致越来越严重的生态退化和环境破坏，造成生态资源耗竭，生态系统服务已经演变成为一种稀缺资源。大量的科研结果显示，对于人类生存来说，生态系统服务发挥着十分重要的作用，生态系统服务不仅具有稀缺性，同时还具有效用性。

生态服务的外溢价值核算是学术研究中的难点，尤其是价值的外溢量化计算，具有非常高的难度。相关研究将外溢效益分摊系数纳入生态服务的效益评估中，按照一定标准分配生态效益，扣除直接收益后就看作服务价值的外溢效益（李彩虹、葛颜祥，2015）。生态涵养区所具备的良好生态环境可调节气候、净化环境、保持水土和提供景观等，然而服务的功能具有弥散性，没有明确的边界区分，因此不易直接进行市场交易。生态系统服务受益地区无须额外支付任何生态成本，即可获取上述服务，也就意味着，生态系统服务的消费者享受到了其外溢价值，而生态保护区承担其成本。

（二）生态产品供需不均衡

在跨区域生态补偿研究区域范围内，不同地区的比较优势不同，生态涵养地区的比较优势在于生态环境和产品的生产，经济发达地区的比较优势在于物质产品的生产。生态产品与物质产品不同，生态产品再生产过程有明显的外部性，部分生态系统服务价值可以通过市场机制补偿，但大部分生态系统服务价值被其他主体占用和免费消费，出现市场失灵现象，难以通过市场机制实现生态补偿。基于环境公平、经济效率和区域分工的合理要求，物质产品生产集聚、享用生态环境服务且对生态环境造成破坏的地区应提供补偿；投资生态环境，提供生态服务的地区应得到相应补偿和合理回报。

具有经济发展优势的地区多为环境效益受益地区，具有较强的工业产品供给能力；而具有较大环境贡献的区域在生态服务中的供给能力较强，经济贡献能力越大，环境效益也会越强。若两类地区可以充分合作，公平交易，则经济效益优势区域的工业品价格会相对上升，而环境效益优势区域的生态产品价格也相对上升，通过区域之间的交流与合作，两地区的比较优势可以整合与发挥，整个区域的福利水平会相应提升。因此，不同区域之间需要通过生态补偿方式来实现区域协调可持续的发展。

（三）生态保护成本

通过定量的方法判断服务价值外溢的地区，明确生态补偿优先地区，然后再进行相应地区的生态建设与保护总成本等的计算。生态建设和保护总成本分为两个部分，即投入成本和发展机会成本。投入成本是指生态涵养和生态环境建设的资金保障和投入，包括维护和修复生态环境系统的具体开支、生态涵养地区植被管护成本、环保设施建设成本和环境污染治理成本等直接和间接费用。

发展机会成本是指生态涵养地区因保护生态环境所放弃的最大经济利益，是一种沉没成本和潜在收益，并非直接实际投入费用。对于生态涵养地区，为了保护生态环境、维护生态环境功能，必须“关、停、并、转”环境标准限制发展的工业企业，同时必须限制本地区工业企业发展。在一定程度上，这将导致本区域经济效益下降，居民收入水平和生活质量相应下降，发展的机会成本损失较大。

1. 生态保护直接成本

基于保护生态环境、保护生物多样性、保护自然资源，以及修复受损生态系统的目的，生态保护集合了生态系统维护、修复、整治与管理系列工作，需要投入大量的资金、技术、人力及资源，产生直接成本，这是生态补偿的重要依据之一。

生态保护总成本如表 4 - 1 所示，主要包括生态建设成本，比如植被建设、环保基础设施建设等成本；点源治理费用和面源治理费用，如源头污染与区域范围内的污染治理等；生态系统管护成本，比如水土保持、水源地保护、生物多样性保护等成本投入；其他成本，比如生态移民成本、科学研究投入等成本。所有成本可以通过货币化测算，可以直接纳入生态补偿之中。

表4－1　　生态保护总成本

	投入成本				
	建设成本	点源治理费用	面源治理费用	管护成本	其他成本
总成本	植被建设成本、环保设施建设成本	工业污染治理费用、城镇生活污水处理设施成本	水土流失治理费用、农业非点源治理费用、农户生活垃圾治理费用、牲畜养殖污染治理费	水土保持水源地保护、生物多样性保护	生态移民成本、科研投入等

注：根据文献资料整理自绘。

2. 区域发展机会成本

根据地区间不同的环境承载力、资源开发密度及经济发展水平等开展主体功能区规划，因生态系统保护及区域分工等因素，城市群系统内城市功能定位各有侧重。限制开发、禁止开发区和生态涵养区的主要功能在于生态保护，这些地区因生态保护而限制了本地资源开发，产业发展受限影响了本地经济增长和居民收入，损失了经济增长源而承担了发展机会成本。

发展机会成本主要包括产业关停、迁移损失和转型升级等成本。同时，农户土地经营方式的转变包括退耕还林、退耕还草，以及低耗能的生产方式，这会给本地造成经济损失。此外，政府将承担现有或潜在的产业发展受限造成的财政收入损失。区域发展机会成本是生态补偿的重要依据，应纳入生态补偿核算之中已基本达成共识。

（四）区域生态保护补偿意愿

区域性偏好和支付意愿在生态服务价值评估中发挥重要作用。区域偏好作为经济评估的重要基础，能够实现不同产品或者服务价值的准确对比与分析，所以“偏好”为边际效用的获得提供了可能，具体需要通过实际消费情况以及经验资料等确定。从理论的角度来看，支付意愿和受偿意愿都可以用于生态系统服务价值的测定，两者之间为等价关系。按照偏好的显示性理论进行支付意愿的计算，从而实现对消费者效用的准确评估，最终明确产品或者服务的相应价格。被调查对象对生态系统服务效用的偏好价值表达是本书的一个重要调查结果。

支付意愿一般是指居民所愿意接受补偿的相应额度，该额度可以较好地体现居民对生态系统服务价值的认可性。对于生态涵养区居民的补偿问题，应当综合了解居民的生态保护意愿和态度。这就需要详细调查居民年龄、文化程度、收入等基础状况以及对生态补偿的认识，统计调查对象对补偿额度或支付额度的接受程度。

以支付意愿为基础的核算方法的数据主要来源于调查，因此计算结果具有较强的主观性和片面性。通过调查数据分析所得的受偿以及支付意愿往往不均等，在具体实践中还需利益主体间相互协商调整补偿标准。区域受偿意愿调查具体是指通过实地或者问卷分析等方式进行生态涵养区居民受偿意愿调查，区域受偿意愿对于生态系统补偿标准的确定具有十分重要的影响。根据受偿意愿测算模型计算受偿意愿额度，在生态系统服务价值和发展机会成本的基础上，设计调整系数，对生态补偿标准进行调整，既体现人本主义思想，同时更加客观符合实际情况。

三、“谁补谁”：生态保护补偿角色确定

我国“关于加快推进生态文明建设的意见”强调要“坚持绿水青山就是金山银山”，提出“优化国土空间开发格局”“健全生态保护补偿机制”“加快形成人与自然和谐发展的现代化建设新格局”。《国务院办公厅关于健全生态保护补偿机制的意见》明确要求“谁受益、谁补偿”的原则，“科学界定保护者与受益者权利义务”，提出了鼓励受益地区与保护生态地区积极开展横向生态保护补偿。生态保护区与受益区的划分是解决城市横向生态补偿中“谁补谁”的问题，不同城市在一定范围内存在典型的区域分工合作，在城市资源禀赋和发展条件差异基础上，根据主体功能区划和重点生态功能区划，以及不同城市的发展定位，部分城市以生态涵养和保护作为发展方向，部分城市以经济发展和资源开发作为发展方向。因此在城市横向生态补偿的研究当中，最为核心的内容就是对生态保护区和生态受益区的界定。

（一）生态保护区与生态受益区界定

生态保护区是指为生态环境保护投入相应资金和技术以保证生态环境安全和不被破坏，甚至为环境保护放弃发展对生态环境有负面影响的相关产业，为生态环境保护做出较大贡献的区域。生态保护区在生态产品和生态系统服务上具有较强的供给能力，但是随着生态保护区生态效益的不断强化，经济效益可能会不断减少。生态保护区中的纯净水、清新空气和舒适气候等生态产品作为生态资本，可产生诸多效益。生态产品作为一类生态系统服务可以反映生态要素价值。

生态受益区是指具有一定的经济发展基础和经济发展资源禀赋的地区，在工业产品上具有较强的供给能力。由于经济效益要求不断强化，生态效益就会趋于

减少，因为城市作为一个整体性区域，具有较强的关联性、外部性，保护区和受益区存在较强的生态相关性，主体利益关系明确。生态受益区因为享有生态产品和服务价值，需要分担相应的环保和生态治理成本，并弥补生态产品作为公共产品的非排他性缺点。

（二）生态保护区与生态受益区界定思路

生态保护区与受益区界定及划分是为了解决跨区域生态补偿中“谁补谁”的问题。在生态补偿的研究当中，最为核心的内容就是对生态保护区和生态受益区的界定。借鉴流域、主体功能区横向生态补偿经验，以可行性及可操作性为准则，依据区域生态系统服务及立地消费为本底，也可根据区域生态投入消耗来核算，结合区域协调发展、生态扶贫等理念，对生态系统服务区域外溢的产生情况进行准确的判断，在此基础上完成生态保护区和受益区的划分。跨区域生态补偿生态保护区和生态受益区的划分思路主要包括生态系统服务外溢价值划分、生态投入消耗划分、主体功能区划分、生态扶贫划分等多种划分方法。

1. 基于生态系统服务区域外溢的划分思路

生态系统服务和生态产品是生态保护区实现生态保护后的产出物，但是该产品不能够直接流入市场变现，从而不能表现其经济价值。这是由以下两方面原因造成的：一方面，生态补偿系统主要表现的是其对公民的服务意义而产生的价值；另一方面，生态产出的产品具有公用产品的特点，因此需要创建生态服务系统的补偿机制，不仅能够使各个区域分工合作的合理性得到保证，而且可以保障区域协调发展稳定性。

部分学者从生态承载力和生态足迹的角度进行研究，研究结果显示，如果生态足迹没有超过承载力，就意味着该地区处于生态盈余的状态，如果生态足迹超过承载力，就意味着该地区处于生态赤字的状态。使用生态承载力和足迹之间存在的差值除以生态承载力，即可得到生态盈余系数，其在生态补偿当中具有决定性地位。如果该系数为正，则表明生态足迹不超过生态承载力，而该系数为负的城市则需要向系数为正的城市支付补偿金额（杨璐迪等，2017）。

2. 基于生态投入消耗的划分思路

跨区域生态补偿是基于自然生态、经济和社会以及人居环境系统等高度复合的大系统，区域内部包含彼此没有行政隶属关系的地区。比如，在京津冀城市群中，北京市、天津市及河北省在省级层面没有行政隶属关系，张家口市、承德市、延庆区、密云区等在地区级层面没有行政隶属关系。城市群内部、地形地貌、流域，以及森林草原等单元与行政区交错复合，一般难以界定自然生态单元的行政区归属，也难以确定各行政区之间的生态联系，因此，选择宏观概算方法比较适合城市群内部区际生态关系。为了整体上体现区域之间生态关系和明确生态贡献，可以按照投入产出思路来考察生态系统服务异地外部性的生态贡献。计量思路为，假设研究区域是一个封闭的生态—经济利益关系紧密地区，计量区域之间没有行政隶属关系；如果某一地区的就地生态消耗不超过生态投入，则表明这一地区生态系统服务具有一定的外溢价值，因此该地区可以提供相应的生态服务和生态保护，可以划分到生态保护区；如果某一地区的就地生态消耗超过了生态投入，即这一地区对其他区域提供的生态系统服务进行了消耗，那就需要将该地区划分到生态受益区。

数据包络法作为常用的效率评价法，在多种投入和产出分析方面具有显著的优势。生态投入主要是指生态建设资金、劳动、技术等直接投入成本，生态用地的土地成本，资源节约环境污染防治等治理成本，以及为了保护生态而承担的发展机会成本；生态消耗主要是指就地承载人口、发展经济、基础设施运行等对生态资源的消耗、对生态系统的扰动和破坏。就跨区域生态补偿来说，生态投入和消耗的具体方式是其构建生态逻辑不可或缺的基础。对于某一地区，当生态消耗小于或者等于生态投入，则说明该区域具备外溢价值，因此应当将其界定为生态贡献方，反之则为消费方。通过投入产出模型可以准确地判断区域生态投入和消耗，构建科学的生态贡献指数体系，以此来反馈生态投入和消耗，依靠 SBM - DEA 模型对每个地区的生态消耗量进行准确的计算，换算为生态贡献指数，适合用于如城市群地区内部生态单元较难切割及生态联系不明确的大区域系统内的区际生态补偿计量，但仅适用于生态—经济联系紧密地区内部区域之间的相互比较，并假设该区域为与外界没有联系的封闭区域。不能孤立绝对地运用生态贡献指数来核算区际生态补偿，还应结合国土空间规划的功能区划分、重要生态功能保护区，以及地区公共财政水平、社会经济发展的区域差异等，将跨区域生态补偿与区域协调发展、精准扶贫等联系起来。

3. 基于主体功能区的划分思路

生态保护区基于主体功能区规划，在进行界定的过程中，其核心目标是为了有效解决的“对谁补”问题。生态服务提供者的主要存在形式是生态补偿客体，核心目标是提供优质生态服务，因此可能会造成区域当中集体或者个人出现利益损失。即为了实现生态保护的目标，一些或者全部正常生产生活受到影响的企业与居民，甚至部分企业或者居民需要被迫迁移。

从国家的角度来看，生态补偿是将资源有偿使用作为前提，对破坏资源者进行严格的处罚，从而确保社会能够稳定的发展。通过测算区域生态资源的价值量、折算成治理成本的污染物排放量，以及治理污染产生的经济费用三个指标，计算该区域生态价值的经济盈亏，作为国家各区域补偿关系的依据。当区域的生态资源价值量去除折算成治理成本的污染物排放量再加上其治理污染产生的经济费用，当结果是正值时，则生态价值是盈余的，即被看作生态保护区，对全国做出生态贡献。当计算出的结果是负的，则该地区的生态价值相对于其他地区处于亏损状态，即该地区的发展会使用其他区域的生态资源，被认为是生态受益地区，应给予其他区域补偿（刘春腊等，2014）。

4. 基于生态脱贫和巩固脱贫攻坚成果的划分思路

2020 年我国全面打赢脱贫攻坚战，但有效巩固脱贫攻坚成果是落后地区发展的关键，可将生态补偿与巩固脱贫攻坚相结合，实现落后地区脱贫攻坚成果和乡村振兴的有效衔接。2020 年之前的生态扶贫主要包括三个方面：生态资源、经济效益和脱贫成效。生态资源经过开发后提供经济效益，增加的经济效益再通过一定的分配方式转移给贫困户，并且经济产出也可以在政府分配下用于生态资源的修复和维护，从而保护生态环境。生态扶贫的特殊之处在于，其产出的资金可以直接或者间接地分配给贫困户，贫困户也可以通过生态移民的方式迁出生态脆弱区，提高生活品质，同时也可以应聘生态保护相关岗位帮助生态系统的保护。现阶段如何巩固脱贫攻坚成果，同时实现脱贫攻坚与乡村振兴有效衔接仍是一项艰巨的任务。从空间布局上看贫困地区和生态脆弱区、限制或禁止开发区等存在交叉和重叠性，贫困地区的人口分布是集中连片的，脱贫之前全国 80% 的贫困县和将近 95% 的贫困人口集聚在生态脆弱、经济落后的区域。其中大部分重点生态功能区富含生态资源，但是生活依旧贫苦，重要原因在于生态环境效应的外部性，即供给者不能向所有受益者收取费用，其收益很难弥补成本。在新的发展阶段，可尽快建立生态补偿长效机制，使生态资源的受益者向生态资源保护者和提供者给予补偿费用，更好地巩固脱贫攻坚成果和乡村振兴的有效衔接。

国家重点生态功能区与生态系统安全存在紧密的联系，所以《“十三五”生态环境保护规划》当中明确提出，有效限制重点生态功能区的工业化、城镇化建设和开发活动。国家重点生态功能区为了保护生态环境失去了很多发展机会，付出了很大的成本。并且生态功能区的生态系统相对脆弱、承载力较低，居民对生态资源具有较强依赖性，因此居民采取的生产经营是粗放式的、单一的，对自然资源掠夺性开发，会造成生态环境的破坏，而生态环境的破坏又会加剧贫困。因为生态环境的保护者得不到一定的经济回报，破坏者没有被惩罚，于是进一步加剧了贫困与生态环境恶化的循环。而能够弥补外部性的生态补偿是解决问题的非常好的办法，通过对正外部效应生态资源的提供者进行补贴，对负外部效应的主体进行收费，既能够鼓励生态资源的供给，又能抑制对于生态环境的破坏。

四、"补多少"：生态保护补偿标准计量

确定补偿标准是开展生态保护补偿的基础，当前关于标准的制定和核算尚未形成统一方法，主要的测算方法包括区域生态系统服务价值核算、生态保护区的生态保护直接以及发展机会成本、生态保护区居民的生态受偿意愿等。跨区域生态保护补偿需要在已有理论方法及实践探索基础上，量化生态保护区的生态贡献和生态受益区的生态消耗，遵循科学合理、可操作性原则，构建跨区域生态保护补偿标准计量模型，为生态保护补偿机制建设给予技术支持。

（一）基于生态系统服务价值的补偿标准测算

生态系统服务价值是进行生态补偿不可缺少的依据，具有一定的经济学意义。服务价值的评估作为生态系统维护的核心，是生态健康管理的重要依据，也是政府制定生态保护政策的理论支撑。生态补偿是为了维护社会经济发展的公平性，用经济和政策手段激励生态涵养地区进行生态系统维护和保育，让因市场失灵导致的生态系统服务正外部性得到合理补偿的政策手段，最终达到不同地区之间生态环境保护和社会经济发展平衡的目标，是维护生态安全、加强生态环境保护与提高人民生活水平亟待解决的重大问题之一（戴君虎等，2012）。

从生态系统的服务价值角度进行分析可知，生态系统对于整个自然经济都有着非常重要的影响，同时还有着巨大的隐藏价值，在生态系统服务的过程中，通常会使用那些结合生态系统服务价值的计算方法，在使用这些方法时主要是以它们的经济价值作为评价指标的。现在对生态系统服务价值进行调查测算时常用的方法包括替代市场法、模拟市场法和直接市场法等，这些方法都是在不同的标准下按照评价对象的特点对其进行选择，同时这些也是在实际工作中效率很高的方法，市场价值法是将生态产品看作生产资料，以此为基础核算不同产品的市场价值，其结果几乎等同于服务价值，将其作为生态补偿的参考标准，核算相对简单。但在国内市场交易中，生态产品类别和交易量是有限的，因此市场价值法不能表现所有价值，存在计算误差。替代市场法指的是对生态系统进行近似假设的方法，并以此完成生态系统的定量估算，对于未实际建设的工程，就可以用预期

的建造成本进行计算得到近似值。然而用这种方式存在的问题是，有的情况下，同一个生态系统中也存在着很多的替代工程，而且这些工程都是有着一定的作用的，对于整个生态系统的影响作用也很大。从生态系统的另一角度考虑可知，生态补偿标准的确定对于整个生态系统的合理发展都有着非常直接的联系。使用范围比较广，认可度较高，但由于统计项目较多，计算出来的补偿标准相对较高，在实践中需要利益主体间对形成的补偿标准协商做出合理调整。

在具体的实践过程中，可以采用生态系统服务价值评估结果作为生态补偿的依据，也可以通过测算生态系统服务外溢价值作为生态保护者和生态受益者的划分依据，或者将生态系统服务外溢价值作为生态补偿的标准。

1. 生态外溢分摊系数的生态补偿标准构建

在生态系统服务价值测算的基础上，通过构建生态外溢分摊系数来测算不同地区的生态外溢价值，以此为标准测算生态补偿标准。评估生态外溢价值取决于两方面：一是计算生态服务效益，二是确定外溢价值的分摊系数。由于各个生态保护区提供的服务大多没有形成有效的市场交易机制，市场交易价格不易衡量，只能根据不同的服务类型探究计量评估方法。这些方法都是针对特定地区的水源或者是其他的生态效益而制定的，因此可以用这种方式对环境的净化效益进行评估，同时该方法也适用于评估水源和土壤条件，如何确定外溢的效益分摊系数和估算结果是否准确直接相关，因此间接影响补偿标准设置的合理性。该分摊系数可运用多种方式计算，具体有单项指标法以及综合指标法。其中单项指标法包括用水量、支付能力、面积三类分摊法，人口比例法，专家赋权法。综合指标法在测算单项指标的基础上考察了各类影响因素，合理判别指标间的权重，通过权重确定分摊系数，除上述方法之外，还可以用离差平方法对其进行计算，它是一种加权综合法，用这样的方法能够很大程度地避免在运算过程中的主观性，比起大多数评价来说，这样的评价方式更为直观，现在水利工程中投资一般都采用这种方法。

2. 生态足迹模型的生态外溢价值补偿标准构建

生态外溢价值实际上就是那些扣除自身生产需求之后的剩余价值，在整个生态研究中，生态外溢价值对于该地区的生产都有着正外溢性，这是由于人类的生产生活都是按照某一地区的消费价值来衡量的。在特定的时间内，生态外溢的价值变化量与生态环境损害程度直接相联系，较多研究用生态足迹模型来进行区域外溢价值核算。

生态价值与区域生态资源密切相关，比如，森林、草地、湿地、水流、滩涂等，可以逐一计算资源禀赋能力及承载力，得到生态承载力区域格局。根据生态足迹模型，将人类活动、生产生活等进行生态消耗计量，考虑整个生态区域内部的各种因素，包括当地的土地面积、水力资源以及气候环境等，一般来说，不同地区之间的生态技术是存在一定误差的，因此在最后过程中还需要用到技术效率指标（单位 GDP 能耗系数）对整个生态的消费系数进行重新确定，得到生态足迹的生态消耗区域格局。在生态—经济紧密联系区域范围内，一方面是生态系统的自我承载力，另一方面是人类活动对生态的消耗与破坏，对两个方面要进行逐一统计比较，生态消耗大于生态承载力的区域可理解为分享了外区生态资源与服务，生态消耗小于生态承载力的区域可理解为供给了外区生态资源与服务，按照生态保护区得到补偿、生态受益区给予补偿的原则，制定和设计跨区域生态保护补偿依据和标准。

（二）基于发展机会成本的补偿标准测算方法

生态保护中的机会成本主要指因为环境保护而限制产业发展或改善传统有损环境的生产模式而造成的损失。机会成本既包括拒绝引进可能造成污染破坏的投资项目而产生的经济损失；又包括关闭对环境影响较大的企业，对森林的开发的严格限制，以及限制污染企业等所造成的发展损失。在生态保护补偿的实践中，通常采用经验对比法以及实证调查法对发展机会成本进行估算。实证调查法要根据本地实际的生态保护状况，包括本地厂商的运营和项目建设与生态建设的契合状况，以及因为生态保护而造成的失业情况和居民收入的减少，来估算政府和企业等利益主体的整体损失，并将此作为发展机会成本。经验对比法指选取两个自然条件相似但其中一个地区没有担负生态治理成本的地区，将两地的经济水平差距作为因保护生态而阻碍本地发展的机会成本。通过以上两种方法的对比综合获取数据，但最终数据具有较大的主观性和模糊性。在具体实践中应根据各利益主体的观点对补偿标准适当进行调整。

首先要核算直接成本，主要有建设、管理和生态移民三类成本。其中，对生态移民进行生态补偿的标准要参照需要移入的居住地的生活成本标准及在移出地时的收入和生活水平，对就地转移居民而言，要开展就业及转业培训等无形知识补偿以及有效控制污染的基础设施等有形经济补偿。其次是核算基于发展的机会成本，包括生态保护区为全区域提供生态服务和产品而建设生态和保护环境所牺牲的发展机会所能获取的收益。要结合区域间经济和社会现有实际状况，建立生态补偿机制和机会成本核算模型，寻找该地区影响产业发展并造成经济发展停滞或减速的原因并计算理应获得的补偿。具体的机会成本核算可以从农、工和服务业三个行业分层次分类及进行归集和计算（薄玉洁等，2011）。根据发展机会成本，对照生态保护补偿区域范围内的经济发展水平，经济发展水平高的区域补偿发展机会成本高的区域，以发展机会成本作为生态保护补偿标准而进行跨区域生态保护补偿。

（三）基于补偿意愿的补偿标准测算方法

补偿意愿包括生态补偿的受偿意愿和支付意愿，受偿意愿是生态保护地区居民对生态补偿额度可以接受的受偿金额，支付意愿是生态受益地区居民愿意支付的补偿金额，主要通过条件价值法来进行衡量。通过支付意愿指标，可以反映出群众对生态系统服务价值的认可情况。应当对群众的意愿和态度进行全面的评估，综合了解居民的生态保护意愿和态度。这就需要详细调查居民年龄、文化程度、收入等基础状况以及对生态补偿的认识，统计调查对象对补偿额度或支付额度的接受程度。以支付意愿为基础的核算方法的数据主要来源于调查，因此计算结果具有较强的主观性和片面性。通过调查数据分析所得的受偿以及支付意愿往往不均等，利益主体间需要在具体实践中相互协商以调整补偿标准。

在城市群生态补偿标准确定中，首先要判断城市群的整个区域范围和各个城市的地理特征，形成各自的补偿标准和价值核算方式，还需要根据城市群经济发展水平在各方沟通协商的基础上进行适度调整。补偿核算的方式主要有生态服务价值法和支付意愿法等。因为生态服务具有复杂性、多样性，难以区分各类服务价值，计算方式存在重复，核算结果偏大。支付意愿法使用过程中人为因素具有较大影响，评估结果可能不符合实际补偿标准（张化楠等，2016）。生态保护总成本法可以充分反映出生态建设过程中所耗费的总费用及损失的发展权，计算过程相对简单合理。

五、跨区域生态保护补偿理论框架

跨区域生态保护补偿必须解决区域之间“为什么补”“谁补谁”“补多少”“怎么补”的问题。已有学者对此进行了有益的探讨，基于生态共建共治共享而探索跨区域生态保护补偿路径和机制（彭文英等，2018、2019），通过解读《建立市场化、多元化生态保护补偿机制行动计划》而提出中国生态保护补偿机制政策框架的新扩展（靳乐山，2019），基于城市群区域生态—经济系统特征而探讨生态贡献与生态保护补偿问题（彭文英等，2020）。在既有相关研究及前述理论分析基础上，借鉴流域生态系统、主体功能区、项目区的生态保护补偿实践经验，构建跨区域生态保护补偿理论框架，为跨区域横向生态保护补偿机制建设奠定理论基础，如图4－1所示。

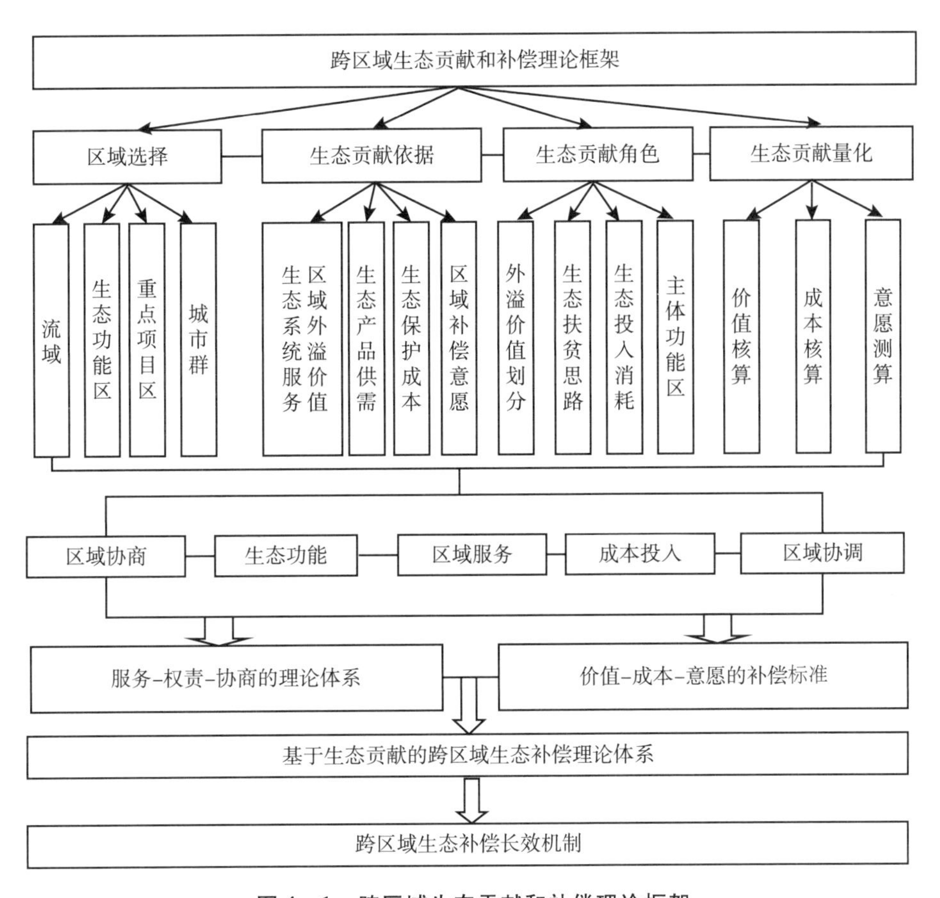

图4－1 跨区域生态贡献和补偿理论框架

（一）构建“服务—权责—协商”的跨区域生态保护补偿理论体系

跨区域生态保护补偿依据生态系统服务价值理论、公共物品理论、外部性理论和发展权理论构建跨区域生态补偿的理论框架，为建立长期有效的补偿机制提供理论依据。区域生态系统是一个完整的生态—经济综合体，生态是经济社会发展的基础，同时生态、经济、社会三者之间相辅相成、相互联系且相互促进，构成一个有机整体。由于不同区域的生态本底不同、经济发展差异较大，现阶段有效协同可持续发展的难度较大，要实现区域协同发展，跨区域生态补偿势在必行，但构建跨区域生态补偿涉及多方面因素，包括补偿标准和补偿依据等关键因素。本章主要分析跨区域生态补偿理论依据和理论标准的构建基础，分析生态保护区和生态受益区划分的理论基础以及生态补偿与区域经济协调发展的理论基础，在理论分析的基础上，构建基于生态系统服务价值－发展权机会成本损失－协商沟通的"服务—权责—协商"跨区域生态补偿理论框架。

根据生态系统服务价值理论可以测算出研究区域的生态系统服务价值，由于生态产品是一种公共物品，根据公共物品理论，生态产品具有外部性特征，存在"搭便车"现象。在生态本底较好的区域生态系统服务出现外溢效应，为整个研究区域提供生态服务，而生态本底较差的区域为研究区域提供的生态系统服务相对较少，其中一部分区域由于经济发展消耗了更多的生态系统服务，属于生态系统服务消耗和生态产品占用的城市。根据发展权理论和以人为本的发展理念，为实现区域整体协调发展，应设计相应的制度体系，对生态系统服务价值外溢地区和生态系统服务价值消耗地区进行生态补偿，最终实现协调可持续发展。

依据价值核算方式各个研究单元的服务价值，进而根据服务价值是否外溢来判别生态受益区和保护区。再根据发展权理论，计算生态受偿地区由于生态环境保护和建设而丧失的机会成本，将该机会成本纳入跨区域生态补偿中。为了体现以人为本的发展理念，应进一步实地调研获得生态受偿地区的居民受偿意愿，通过问卷调查的形式获取受偿地区居民的受偿意愿，进而核算出受偿金额，作为调整生态补偿的依据，设计生态补偿调节系数，最终设计出具有普适性的跨区域生态保护补偿概念化模型，为全国开展跨区域生态保护补偿形成理论依据。

（二）构建"价值—贡献—成本—意愿"的跨区域生态保护补偿标准

跨区域生态补偿理论框架体现"为什么补、谁补谁、补多少"的总体思路，以生态系统服务价值、成本投入为核心依据，兼顾区域分工及区域意愿，按照本区域消费的生态系统服务价值（立地消费）及外溢的生态系统服务价值，划分生态保护区与受益区，以区域外溢价值、发展机会成本为主核算生态补偿价值，以区域协商谈判为原则根据条件价值评估法核算区域受偿意愿及补偿意愿，从而确定区域生态补偿及受偿金额。

1. 按照行政单元进行跨区域生态系统服务价值核算

跨区域生态补偿是以行政边界划分的地域单元，是人类社会与自然环境高度融合的综合体，是自然生态—社会经济高度复合的生命共同体。与流域系统、主体功能区不同，流域系统是以分水线划分的自然地理单元，主体功能区是在资源禀赋和自然条件等综合要素基础上划分的。因此，跨区域生态补偿以行政区域为基本单元，以系统整体性综合性为测算原则，综合森林、草地、河湖、湿地等生态服务，并综合考察人口承载、产业发展、基础设施运营，以及自然资源投入等，最终以研究生态系统服务价值作为区域生态补偿标准测算的基础。生态—经济综合体生态系统服务价值的整体水平能够通过其区域生态服务价值测算进行较为全面的反应，便于比较系统内部各地区生态系统服务价值是否存在外溢，是跨区域生态补偿金额确定的客观依据和基础。

2. 核算区域生态贡献

将生态保护地区和生态受益地区作为一个整体分析，系统内各地区之间进行生态补偿的基本前提是生态保护地区提供的生态系统服务价值超过了自身的立地消费价值，为区域生态环境改善做出贡献，应该得到补偿。服务外溢价值的测算建立在服务价值测算的基础上，现有研究关于生态系统服务外溢价值的测算包括生态足迹盈余测算模型、生态压力测算模型等，在此基础上，测算生态系统服务外溢价值，即计量区域生态贡献。

3. 划分生态保护区和生态受益区

跨区域生态补偿的核心问题之一就是确定生态保护区和生态受益区，现有研究关于生态保护区和生态受益区的划分方法根据划分对象的不同差别较大。基于流域的生态补偿往往以流域上下游为划分依据，河流上游生态环境相对较好，对整个流域的生态涵养作用明显，被确定为生态保护区。河流下游往往人口、产业相对密集，对生态系统的影响较大，但经济发展水平相对较高，多为生态受益区。主体功能区分类中，限制和禁止开发区多被看作生态保护区，而优化和重点开发区被看作生态受益区。各区域之间虽在行政区划上为各自独立的行政单元，但具有密切的生态依存关系，生态环境具有整体性特征。由于地域上的不可分割性，物种分布、水资源利用以及生态要素构成等生态因子相互联系紧密。也可将服务的外溢价值作为分类依据，外溢价值大于零为生态保护区，小于零则为生态受益区。生态系统服务具有正的外部性，生态系统服务的溢出价值被发达地区消耗，同时在生态环境保护和生态建设过程也投入了大量的生态环境治理资金，对资源和能源的开发受到限制，根据每个区域都拥有公平的发展权，以及“谁保护谁受益，谁受益谁补偿”的原则，生态系统服务消耗的优化和重点开发区应给予生态环境建设者和生态系统服务溢出区域必要的生态补偿。

4. 生态保护补偿与生态保护受偿价值核算

生态保护地区和生态受益地区往往具有密切的生态依存关系，但不同区域之间的经济发展水平和生态环境本底的差异，造成了不同区域之间的利益分享不公，在此基础上，构建共建共享的跨区域生态补偿机制，能实现区域的整体协调和可持续发展。在生态服务价值概念界定和分析基础上测算区域的生态服务价值，因为其公共物品特性，因此具有外溢性，从而使得城市群内其他城市占用生态系统服务和生态产品消耗，而生态系统服务价值外溢地区因生态环境保护和生态环境建设需投入相应的成本，同时因生态环境保护也丧失了经济发展的部分机会，在此基础上，要实现生态补偿必须对生态服务溢出城市的生态建设成本和发展机会成本进行核算。核算结果可作为补偿标准的判定依据之一。

5. 区域受偿意愿货币化核算

根据以人为本的理念，将区域发展意愿和居民的生态的受偿意愿加入生态补偿标准和依据的构建中，对生态补偿额度进行调整，从而实现城市群生态补偿机制的构建。一般来说可设计调查问卷，在生态保护区进行受偿意愿调查、生态受益区进行补偿意愿调查，利用条件价值评估方法等构建区域受偿意愿货币化模型和区域补偿意愿货币化模型。利用意愿模型测算结果来平衡生态贡献、发展机会成本，最终根据区域社会经济条件、财政能力等制定生态保护补偿政策。

综上，服务价值外溢是城市群生态补偿的基础和判断生态补偿对象的依据，生态系统服务作为一种公共物品，公共物品理论的基本特征和“搭便车”现象为生态补偿提供了依据。发展权理论在经济社会层面为补偿标准提供了依据，与生态系统服务价值的测算标准是两个不同层面的核算依据，同时区域发展意愿是生态补偿机制构建的基础，最终城市群生态补偿的目标是实现整个区域的绿色协调发展，区域协调发展理论为此提供了理论路径。所以本研究是在上述理论的基础上所形成的城市群生态补偿理论框架和补偿机制。

六、本章小结

跨区域生态保护补偿需要客观选择生态保护补偿的区域范围、生态与经济紧密联系区域系统内区域之间的生态关系，需要考察生态系统的服务类别及其价值、不可贸易的区域服务外溢价值，以及因为保护生态而失去的发展权利和承担的机会成本，还需要兼顾区域政府、地方居民的意愿。在既有理论与实践梳理基础上，拟构建“服务—权责—协商”的生态保护补偿理论体系和“价值—贡献—成本—意愿”的补偿标准核算体系，重点要合理进行跨区域生态保护补偿区域选择、拟定生态贡献测算依据、界定生态贡献角色主要考察区域间的服务外溢价值、生态建设直接成本和发展权问题，以及区域受偿及补偿意愿，为生态—经济紧密联系区域开展跨区域生态保护补偿奠定理论和方法基础。

第五章

跨区域生态贡献及生态保护补偿计量方法

生态保护补偿依据与标准已有较多理论探讨和实践探索，生态系统服务价值、生态保护成本、区域生态保护补偿意愿作为重要的补偿依据已达成共识。在跨区域生态保护补偿理论框架下，首先要科学界定“谁补谁”的问题，即划分生态保护地区和生态受益地区，可以用生态系统服务的区域外溢价值核算方法、绩效管理方法来计量区域生态贡献；其次要合理确定“补多少”的问题，即核算生态保护区受偿和生态受益区补偿金额，这需要综合利用生态系统服务价值、生态足迹、机会成本法、区域补偿意愿等方法，搭建跨区域生态保护补偿核算方法，为全面开展跨区域生态保护补偿提供技术支持。

一、核心价值：生态系统服务价值评估方法

服务价值评估是量化生态系统服务的重要基础，是监管和维护生态系统的主要手段，是制定生态保护补偿政策的理论基础。生态系统服务价值评估不断深化，已从现状评估发展到过程评估，从自然生态系统服务发展到自然生态—经济社会复合系统的评估，为区域生态贡献及生态保护补偿奠定了有力基础。

（一）生态系统服务价值评估框架

生态系统服务价值的评估经历了从使用价值到交换价值的过程，经历了从无市场价值、较低市场价值到合理市场价值的发展。随着环境与生态经济学科的发展，人类对服务价值的认知逐步完善，生态系统服务主要包括支持、供给、调节

和文化四大类服务，价值有直接和间接使用价值还有非使用价值。直接使用价值在生态系统服务价值中所占比例较小，主要以间接使用价值和非使用价值为主，服务价值难以在市场中直接交易，使得最终的价值评估较为困难。主要的评估类型包括直接市场评估类型、替代市场评估类型、模拟市场评估类型和效益转移评估类型，每一种类型下的评估方法也不同。

服务价值评估具体分析流程有多个步骤：第一，需要判断评估范围和评估主体；第二，判断评估区域生态系统的服务以及价值类型；第三，根据评估区域的服务类型和价值类型确定使用的评估类型；第四，根据评估类型选择具体的测算方法；第五，测算出评估区域生态系统服务总价值，进行生态利益相关分析，为生态补偿等生态系统管理实践提供理论依据（戴君虎等，2012），如图 5 - 1 所示。

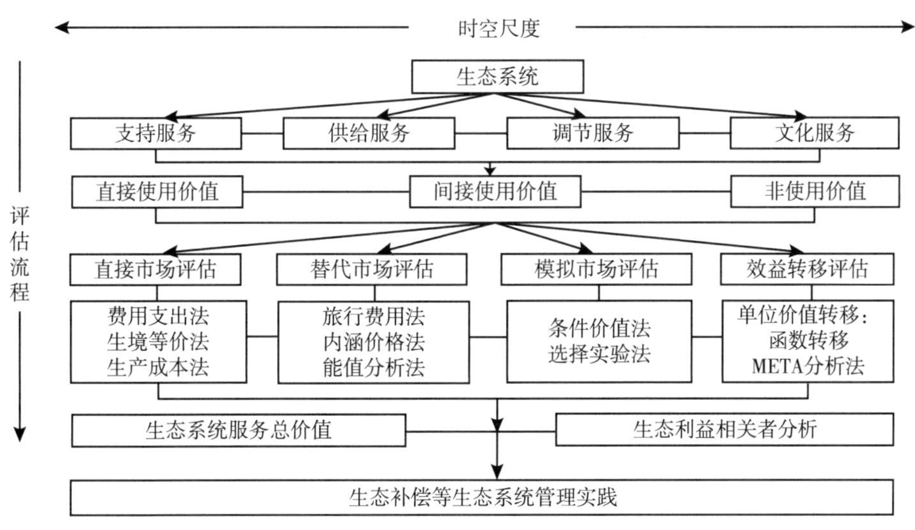

图 5 - 1　生态系统服务价值评估框架

（二）生态系统服务价值评估类型

生态系统服务具有支持、供给、调节和文化四大功能，并带来直接、间接、非使用三大价值，不同的功能和价值计算选择的评估方法是不同的，进而评估结果存在较大差距。关于价值的评估方式主要有直接市场、替代市场、模拟市场和效益转移四种评估类型，不同类型的评估使用的方法也不同。

1. 直接市场评估

直接市场评估方式是运用市场价格估算生态系统提供的实际市场产品和服

务，主要评估直接使用价值。直接市场法多是以成本收益为理论依据，主要包括基于市场价格的评估方法、基于成本的评估方法和基于生产的评估方法。该类评估方法依据生态产品的市场价格、成本以及生产过程进行评估，评估结果相对准确，但市场的信息不对称和政府干预会导致市场扭曲或者重复计算。

2. 替代市场评估

替代市场使用“影子价格”以及消费者剩余作为服务产生的经济价值评估方式，具体的方法有旅行费用、影子工程、享乐价格法等（王晓莉等，2017）。使用旅行费用、影子工程和享乐价格等方式时没有产生市场交易，也没有估算产品和服务的市场价格，而是估算替代品价值作为服务价值。旅行费用法是运用消费者消费的旅游产品和服务作为自然景观估算的价值，比如靳乐山使用旅行费用法估算北京圆明园的公园环境服务价值，对张家界的森林公园文旅功能进行估值（靳乐山，1999）。影子工程法是通过与假想的实际效果相近的工程价值来测算生态系统服务价值，使用替代工程来估算生态价值，如森林的涵养水源功能可以通过寻找影子工程来测算。但存在的问题是替代工程不唯一，时间空间差异较大。机会成本法用于测算沉没成本，例如将放牧草原用地转化为作物种植用地产生的机会成本（蔡邦成等，2008）。享乐价格法是通过相关的产品或者服务的属性和市场价格来评估生态系统服务提供的经济价值。享乐价格法主要在房产评估过程中使用较多，通过周围环境对房产交易价格的影响来测算周边环境的价值，如某区域房屋的市场价格受到土地覆盖形式的影响，还可以通过公园绿地周边的房屋市场价格来衡量周边公园绿地对土地价值的增值效益，该方法数据相对比较容易获得，可以通过对周边参照物价格的分析来推测生态系统服务的价值，但主观性较强，易受其他因素影响。

3. 模拟市场评估

模拟市场又称为假想市场，其中没有产生市场价值或者产品和服务的实际交易价值通过设立假想市场来评估。在实践中多使用条件价值法（contingent valuation method，CVM），条件价值法是一种陈述偏好的评估方法，在假想市场的基础上，使用调查问卷的方式或者访谈的方式对人们进行支付意愿或者受偿意愿的调查，确定人们对某种环境物品或服务的需求（Garrod G. and Willis K G.，1999）。模拟市场可以评估生态系统不同类型服务所产生的经济价值，在评价自然景观或者文物古迹等历史景观方面具有较大优势，但在评估时需要进行样本量足够大的数据调查，投入较大，在问卷的设计和实际调研过程中存在技术上的要求，在样本量不充分的情况下容易出现偏误。

4. 价值转移评估

价值转移评估类型是通过已经准确评估的“研究区域”的价值信息来评估相似的“待评估区域”的生态系统服务价值（Brookshire D S.，1992），价值转移评估类型是在一手数据较难获取的研究区域，借助若干个或一个已经进行评估的“研究区域”的价值信息，分析评估区域的生态环境信息，估算服务价值，最终得到的评估价值可以是单位面积某项服务的平均价值或者中间价值，即为数值转移，也可以是生态环境、社会经济因素与生态系统服务价值之间的函数关系，即为函数转移，通过合理构建测算函数模型，可在较大程度上节约获取一手数据的成本，提升评估效率（Johnston R J. etc.，2015）。价值评估类型可以从基础研究数据中发现新的规律和总结一些新的经验，为后续的原始价值评估提供理论基础（周鹏等，2019）。价值转移评估类型的优点是可以节约时间和研究成本，主要被用于评估较大的研究区域的生态系统服务价值，也可以评估生态系统的总存量价值。由于政策研究与学术研究的差别，价值转移过程中易产生偏误，因此现阶段使用价值转移评估的相对较少。

（三）基本的生态系统服务价值评估方法模型

生态系统是人类生产生活的基础性条件，作为自然生态资源是不可或缺的，是人类生存所必备的环境要求和物质生产基础。当前社会，人口持续增长，社会生产要求持续提升，生态系统受到严重破坏，生态资源不断被侵占，保障生态系统健康可持续、提高服务供给能力已成为迫切需求。现有评价和估算生态系统资产及其生态系统服务价值的方法尚没有统一标准，使用较多的评估方法主要有生态系统服务当量因子法、能值法等（谢高地等，2015）。

1. 当量因子法测算生态系统服务价值

对比国内外研究，核算服务价值的方式包括直接计算产品价格和基于单位面积价值当量因子的方法。基于产品价格的计算相较于单位面积价值当量因子的方法对一手数据要求较高，计算过程复杂，不适于标准化评估和应用。单位面积价值当量因子法将生态系统假设为提供生态系统服务的标准功能单元，简化了计算过程，具有较强的可操作性，可广泛应用于实践中。

1997 年科斯坦扎（Costanza）等人对全球生态系统服务价值进行了评估，在此方法基础上，参考谢高地等对生态系统服务的分类，将生态系统划分为六类一级和十四类二级类型，其中海洋生态系统暂不包括。生态系统服务类型有供给、调节、支持、文化服务四个类型，其中，供给服务功能具有水资源的供给、原材料的生产和食物生产三个二级类型；调节服务包括水文的调节、环境的净化、气候的调节和气体的调节四个二级类型；支持服务包括保持土壤和保护生物多样化、促进养分循环三个二级类型；文化服务的主要功能是提供美学景观二级类型服务。

2. 能值法测算生态系统服务价值

能值法是以太阳能为基准来衡量各种生态流（能量流、货币流、人口流和信息流等）的能值，以能值为基础，生态系统或生态经济复合系统中不同种类的能量均可转换成太阳能值来衡量和分析，单位为太阳能焦耳（solar emergy 即 sej）（蓝盛芳和钦佩，2001）。能值法可以弥补其他测算生态服务价值方法存在的价值判断标准差异。

能值分析法将能值作为计算基础，将不同种类和系统，甚至不具有可比性的能量转化为可以相互比较的太阳能能值。能值分析法将每单位的物质或者能量转换为太阳能能值，即通过太阳能转换率反映不同类别的物质能量等级。在生态系统中主要考虑生态系统的环境投入能量，对森林、湿地和草地等的生态系统服务功能价值进行评价，主要包括水、风和太阳能等能够循环利用和转化成太阳能的自然资源。

生态系统服务功能价值计算公式如下式所示：

$$VES = \sum_{k=1}^{3} UWE_k \tag{5-4}$$

其中，生态服务功能价值为 VES，其中 UWE_k（$k=1, 2, 3$）分别表示林地、草地、湿地的生态系统服务功能价值。生态系统的生态服务功能价值主要包括森林、草地和湿地提供的生态服务功能价值，森林、草地、湿地作为自然界的生产者，吸收太阳能、地表风能、雨水化学能、表土层损失等，将来自自然界的环境资源流动转换为生态资产，为社会生产和生活提供服务，体现森林、草地、湿地的生态系统服务功能价值。

根据能值分析原理，生态系统主要测算林地、草地和湿地的生态环境投入能量；林地、草地和湿地生态系统的能值 UWE_k^{θ} 主要包括太阳能、地表风能、雨水化学能和表土层损失能，公式如下：

$$UWE_k^{\theta} = \sum_{\theta=1}^{4} EB_k^{\theta} \times TE^{\theta} \ (\theta=1, 2, 3, 4;\ k=1, 2, 3) \tag{5-5}$$

$$EB_k^1 = S_k \times \beta_1 \tag{5-6}$$

$$EB_k^2 = S_k \times H \times \beta_2 \times \beta_3 \times \beta_4 \tag{5-7}$$

$$EB_k^3 = S_k \times R \times \beta_5$$

$$EB_k^4 = S_k \times (\beta_6 - \beta_7) \quad (5-8)$$

其中，$\theta = 1, 2, 3, 4$，主要表示太阳能、地表风能、雨水化学能和表土层损失能；EB_k^1 表示不同生态系统太阳能、EB_k^2 表示不同生态系统地表风能、EB_k^3 表示不同生态系统雨水化学能、EB_k^4 表示不同生态系统土表层损失能，S_k（$k = 1, 2, 3$）分别表示林地、草地、湿地生态系统面积；TE^θ（$\theta = 1, 2, 3, 4$）分别表示太阳能、地表风能、雨水化学能和表土层损耗能的能值转换率（emergy transformity）。各个类别的能量投入和能值转化率指标参数如表 5－1 所示。

表 5－1　　　　生态系统能值测算指标参数

能量类别	能量投入测算				能值转换率		
	指标名称	代码	数量	单位	代码	数量	单位
太阳能	面积	S_i	—		TE^1	1	sej/J
	太阳光平均辐射量	β_1	5.45×10^9	J/m^2			
风能	面积	S_i	—		TE^2	1496	sej/J
	风力动能高度	H_i	50	m			
	空气密度	β_2	1.23	kg/m^3			
	涡流扩散系数	β_3	2.01	m^3/a			
	风速梯度	β_4	3.154×10^7	s/a			
雨水化学能	面积	S_i	—	m^2	TE^3	10488	sej/J
	平均降雨量	R_0	—	m/a			
	吉布斯自由能	β_5	4.94×10^6	$J/g \times g/m^3$			
表土层损耗能	面积	S_i	—	m^2	TE^4	63000	sej/J
	表土形成率	β_6	8.54×10^5	$J/(m^2 \cdot a)$			
	表土侵蚀率	β_7	3.39×10^5	$J/(m^2 \cdot a)$			

资料来源：根据相关资料整理绘制。

测算能值不能完全反应服务价值，判断生物资源的稀缺价值。对于生态系统的演化过程而言，稀缺生态资源是生态链延续的核心，稀缺数量的物种带来的生态系统价值是很大的，这种潜在的生态系统价值很难量化为货币价值，所以采取调整能值法计算生态系统服务价值量的方法来反映生态系统的生物资源稀缺性价值。

生态资源稀缺价值采用 Shannon－Wiener 公式构建“生物多样性指数”作为生态资源稀缺价值系数。在一个生态系统中，若生物物种越丰富，每一物种的个体数量越稀少，该生态系统的生态资源稀缺价值就越高。该指数以信息论为理论基础，通过信息量来体现生态系统中物种类别和数量。假设生态系统中的各物种仅存在一个个体，生态系统变化时，反应信息量越多代表生态资源的稀缺价值就会越高；反之，该信息量越小则稀缺价值越低（王兵等，2008）。

将 Shannon – Wiener 指数用于生态系统的生物资源稀缺价值分析时，以能值法计算的生态系统服务价值为基础，将生物多样性指数作为系数，得到生物资源稀缺价值 SVR（伏润民，缪小林，2015），公式如下：

$$SVR = TVR_k \times CB_k \tag{5-9}$$

式中，$k=1, 2, 3$，分别表示林地、草地和水域生态系统，TVR_k 表示第 k 种生态系统的生态系统服务总能值（total energy value of ecosystem services），CB_k 表示第 k 种生态系统生物多样性系数（biodiversity coefficient）。

计算不同群落的生物多样性系数，涉及各群落中的物种数量、每个物种的个体数量，以及群落中所有物种的个体数量，公式如下：

$$QL_{kt} = \sum_{s=1}^{r} \frac{n_{kt}^{s}}{N_{kt}} \log\left(\frac{n_{kt}^{s}}{N_{kt}}\right) \tag{5-10}$$

式中，n_{kt}^{s}表示林地、草地或水域生态系统中第 s 个物种的个体数量，t 表示林地、草地、水域生态系统的群落总数，$s=1, 2, 3, \cdots$，r 表示第 t 个群落中包含的物种数量，N_{kt}表示第 t 个群落的所有物种个体数量。

在群落生物多样性系数计算的基础上，将系数标准化处理，以太阳能能值转换率占比为权重，将两栖类、哺乳类等生态系统中不同群落生物多样性系数加权求和，得出各群落标准化后的生物多样性系数 QL_{kt}，权重为 φ_t，不同生态系统的生物多样性系数计算公式如下：

$$CB_{ik} = \sum_{t=1}^{t^*} (QL_{kt} \times \varphi_t) \tag{5-11}$$

根据能值法测算的结果将区域生态系统服务价值与生物多样性价值相结合可以评估一个区域的生态系统服务总价值，为生态补偿和生态环境政策制定提供参考。

生态系统服务价值的评估测量方法众多，定量评估对生态环境政策的制定至关重要。如今对于生态系统服务价值的估值测算要求日益多元化，估值的时间空间尺度要求不断增大，但仍没有客观标准的综合估值测算方法，较为合理的评估多兼顾数据、资源的可获得性以及可量化程度。对生态系统服务价值的评估内容和评估目标要求不同，评估的效率和精度会有所差别，因此对生态系统服务价值的评估根据评估目标不同，可选择不同的评估方法。

（四）生态系统服务价值评估方法比较

评估方法一般不会采用单一方式，而是运用多种方法整合评估。由于评估方法不同，计算过程和结果通常有差异性。

评估的三种技术在客体对象选择方面各有利弊，使用直接市场法相对客观简单，可信度和合理度较高，应用较为广泛，但由于生态系统具有的功能繁多，种类多样，通常难以定量，实际评估中的困难较大。替代市场技术通常用于核算间接使用价值，直接市场价值法可计算直接使用价值；其他评估间接使用价值的方式还有旅行费用法和享乐价格法等；模拟市场技术用于评估使用和非使用价值，尤其在非使用和娱乐价值等方面的优势突出；当量因子法可用于直接和间接两类使用价值核算，还可评估单项的服务功能。

在价值的时间和空间尺度的评估中，因为替代市场技术要开展大量的公众调查，一般在大尺度区域评估中运用；而模拟市场技术则多用于评估小尺度的区域或单个独立的生态系统；当量因子法可评估如全球和国家等各类尺度区域以及省（市）、区（县）等行政区域和单个生态系统，另外，还可揭示价值时空变化过程和特征，提供生态补偿研究基础。

在技术应用时，替代市场方法相对客观，因为需要大量资料数据作支撑，人力物力消耗量大，核算程序复杂且研究易重复，计算价值不能如实反映实际价值；模拟市场技术可评估经济价值，在问卷调查和设计中易受个人主观因素作用，往往具有局限性，调查问卷信息和提出的问题都会影响评估；当量因子法可运用 GIS 等工具获取精确的土地数据及年度变化，数据要求相对较少，模型易操作，评估过程全面，运用方法可统一，结果易于比较，可进行价值的快速评估和核算，方法具有普适性，但当量因子法主要通过获取外界数据进行评估，评估结果精度低。

二、补偿标准：生态贡献量判方法

生态贡献是衡量区域生态补偿的理论依据，可以通过投入消耗法、生态产品供需测算法、绿色利益考量以及生态足迹法等来测算，使用不同的测算方法和测算模型结果有一定的差异，可根据研究目的和研究需求进行生态贡献测算方法和模型的选择。

（一）投入消耗法

区域生态贡献的测算方法之一是投入消耗法，使用较多的是 DEA 模型，该模型可以衡量多投入多产出的区域生态贡献。利用投入产出的分析方法，运用 SBM－DEA 模型来进一步测算区域生态投入与生态产出，计算区域生态投入与生态产出的比率，揭示区域的生态投入大于还是小于生态产出，根据生态投入区应予以补偿、生态产出区应给予补偿的思路，为促进区域发展提供重要的技术保障，同时也可以验证生态补偿的结果。

1. SBM－DEA 模型应用

生态产出是借用 SBM－DEA 模型，检验区域在发展过程中的多投入和多产出情况，这和非参数 DEA 模型的运用范围具有一定的相似之处，从计算效率角度看，后者更加成熟，可以针对性地分析决策单元的效率值。

根据模型的特征，在技术、土地、资金等相关因素方面的投入属于生态投入。一般情况下，我们使用生态用地投入来表示土地投入。对于地方政府来说，它们也会高度重视限制第二产业发展，其主要原因就是为了确保生态环境不受到破坏。在这样的情况下，使用经济补偿这样的方式来保护生态用地是非常重要的，这样才能够减少经济损失。经济投入可以选取节能环保支出，在财政决算表中节能环保支出越大，说明对环境保护的投资力度越大。为了简便易操作，劳动力和技术投入在此忽略不计。在产出部分，选取常住人口、产业、经济总量来表征。人口越多，第二产业越发达，经济总量越大，往往在水资源、土地资源、基础设施等方面消耗越大，同时也会排放更多的污染物质，占用更多的生态服务。在指标选取中，效率产出指标一共包括三个，基于数据的可获得性与实际情况，将每个研究区域作为一个决策单元，其中耕地、林地、草地、水域及湿地面积数据来源于同一年的数据，如表 5－2 所示。

表 5－2　生态产出评价模型指标

指标类型	指标类别	指标说明
投入	生态用地投入	耕地面积
		林地面积
		草地面积
		水域及湿地面积
	经济投入	节能环保投入

续表

指标类型	指标类别	指标说明
产出	人口与产业	第二产业生产总值占比
		常住人口
		国内生产总值

2. 模型设定

将生态经济系统的效率值看作生态产出，使用的模型是超效率的 DEA - SBM，使用该模型所得到的结果可以更好地反映出效率评价的本质。在研究过程中使用基于非期望产出的超效率 SBM 模型，结合投入产出数据，以此为基础来计算所有要素生产效率，然后再对它们的效率进行排序。计算模型如下：

$$\min\theta$$

$$\text{s. t.} \sum_{\substack{j=1 \\ j\neq i}}^{n} \omega_i X_i + \lambda^- = \theta X_0 \tag{5-12}$$

$$\sum_{\substack{j=1 \\ j\neq i}}^{n} \omega_i Y_i - \lambda^+ = Y_0$$

$$\omega_i \geqslant 0,\ i = 1,\ 2,\ \cdots,\ n$$

$$\lambda^- \geqslant 0,\ \lambda^+ \geqslant 0 \tag{5-13}$$

式中，θ 表示需要判断的研究对象的最终生态效率值；ω 代表有效的研究对象的组合比例；λ^- 和 λ^+ 表示生态投入产出的松弛变量，当 $\theta<1$ 时，如果 $\lambda^-\neq 0$ 和 $\lambda^+\neq 0$ 至少满足一个，那么研究对象为 DEA 有效；当 $\theta\geqslant 1$ 时，如果 $\lambda^-=0$ 和 $\lambda^+=0$ 同时得到满足，代表决策单元投入产出效果最佳，据此可以对决策单元的效率值排序，以反映生态产出高低，生态产出越大说明对生态资源的占用更多。

在区域生态贡献研究中，根据 DEA 模型测算的结果可以显示生态贡献的多少，该研究是以整个区域为研究对象，设定该研究区域为一个整体，根据生态消耗率来判断区域内不同个体的生态贡献价值，根据生态贡献价值来确定生态保护者和生态受益者，进一步为生态补偿及相关政策的制定提供理论依据。

（二）生态足迹法

生态足迹常用于测量人类对自然资源环境的利用程度，也是定量判断一个区域的发展是否超过生态承载力阈值的方法。生态足迹是人类生产和生活消费的资源和能源量，生态承载力是生态环境能够提供的资源和能源的最大值，生态足迹与生态承载力的比值可以衡量区域的生态压力，是判断可持续发展的模型。依据生态足迹和承载力衡量区域自身的生态系统服务价值消耗，确定生态贡献的大小。

生态足迹计算的两个条件分别是人类消耗的大部分资源和产生的废物量可以量化及这些资源和废物可以转化为相应的生物生产面积。生态足迹是指在一定生产技术水平条件下，生产产品及吸收产品消费产生的废弃物所需要的生物生产性土地面积，包括耕地、草地、林地、化石燃料用地、建筑用地和水域。生态足迹（ecological footprint demand）模型如下：

$$ED = \sum_{k=1}^{6} (q_t \times ed_t) \tag{5-14}$$

其中，ED 表示生态足迹，$t=1$，2，3，4，5，6 分别表示各类用地类型，q_t 表示土地均衡因子，如表 5－3 所示，ed_t 表示 t 类土地的生态足迹。

表 5－3　　生态足迹模型消费量计算项目

项目	大类	细分项
生物资源账户	耕地	粮食（谷物、豆类、薯类、高粱、玉米），棉花，油料，麻类，烟叶，蔬菜，瓜类等
	草地	肉类，禽蛋，奶类等
	林地	干果，园林水果
	水域	水产品
能源资源账户	化石能源用地	煤炭、焦炭、燃料油，天然气等
	建筑用地	电力

根据各类型土地所生产的商品数量测算出各类土地的生态足迹：

$$ed_t = \sum_{j=1}^{n} (c_t^j / p_t^j) \tag{5-15}$$

其中，c_t^j 表示第 t 类土地生产的第 j 种商品数量，各类土地分别拥有若干种商品，p_t^j 表示生物资源全球单位土地的平均产值，或者能源资源全球平均能源足迹与折算系数的乘积。不同类型土地面积的均衡因子参考 2017 年全球生态足迹网（Global Footprint Network）发布"Working Guidebook to the National Footprint Accounts"数据（见表 5－4）（杨屹、樊明东，2019）。

表 5-4 各类土地生态足迹权重

序号	公式代码	土地类型	均衡因子
1	a_1	耕地	2.52
2	a_2	草地	0.43
3	a_3	林地	1.28
4	a_4	化石燃料用地	1.28
5	a_5	建筑用地	2.52
6	a_6	水域	0.35

生态承载力是一个地区能够提供的最大的生物生产面积，它衡量一个地区的最大承载能力，并扣除12%的生物多样性面积，用来衡量生态承载能力，生态承载力模型如下：

$$ES = (1 - 12\%) \times \sum_{t=1}^{6} (b_t \times s_t \times q_t) \tag{5-16}$$

其中，$t=1$，2，3，4，5，6分别表示各类用地类型，s_t 表示 t 类土地的实际面积，b_t 表示 t 类土地的产量因子，q_t 为均衡因子。

研究将煤、石油和天然气分配给化石能源，将水电分配给建设用地。不同类型土地面积的平衡因子和产量因子参考全球足迹网络于2017年发布的“Working Guidebook to the National Footprint Accounts”中的数据（如表5-5所示）（杨屹、樊明东，2019）。

表 5-5 不同类型土地的均衡因子和产量因子

因子	耕地	林地	草地	水域	建设用地	化石能源用地
均衡因子	2.52	1.28	0.43	0.35	2.52	1.28
产量因子	1.32	2.55	1.93	1.00	1.32	—

在生态足迹和生态承载力测算的基础上，根据生态足迹与生态承载力额比值来判断生态系统服务价值的外溢情况，根据生态系统服务价值外溢水平来确定补偿标准和补偿对象，为生态补偿政策的制定和实施提供理论参考。

三、区域功能区划：发展权价值损失评估法

生态保护补偿标准的确定和生态系统服务提供者损失的发展权密切相关，实

践中通常运用损失的机会成本作为补偿标准的衡量标准。发展机会成本的损失有基于生态功能区划而导致的发展机会成本损失，也有在不同功能区域的发展机会成本损失，包括草原禁牧地区发展机会成本的损失、生态公益林地区发展机会成本的损失等，跨区域生态补偿标准通常以生态涵养地区的发展机会成本为载体来测算生态补偿标准。机会成本法测算需要选择合适的载体或者参照对象，比如限制禁止开发区的机会成本等，因环境保护而丧失的经济收益取决于生态资源载体或者区域的参照对象。

（一）生态涵养地区发展机会成本测算模型

根据主体功能区规划，土地空间分为优化开发区、重点开发区、限制开发区和禁止开发区，确定不同区域的主要功能定位，并进行开发强度、方向和秩序的定位。该定位可以促进人口、资源和经济的协调发展，但也人为地对生态涵养地区的发展机会起到限制作用，由于生态环境保护，限制开发区和禁止开发区失去了进一步工业发展或土地和矿产资源开发的机会。因此，在进行区域生态补偿标准测算中，应将限制开发区和禁止开发区的地区发展机会成本纳入生态补偿标准中，以体现发展的公平性。

推动实施《主体功能区规划》，需要形成配套的生态补偿政策，弥补限制和禁止开发区所损失的经济利益。目前国内的生态补偿政策存在补偿标准过低、补偿数量太少的问题，导致地方政府不同程度抵触被划入限制和禁止开发区域，即使被划入限制和禁止开发区域也不断寻求变相开发的方式谋求经济利益。

从省域、市域和县域层面分析，主体功能区规划的推进同样存在很大的阻力，主要原因一是补偿标准偏低；二是大多生态补偿仅针对当地财政，对整体社会经济发展影响薄弱；三是难以量化，补偿量化机制不明确。多数欠发达地区尤其被划入限制和禁止开发区域的地区将承接发达地区工业转移作为发展经济的首选。

在主体功能区规划下研究生态补偿标准对于协调区域发展具有重要的理论和实践意义。首先，从机会成本和发展权平等的角度，运用机会成本法，通过建立机会成本核算与生态补偿之间的量化关系模型，对生态涵养地区的发展机会成本补偿标准加以量化，在一定程度上对生态补偿制度和区域协调理论有一定的理论意义；同时对各级地方政府抗拒被划入限制和禁止开发区域的现实问题，从机会成本和生态补偿的角度提出了可行性的解决方案，有助于区域协调发展和国家主体功能区规划的实施。

在具体的测算过程中，发展机会成本的测算需选择一个参照城市进行对比分析。工业基础薄弱的地区意味着几乎没有工业生产，即工业产值无法作为核算依据，因此要选择基本社会状况相似但是仍然存在工业生产的城市作为参照。由此形成的计量模型为：

$$OC = DC + FC$$

$$FC = \left[\sum_{k=1}^{n}\frac{GDP_k}{\sum_{k=1}^{n}P_k} - \frac{GDP}{P}\right] \times P \times \left(\frac{\sum_{k=1}^{n}R_k}{\sum_{k=1}^{n}GDP_k}\right) \tag{5-17}$$

其中，OC 代表机会成本损失；DC 代表直接成本，即进行生态保护投入的资金额，生态环保投入成本可以根据具体情况进行分析，可计入发展权损失当中，也可以其他形式参与生态补偿，在此不计入发展权损失中，FC 是因生态环境保护而放弃工业发展的机会成本；k 是参照区数目，参照区选择发展条件相似的几个地区同时进行对比测算，GDP_k 为第 k 个参照区域的地区生产总值；GDP 为地区生产总值；P 为人口总数；R_k 为第 k 个参照城市第二产业产值。

按照工业发展对参照区相关经济指标的影响程度进行排序，对于被确定为限制和禁止开发的地区而言，最能反映工业发展受限的指标为第二产业产值，综合分析相关指标因素，排除重复和相对不重要的指标，寻求客观反映本地状况的指标，一般采用第二产业产值占比对发展权损失进行调整。

（二）草原禁牧地区发展机会成本测算模型

在草原禁牧地区进行的生态补偿标准多使用机会成本法进行测算，使用禁牧政策后，需对牧民进行生态补偿，生态补偿的补助标准应大于禁牧的机会成本，促使牧民通过减少畜牧量来达到草原生态环境的保护，若达不到禁牧的机会成本，有可能出现偷牧和夜牧的行为。禁牧通常会造成牧民经济损失，即禁止放牧前后的收入差值。

在测算中，假设用于放牧的草场面积为 A 亩，禁止放牧的面积为 B 亩，其中草原和畜牧之间的平衡标准为 β 亩/羊单位，禁止放牧之前草场超载率为 θ，放牧中每只羊的纯收入为 m 元，禁牧补助为 φ 元/亩。当草场面积 A 大于放牧面积 B 时，牧户则部分禁止放牧，当 $A = B$ 时，该牧户为全部禁止放牧。对于减少畜牧牧户的禁牧补助测算公式如下：

$$\varphi = \frac{m(1+\theta)}{\beta} = \frac{m}{\beta} + m\theta/\beta \tag{5-18}$$

其中，禁止放牧的补助标准由两部分构成，一是$\frac{m}{\beta}$，二是 $m\theta/\beta$，$\frac{m}{\beta}$是草畜

平衡下减少畜牧的损失，$m\theta/\beta$ 表示非草畜平衡下超载牲畜减少畜牧的损失，后者与超载和超载程度密切相关（胡振通等，2017）。

在草原生态补偿中，因禁牧政策导致牧民收入减少应作为发展机会成本的损失，对该部分损失的核算采用机会成本法，是基于项目的发展机会成本损失测算方法。

（三）生态公益林发展机会成本测算模型

在生态环境相对脆弱的山区或水源地，国家为保障生态安全通常运用公益林和天然林保护等林地保护措施，一方面，生态公益林不可以做伐木等商业用途，不能种植经济树种，同时进行抚育间伐或卫生伐的部分不能超过20%，对从事林业的人会产生较大的收入损失，需核算发展机会成本进行相应的生态补偿。

生态公益林管理和规划对从事林业的人所产生的发展机会成本损失主要包括生态公益林内的集体土地利用所产生的土地发展机会成本损失，以及对现有经济树种造成的损失。现阶段常用的机会成本测算方法多以当期的补偿为主，对于不同时间段的生态补偿也需考察，另外，农业生产的风险也需考察。时间和风险是计算机会成本需要考察的重要因素（李晓光等，2009）。

生态公益林发展机会成本确定的模型如下，假设在生态补偿的区域范围内可种植 k 种作物，记为 $W=(w_1, w_2, \cdots, w_k)$，单位面积内作物对应比例分别为 $Q=(\theta_1, \theta_2, \cdots, \theta_k)$，单位面积的收入与成本分别是 $I=(i_1, i_2, \cdots, i_k)$ 和 $C=(c_1, c_2, \cdots, c_k)$，则有：

$$\varepsilon = WQ(I-C) \tag{5-19}$$

$$EC = S_0\varepsilon \tag{5-20}$$

其中，ε 为单位面积补偿因子；EC 为补偿额度加总；S_0 为有效面积总量。

上述公式是使用一年的经济收入收据来测算机会成本，也是常用的制定生态补偿标准的方法。但是多数经济作物存在生命周期，单纯估计一年的经济收入存在一定的偏差，因此使用每年的平均生态补偿标准，即把经济作物的一个生命周期作为研究的对象，核算收入与成本，并将其平均分配到每年的收益中，将此收益视为机会成本。

$$MV_i = CF_0 + \frac{CF_1}{1+r_1} + \frac{CF_2}{(1+r_2)^2} + \cdots = V_1 + \frac{V_1}{(1+r_1)} + \frac{V_1}{(1+r_2)^2} + \cdots$$

$$\varepsilon = \sum_{1}^{k} \theta_i V_i \tag{5-21}$$

式中，MV_i 为种植经济作物的现值；CF 为某时期现金流；V_1 为等年度补偿

标准；r 为贴现因子。因此，

$$EC = S_0 \sum_{1}^{k} \theta_i V_i = S_0 \sum_{1}^{k} \theta_i f_i(r, CF) = S_0 \sum_{1}^{k} \theta_i f_i(r, I, C, \mu) \quad (5-22)$$

式中，I 是投入，C 是成本，μ 是风险。

在实证研究中，需要掌握的数据资料包括研究区域的土地利用现状，各地区国家级和省级公益林面积、分布、土地权属和管护要求等信息，受偿区域的面积、从业人口、从业者的人均纯收入、受偿土地资源、本地的种植结构现状等。在充分掌握数据的基础上可对生态公益林的发展机会成本损失进行测算，从而确定生态补偿标准。

四、区域意愿：条件价值评估方法

条件价值法即意愿调查法，该方法将公开性调研视为一种有效的调查工具，广泛应用于公共物品价值的公众认可度的分析。在1960年后期，该方法开始用于核算生态系统服务中的非使用价值。

（一）条件价值法概述

条件价值法遵循消费者效用理论，在生态建设中，假设消费者的生态效益受到个人产品、公共物品以及消费偏好等影响，在生态效益衡量中还会因为测量标准和方法等引起随机误差，通过建立假设的生态产品和服务交易市场，运用问卷查询生态产品或服务的消费者对于生态建设的补偿和受偿意愿，以改善生态服务质量并弥补经济损失，最后运用补偿和受偿意愿判断和计算服务价值。这种核算工具具有相对灵活性。

在对研究区域居民进行补偿意愿或受偿意愿的问卷调查时，问卷调查的统计包括支付卡式、开放式和二分选择式等几种类型，二分选择式又分为单边界和双边界两类。四种方式优劣势各不相同，开放式能根据问卷调查结果直接统计支付意愿，但往往会产生策略性偏误，且容易产生极端异常值；二分选择式能有效避免策略性偏误，但容易产生起始点偏误；支付卡提前为受访者呈现各类支付意愿评估的货币数值，一般不会有起始点偏误，也不存在极端异常值。

条件价值法作为当前主流的服务价值评估方式，在条件价值研究中，应了解该评估方法可能存在的偏误，以尽量减少评估偏误并了解受访者的支付或受偿意愿。普遍性存在的偏误有问卷设置、假设条件、策略性设计和嵌入分析四类偏误

（崔相宝等，2005）。为了解决方法设计误差，美国 NOAA（National Oceanic and Atmospheric Administration）根据问卷设计的方式和过程形成了具体化的指导方式。因为上述偏误不仅仅在条件价值法中存在，而且产生的偏误通常不会造成方法失效。当前该方法的理论架构和实际应用方式基本完备，在价值评估中表现出有效性。

（二）受偿意愿测算

在对典型生态涵养地区受偿意愿进行问卷调查的基础上，需要对接受生态补偿的受偿金额进行量化分析，测算生态涵养地区具体受偿金额。

依据样本的受偿意愿（*WTA*）分布频率，计算生态涵养地区居民的平均受偿意愿期望值（*EWTA*）：

$$E_{WTA} = \sum_{i=1}^{10} K_i P_i \tag{5-23}$$

式中，K_i 为投标额度，P_i 为某个投标额度投标人数的分布频率。将调查结果代入公式，得到生态涵养地区的受偿意愿。

将受偿意愿 E_{WTA} 作为因变量分析影响生态涵养地区受偿意愿的主要因素，受偿金额在同意接受生态补偿的情况下严格为正值，在不同意接受生态补偿的情况下定义为0。故需要选择一个模型能给出受偿意愿金额的非负估计值，并且在很宽的解释变量范围内都有不错的偏效应，托宾模型（Tobit model）对于实现这些目标相当方便，采用的模型设定如下：

$$y_1 = \beta_0 + X\beta + \mu \tag{5-24}$$

$$y = \max(0,\ y_1) \tag{5-25}$$

潜变量 y_1 满足 CLM 假定；具体而言，它服从条件均值为 0 的正态分布，具有同方差性质。即当 $y_1 \geqslant 0$ 时，变量 y 等于 y_1，但当 $y_1 < 0$ 时，则 $y = 0$。其中，y_1 代表受偿意愿金额，X 包括性别、年龄、职业、文化教育程度、家庭收入来源、家庭总收入、政府重视生态环境、对生态环境满意度、生态补偿政策重要性、环保经济价值高低、生态补偿比经济金融政策的重要性。

通过受偿意愿量化分析以及影响受偿意愿的影响因素分析，可以对生态涵养地区的居民的生态受偿意愿做出量化分析，体现以人为本的生态补偿理念。

（三）支付意愿测算

区域支付意愿的测算与受偿意愿测算相同，首先进行问卷设计，问卷设计多采用支付卡式条件价值评估法，设计好问卷后进行实地调查与线上问卷调查，对回收问卷进行有效性处理后，计算支付意愿金额。

核算平均支付意愿的方法，目前大多使用加权平均法。进而结合常住人口总量获取总体支付意愿。其中，该方式的计算公式如下：

$$E(WTP) = \sum_{i=1}^{n} P_i Bid_i \tag{5-26}$$

其中，Bid_i 表示第 i 个投标区间的组中值（开放区间“>150 元”选择组下限），P_i 表示样本中第 i 个投标区间的频率。

该模型作为进行区域生态补偿的理论依据，根据调研所得的数据特征判断模型选择。因为调研所得支付意愿基本不是负值，零支付意愿是可被调查得到的。因而统计得到的支付意愿是非负值的因变量。可运用 Tobit 模型回归分析，得到相关参数（王会等，2018）。建立 Tobit 实证模型以分析居民支付意愿的影响因素，其中真正支付意愿设为 WTP^*，当其是正值，即是可直接分析观测的 WTP；当结果是零或为负时，则看作零支付意愿。因此 Tobit 回归计量模型如下：

$$WTP^* = \beta_0 + X\beta + \mu\text{，且}\ (\mu/x) \sim N(0, \delta^2) \tag{5-27}$$

X 是影响因素的向量，β 是系数向量，μ 为随机扰动项。最后，使用 Stata 13.0 估计参数。

支付意愿估算后可得到区域支付意愿，分析影响区域支付意愿的主要影响因素，最终确定区域生态补偿的金额，条件价值法测算的金额可能与实际目标不完全相同，但在一定程度上可以反映生态系统服务价值以及生态补偿的参考额度。

五、本章小结

本章对跨区域生态贡献和生态补偿的测算方法进行了梳理，主要对生态系统服务价值测算、发展机会成本测算和条件价值法评估生态补偿额度进行了阐述，并对相关方法的测算模型进行了概述。（1）生态系统服务价值的评估方法可以分为直接市场评估、替代市场评估、模拟市场评估和效益转移评估四种类型，服务价值的技术选择各有利弊。直接和替代市场两类技术相对客观，评估可信度高，但前期工作量较大。模拟市场技术运用广泛，但是主观因素会影响评估的精确性，可信度偏低。当量因子法明确简单，评估方式全面但核算结果不太精确。但总体上，当量因子法相对其他两类方法更合理，在对价值计算的精确度要求不高时，当量因子法相对是较好的选择，核算的结果会对区域发展给出建议和警示。在具体实践和操作中，应根据评估目的和评估需求选择适合的评估方法。

(2) 生态贡献是衡量区域生态补偿的理论依据，可以通过投入消耗法、生态产品供需测算法、绿色利益以及生态足迹法等来测算，使用不同的测算方法和测算模型产生的结果有一定的差异。投入消耗法多采用 DEA 模型来测算生态投入-产出，进一步根据投入产出判断生态补偿对象和标准；生态产品供需测算在生态系统服务价值测算的基础上评估；生态足迹法根据生态足迹与生态承载力的比值来判断是否存在生态系统服务价值外溢，进一步确定生态补偿的标准和对象。(3) 主体功能区定位可以促进人口、资源和经济的协调发展，但也人为地对生态涵养地区的发展机会起到限制作用，由于生态环境保护，限制开发区和禁止开发区失去了进一步工业发展或土地和矿产资源开发的机会。测算生态涵养地区发展机会成本损失需选择一个参照城市进行分析，一般选择资源、环境及人口状况类似但工业发展不受限的城市做参照城市测算发展权价值的损失，为生态补偿政策的制定提供参考。(4) 条件价值法尽管是主流评估方式，但是在条件价值的具体应用中，应充分明确该方法可能导致的偏误，尽量减少结果偏误。条件价值法测算受偿意愿和补偿意愿时，核心环节包括问卷设计、问卷调查和结果分析，问卷设计应尽量避免设计、假设偏误意见策略性偏误等，问卷调查环节应注重实地调查和线上调查相结合，最后采用合适的计量经济模型进行意愿金额的确定和影响因素的分析。

第二篇

探索与例证

第六章

生态保护区与受益区界定

我国陆地面积辽阔，地形地貌多样，生态资源的空间分布具有明显的区域异质性。秉承“绿水青山就是金山银山”，深入落实党中央、国务院生态文明建设、生态保护补偿机制建设的决策部署，优化国土空间开发格局，落实生态受益地区与保护生态地区开展横向生态保护补偿，促进全国形成绿色利益分享的区域格局，加快形成人与自然和谐发展的现代化建设新格局，需要科学探讨全国生态保护区和生态受益区的空间格局，为全国跨区域横向生态保护补偿实施方案及政策配套给予理论和技术支持。

一、生态—经济空间格局

我国幅员辽阔，人口、经济、资源与生态环境的区域差异大，经济社会发展与人口资源环境的矛盾突出。21 世纪以来，尤其是党的十八大以来，我国十分重视生态建设和环境保护，生态文明建设有助于促进生态保护和经济社会的协调发展。在新时代新发展理念和要求下，明晰我国生态—经济的空间格局，对于区域协调发展及全面实施生态保护补偿具有重要意义。

（一）全国生态环境空间格局

我国南北跨热带、亚热带、温带，东西跨湿润地区、半湿润地区、半干旱地区及干旱地区，生态系统类型具有复杂性和多样性，地理条件存在较大差异，区域生态资源本底各不相同，生态资源空间分布不均匀。同时，一些区域的自然灾害风险形势严峻，生态系统退化问题突出，环境污染和环境破坏问题尖锐。客观把握全国生态环境形势及空间格局具有重要意义。

1. 资源分布不平衡，区域差距较大

我国陆地国土面积占比大，山地丘陵多，平原少，地势西部高东部低，地形种类众多，高原、山地、丘陵、盆地、平原等各种地形都有分布。西部地区高山高原广布，山地、盆地也广为存在；东部地区地势平缓，主要以低山丘陵和地势平坦的平原为主。西部地区自然灾害频发，东部沿海地带的自然灾害危险性较高。西北和西南地区的生态环境效率值较华东和东北地区相比较低，即使相同地理区域内不同省份之间内部也存在较大差异（景晓栋等，2020）。

2019 年我国水资源总量为 2.9 万亿立方米，世界排名第六，尽管水资源总量多但是人均水占有量少，在全国南方水资源占比 4/5，北方仅占不到 1/5。因此北方水资源供不应求，开发利用度接近 48%。如表 6-1 所示，从全国各省区市的水资源总量分布来看，华南和西南地区的水资源总量较丰富，而华北、西北地区的水资源总量稀少。西藏水资源总量最多，达 4496.9 亿立方米，而天津仅有 8.1 亿立方米，地区间差距较大。

表 6-1　2019 年全国各省区市水资源总量

区域	省区市	水资源总量（亿立方米）	人均水资源量（立方米/人）
华北	北京	24.6	114.2
	天津	8.1	51.9
	河北	113.5	149.9
	山西	97.3	261.3
	内蒙古	447.9	1765.5
东北	辽宁	256	587.8
	吉林	506.1	1876.2
	黑龙江	1511.4	4017.5
华东	上海	48.3	199.1
	江苏	231.7	287.5
	浙江	1321.5	2281
	安徽	539.9	850.9
	福建	1363.9	3446.8
	江西	2051.6	4405.4
	山东	195.2	194.1

续表

区域	省区市	水资源总量（亿立方米）	人均水资源量（立方米/人）
华中	河南	168.6	175.2
	湖北	613.7	1036.3
	湖南	2098.3	3037.3
华南	广东	2068.2	1808.9
	广西	2105.1	4258.7
	海南	252.3	2685.5
西南	重庆	498.1	1600.1
	四川	2748.9	3288.9
	贵州	1117	3092.9
	云南	1533.8	3166.4
	西藏	4496.9	129407.2
西北	陕西	495.3	1279.8
	甘肃	325.9	1233.5
	青海	919.3	15182.5
	宁夏	12.9	182.2
	新疆	870.1	3473.5

资料来源：《中国统计年鉴2019》。

我国土地面积辽阔，但是人均土地资源拥有量较少，可利用土地资源日益短缺，利用效率低下。同时全国土地资源分布不平衡，土地利用产生的经济效益存在较大的区域差异，土地开发状况和利用程度不同。如表6-2所示，黑龙江耕地面积最大，达15845.7千公顷，其次是内蒙古、河南。园地和牧草地面积差异巨大，西藏牧草地面积达70683千公顷，但是上海、江苏等地的面积极小。各区域内部的不同类型的生态资源面积的差距也较大，例如西藏牧草地面积有70683千公顷，但是园地面积只有1.5千公顷。森林、草原及湿地等生态资源的分布差距均较大。

表6-2　全国省区市各生态资源面积　单位：千公顷

区域	省区市	耕地	农用地	园地	牧草地	水利设施用地	森林面积	草原面积	湿地面积
华北	北京	213.7	1146.7	132.8	0.2	20.6	718.2	394.8	48.1
	天津	436.8	692.1	29.6	—	53.7	136.4	146.6	295.6
	河北	6518.9	13064	832.3	401	108.9	5026.9	4712.1	941.9
	山西	4056.3	10026	405.8	33.7	37.7	3210.9	4552	151.9
	内蒙古	9270.8	82881	56.4	49507	69.7	26148.5	78804.5	6010.6
东北	辽宁	4971.6	11533	467.8	3.2	137.7	5718.3	3388.8	1394.8
	吉林	6986.7	16593	65.8	236	138.5	7848.7	5842.2	997.6
	黑龙江	15845.7	39913	44.6	1094.9	245.4	19904.6	7531.8	5143.3
华东	上海	191.6	313.4	16.5	0	3.2	89	73.3	464.6
	江苏	4573.3	6470.4	297.2	0.1	163.6	1559.9	412.7	2822.8
	浙江	1977	8588.9	574.3	0.3	142.5	6049.9	3169.9	1110.1
	安徽	5866.8	11122	346.5	0.5	205	3958.5	1663.2	1041.8
	福建	1336.9	10862	766.5	0.3	72.5	8115.8	2048	871
	江西	3086	14412	320.7	0.7	202.4	10210.2	4442.3	910.1
	山东	7589.8	11486	714.3	5.8	233.8	2665.1	1638	1737.5
华中	河南	8112.3	12656	213.3	0.3	187	4031.8	4433.8	627.9
	湖北	5235.9	15730	480.2	2	273.3	7362.7	6352.2	1445
	湖南	4151	18167	653.1	13.6	152.5	10525.8	6372.7	1019.7
华南	广东	2599.7	14917	1260.7	3.1	195.1	9459.8	3266.2	1753.4
	广西	4387.5	19527	1080.5	5.2	181.2	14296.5	8698.3	754.3
	海南	722.4	2967.4	917	19.2	58.1	1944.9	949.8	320
西南	重庆	2369.8	7056.8	270.9	45.5	38.8	3549.7	2158.4	87.7
	四川	6725.2	42133	726.9	10956.6	131.5	18397.7	20380.4	1665.6
	贵州	4518.8	14726	162.1	72.2	41.8	7710.3	4287.3	151.6
	云南	6213.3	32928	1628.2	147	118.4	21061.6	15308.4	392.5
	西藏	444	87230	1.5	70683	8.3	14909.9	82051.9	6524
西北	陕西	3982.9	18563	816.4	2169.4	36.5	8868.4	5206.2	276.2
	甘肃	5377	18548	255.8	5918.6	39.3	5097.3	17904.2	1642.4
	青海	590.1	45088	6	40794.6	63.4	4197.5	36369.7	8001
	宁夏	1289.9	3806.9	50	1491.7	9.4	656	3014.1	169.5
	新疆	5239.6	51719	620.7	35714.8	240.1	8022.3	57258.8	3678.3

资料来源：《中国统计年鉴2019》。

2. 生态问题突出，环保任务重

全国生态环境容量与资源承载力不协调，生态破坏问题依然较为严峻，空气质量问题依然存在，水资源匮乏、生态贫困问题突出，生态保护补偿机制尚不完善。从2017年全国废水、废气等排放量来看（见表6-3），广东废水排放总量达到了882020万吨，贵州的二氧化硫排放量达到68.75万吨，山东的氮氧化物排放量达到115.86万吨，河北的烟（粉）尘排放量达到80.37万吨。排放总量最多的是广东，共882156.73万吨，排放最少的西藏仅7180.03万吨，差距达到874976.7万吨。广东排放总量最多，其次是江苏、山东、浙江，排放量与地区人口和经济发展水平具有明显的相关关系。

表6-3　　2017年全国废水、废物排放量　　单位：万吨

地区	废水	二氧化硫	氮氧化物	烟（粉）尘	总计	总量排名
北京	133188	2.01	14.45	2.04	133206.5	21
天津	90790	5.56	14.23	6.52	90816.31	26
河北	253685	60.24	105.6	80.37	253931.21	9
山西	135057	57.31	52.1	43.38	135209.79	20
内蒙古	104251	54.63	50.55	53.62	104409.8	24
辽宁	237971	38.97	60.51	55.75	238126.23	11
吉林	121464	16.61	25.54	19.57	121525.72	22
黑龙江	138121	29.37	40.96	40.22	138231.55	19
上海	211951	1.85	19.39	4.7	211976.94	13
江苏	575196	41.07	90.72	39.08	575366.87	2
浙江	453935	19.05	43.2	15.34	454012.59	4
安徽	233838	23.54	49	28.08	233938.62	12
福建	238279	13.39	27.72	17.02	238337.13	10
江西	189362	21.55	35.54	27.95	189447.04	16
山东	499884	73.91	115.86	54.96	500128.73	3
河南	409107	28.63	66.29	22.34	409224.26	5
湖北	272694	22.01	37.67	18.8	272772.48	8
湖南	300563	21.46	36.47	20.71	300641.64	7
广东	882020	27.68	82.97	26.08	882156.73	1
广西	198144	17.73	34.56	20.91	198217.2	15

续表

地区	废水	二氧化硫	氮氧化物	烟（粉）尘	总计	总量排名
海南	44081	1.43	6.01	2.09	44090.53	28
重庆	200677	25.34	20.4	8.33	200731.07	14
四川	362438	38.91	45.76	22.4	362545.07	6
贵州	118017	68.75	35.97	19.68	118141.4	23
云南	185112	38.44	26.88	22.42	185199.74	17
西藏	7176	0.35	3.02	0.66	7180.03	31
陕西	175955	27.94	33.98	23.67	176040.59	18
甘肃	64514	25.88	21.25	17.71	64578.84	27
青海	27115	9.24	7.23	12.95	27144.42	30
宁夏	30735	20.75	16.17	18.77	30790.69	29
新疆	101291	41.82	38.84	50.15	101421.81	25

资料来源：《中国统计年鉴2019》。

从全国环保重点城市空气质量情况来看，不同区域呈现出明显的差异性。如表6－4所示，河北石家庄和邯郸可吸入颗粒物（PM10）年平均浓度达到154微克/立方米，而上海仅55微克/立方米。从细颗粒物（PM2.5）年平均浓度来看，同样是河北的石家庄、邯郸等城市较大，均超过了80微克/立方米，其他城市均低于80微克/立方米。从全年空气质量达到及好于二级的天数来看，牡丹江、齐齐哈尔、本溪、赤峰、宁波、大同六个地区的天数分别为329、319、318、318、311、301，均超过了300天，大连为300天，其他城市没有达到300天，尤其是临汾、石家庄、保定等城市全年空气质量达到及好于二级的天数未能达到全年的一半。可见全国不同地区的空气质量有较为明显的差异。

表6－4　中国2017年环保重点城市空气质量指标统计

城市	PM10年平均浓度（微克/立方米）	PM2.5年平均浓度（微克/立方米）	空气质量达到及好于二级的天数（天）	城市	PM10年平均浓度（微克/立方米）	PM2.5年平均浓度（微克/立方米）	空气质量达到及好于二级的天数（天）
北京	84	58	226	本溪	71	40	318
天津	94	62	209	锦州	78	48	255
石家庄	154	86	151	长春	78	46	276
唐山	119	66	205	吉林	79	52	259
秦皇岛	82	44	268	哈尔滨	84	58	271

续表

城市	PM10 年平均浓度（微克/立方米）	PM2.5 年平均浓度（微克/立方米）	空气质量达到及好于二级的天数（天）	城市	PM10 年平均浓度（微克/立方米）	PM2.5 年平均浓度（微克/立方米）	空气质量达到及好于二级的天数（天）
邯郸	154	86	142	齐齐哈尔	65	38	319
保定	135	84	159	牡丹江	65	36	329
太原	131	65	176	上海	55	39	275
大同	73	36	301	南京	76	40	264
阳泉	116	61	193	无锡	77	44	247
长治	103	60	195	徐州	119	66	176
临汾	122	79	128	常州	76	48	249
呼和浩特	95	43	255	苏州	64	42	261
包头	93	44	277	南通	64	39	266
赤峰	70	34	318	连云港	73	45	289
沈阳	85	50	256	扬州	93	54	228
大连	58	34	300	镇江	88	55	232
鞍山	85	48	263	杭州	72	45	271
抚顺	81	47	275	宁波	60	37	311

资料来源：《中国环境统计年鉴 2018》。

（二）全国经济发展区域差异

由于自然环境、历史条件、政策文化等因素，我国各地区所具有的生态资源和经济发展程度存在较大差异，城乡之间以及东西部经济发展不平衡。明确区域差异现实、把握区域差异情况对促进全国区域经济协调发展具有重要意义。

1. 经济发展水平差异十分明显

GDP 是反映经济水平的重要指标。如表 6－5 和图 6－1 数据所示，广东、江苏、山东、浙江的地区生产总值较高，位居全国前四。西藏、青海、宁夏、海南的地区生产总值处于末位。从人均地区生产总值来看，北京、上海、江苏、浙江排在全国的前四位，而最低的是甘肃、黑龙江、广西和吉林。综合来看，西部地区经济发展相对落后，人均地区生产总值较低，东南沿海、东部地区经济水平更高，人均地区生产总值高，东、中、西三大地带差异仍然比较显著。

表 6－5　　2019 年全国地区生产总值和人均地区生产总值

区域	省区市	地区生产总值（亿元）	人均地区生产总值（元）	地区	省区市	地区生产总值（亿元）	人均地区生产总值（元）
华北	北京	35371. 28	164220	华中	河南	54259. 2	56387. 84
	天津	14104. 28	90370. 63		湖北	45828. 31	77386. 54
	河北	35104. 52	46347. 89		湖南	39752. 12	57540. 26
	山西	17026. 68	45724	华南	广东	107671. 07	94172
	内蒙古	17212. 53	67852. 13		广西	21237. 14	42964
东北	辽宁	24909. 45	57191		海南	5308. 93	56506. 83
	吉林	11726. 82	43475	西南	重庆	23605. 77	75828
	黑龙江	13612. 68	36182. 77		四川	46615. 82	55774
华东	上海	38155. 32	157279		贵州	16769. 34	46433
	江苏	99631. 52	123607		云南	23223. 75	47944
	浙江	62351. 74	107623. 61		西藏	1697. 82	48902
	安徽	37113. 98	58495. 57	西北	陕西	25793. 17	66649. 02
	福建	42395	107139. 25		甘肃	8718. 3	32994. 56
	江西	24757. 5	53164		青海	2965. 95	48981. 46
	山东	71067. 53	70652. 62		宁夏	3748. 48	54217
					新疆	13597. 11	54280

资料来源：《中国统计年鉴 2019》。

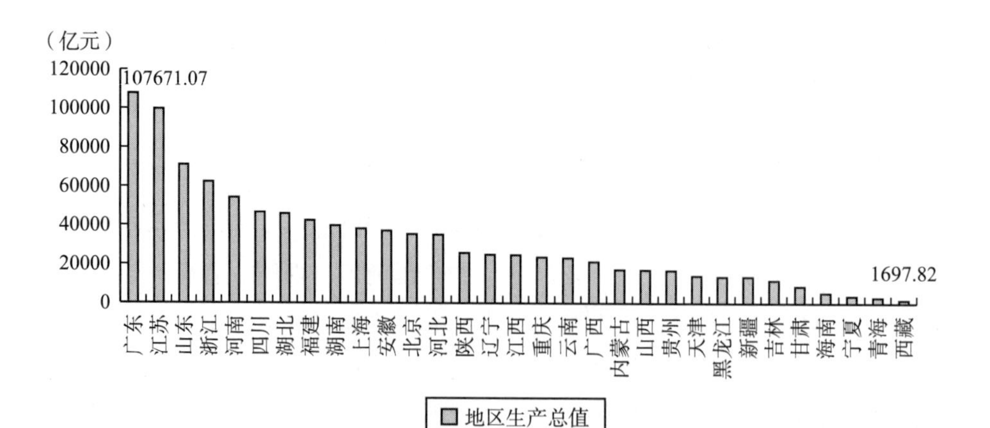

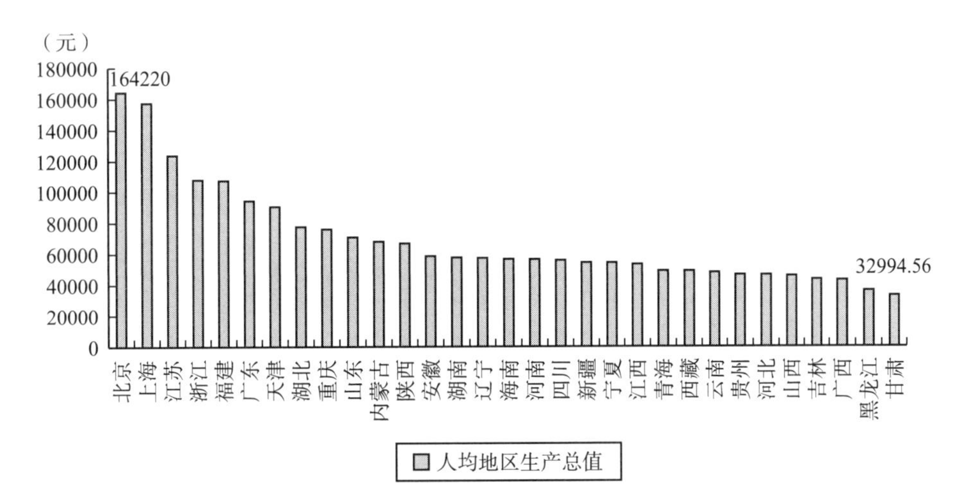

图 6－1　2019 年全国地区生产总值和人均地区生产总值

2. 产业结构空间差异明显

全国各地产业结构不断完善，第三产业占比逐步提高，但是产业结构占比差别较大。2019 年我国国内生产总值构成是第一产业 7.1%、第二产业 39%、第三产业 53.9%，与全国情况相比较，分地区生产总值构成来看（见表 6－6），黑龙江的第一产业占比最高，达到 23.4%，而北京、上海只有 0.3%。福建第二产业占比最高，达到 48.5%，近一半的地区生产总值由第二产业构成，而北京仅有 16.2%。北京、上海的第三产业占比均达到了 70% 以上，尤其北京达到了 83.5%。第三产业成为拉动经济增长新动力，北京、上海、天津在城市规模上属于超大城市，人口聚集，经济发展水平较高，第三产业占比也较高，较早实现产业结构的优化调整，而基于地理位置、自然条件等原因，仍有少部分地区以第二产业为主，例如陕西和福建的第二产业占比高出第三产业，因此全国在产业结构上仍存在很大的差异。

表 6－6　　2019 年地区生产总值构成情况

产业占比	省区市
第一产业占比 >7.1	黑龙江（23.4）、海南（20.3）、广西（16.0）、贵州（13.6）、云南（13.1）、新疆（13.1）、甘肃（12.0）、吉林（11.0）、内蒙古（10.8）、四川（10.3）、青海（10.2）、河北（10.0）、湖南（9.2）、辽宁（8.7）、河南（8.5）、江西（8.3）、湖北（8.3）、西藏（8.2）、安徽（7.9）、陕西（7.7）、宁夏（7.5）、山东（7.2）
第一产业占比≤7.1	北京（0.3）、上海（0.3）、天津（1.3）、浙江（3.4）、广东（4.0）、江苏（4.3）、山西（4.8）、福建（6.1）、重庆（6.6）

续表

产业占比	省区市
第二产业占比 >39	福建（48.5）、陕西（46.4）、江苏（44.4）、江西（44.2）、山西（43.8）、河南（43.5）、浙江（42.6）、宁夏（42.3）、湖北（41.7）、安徽（41.3）、广东（40.4）、重庆（40.2）、山东（39.8）、内蒙古（39.6）、青海（39.1）
第二产业占比≤39	北京（16.2）、海南（20.7）、黑龙江（26.6）、上海（27.0）、甘肃（32.8）、广西（33.3）、云南（34.3）、天津（35.2）、吉林（35.2）、新疆（35.3）、贵州（36.1）、四川（37.3）、西藏（37.4）、湖南（37.6）、辽宁（38.3）、河北（38.7）
第三产业占比 >53.9	北京（83.5）、上海（72.7）、天津（63.5）、海南（59.0）、广东（55.5）、甘肃（55.1）、西藏（54.4）、浙江（54.0）
第三产业占比≤53.9	福建（45.3）、陕西（45.8）、江西（47.5）、河南（48.0）、内蒙古（49.6）、湖北（50.0）、黑龙江（50.1）、贵州（50.3）、宁夏（50.3）、广西（50.7）、青海（50.7）、安徽（50.8）、河北（51.3）、江苏（51.3）、山西（51.4）、新疆（51.6）、四川（52.4）、云南（52.6）、辽宁（53.0）、山东（53.0）、湖南（53.2）、重庆（53.2）、吉林（53.8）

注：资料来源为《中国统计年鉴 2019》，括号内为占比值（%）。

从空间分布来看，如表 6－7 所示，北京、天津和上海三个直辖市只有第三产业大于全国水平，服务业逐渐成为国民经济的主导产业部门，对国民生产总值的贡献也逐年攀升，三个直辖市作为我国经济发展水平较高的地区，服务业在各自发展过程中具有重要地位。河北以及东北地区、西南地区的省市主要以农业生产为主，仅第一产业产值占比大于全国水平，这些地区由于地理位置、气候条件、地势地貌，逐渐形成以农业为主的发展格局。西北和华中地区的多数省市以第一和第二产业为主，甘肃、西藏和海南的第一和第三产业大于全国水平。广东和浙江的第二、第三产业产值占比大于全国水平，两省地处我国沿海地区，经济一直都发展迅速，具有各具特色、优势明显的产业发展布局。

表 6－7　　2019 年全国省级地区生产总值水平

产业占比情况	省区市
仅第一产业大于全国水平	黑龙江、新疆、吉林、河北、辽宁、河南、江西、四川、云南、广西、贵州、湖南
仅第二产业大于全国水平	江苏、山西、福建、重庆
仅第三产业大于全国水平	北京、上海、天津
第一、第三产业大于全国水平	海南、甘肃、西藏
第一、第二产业大于全国水平	内蒙古、宁夏、陕西、河南、安徽、湖北、山东、江西
第二、第三产业大于全国水平	浙江、广东

注：资料来源为《中国统计年鉴 2019》。

3. 生活水平区域差距较大

从全国分地区居民人均可支配收入和消费支出情况来看（见表6-8），上海和北京的人均可支配收入水平领先于其他各地区。其次是浙江、天津和江苏，均超过了40000元。经济水平发展较好的地区居民收入水平也较高，如北京、上海、天津等直辖市以及华东地区。而甘肃和西藏地区的人均可支配收入不足20000元。其余省市的收入水平较为平均，从全国来看，居民的生活水平差距明显。从消费水平来看，上海和北京依然位居前列，消费支出均超过了40000元，足显超大城市的优势。全国居民的收入和消费水平差距较大。

表6-8　2019年全国居民人均可支配收入、人均消费支出表　单位：元

地区	人均可支配收入	地区	人均消费支出	排序
上海	69441.6	上海	45605.1	1
北京	67755.9	北京	43038.3	2
浙江	49898.8	浙江	32025.8	3
天津	42404.1	天津	31853.6	4
江苏	41399.7	广东	28994.7	5
广东	39014.3	江苏	26697.3	6
福建	35616.1	福建	25314.3	7
辽宁	31819.7	辽宁	22202.8	8
山东	31597	湖北	21567	9
内蒙古	30555	重庆	20773.9	10
重庆	28920.4	内蒙古	20743.4	11
湖北	28319.5	湖南	20478.9	12
湖南	27679.7	山东	20427.5	13
海南	26679.5	海南	19554.9	14
安徽	26415.1	四川	19338.3	15
江西	26262.4	安徽	19137.4	16
河北	25664.1	宁夏	18296.8	17
四川	24703.1	黑龙江	18111.5	18
陕西	24666.3	吉林	18075.4	19
吉林	24562.9	河北	17987.2	20
宁夏	24411.9	江西	17650.5	21

续表

地区	人均可支配收入	地区	人均消费支出	排序
黑龙江	24253.6	青海	17544.8	22
河南	23902.7	陕西	17464.9	23
山西	23828.5	新疆	17396.6	24
广西	23328.2	广西	16418.3	25
新疆	23103.4	河南	16331.8	26
青海	22617.7	甘肃	15879.1	27
云南	22082.4	山西	15862.6	28
贵州	20397.4	云南	15779.8	29
西藏	19501.3	贵州	14780	30
甘肃	19139	西藏	13029.2	31

资料来源：《中国统计年鉴 2019》。

（三）全国生态—经济协调性

因为国内生态资源分布状况和经济发展程度存在空间上的不均衡现象，西部地区生态环境较为脆弱，水资源短缺，水土流失严重，经济发展水平不高。而东部地区生态资源丰富、地理位置优越，积极开展新兴产业，在区域经济发展方面一直处于领先位置。全国生态—经济空间格局不均衡的现象十分显著，警示我们要在经济建设过程中处理好人与自然生命共同体的关系。

1. 生态—经济协调发展研究现状

全面建设现代化国家，蕴含经济、政治、文化、社会、生态文明五个维度的建设，是全面建成小康社会的价值诉求（李繁荣，2020）。当前对于社会经济与生态环境的研究已经较为成熟，有学者构建了生态环境保护和区域经济高质量发展的协调发展度模型，以全国 31 个地区为研究对象，发现 2018 年地区间的生态环境与区域经济协调度处于初级和中级阶段，只有 10 个地区处于勉强协调发展阶段，两极分化严重（杨永芳等，2020）；采用静态耦合协调度模型与动态耦合过程分析相结合的方法，对甘肃省社会经济发展与自然生态环境质量间的协调发展程度及演变规律进行研究（任祁荣，2021）；采用频度统计法、理论分析法初步确定指标体系，以耦合协调度模型评估和解读京津冀区域生态环境 - 经济发展 - 新型城镇化的复杂耦合关系（王淑佳等，2018）；采用交互胁迫模型揭示了青藏高原旅游经济与生态环境交互胁迫轨迹，结果显示旅游经济明显胁迫生态环境发展，生态环境明显约束了旅游经济增长（王振波等，2019）。为保障生态与高质量发展经济，基本构成了增长型、生态型、综合性和可持续型的测度体系。应依照区域间的生态资源差异和产业结构的不同，促进经济发展和生态保护多元化和系统化和谐发展（王育宝等，2019）。

资源能源的消耗、生态环境的破坏和生态系统的恶化在一定程度上压缩了我国的经济发展空间，生态经济的基本矛盾呈现出两种表现形式：一是人类生产生活对生态资源需求的无限性与生态资源的有限性之间的矛盾。二是经济社会活动的排污量无限性与生态系统更新与净化能力之间的矛盾（张春晓等，2020）。在对齐齐哈尔市县域的环境—经济—社会协调性综合评价中，发现具有以下四种类型：生态环境短板突出、经济发展整体向好、社会进步尤为缓慢、生态文明稳中有优（陈晓红等，2018）。绿色发展能力的高低程度可反映经济增长是否会破坏生态环境或造成生态风险。新时代生态文明建设，要形成多元化主体共同参与、建构全面化的治理机制（郇庆治，2020）。

2. 全国生态—经济协调性测度

生态文明的发展是以协调经济和生态为基本诉求，目标是实现经济增长、社会进步以及环境保护的协调发展，推动生态文明建设是现实需求。基于生态环境和区域经济目标层，建立全国生态—经济协调性测度指标，以探究我国区域间协调特征，为生态文明的持续推进提供理论依据。

（1）数据来源与指标选取。

以我国31个地区（不包括港澳台地区）为研究对象，评价指标数据均来自2020年《中国统计年鉴》和2018年《中国环境统计年鉴》。因原始数据量纲及数量级不同，并存在正负之分，预先采用极值标准化对原始数据进行标准化处理。从生态文明的核心理念出发，在整理相关政策文件、总结已有文献的基础上，从生态环境和区域经济两个目标层共选取了13个指标，构建协调度测度指标体系，如表6-9所示。

表6-9　　我国区域经济与生态环境发展耦合协调性综合评级指标体系

目标层	功能层	指标层	属性（+/-）
区域经济	地区经济发展水平	地区生产总值	+
	城市化水平	年末城镇人口比重	+
	人口水平	人口数	+
	固定资产投资水平	固定资产投资比上年增长情况	+

续表

目标层	功能层	指标层	属性（+/-）
区域经济	地方公共预算收入水平	地方一般公共预算收入	+
	进出口水平	货物进出口总额	+
	居民收入水平	居民人均可支配收入	+
	科技水平	科学技术支出	+
生态环境	生态投资水平	城市环境基础设施建设投资	+
	水资源水平	水资源总量	+
	绿化水平	建成区绿化覆盖率	+
	公园绿化水平	人均公园绿地面积	+
	废气排放程度	废气中二氧化硫排放量	-
	工业废物排放程度	一般工业固体废物产生量	-
	废水排放程度	废水排放总量	-

区域经济的指标主要包括地区经济发展水平、城市发展水平以及居民的收入水平三个方面。地区生产总值、固定资产投资、公共预算收入以及货物进出口总额可以较客观全面地说明地区的经济基础水平与未来发展水平。地区人口数和城镇人口比重表示人口发展水平，人口的增加、聚集在对地区经济发展造成一定影响的同时也会给生态环境带来压力。收入和消费水平的提高使居民对生存环境的要求和依赖程度增加，更加追求环境优质宜居，促使提升生态环境质量。

指标设置主要包括生态投资水平、生态环境水平和生态环境压力三个方面。城市基础设施投资体现了区域对环保的经济投入。水资源作为人类赖以生存和发展必不可少的物质资源之一，影响着未来社会经济和生态发展的趋势。建成区绿化覆盖率和人均公园绿地面积是体现城市生态文明水平和综合服务功能水平的重要指标。废气、废水和工业固体废物的排放量是人类生存对生态环境资源消耗的重要体现，可以评价生态环境受到破坏的程度。

（2）计算方法。

耦合协调度模型用于判断事物间协调程度。耦合度表示两个或者多个系统间的相互作用力，可反应系统间协调动态关系、相互依赖和制约的程度。协调度指耦合作用中的良性耦合度，可体现协调状况的好坏。

假设评价指标中的评价对象有 n 个，评价指标有 m 个。我国区域经济和生态环境发展协调度的测定步骤如下：步骤一：建立反映我国生态环境和区域经济情况的指标体系，由于原始数据的数据量纲及数量级不同，首先对数据进行标准化处理，公式如下：

$$x_{ij}=\frac{X_{ij}-\min(X_{ij})}{\max(X_{ij})-\min(X_{ij})}，x_{ij}为正向指标 \tag{6-1}$$

$$x_{ij}=\frac{\max(X_{ij})-X_{ij}}{\mathrm{man}(X_{ij})-\min(X_{ij})}，x_{ij}为负向指标 \tag{6-2}$$

其中，x_{ij}为第 i 个评价对象的第 j 项评价指标的标准值，X_{ij}为其原始值，$\max(X_{ij})$ 和 $\min(X_{ij})$ 分为是第 i 个评价对象的第 j 项指标的最大值和最小值。

步骤二：首先利用熵权 TOPSIS 方法分别计算区域经济和生态环境的评价指数。计算公式如下：

$$B^{+}=(b_1^{+},\ b_2^{+},\ \cdots,\ b_m^{+}) \tag{6-3}$$

$$B^{-}=(b_1^{-},\ b_2^{-},\ \cdots,\ b_m^{-}) \tag{6-4}$$

其中，$B_j^{+}=\max(b_{1j},\ b_{2j},\ \cdots,\ b_{ij})$，$C_j^{-}=\min(b_{1j},\ b_{2j},\ \cdots,\ b_{ij})$

式中，B^{+}和 B^{-}为正理想解和负理想解。b_{ij}为利用熵权法赋权后的第 i 个评价对象的第 j 项指标值。然后计算各个评价对象距正理想解 D^{+}和负理想解 D^{-}的距离，公式如下：

$$D^{+}=\sqrt{\sum_{j=1}^{m}(b_{ij}-b_j^{+})^2} \tag{6-5}$$

$$D^{-}=\sqrt{\sum_{j=1}^{m}(b_{ij}-b_j^{-})^2} \tag{6-6}$$

最后，计算各评价对象距正理想解的相对接近度 S_i，确定为评价值。

$$S_i=\frac{D^{-}}{D^{-}+D^{+}} \tag{6-7}$$

步骤三：构建耦合协调度模型，公式如下：

$$C=\sqrt{\frac{f(x)\times f(y)}{[f(x)+f(y)]^2}} \tag{6-8}$$

式中，C 为模型的耦合度，取值 0 ~ 1 之间，$f(x)$ 和 $f(y)$ 分别为区域经济和生态环境的评价指数。

（3）结果与讨论。

表 6 - 10 为我国各地区区域经济和生态环境的评价结果、耦合协调度的评价结果和发展程度的划分情况。2019 年我国区域经济和生态环境协调发展度整体上处于协调和失调阶段的地区数相当，有 14 个地区处于协调阶段，17 个地区处于失调阶段。没有地区处于严重失调和极度失调的程度，但是地区间协调发展程度的差异较为明显，优质协调地区和中度失调地区差距较大，具有两极分化的现象。

表 6 - 10　　各地区区域经济和生态环境发展评价结果

区域经济			生态环境			耦合协调结果			
地区	评价结果	排序	地区	评价结果	排序	地区	协调度	协调等级	协调程度
广东	0.782	1	四川	0.584	1	广东	0.951	10	优质协调
江苏	0.573	2	西藏	0.581	2	北京	0.816	9	良好协调
上海	0.531	3	江西	0.514	3	江苏	0.768	8	中级协调
北京	0.501	4	广东	0.511	4	浙江	0.768	8	中级协调
浙江	0.479	5	北京	0.461	5	上海	0.656	7	初级协调
山东	0.33	6	广西	0.417	6	福建	0.62	7	初级协调
福建	0.247	7	浙江	0.405	7	山东	0.668	7	初级协调
天津	0.222	8	河南	0.404	8	河南	0.609	7	初级协调
安徽	0.213	9	湖南	0.398	9	四川	0.682	7	初级协调
湖北	0.212	10	福建	0.376	10	安徽	0.581	6	勉强协调
河南	0.211	11	山东	0.368	11	江西	0.591	6	勉强协调
四川	0.2	12	江苏	0.358	12	湖北	0.566	6	勉强协调
湖南	0.176	13	安徽	0.357	13	湖南	0.573	6	勉强协调
河北	0.167	14	湖北	0.336	14	广西	0.513	6	勉强协调
辽宁	0.159	15	云南	0.323	15	天津	0.49	5	濒临失调
重庆	0.151	16	黑龙江	0.303	16	黑龙江	0.41	5	濒临失调
江西	0.146	17	重庆	0.283	17	重庆	0.471	5	濒临失调
内蒙古	0.129	18	上海	0.265	18	云南	0.452	5	濒临失调
陕西	0.125	19	青海	0.257	19	陕西	0.413	5	濒临失调
广西	0.12	20	海南	0.25	20	山西	0.354	4	轻度失调
云南	0.112	21	陕西	0.249	21	内蒙古	0.367	4	轻度失调
山西	0.107	22	贵州	0.246	22	海南	0.346	4	轻度失调
黑龙江	0.094	23	天津	0.243	23	贵州	0.366	4	轻度失调
贵州	0.092	24	新疆	0.235	24	西藏	0.315	4	轻度失调
新疆	0.085	25	甘肃	0.218	25	青海	0.319	4	轻度失调
海南	0.079	26	宁夏	0.218	26	新疆	0.345	4	轻度失调
吉林	0.071	27	山西	0.213	27	河北	0.204	3	中度失调
甘肃	0.067	28	吉林	0.213	28	辽宁	0.236	3	中度失调
宁夏	0.066	29	内蒙古	0.204	29	吉林	0.297	3	中度失调
青海	0.065	30	辽宁	0.147	30	甘肃	0.293	3	中度失调
西藏	0.043	31	河北	0.143	31	宁夏	0.291	3	中度失调

从各地区来看，广东处于优质协调阶段，北京处于良好协调阶段，江苏和浙江处于中级协调阶段，上海、福建、山东、河南、四川5个地区处于初级协调阶段。安徽、江西、湖北、湖南、广西5个地区处于勉强协调阶段。从地域分布和经济发展情况来看，处于协调发展阶段的地区多处于东部沿海地区和经济水平发展迅速的大城市。经济社会的发展促进居民生活水平提高，促进科技进步、生产效率提高和产业结构的升级优化，使生态环境的负荷减小。经济发展对生态环境的改善作用明显大于抑制作用，形成经济生态同步协调发展的局势。河北、辽宁、吉林、甘肃、宁夏5个地区处于中度失调阶段，在全国范围来看是经济生态发展最不协调的区域。

天津、黑龙江、重庆、云南、陕西5个地区处于濒临失调的阶段。这些地区发展水平和生态环境状况在全国范围内均处于中等位置，经济和生态水平各自处于较为缓慢发展的状态，暂时无法彼此起到相互带动作用，协调程度较差，处于濒临失调的阶段。山西、内蒙古、海南、贵州、西藏、青海、新疆7个地区处于轻度失调阶段，河北、辽宁、吉林、甘肃、宁夏5个地区处于中度失调阶段。这12个地区多数处于生态环境较为脆弱、经济发展水平较差的西部、西北和东北地区。这些地区发展水平和生态环境状况在全国范围内均处于偏下的位置，经济和生态发展情况均较差，难以形成协调发展的状态。河北的经济发展水平处于中等位置，但是生态发展水平的评价结果落后，导致协调程度较差。西藏的生态环境评价结果处于第二的位置，但是区域经济的评价结果排名末位，综合看处于轻度失调阶段。总之各地区区域经济和生态环境的协调程度与区域位置、自然条件、经济基础、社会发展等方面均息息相关。

二、主体功能区与经济发展区划

根据区域的生态承载力、现有开发密度和后期发展潜力，统筹人口、产业、城乡布局、土地利用结构，将国土空间划分为优化、重点、限制和禁止四大类开发类型，针对各主体特征确定功能，确立开发方向，控制开发规模，规范开发程序，完善开发制度，逐步形成社会、经济、环境协调开发的空间格局。城市群系统内区域生态补偿在合理界定生态保护和受益区的基础上，还应充分考虑因主体功能区划分导致的机会成本损失（高吉喜等，2016）。

(一) 全国主体功能区划分

2011 年 6 月 8 日，国家《全国主体功能区规划》正式颁布，将国土空间区域开发模式划分为优化、重点、限制和禁止四大开发类型。重点、优化、限制和禁止开发区的资源环境承载能力依次减少、生态系统敏感性依次增强、生态系统服务功能的重要性依次变大（杨悦等，2020）。主体功能主要由生产生活和生态功能组成，优化开发区和重点开发区的第一序位主体功能应是生产和生活，限制开发区的第一序位主体功能应是生产和生态，禁止开发区的第一序位主体功能应是生态（马涛等，2020）。区域自有的自然资源和本地产业布局都能影响区域间劳动力流动，不同功能区之间应积极建立产业前后向联系，重点开发区建设交通基础设施时要接近优化开发区（王文平等，2020），如表 6 – 11 所示。

表 6 – 11　　不同主体功能区特征

<table>
<tr><th>划分依据</th><th colspan="2">主体功能区</th><th>区域特征</th><th>功能定位</th></tr>
<tr><td rowspan="5">资源环境、社会经济、开发强度、发展潜力、是否适合进行大规模高强度工业化城镇化开发、生态状况、资源承载力、区位特征、开发强度、人口集聚</td><td colspan="2">重点开发区</td><td>综合实力较强
经济基础较好
科技创新能力较强
资源环境承载力较强</td><td>重点工业化城镇化开发</td></tr>
<tr><td colspan="2">优化开发区</td><td>经济比较发达
人口数量较多
资源环境问题突出</td><td>优化工业化城镇化开发</td></tr>
<tr><td rowspan="2">限制开发区</td><td>农产品主产区</td><td>农业发展条件较好</td><td>增强农业综合生产能力；限制进行大规模高强度工业化城镇化开发</td></tr>
<tr><td>重点生态功能区</td><td>生态功能重要
资源环境承载力较低</td><td>增强生态产品生产功能；限制进行大规模高强度工业化城镇化开发</td></tr>
<tr><td colspan="2">禁止开发区</td><td>自然文化资源丰富</td><td>禁止工业化城镇化开发、需特殊保护的重点生态功能区</td></tr>
</table>

资料来源：作者根据相关政策文件和文献整理。

优化开发区主要包括环渤海地区、长江三角洲地区、珠江三角洲地区三大区域。优化开发区综合实力强，经济规模大，城镇体系健全，内在社会经济联系密切，科技创新力较强。优化开发区建设应遵循经济、社会和生态相协调的思想，共同推进社会发展、经济建设以及环境保护，在不超越本区域生态承载力前提下转变经济增长方式，优化产业结构（张琪等，2020）。

重点开发区包括资源承载力较强、经济与人口集聚力大的区域，包括太原城市群、冀中南、呼包鄂榆、哈长、东陇海、江淮、海峡西岸经济区、北部湾地区、成渝、黔中、滇中、藏中南等18个区域。

限制开发区包括农产品主产区和重点生态功能区两大类，在该类区域中应该限制大规模开发和高强度的国土利用，同时限制工业化城镇化规模，保证农产品供给量和保障国土生态安全。农产品主产区由东北平原、黄淮海平原、长江流域等7大具有显著生产优势的主产区及其23个产业带构成。重点生态功能区依据不同资源领域的生态功能由大小兴安岭森林、三江源草原草甸湿地、黄土高原丘陵沟壑水土保持、桂黔滇喀斯特石漠化防治等25个国家重点生态功能区构成。禁止开发区域主要是国务院和相关部门批准的国家级自然保护区和风景名胜区、世界文化自然遗产、国家森林公园和地质公园等。重点生态功能区对生态系统的保护意义重大，关系到全国或较大范围区域的生态安全。生态保护红线的划定是主体功能区建设的重要内容，是主体功能区划对资源环境保护策略的有益拓展和延伸（高吉喜等，2016），落实主体功能区规划，应结合主体的功能特点建立各类区域绩效考核体系，注重生态保护和社会进步，注重国土开发质量和空间效益，使区域评价更科学合理（唐常春，2015）。主体功能区规划的实施对于国土空间高效利用、缩小区域间公共服务差异、促进区域经济发展具有重要意义。

（二）全国区域经济格局

新时代鲜明标志是推进国家“一带一路”倡议、京津冀协同和军民融合发展为主要内容的国家发展战略（郭先登，2018）。长期以来，中国高度重视区域的发展问题，尤其在改革开放后，在社会经济发展转型中，面对区域新格局，探索影响区域布局的新兴因素和机理成为政府和学者们研究的重点问题（樊杰等，2021）。改革开放前中国区域经济格局较为均衡，此后东中西部产生较大差距，再到差距缩小，近期南北差距逐渐扩大。2020年底，国内形成300个各种类型的特区，特区的经济功能各有特点，分布区域也各有优势（姚永玲等，2021）。“十四五”规划提出实施区域协调发展战略，包括推动京津冀协同发展，推进建设粤港澳大湾区，提升长三角一体化水平，推进黄河流域生态保护和高质量发展，推进西部大开发、东北全面振兴、中部地区崛起、东部率先发展等以促进国家区域协调发展。

1. 南北格局

根据经济地理的划分标准，南方地区包括上海、江苏、浙江、安徽、福建、江西、湖北、广东、广西、海南、重庆、四川、贵州、云南、西藏；北方地区包括北京、天津、河北、山西、内蒙古、辽宁、吉林、黑龙江、山东、河南、陕西、甘肃、青海、宁夏、新疆。近年来，我国南北方经济差距扩大，区域经济发展分化的态势明显，经济中心进一步南移，形成了南强北弱的区域经济格局。南北区域经济具有明显空间融合发展趋势，南北方地区的经济重心距离不断缩短，华北平原和长江中下游平原基本形成核心—边缘结构，沧州—景德镇沿线及周围地区是我国经济核心集聚区（白冰等，2021）。北方的平衡发展水平均逊于南方，建议大力培育北方地区新经济、新动能，强化北方实施创新驱动发展战略（许宪春等，2021）。分别从区域、产业和需求看，东北和华北地区明显拉低北方经济增速，第二产业和第三产业以及投资增速的回落大幅拉低北方经济增速，资本存量增长缓慢是北方经济增速放缓的最主要原因（盛来运等，2018）。为解决凸显的南北方经济增长差异化问题，北方需积极加入“京津冀协同发展经济带”建设，东北地区需提升区域分工效率，加强经济融合（吴楚豪等，2020）。

2. 东中西三大地带格局

国家“七五”计划首次提出我国经济区域按照东、中、西三大经济地带的划分方法，东部地区包括辽宁、北京、河北、天津、山东、江苏、上海、福建、浙江、广东、广西、海南；中部地区包括内蒙古、黑龙江、吉林、山西、河南、安徽、江西、湖北和湖南；西部地区有四川、重庆、云南、贵州、陕西、青海、甘肃、宁夏、西藏、新疆。因为三大地区自然气候条件和资源分布不同，发展特点各有不同，东部地区自然条件优越，开发时间早，地理位置占优，在全国经济中发挥领头作用，中部地区位于内陆，平原多广，是我国主要粮食生产基地，西部地区自然资源丰富，但开发较晚，经济发展落后，交通不便利（南晓莉等，2014）。2000 年后，西部经济增长加快，中部保持稳定，东部发展缓慢，最终东中西部差距逐渐缩小。由于政策实施范围和有效性不足，三大地区的公共服务存在较大差距。新一轮西部大开发战略的实施，会进一步加快差距减小的速度。统筹发展东中西，协调发展南北方，应该以优化国土空间作为格局开发切入点，形成以城市群或者经济带等为主体支撑的区域建设框架（黄征学，2016）。

3. 八大综合经济区格局

“十一五”时期提出将全国分为东、中、西还有东北四个板块，并在四个板块基础上规划了八个综合经济区。八大综合经济区从相对较小的空间尺度反映了中国区域分化（姚永玲等，2021）。其中八大综合经济区由东北、北部沿海、东部沿海、南部沿海、黄河中游、长江中游、西南、西北八大板块构成。根据八大板块的区域差距和时空转移特征，国家提出要根据各自的资源优势，优化提升东部、南部、北部沿海综合经济区的科技创新能力，培育长江和黄河中游、西南、东北以及西北综合经济区的科技创新能力（杨明海等，2018）。八大综合经济区的发展水平存在明显的区域异质性，长江中游和西南地区的区域协调水平最高；东部沿海地区从2014年上升到不协调临界线上方；黄河中游和东北地区位于不协调临界线下方；南部和北部沿海以及西北地区协调发展水平最差（张超等，2020）。以八大综合经济区为核心的区域协同发展战略是新时期总体发展战略的重要支撑，新时代促进区域经济高质量协调发展，需明确发展战略导向，制定科学有效的区域政策体系（方若楠等，2021）。

（三）全国城市群战略定位

城市群是一定广域空间内，由规模和类型、数量相当的城市共同构成的城市集聚体。城市群包含一个或多个都市圈（胡明远等，2020）。城市群跨省级行政区划，城市群区域内主要包括五级政府，分别是中央、省级、地市级、县级和县级以下政府，一般城市群发展规划多界定到地级市层面，因此研究城市群生态补偿通常选取省级（直辖市）、地市级政府作为研究对象。政府的职能广泛，在生态补偿中扮演不同的角色，对生态环境的影响不同。一方面，为了经济发展，政府会对资源环境进行开发使用，成为生态环境的使用破坏者或受益者；另一方面，为了社会经济的可持续发展，政府会对生态环境进行保护和建设，此时政府成为生态环境的保护建设者和节约使用者，城市群中的各级政府都存在如此特点。

1. 城市群发展规划政策

党的十九届五中全会对新型城镇化作出重要部署。在“十四五”规划中城市群和都市圈是区域协调发展的重要支撑。当前国务院已批复多个城市群发展规划，作者根据相关政策文件对城市群发展规划内容进行简要整理说明，如表6－12所示。

表 6－12　城市群发展相关政策文件整理

政策文件	主要论述
国家新型城镇化规划（2014～2020年）	优化东部并培育中西部城市群、促进不同类型城市群协调发展
《城镇化地区综合交通网规划》	依托国家综合运输大通道，联通21个城镇化地区，重点加强城镇化地区内部综合交通网络建设
《关于深入推进新型城镇化建设的若干意见》	加快建设城市群。编制城市群发展规划，优化提升京津冀、长三角、珠三角三大城市群，推动形成东北、中原、长江中游、成渝区、关中平原等城市群
十九大报告（2017）	以城市群为主体构建大中小城市和小城镇协调发展的城镇格局
《中共中央　国务院关于建立更加有效的区域协调发展新机制的意见》	建立以中心城市引领城市群发展、城市群带动区域发展新模式，推动区域板块之间融合互动发展
《国家发展改革委关于培育发展现代化都市圈的指导意见》	城市群是新型城镇化的主体形态，支撑国内经济、协调区域发展、提升国际竞争力的重要平台。都市圈是城市群内部以超大特大城市或辐射带动功能强的大城市为中心、以1小时通勤圈为基本范围的城镇化空间形态
《2019年新型城镇化建设重点任务》	有序实施城市群发展规划。坚持以中心城市带动城市群，推动一些中心城市加快工业化城镇化，增强中心城市辐射带动力，形成高质量发展的重要驱动力

资料来源：作者根据相关政策文件整理。

2. 十大城市群发展定位

城市群的合理规划和高质量发展关系着我国经济社会发展的整体布局，城市群本质上是一个经济社会、生态环境协同发展的命运共同体，制定城市群发展战略规划需要深刻认知城市群发展规律和城市建设在国家发展中的定位（张艺帅等，2020）。城市群规划产生较早，2004～2008年是我国城市群规划的快速发展期，珠三角、长株潭等城市群规划相继出台，但规划普遍缺乏法治保障。2009～2014年，城市群规划进入调整期，基本形成相对统一的研究体系、动力机制、实践路径和政策制度。从国家战略规划来看，城市群规划出现于2015年（宋准等，2020）。截至2019年2月18日，国务院先后批复了10个国家级城市群（见表6－13）。

表 6－13　　十大国家级城市群发展定位比较

城市群	规划批复时间	城市群发展定位
长江中游城市群	2015 年 3 月 26 日	中国经济新增长极 中西部新型城镇化先行区 内陆开放合作示范区 “两型”社会建设引领区
哈长城市群	2016 年 2 月 23 日	东北老工业基地振兴发展重要增长极 北方开放重要门户 老工业基地体制机制创新先行区 绿色生态城市群
成渝城市群	2016 年 4 月 12 日	全国重要的现代产业基地 西部创新驱动先导区 内陆开放型经济战略高地 统筹城乡发展示范区 美丽中国的先行区
长江三角洲城市群	2016 年 5 月 11 日	最具经济活力的资源配置中心 具有全球影响力的科技创新高地 全球重要的现代服务业和先进制造业中心 亚太地区重要国际门户 全国新一轮改革开放排头兵 美丽中国建设示范区
中原城市群	2016 年 12 月 28 日	中国经济发展新增长极 全国重要的先进制造业和现代服务业基地 中西部地区创新创业先行区 内陆地区双向开放新高地 绿色生态发展示范区
北部湾城市群	2017 年 1 月 20 日	面向东盟国际大通道的重要枢纽 “三南”开放发展新的战略支点 21 世纪海上丝绸之路与丝绸之路经济带有机衔接的重要门户 全国重要绿色产业基地 陆海统筹发展示范区
关中平原城市群	2018 年 1 月 9 日	向西开放的战略支点 引领西北地区发展的重要增长极 以军民融合为特色的国家创新高地 传承中华文化的世界级旅游目的地 内陆生态文明建设先行区
呼包鄂榆城市群	2018 年 2 月 5 日	全国高端能源化工基地， 向北向西开放的战略支点 西北地区生态文明合作共建区 民族地区城乡融合发展先行区
兰西城市群	2018 年 2 月 22 日	西部地区国家生态安全屏障 国土优化开发的示范区 西北地区经济和社会发展的重要增长极 沟通西北西南两大地域、连接欧亚大陆的重要交通枢纽

续表

城市群	规划批复时间	城市群发展定位
粤港澳大湾区	2019 年 2 月 18 日	充满活力的世界级城市群 具有全球影响力的国际科技创新中心 “一带一路”建设的重要支撑 内地与港澳深度合作示范区 宜居宜业宜游的优质生活圈

资料来源：作者根据相关政策文件整理。

根据各城市群的区位以及发展现实，中央政府制定了明确的战略定位以及鲜明的特色，有些城市群主要特色是现代产业基地，有的是生态文明区，有的是经济增长极，还有的是科技创新中心和重要枢纽，反映了不同城市群的不同发展方向和发展定位（李金华，2020）。伴随国土空间发展进入生态文明时代，城市群规划需要科学有序地统筹布局生态、农业、城镇等功能空间，划定生态保护红线、永久基本农田等（雷海丽等，2020）。以各城市内部、城市间的政府规划为基础，推动城市群生态建设、环境资源等全方位合作，以重点领域为突破口，促进跨区域生态补偿的有效实施。

三、生态保护区与生态受益区划分

生态补偿在一定程度上能够充分调动起区域的积极性，使其成为保护生态环境的激励手段之一，建立健全保护与受益互惠互利的制度，这能够大大提升生态环境保护的效果。国务院提出推动市场化建设、建立多元化生态补偿机制，充分体现了“绿水青山就是金山银山”的生态理念。其基层原则为“谁受益、谁补偿”，充分体现了权利责任的统一以及合理补偿。如何科学合理地界定生态保护者与受益者之间的权利义务关系至关重要，这也成为学术界的难点问题。所以，首先就要求我们科学合理地界分不同区域间生态存在的关联性，选择切实可行的区分办法，站在客观的角度将生态保护区与生态受益区区分开，为建立区域生态补偿机制打下坚实的基础。

（一）生态保护区与生态受益区界定

在生态补偿的研究当中，生态保护区与受益区的划分可以解决跨区域生态补偿中“谁补谁”的问题。借鉴流域、主体功能区横向生态补偿经验，以可行性及可操作性为准则，以全国省域和地级以上城市为研究单元，根据区域生态投入消耗来核算生态消耗率，结合区域协调发展、生态扶贫等理念，对生态系统服务区域外溢情况进行准确判断，并在此基础上完成生态保护区和受益区的划分，为后续进行的跨区域生态补偿提供必要基础。

1. 生态保护区与生态受益区界定思路

为了整体上体现区域之间生态关系和明确生态贡献，可以按照投入产出思路来考量生态系统服务异地外部性的生态贡献。主要有以下 3 个假设：

假设 1：中国是一个封闭系统，省域、地市之间的生态服务关系、环境保护关系、资源利用关系、生态建设关系、生态产业关系、产业生态关系密切。

假设 2：每个地区都有生态环境保护投入，包含非生物物质投入、生物投入、生态用地投入、人力财力投入、发展机会成本等，同时，每个地区社会经济建设不断有产出，主要包括经济产品、生态产品、社会产品、文化产品、污染物质、耗散性物质等，这些产出在某种程度上均要消耗生态资源、扰动生态系统和环境系统，或造成生态破坏和污染环境。

假设 3：每个量化地区相对是一个封闭系统，如果生态投入大于生态消耗，该地区生态价值盈余，拟定其生态服务发生了区域外溢，可划入生态保护区，反之，该地区生态价值亏欠，可划入生态受益区。

生态系统结构演化是以自然地域系统为边界，区域生态管理往往以行政区为边界，而生态系统与行政地区边界不相一致，行政区内自然系统、经济系统、社会系统各要素相互交织形成相互联系、影响、牵制、促进的命运共同体。为了促进生态系统良性循环和有效防控生态环境风险，行政地区需要生态共建和生态共享，要厘清地区的生态建设任务和共享福利惠益，探索地区之间的生态关系及地区生态角色。地区之间的生态关系，包含了地区之间的生态服务关系、生态建设关系、自然资源利用关系、环境保护关系、生态产业关系、产业生态关系等，自然系统、经济系统、社会系统错综复杂、区域交叉，各关系机理各不相同，量化方法多种多样，需要找寻科学客观并易于操作的确定生态保护区和生态受益区的理论方法，为实施“谁受益、谁付费”生态保护政策提供技术工具。不同地区因资源禀赋、社会经济发展条件而承担的主导功能将有所不同，为实现地区的社会经济发展、开发建设与生态环境保护目标，增强地区综合竞争力，要在要素层面进行综合的、全面的区域规划。

管理学视角的绩效指的是为实现所定标准或目标在不同层面展现的有效输出，该理念一般用于计量投入产出效率。为了概念化地区之间社会经济系统、生态环境系统的错综复杂生态关系，借助投入消耗的绩效管理思路，考量地区的生态投入、生态消耗，客观区分生态保护区和生态受益区，并量化生态效益的区域外溢贡献程度及地区生态受益程度，从而拟定跨地区生态补偿政策。

地区生态环境可以理解为由生态关系组成的与人类生态生存密切的环境，影响人类活动的各种自然（包括人工干预下形成的第二自然）力量（物质和能量）或作用的总和。每个地区都承载着支撑人类生存与发展的生态资源，为人类的生产生活提供各种各样的生态服务和生态产品，并可被人类开发利用满足人类日益增长的物质需求和精神需求。生态系统服务指人类从自然生态系统中获得的生态效益，由生态系统的支持、供给、文化和调节功能及其相互作用共同构成（傅伯杰，2017），具有公共产品属性，服务价值的区域外溢性强。生态产品是通过人类活动改变（改善）生物及其与环境之间关系而形成的一系列有形和无形的物品，包括自然生产的及人类生产的产品，也包括生态设计、生态标签等形成的生态产品，以及生态供给、调节、支持等服务构成的连续生态产品束（张林波，2019），在地区之间形成有形的和无形的物质流动（李双才，2004）。同时，地区维护改善生态系统和保护环境需要投入人力财力物力，也有可能因保护生态环境而不得或限制区域开发，从而损失发展机会产生机会成本，地区生产生活会占用自然资源扰动生态系统，创造物质财富，产生污染物质，破坏生态环境，进而需要投入生态治理，这些就构成了生态系统维护的成本。为了概念化地区间社会经济系统、生态环境系统错综复杂的生态关系，借助投入产出的绩效管理思路，考量地区的生态投入、生态消耗，区分生态保护区和受益区，并量化生态效益的区域外溢贡献程度及区域生态受益程度，从而拟定跨地区生态补偿政策。如图6－2所示，研究理论思路如下：

（1）选定跨地区生态保护区域。按照自然生态系统、经济发展系统、社会发展系统相互交织形成的相互联系、依赖、影响、牵制的生态—经济命运共同体思路来选择，跨地区生态保护区域的研究对象可以是全国层面或者省（直辖市）、地级市层面，也可以是长江流域、黄河流域等自然流域层面，或者黄土高原、云贵高原等自然地貌单元和城市群层面，可以根据政策需要确定。本书拟将全国作为整体对象，以直辖市及地市为基本单元，探讨全国生态保护空间格局。

（2）整理地区之间生态关系。假定是一个生态—经济紧密联系区域，主体功能区划分拟定了开发与保护的区域格局，国土空间规划、社会经济发展战略规划等确定了其中地区的功能和发展方向，整理地区之间的生态服务关系、环境保护关系、资源利用关系、生态建设关系、生态产业关系、产业生态关系，为地区之间生态关系量化奠定基础。

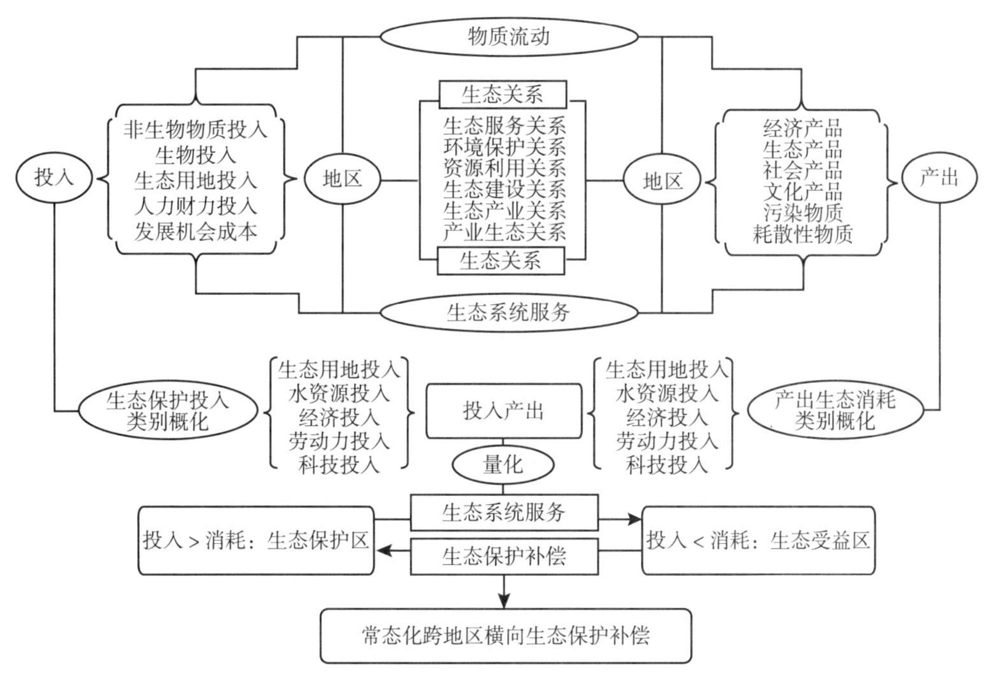

图 6－2　生态保护地区和生态受益地区划分理论思路

（3）构建生态保护补偿投入消耗指标体系。按照投入消耗思路，基于地区之间生态关系机理，根据科学客观、简洁易于操作等原则，概化并选择生态保护投入指标和生态消耗类别指标。

（4）确定生态保护地区和生态受益地区。按照投入消耗思路及指标体系，选择投入产出模型，量化生态保护投入和生态消耗，计算生态消耗率。当生态消耗率大于中位数区域时，确定为生态受益地区；当生态消耗率小于中位数区域时，确定为生态保护地区。

（5）拟定跨地区生态保护补偿。根据生态投入消耗计算生态贡献绩效指数，结合地区 GDP、财政收入，以及人均收入等，落实生态扶贫、区域协调发展等精神，建立指数货币化计算方法，确定生态受益地区缴纳的和生态保护地区应获得的生态保护补偿基金，建造区域生态—经济共同体。

2. 生态保护区与生态受益区划分方法

在已有研究基础上，“谁补谁”问题是地区之间生态补偿的关键问题，即需要探索哪个地区为生态保护区、哪个地区为生态受益区，对跨地区横向生态补偿给予技术支持。对生态消耗率的计算主要采用 DEA 模型。

（1）计算方法。

SBM－DEA 模型（Slacks-based Measure）是按照松弛变量测度完成分析过程

中的一种重要的 DEA 相对效率分析法，该方法能够以对比的方法进行投入产出数据以及技术效率的评估，不需要进行最优行为的确定，同时也不需要做出生态函数形式的假定。我国在进行生态补偿的过程中，是将“谁污染谁补偿”作为基本原则，目前我国生态补偿的内涵等都在持续的丰富与完善。本研究计量指标的选择基于为政府相关部门提供生态补偿标准的技术支撑，按照 SBM - DEA 模型机理，合理选择投入、产出指标，指标选取既要尊重科学原理，又要考虑指标层次性、可获得性、可操作性原则，便于相关部门数据常态化采集和核算。

对于某一地区，当生态消耗小于或者等于生态投入，则说明该区域具备外溢价值，因此应当将其界定为生态贡献方，反之则为消费方。绩效管理思路能够反映一个地区的生态资源、生态服务与社会经济发展的协调关系，概化生态建设投入、生态消耗及生态服务的区域外溢效应。DEA（Data Envelopment Analysis）模型是从多投入多产出的视角，有针对性地分析决策单元的效率值。托恩（Tone）提出了基于松弛变量测度的非径向非角度 SBM - DEA（Slacks - Based Measure, SBM）模型，模型中松弛变量直接反映决策单元的投入冗余和产出不足的情况（叶士琳等，2020），假设生产系统中包含 n 个同类型的 DMU（决策单元），包含 t 种投入要素和 s 种产出要素，模型表达式如下：

$$\rho^* = \frac{1 - \frac{1}{t}\sum_{k=1}^{t} s_k^- / X_{k0}}{1 + \frac{1}{s}\sum_{r=1}^{s} s_r^+ / y_{r0}} \tag{6-9}$$

$$\text{s. t. } x_o = X\lambda + s^- \tag{6-10}$$

$$y_o = Y\lambda - s^+ \tag{6-11}$$

$$\lambda \geqslant 0,\ s^- \geqslant 0,\ s^+ \geqslant 0 \tag{6-12}$$

其中，ρ^* 表示 DMU（决策单元）综合技术效率值，X 和 Y 分别代表投入和产出，s_k^- 和 s_r^+ 分别表示投入和产出的松弛量，λ 表示权重向量。

SBM 模型和传统 DEA 模型的不足之处是计算结果可能出现多个效率值为 1 的情况。为了利于决策单元进行排序比较，Tone 将 SBM 模型和超效率 DEA 模型结合，提出了超效率 SBM 模型（Tone，2001），表达式如式（6 - 5）。本文运用超效率 SBM 模型，根据指标数据计算地级以上城市的效率值，并将效率值定义为生态消耗率，将生态消耗率的排序作为划分生态受益区和生态保护区的依据。

$$\delta^* = \min\delta = \frac{\frac{1}{t}\sum_{k=1}^{t} \frac{\bar{x}_k}{x_{k0}}}{\frac{1}{s}\sum_{r=1}^{s} \frac{\bar{y}_r}{y_{r0}}} \tag{6-13}$$

$$\text{s. t. } \bar{x} \geqslant \sum_{j=1, j\neq 0}^{n} \lambda_j x_j \tag{6-14}$$

$$\bar{y} \leqslant \sum_{j=1, j\neq 0}^{n} \lambda_j x_j \tag{6-15}$$

$$\bar{x} \geqslant x_0,\ \bar{y} \leqslant y_0,\ \bar{y} \geqslant 0,\ \lambda_j \geqslant 0 \tag{6-16}$$

$$k=1,\ 2\cdots,\ t;\ r=1,\ 2,\ \cdots,\ s;\ j=1,\ 2,\ \cdots,\ n \tag{6-17}$$

（2）数据及指标选择。

以中国地级以上城市为研究对象（不含海南省的三沙市和儋州市数据），基于数据的可获得性与实际情况，将西藏自治区、青海省和新疆维吾尔自治区作为一个研究单元，剔除不完整的城市样本，最后得到287个研究单元。基于数据完整性，以2017年作为研究时间。考虑到土地利用数据一年的变化很小，其中耕地、林地、草地、水域及湿地的数据来源于2016年数据，这样的选择是可取的。指标数据主要来源于土地利用和变更数据、2018年《中国城市统计年鉴》，部分数据根据《中国环境统计年鉴》《中国农村统计年鉴》，以及各省的统计年鉴以及各地市的统计公报，针对缺失数据，根据实际情况，采用“外延法”或“均值法”计算得出。

指标体系的建立考虑到两个原则：一是从考察对象的本质出发，即生态消耗和贡献。二是数据的可获得性。增加生态用地有助于维持生态平衡，提供更多的生态服务，对区域整体产生外溢的价值。本书将生态投入作为投入指标，生态投入可以简单理解为土地、资源、经济等方面的投入，具有生态服务功能的生态用地投入指标作为土地投入，其中生态用地以及水资源的总量越大，在保护环境、维护生态系统平衡的投入就相对越多，生态用地是发挥生态系统服务的最重要的物质基础，一个地区为了维持生态用地面积的数量，往往会限制建设用地的开发，从而会影响二、三产业的发展。水是一切生命体发育繁衍的基本物质，同样作为生态环境中最重要的因素之一，在生态系统服务和社会经济发展的过程中发挥着重要作用。为了保证生态保护红线面积不减，生态用地的功能不降，改善生态环境质量，地方政府可能会限制第二产业的发展，因此需要经济补偿来保护生态用地，进而弥补因丧失发展机会而造成的经济损失。为支持生态文明建设和生态环境的保护，地方政府会有一些资金投入来弥补生态消耗，资金投入是重要的基础来源。科学技术水平象征着区域的创新发展能力，对于生态建设和环境保护的投入会影响生态效率，文章的经济投入选取了科学技术支出指标来表征。

该模型将生态消耗作为产出指标，第二产业与生态环境的优劣是挂钩的，除自然灾害外，生态压力主要来源于人口增长和生产污染，因此用人口消耗和生产消耗来表征产出。经济发展、人口集聚、基础设施建设都会对生态环境造成一定程度的破坏，人口越多，GDP 总量越大，第二产业产值占比越高，往往需要更多的建设用地，生态资源的消耗会越多，会占用更多的生态服务，生态系统的承载越多。用人口密度来表征人口消耗，用第二产业生产总值占比和 GDP 总量来表征生产消耗。指标体系如表 6－14 所示。

表 6－14　　　　生态消耗率计量指标体系

<table>
<tr><th>指标类型</th><th>指标类别</th><th>计量指标</th></tr>
<tr><td rowspan="6">生态投入</td><td rowspan="4">生态用地投入</td><td>耕地面积</td></tr>
<tr><td>林地面积</td></tr>
<tr><td>草地面积</td></tr>
<tr><td>水域及湿地面积</td></tr>
<tr><td>水资源投入</td><td>水资源总量</td></tr>
<tr><td>经济投入</td><td>科学技术支出</td></tr>
<tr><td rowspan="3">生态消耗</td><td>人口消耗</td><td>年平均人口</td></tr>
<tr><td rowspan="2">生产消耗</td><td>第二产业占 GDP 比重</td></tr>
<tr><td>地区生产总值</td></tr>
</table>

（二）省域生态保护区与受益区划分

在生态投入消耗框架下，基于跨地区生态补偿视角，利用前述思路及计算方法，通过 DEA－SOLVER Pro5.0 对全国地级以上城市进行生态投入消耗率计算，揭示全国生态保护区和生态受益区分布特征，并利用 Arcgis10.2 对全国地级以上城市的生态投入消耗率进行空间相关性分析，探讨其空间关联性及集聚情况，为我国全面推行跨地区生态补偿奠定基础。省域的生态消耗率是通过各省所有地级市的平均值计算得到，如表 6－15 所示。

表 6－15　　　　2019 年全国省域生态受益区和生态保护区划分

区域类型	省区市
生态保护区	重庆、贵州、新疆、西藏、广西、青海、江西、吉林、黑龙江、内蒙古、湖南、安徽、浙江、云南、湖北
中位地区	福建
生态受益区	上海、天津、北京、江苏、宁夏、广东、海南、甘肃、辽宁、河南、山东、陕西、河北、四川、陕西

生态消耗率的范围是0.05～1.50，平均值为0.50，有11个省（市、自治区）的生态消耗率大于平均值，20个省（市、自治区）小于平均值，生态消耗率差距较大。福建省的生态消耗率为0.3785，处于中位区域。生态消耗率大于0.3785的省属于生态受益区，多集中在华北地区、西北地区、华东地区以及华南地区经济发展水平较高的省市。生态消耗率小于0.3785的地区为生态保护区，多分布于西北、东北以及西南地区。

上海市、天津市和北京市的生态消耗率位居前三，均大于1。这三个直辖市按照2014年国务院发布《关于调整城市规模划分标准的通知》都属于超大城市，主要特征是经济发展水平较高。人口规模的增大会对生态环境造成一定程度的威胁和破坏，加之生态用地面积较小，即使进行科学技术的投入会提高生态用地的利用效率，但是人口、经济的消耗仍无法抵消，导致生态消耗率较大。江苏省和广东省在全国省市中经济发展水平处于前列，地区生产总值高，人口多，同属于生态消耗情况严重的地区。

山东省、河南省、四川省、河北省的年平均人口在全国处于前列，对于资源环境的占用和消耗大，会形成人口、资源、环境不协调发展的情况。人类经济活动会在一定程度上对生态环境造成伤害，导致生态消耗率较高。宁夏回族自治区、甘肃省、陕西省属于西北地区，地域面积广阔，但是由于干旱缺水、风沙较多，导致生态脆弱、人口稀少。这些地区的经济结构主要以资源型工业和传统农业为主，生态用地面积少，科学技术投入少，但是第二产业的产值占比较高，生态消耗率较高。辽宁省和山西省属于资源丰富型地区，但是随着空气和水体污染的加剧，生态资源消耗以及生态环境的破坏问题难以及时解决，产业转型升级困难，加上区域保护力度的差异，合理规划和利用资源的效率不高，生态消耗率较高。

青海省、广西壮族自治区、西藏自治区、新疆维吾尔自治区、贵州省的生态消耗率小于0.2。这些地区位于我国西北或西南地区，生态用地面积较多，环境基础条件优越，但是人口规模较小，经济发展水平低，高投入低产出导致生态消耗率较低。重庆市的生态消耗率最小，为0.05，重庆市的生态面积较大，尤其是耕地面积，仅次于齐齐哈尔市，丰富的生态资源和良好生态环境对生态系统服务的压力较小，生态消耗率较小。

（三）地级以上城市的生态保护区和受益区划分

全国287个地级以上城市生态消耗率在0.03～2.95的范围，平均为0.49，92个城市在平均值以上，195个城市在平均值以下；深圳市的生态消耗率最高，达2.95；黑河市生态消耗率最低，为0.03。一般认为模型评价值为1和1以上的决策单元有效，测算结果小于1则无意义，评价值越大，决策单元的生态消耗越高。因此，本文将生态消耗率1作为临界点，大于等于1的城市，反映生态消耗大于生态投入，可划分为生态受益区；生态消耗率小于1的城市，反映生态投入大于生态消耗，可划分为生态保护区。为进一步确定生态保护区的优先级，参考城市生态消耗率等级分布划分生态保护区，小于0.2的为生态保护一区，0.2～1的划分为生态保护二区。表6－16显示了城市生态消耗率的空间分布，可以看出，生态投入消耗率较高和较低的城市存在一定的聚集现象，高值区主要分布在胡焕庸线以东，集中在珠三角、长三角、东部地区；四川省、贵州省、东北部分地区、西藏和新疆地区的生态投入消耗率较低。

表6－16　　地级及以上城市生态保护区和生态受益区分布

分布区域	省区市	生态保护一区	生态保护二区	生态受益区
东部地区	北京市			北京市
	天津市			天津市
	河北省	张家口、承德	石家庄、唐山、秦皇岛、邢台、廊坊、衡水	邯郸、保定、沧州
	山东省	潍坊、烟台	临沂、济宁、滨州、泰安、威海、日照、枣庄、德州、菏泽、莱芜	青岛、东营、聊城、淄博、济南
	上海市			上海市
	江苏省		南京、淮安、连云港、宿迁、盐城、镇江	徐州、无锡、常州、扬州、泰州、苏州、南通
	浙江省	丽水、杭州	温州、金华、衢州、宁波、台州、绍兴、湖州、舟山	嘉兴
	福建省	宁德、南平、龙岩、漳州、三明	福州、泉州、莆田	厦门
	广东省	韶关、清远、汕尾、梅州、河源、云浮	惠州、江门、肇庆、湛江、阳江	广州、珠海、佛山、茂名、揭阳、中山、东莞、潮州、汕头、深圳
	海南省	三亚		海口
中部地区	山西省	吕梁、晋中	晋城、忻州、大同、朔州、长治、运城、阳泉	太原、临汾
	安徽省	六安、滁州、安庆、宣城	合肥、宿州、黄山、亳州、芜湖、蚌埠、马鞍山、池州、铜陵、淮南、淮北	阜阳

续表

分布区域	省区市	生态保护一区	生态保护二区	生态受益区
中部地区	江西省	宜春、赣州、抚州、九江、吉安、上饶	景德镇、鹰潭、南昌、新余	萍乡
	河南省	南阳、信阳、驻马店、洛阳、三门峡	平顶山、新乡、开封、安阳、焦作	商丘、许昌、濮阳、鹤壁、郑州、漯河、周口
	湖北省	咸宁、荆门、荆州、孝感、十堰、襄阳	宜昌、随州、黄石、武汉	黄冈、鄂州
	湖南省	永州、衡阳、郴州、常德、张家界、岳阳、株洲	怀化、益阳、长沙、湘潭	娄底、邵阳
西部地区	内蒙古自治区	鄂尔多斯、通辽、赤峰、呼伦贝尔	呼和浩特、包头、巴彦淖尔、乌兰察布	乌海
	广西壮族自治区	百色、桂林、河池、柳州、南宁、钦州、崇左、贺州	玉林、来宾、防城港、梧州、北海、贵港	
	重庆市			
	四川省	泸州、绵阳、攀枝花	乐山、雅安、广元、宜宾、南充、巴中市、达州、眉山、自贡、德阳、资阳	遂宁、内江、成都、广安
	贵州省	贵阳、六盘水、遵义、安顺、毕节、铜仁		
	云南省	昆明、丽江、普洱、玉溪、保山	临沧	昭通、曲靖
	陕西省	宝鸡、榆林、渭南	汉中、延安、商洛、咸阳	安康、铜川、西安
	甘肃省	武威、平凉、张掖、酒泉、白银	定西、天水市	庆阳、兰州、陇南、金昌、嘉峪关
	青海省	青海省所有地市		
	宁夏回族自治区	银川、中卫		石嘴山、吴忠、固原

续表

分布区域	省区市	生态保护一区	生态保护二区	生态受益区
西部地区	新疆维吾尔自治区	新疆维吾尔自治区所有地市（区）		
	西藏自治区	西藏自治区所有地市（区）		
东北地区	黑龙江省	黑河、哈尔滨、牡丹江、齐齐哈尔、伊春、鹤岗、佳木斯、鸡西	七台河、双鸭山	大庆、绥化
	吉林省	白城、通化、吉林、长春、四平、白山	松原	辽源
	辽宁省		朝阳、阜新、鞍山、锦州、铁岭、丹东、本溪、大连、辽阳	抚顺、营口、沈阳、葫芦岛、盘锦

1. 生态保护区区域分析

生态保护区在整体生态格局中提供了区际生态系统服务，属于生态投入大于生态消耗的区域。每个地区各有自然资源禀赋，都不断推进经济建设、社会建设、生态建设、环境保护，按照区域发展绩效来看，生态保护区或者是自然生态系统服务价值高，或者是社会经济发展消耗少。根据对全国地级以上城市生态投入消耗测算，可以看出生态保护区具有以下几种情况：

（1）经济发展水平不高，但是发挥生态功能的土地面积很大。该类型区域集中在东北地区、广西壮族自治区和贵州省。以东北地区为典型，在全部核算的城市中，黑龙江省黑河市的耕地面积达 1919174. 58 公顷，位居第六；林地面积达 3516198. 09 公顷，位居第三；水域及湿地面积达 534536. 89 公顷，位居第三；水资源总量位居第二，达 8930000 万立方米，人均水资源总量达 55123 立方米/人，是全国人均水资源总量 1591 立方米/人的近 35 倍，而黑河市的 GDP 仅有 349527 万元，居末位，经济生产的生态消耗少。以广西壮族自治区的百色市为例，生态消耗率居倒数第二位，其林地面积达 2262916. 47 公顷，位居第十；水资源总量达 2686800 万立方米，位居第十一，而 GDP 较低。总之，该类型生态保护区的生态资源禀赋优势十分突出，人口、产业的消耗小，生态保护绩效显著。

（2）人口稀少，但是土地面积大。该类型区域有西藏、新疆维吾尔、内蒙古自治区。西藏的林地面积达 15680751.88 公顷，位居第一；草地面积 58295965.87 公顷，位居第一；水域及湿地面积 5176661.34 公顷，位居第一；水资源总量 14674404 万立方米，位居第一，人均水资源总量 45715 立方米/人，是全国的近 29 倍。而且西藏人口稀少，对生态环境的破坏和消耗较低。内蒙古自治区的呼伦贝尔市、鄂尔多斯市、巴彦淖尔市同属该类型区域，林地、草地面积较大，水资源总量多。这些地区的人均生态资源量高，人口与资源环境的矛盾较小，在全国生态格局中具有重要的生态功能地位。

（3）第二产业占比小，生态资源相对富集。以张家界市为例，第二产业占比 15.71%，排名倒数第三，旅游业发达，第三产业占比高达 77.29%。陇南市第二产业占比 13.57%，在所有城市中排名最低。这类城市第二产业产值占比小，以第一产业农业为主，或以第三产业服务业为主，林地、草地、水域面积、水资源等又较为丰富，生态资源消耗较小，也体现出较好的生态保护绩效。

（4）生态、经济、社会发展相对均衡。生态资源相对富集，GDP 总量较大，科学技术投入较多，生态资源消耗大而生态投入也大，生态保护绩效十分明显。例如，重庆市的耕地面积位居第二，水资源总量位居第三，GDP 达到 19500 亿元，位居第五，科学技术投入排名第十七；哈尔滨市耕地面积位居第三，林地面积位居第八，GDP 达 4713 亿元，排名第二十六，科学技术支出 79021 万元，排名第四十八，从投入消耗视角来看表现出了明显的生态保护绩效。

2. 生态受益区区域分析

生态受益区属于在整体生态格局中享受了外部生态系统服务的区域，生态消耗大于生态投入。整体上来看，生态受益区集中在胡焕庸线的东部，包括京津冀地区、长三角地区、珠三角和中部地区的部分城市。从分布格局来看，生态受益区具有以下几种情况：

（1）多数是经济总量大导致生态消耗高的城市。主要位于京津冀、长三角、珠三角城市群，以及一些省会城市或大城市。例如，生态消耗率居首的深圳市，主要原因是 GDP 高，达 22490 亿元，在全国地级以上城市中居首位；省会城市西安市、郑州市、成都市、太原市、济南市等，广东省的汕头市、东莞市、中山市等，长三角地区的南通市、苏州市、常州市、泰州市、扬州市等，属于人口聚集、经济总量大的城市，建设用地比例大，资源消耗占用过大，林地、草地、水域及水资源数量十分有限，生态保护任务艰巨，生态消耗远大于生态投入，表现为生态受益区。

（2）第二产业产值占比高，人口聚集的工业型城市。在中西部的一些工业城市，人口相对较多，生态资源消耗占用较大，生态消耗大于生态投入，表现为生态受益区。例如，我国重要的冶金和先进制造业基地嘉峪关市，第二产业产值占比达51.85%，但是因地处西北地区，林草、耕地、水域面积及水资源有限，而经济投入极少，导致生态消耗率极高，乌海市、金昌市、漯河市、辽源市同属于该类型城市。

（3）经济投入少，而生态资源并不富集的城市。科学技术投入少，而人口总量、第二产业产值占比处于中上水平，这些城市在投入产出绩效核算中表现为生态消耗大，被划为生态受益区。例如，葫芦岛市科学技术投入在全国地级以上城市中排名倒数第四，仅有308万元，绥化市科学技术投入排名倒数第三，仅261万元，而人口多、第二产业产值占比高，城市生态型土地、水资源数量不够突出，导致生态消耗率偏高。

四、区域生态保护补偿措施建议

跨区域生态补偿作为生态补偿机制的重要组成部分，其关系的建立主要依赖于生态受益区和保护区的划分。跨地区横向生态补偿方面已积累相关经验，但对于如何构建系统化、规范化、常规化的生态补偿机制，仍十分欠缺。鉴于此，作者将针对全国跨区域生态补偿提出政策建议，这对于生态文明建设、区域协同发展具有重要意义。跨区域生态补偿政策制度的完善需要各部门全方位的推进，通过以上分析讨论，重点就区域补偿主体、补偿机制完善及补偿标准体系构建提出政策建议。

（一）鼓励生态保护区和受益区开展横向生态保护补偿

为建立基于绿色利益计量的分享机制，鼓励生态保护区和受益区构建多元化生态补偿机制，推进跨区域生态补偿，应统一管理自然资源、优化配置国土空间。强化全国一体化统一布局思想，对于森林、湿地、水流、荒地等自然资源生态补偿重点领域要进行数量和质量等量化分析以及空间利用分析，对于经济发展、产业布局、人口分布进行现状分析和发展预测，客观界定生态保护区和生态受益区，建立全国生态保护区和生态受益区空间数据库。界定生态保护区和生态受益区可以为跨区域生态补偿主体的确定提供参考。生态消耗率大的城市，在一定程度上享受了周边区域提供的生态服务，应该优先提供补偿。反之，生态消耗率小的城市为周边以及区域中心城市提供了生态服务，作为生态贡献方应优先享受生态补偿带来的经济收益。

（二）建立以地市为单元的跨区域生态保护补偿常态化机制

选择区域生态补偿基础较好的城市群试点范围，逐步突破生态补偿过程中的重点和难点，梳理工作中的实践经验，对补偿理论和方法进行改进。从小范围的应用逐步扩大到大范围的实践。积极推进全国跨地区生态补偿，自然资源部全面统一管理，省、直辖市为管理层，地级市为执行层，建立以地市为单元的跨地区生态补偿常态化机制。相关部门需要加强对生态环境的监测，应创建监测管理平台，对各行政区内的生态环境质量状况进行实时监控，采取相应的激励和惩罚措施。优化城市布局，合理规划城市发展，避免城市间过度侵占。

（三）建立健全跨区域生态补偿标准体系

根据区域生态—经济系统特征，在区域生态补偿理论分析及实证基础上，构建跨区域生态补偿标准体系。加强生态补偿平台建设，推动生态资源普查、生态质量评估等工作，完善生态投入和生态消耗指标，构建生态投入消耗表，全国层面统一量化指标、指标监测方法及监测时间，开展年度公报和年度考核。在全国生态保护区与受益区界定基础上，结合公共财政水平、社会经济发展的区域差异等，将跨地区生态补偿与区域协调发展、生态扶贫等统筹设计，建立健全跨地区生态保护补偿标准体系。经济发展要尊重区域生态系统演变规律，各个城市在区域发展中具有不同的角色，发挥着不同的作用，由于地貌地形、森林草原以及水域的交错分布，较难界定其归属，因此要从宏观视角，结合国家主体功能区规划，明确划分生态受益区和保护区。

五、本章小结

本章系统剖析了全国生态环境、经济发展现状，分析了生态—经济的协调耦合性，对全国主体功能区和经济发展区划进行了系统的整理，运用投入产出方法计算了全国地级以上城市的生态消耗率，对全国地级以上城市进行了生态保护区和受益区的划分，最后提出全国区域的生态补偿实施建议。

1. 全国生态—经济系统区域差异明显，生态与经济的空间分布不一致

全国不同地区的生态环境现状存在非常明显的差异性。生态资源的分布具有明显的不平衡现象，生态空间不够充足。生态环境问题突出，环境保护的任务重，各个地区的资源承载力不相协调，生态破坏和环境污染问题依然严峻。全国的经济发展水平参差不齐，经济发展不平衡的矛盾突出，产业结构差异明显，居民的生活水平区域差距较大。生态环境与区域经济发展现状存在空间上的不协调现象。

2. 全国主体功能区与城市群规划对跨区域生态补偿具有指导意义

合理规划主体功能区对于高效开发国土空间、减小区域间经济以及社会服务差距、协调区域经济极具意义。在规划框架下，实现城市群协同发展，需要各个主体功能区之间合理分工和均衡分配利益，尤其要协调好优化、重点开发区与限制、禁止开发区之间的利益关系。对于城市群系统内区域生态补偿而言，城市群系统内的主体功能区划和分工定位是研究基础。

3. 科学界定生态保护区和生态受益区具有重要意义

“谁补谁”问题是地区之间生态补偿的关键问题，如何科学合理的界分生态保护者与受益者两者之间存在的权利义务至关重要。生态受益城市多数为优化开发区域或重点开发区，生态保护城市多为重点生态功能区或者禁止开发区。

4. 应全面推进跨区域生态补偿，构建多元化生态补偿机制

要强化全国“一盘棋”思想，对生态保护补偿领域重点进行数量、质量及空间分析，客观界定生态保护区和生态受益区，建立全国生态保护区和生态受益区空间数据库；建立以地市为单元的跨地区生态补偿常态化机制，促进我国生态补偿区域全覆盖；构建生态投入消耗表，全国层面统一量化指标；全国生态保护区与受益区界定基础上，将跨地区生态补偿与区域协调发展、生态扶贫等统筹设计，建立健全跨地区生态保护补偿标准体系。

第七章

基于生态系统服务的跨区域生态保护补偿

生态环境服务是生态保护补偿的重要依据，有学者认为生态系统服务使用者与提供者之间只有异地外部性需要生态补偿（Wunder S.，2015）。如何判断一个地区的生态系统服务价值是否产生了区域外溢，如何量化一个地区的生态系统服务的区域外溢价值已成为跨区域横向生态保护补偿的核心科学问题。因此，在厘清区域之间生态关系、经济联系基础上，利用生态系统服务价值理论、生态足迹理论、外部性理论及绩效管理方法等，科学合理判断和计量区域外溢价值，为设计跨区域生态保护补偿依据标准奠定理论基础和给予技术支持。

一、生态系统服务区域外溢价值评判思路

生态系统服务外溢价值是指该区域所具有的生态价值在减去本地人类自身消耗的部分后的剩余价值（王显金，钟昌标，2017）。人类生产生活所使用的本地价值部分运用本区域的立地消费生态系统服务价值来衡量，生态系统服务外溢价值为该区域生态系统服务价值与立地消费的差值，以此作为生态保护区、生态受益区的划分依据和生态补偿依据。

（一）生态系统服务区域外溢价值：生境等价分析法

生境等价分析法是美国在20世纪90年代颁布的评估自然资源损害（natural resource damage assessment，NRDA）的政策文件，提出对于无法进行市场估价的生态系统服务价值和受损资源采取生境等价分析法（habitat equivalency analysis，

HEA）来衡量。HEA 的核心思想是假设生态保护地区的居民对于受损的生态系统服务愿意接受等价地修复，在此基础上判断需要修复的生态系统工程和生境范围，以此对生态保护地区居民进行生态补偿（natural oceanic and atmospheric administration，1997）。

对于跨区域的生态补偿，通常将研究区域看作封闭区域，在封闭区域范围内，对生态保护地区和生态受益地区进行划分，进一步确定生态补偿标准。在实践中，主要将主体功能区规划中确定的限制禁止开发区或重点生态涵养地区、水源地等区域作为生态保护地区进行生态补偿，补偿多以纵向生态补偿为主，补偿额度较低，范围较窄，自然环境受损情况难以修复和保护。在生态系统服务中，生境等价分析法的核心思想要求补偿的服务价值应和受损的服务价值相等，跨区域生态补偿可以将“生态系统服务外溢价值”作为生态补偿的依据和标准。

（二）生态系统服务区域外溢价值测算思路

基于区域外溢价值的跨区域生态补偿的前提是研究区域为封闭区域，核算外溢价值，可以让居民转变传统的对生态产生破坏的发展方式，促进环保意识的形成并提升生态保护能力，平衡各区域利益，实现区域间生态协调发展。

生态外溢价值对其他地区的生产和生活有潜在正外溢性。人类生产和生活的部分用该地区生态系统服务的立地消费量计算。假设研究区域是一个对外相对封闭、对内开放的整体，服务价值总量是固定的。在此假设下，溢出价值为正的行政单元将被系统中的其他行政单元所消耗，即生态保护区的生态系统服务溢出价值大于零，有正生态溢出价值，生态系统服务溢出价值为负的地区是生态受益区，享有其他地区提供的生态系统服务价值。以外溢价值作为生态补偿的本底和基数，生态外溢价值为正且越多，则生态越需要被补偿；生态外溢价值为负且绝对值越大，需要在系统内支付给生态保护区的补偿金额相应越大。

二、跨区域生态系统服务的生态保护补偿量化方法

生态系统服务外溢价值可以从立地产出价值量与立地消费价值量来进行判断，考察立地区域生态环境服务价值和立地区域人类生产生活所消费的生态环境服务价值。区域内部人类活动产生的生态消耗通常运用生态足迹法计算，而目前对于生态系统服务价值（服务价值中的主要部分是对人类产生直接作用的部分）的核算通常采用物质量、价值量以及能值法逐项计算最后加总求和。因此在具体

的价值核算中应根据研究主体确定不同的测算方法。

（一）生态系统服务价值测算模型

生态系统服务价值的衡量主要采用物质量法和价值量法。物质量法基于成本核算生态服务价值，价值量法基于收入核算。但是，问题在于生态系统服务价值会因为生态成本核算依据和生态服务支付意愿不同而产生差异。根据科斯坦扎等人构建的生态系统服务价值的相关理论基础，笔者充分借鉴了谢高地等专家学者优化的标准当量因子，该当量因子是2007年经过专家打分的方式重新进行测算的数据，更符合客观实际。将耕地粮食生产净利润作为当量因子价值量，并设计出城市群生态系统服务价值衡量模型。将一个标准单位下的生态系统服务价值当量设置成1公顷耕地的年平均粮食生产的经济价值的七分之一，并将一个城市群的单位面积粮食产量与平均粮食价格相结合，计算公式如下：

$$ESV = \sum_{k=1}^{n} A_k \times VC_k \tag{7-1}$$

$$VC_k = D \times Q_i \tag{7-2}$$

$$D = (S_{ri} \times F_{ri} + S_{wi} \times F_{wi} + S_{ci} \times F_{ci} + S_{di} \times F_{di}) \times \left(\frac{1}{7}\right) \tag{7-3}$$

其中，A_k 为第 k 种土地利用类型的面积，单位为公顷；VC_k 是第 k 类土地的单位面积生态系统价值，单位为元/公顷，D 是单位面积农田粮食的生产净利润（元/公顷），Q_i 是第 i 区域单位生态系统服务的价值当量；S_{ri}是小麦种植面积占农田总种植面积的比例，S_{wi}是稻谷种植面积占农田总种植面积的比例；S_{ci}是玉米种植面积占农田总种植面积的比例；S_{di}为大豆播种面积占总播种面积的比例；F_{ri}、F_{wi}、F_{ci}、F_{di}分别为小麦、稻谷、玉米和大豆的单位面积净利润。

（二）生态系统服务外溢价值评估方法

价值评估的核心是测算所消耗的服务价值，首先确定立地生态消费系数，确定自身消费比例，运用生态足迹法构建生态系统服务价值的自身消费系数，在此基础上测算生态外溢价值。

1. 立地生态消费系数模型

在评估服务价值的基础上，构建生态消费系数以计算立地消费。生态足迹用来比较人类所耗费的自然资源和人类所在区域的自然生态系统环境承载力。然后将本区域内资源消耗转化为提供这些资源所需要的生产性土地面积，将该土地面积和该区域生态承载力作对比，定量评估该区域的发展水平。生态足迹模型主要用来测算生态系统服务价值立地消费，在计算指标一致的情况下，判断一个地区生态足迹占生态承载力的比值，即生态消费系数，最后生态消费系数与服务价值的乘积就是生态系统服务价值的立地消费。

由于研究区域均是开放系统，与其他区域有着紧密的社会经济和进出口贸易联系，有学者采用生产性生态足迹进行核算，即在生物资源和能源消费中采用生产性项目，比如谷物、豆类、林产品等使用生产性项目来测算以更好地反映当地的生态足迹。在区域的服务价值消费与承载力比值基础上构建生态消费系数，判断生态服务外溢价值是否为正，进一步判断哪些地区是生态保护区，哪些地区是生态受益区。因此，暂不考虑生物资源和能源消费的进出口比例，以现有的消费总额来测算生态足迹，这种生态足迹的测算已将常住人口消费和工农业生产的生物资源和能源资源消费包括在内，可以较好地确定研究区域立地消费比例。

生态系统服务价值立地消费模型如下：

$$EC_i = ED_i / ES_i \tag{7-4}$$

$$T_i = EC_i / medianEC \tag{7-5}$$

$$SC_i = ESV_i \times T_i \tag{7-6}$$

其中，$i=1, 2, 3, \cdots, n$，表示研究区域内不同地区，EC_i 为 i 地区的生态消费系数，$medianEC$ 为生态消费系数中位数，ED_i 为地区 i 的生态足迹，ES_i 为地区 i 的生态承载力。T_i 为生态消费调整系数，ESV_i 代表生态系统服务价值；SC_i 代表生态系统服务价值立地消费。

2. 生态足迹模型

生态足迹计算的两个条件分别是人类消耗的大部分资源和产生的废弃物量可以量化，这些资源和废弃物可以转化为相应的生物生产面积。

生态足迹常用于测量人类对自然资源环境的利用程度，也是定量判断一个区域的发展是否超过生态承载力阈值的方法。生态足迹是人类生产和生活消费的资源和能源，生态承载力是生态环境能够提供的资源最大值，两者的比值可衡量区域生态压力，是判断区域发展是否可持续的模型。本研究不考虑生态足迹和生态承载力本身，而是用该指标衡量区域自身的消费量，即构建立地消费系数。

生态足迹是指在一定生产技术条件下，生产产品所使用的生态资源及吸收人类消耗形成的废弃物所需要的生物生产性土地面积，包括耕地、草地、林地、化石燃料用地、建筑用地和水域，如表 7-1 所示。

表 7－1　生态足迹模型消费量计算项目

项目	大类	细分项
生物资源账户	耕地	粮食（谷物、豆类、薯类、高粱、玉米），棉花，油料，麻类，烟叶，蔬菜，瓜类等
	草地	肉类，禽蛋，奶类等
	林地	干果，园林水果
	水域	水产品
能源资源账户	化石能源用地	煤炭、焦炭、燃料油，天然气等
	建筑用地	电力

生态足迹模型如下：

$$ED_i = \sum_{k=1}^{6}(q_t \times ed_{it}) \tag{7-7}$$

其中，$i=1, 2, 3, \cdots, n$ 表示不同地区，ED_i 表示地区 i 的生态足迹，$t=1, 2, 3, 4, 5, 6$ 分别表示各类用地类型，q_t 表示土地均衡因子，如表 7－2 所示，ed_{it}表示 i 地区 t 类土地的生态足迹。

表 7－2　各类土地生态足迹权重

序号	公式代码	土地类型	均衡因子
1	a_1	耕地	2.52
2	a_2	草地	0.43
3	a_3	林地	1.28
4	a_4	化石燃料用地	1.28
5	a_5	建筑用地	2.52
6	a_6	水域	0.35

根据各类型土地所生产的商品数量测算出各类土地的生态足迹：

$$ed_{it} = \sum_{j=1}^{n}(c_{it}^{i}/p_t^j) \tag{7-8}$$

其中，c_{it}^j表示 i 城市第 t 类土地生产的第 j 种商品数量，各类土地分别拥有若干种商品，p_t^j 表示生物资源全球单位土地的平均产值，或者能源资源全球平均能源足迹与折算系数的乘积。不同类型土地面积的均衡因子参考 2017 年全球生态足迹网发布的“Working Guidebook to the National Footprint Accounts”数据（杨屹，樊明东，2019）。

3. 生态承载力模型

在生态承载力计算过程中，在土地单位面积相同的情况下，土地类型不同其生产力相差很大，在不同区域的同一类型的土地，也可能存在较大差异。因此，不能直接比较不同区域的相同土地类型的占地实际面积，调整后才可以对比。将不同区域的相同土地类型的土地的平均生产力比世界同类土地的平均生产力作为产量因子，以表示不同区域同类生物生产面积所代表的具体产量与世界平均产量的差异。将现有不同土地类型的面积乘相应的均衡和产量因子，就可以计算出该区域的生态承载力。

生态承载力模型如下，其中扣除12%的生物多样性面积，用来衡量生态承载能力。

$$ES_i = (1 - 12\%) \times \sum_{t=1}^{6}(b_t \times s_{it} \times q_t) \qquad (7-9)$$

其中，$i=1, 2, 3, \cdots, n$ 表示研究区域内不同地区，$t=1, 2, 3, 4, 5, 6$ 分别表示各类用地类型，s_{it} 表示 i 地区的 t 类土地的实际面积，b_t 表示 t 类土地的产量因子，q_t 为均衡因子。

研究将煤、石油和天然气分配给化石能源，将水电分配给建设用地。不同类型土地面积的平衡因子和产量因子参考全球足迹网络于2017年发布的"Working Guidebook to the National Footprint Accounts"中的数据，如表7-3所示（杨屹，樊明东，2019）。

表7-3　不同类型土地的均衡因子和产量因子

因子	耕地	林地	草地	水域	建设用地	化石能源用地
均衡因子	2.52	1.28	0.43	0.35	2.52	1.28
产量因子	1.32	2.55	1.93	1.00	1.32	—

4. 生态系统服务外溢价值测算模型

通过对生态足迹和生态承载力的测算来研究生态系统服务价值立地消费，生态消费系数取决于生态足迹需求与生态足迹供应之比，系数越大，表示生态足迹超越生态承载力越多。该区域的立地消费越多，以此为依据判断各个地区的立地生态消费，从而构建生态外溢价值基本理论依据。

在测算服务价值的基础上计算外溢价值的基本思路：服务价值溢出是区域的服务价值减去立地消费得出的。按照生态外溢价值的界定和分析，生态系统服务

外溢价值 SV_i 的计算公式如下：

$$SV_i = ESV_i - SC_i \quad (i=1, 2, 3, \cdots) \tag{7-10}$$

其中，i 指的是研究区域内不同地区，SV_i 指的是生态价值外溢，ESV_i 代表生态系统服务的价值；SC_i 指的是立地消费。若 $SV_i>0$ 表示该地区为生态保护区，该生态外溢价值为区域生态受偿的基本金额；若 $SV_i<0$ 表示该地区为生态受益地区，生态外溢价值的绝对值作为区域生态补偿的基本金额。

（三）生态系统服务区域外溢研判

本书通过构建立地生态消费系数测算服务价值自身消费，同时划分生态保护区和生态受益区。采用生态足迹模型测算立地生态消费系数。通过生态足迹法测算生态系统服务立地消费是比较生态足迹和生态承载力，并记为生态消费系数 EC，从而定量评估生态系统服务的立地消费。在生态消费系数测算的基础上取所有地区的生态消费系数中位数，将各地区生态消费系数与中位数的比值作为调整后的生态消费系数，以此为依据判断生态保护地区和生态受益地区。

在跨区域横向生态保护补偿区域范围内，当 $T_i>1$ 时，生态服务价值量大于生态消耗价值量，说明该地区的服务价值产生了区域外溢；当 $T_i<1$ 时，生态服务价值量小于生态消耗价值量，说明该地区的服务价值不足以支撑本身区域的生态消耗；当 $T_i=1$ 时，该地区处于中位地区，生态系统服务价值与消耗价值均衡。按照服务与消费的思路而拟定生态消费调整系数，据此可以确定生态服务区或生态受益区，为生态受益地区和生态保护地区的科学界定提供技术支持。

三、京津冀区域生态系统服务及生态保护补偿

城市群是实现区域合作、优势互补、协同发展的重要载体，探索城市群系统内跨区域生态补偿具有重要意义。京津冀协同发展是国家重大战略，生态环境协同是三大优先协同领域之一，京津冀城市群生态保护补偿对于全国经济区及其他城市群具有示范作用。因此，以京津冀城市群为例，探讨跨区域生态保护补偿问题，实证生态系统服务的区域外溢价值模型，以此设计跨区域横向生态保护补偿具有重要理论价值和实践意义。

（一）研究单元选择及数据来源

一般城市群发展规划多界定到地级市层面，因此研究城市群生态补偿选取省

级（直辖市）、地市级政府作为研究对象。政府职能较多，可在生态补偿中扮演不同的角色以对生态环境产生不同影响。一方面，政府会对资源环境进行开发使用以发展经济，成为生态环境的使用破坏者或受益者；另一方面，为了社会经济的可持续发展，政府会对生态环境进行保护和建设，此时政府成为生态环境的保护建设者和节约使用者，城市群中的各级政府都存在如此特点。

我国目前的跨区域生态补偿是以政府为主导进行的，地市级政府是城市群生态补偿中的重要主体，在理论上与上级政府的政策建议保持一致，但由于地方经济发展的需要，地市级政府为了自身经济利益的最大化，一定程度上会忽视生态建设，此时地市级政府与中央政府的利益诉求不一定完全一致。

基于2015年3月颁布的协同发展规划纲要，京津冀城市群涵盖了北京、天津这两个直辖市及河北省全部的地级市。北京市、天津市城市面积分别为16406平方公里、11917平方公里。河北省地级市面积最小的是廊坊市，6419平方公里；面积最大的是承德市，39490平方公里。北京市和天津市为直辖市，但区域面积与河北省的部分地级市相当，因此本书将北京市和天津市作为研究单元，与河北省的地级市一起进行生态补偿研究。以北京市、天津市和河北省11个地级市为生态补偿核算区域研究城市群系统内跨区域生态补偿。

从数据的可获得性和现实意义出发，选择2009～2017年共9年的数据，所需数据来自北京市、天津市、河北省以及各地级市的相关年份统计年鉴以及政府官网公布的统计公报，土地数据来源于土地利用变更调查。

（二）京津冀城市群生态系统服务外溢价值测算

利用前述生态消费系数模型方法，假设城市群是一个相对封闭的整体，在城市群内部可以自由贸易，不考虑进出口贸易，测算城市群系统内的生产和生活消费占城市群自身所能提供的最大资源和能源的比例，采用城市群系统内各城市生态足迹与生态承载力的比值作为立地生态消费系数，为便于以立地生态消费系数中位数值为分母统一进行立地生态消费系数的调整，将立地生态消费系数作为判断生态系统服务价值区域外溢与否的标准。

1. 生态承载力

城市生态承载力是构建生态系统服务立地消费系数的第一个指标，主要采用生态承载力的测算方式，将目前已经存在的水体、草地等不同地类用地面积乘相应的平衡因子与产量因子，然后就人均生态承载力在京津冀城市群各个地区进行测量。

从省级层面看人均生态承载力，最大的是河北省，北京市和天津市大抵相同；从地市层面看，最高的是承德市和张家口市，最低的是石家庄市和邯郸市。从2009至2017年人均生态承载力的变化趋势看，北京市、天津市、河北省基本呈下降趋势，人均生态承载力不断下降。

2. 城市生态足迹测算

城市生态足迹是构建生态系统服务立地消费系数的第二个指标，该指标是指在一定技术水平下，一个地区生产产品和分解废弃物所需的生物生产型土地面积，用该指标衡量对生态系统服务的消耗程度。

京津冀城市群系统内各个城市的人均生态足迹，是把人均生物资源与人均能源资源消耗的生态足迹乘相应的均衡因子综合测算得出的。在省级层面，天津市的人均生态足迹位居第一，河北省次之，最后是北京市。从2009年至2017年的一系列数据可以看出，河北省的人均生态足迹呈现出逐步扩大的趋势，而北京和天津则呈现出下降的趋势。从地级市层面看，人均生态足迹最高的是唐山市和邯郸市，最低的是保定市和衡水市，从2009年至2016年，各城市的人均生态足迹不断上升。

3. 立地生态消费系数

首先确定立地消生态费系数（生态足迹与生态承载力的比值），在这一比值的基础上，考虑经济发展水平和生态环境的关系，对生态消费系数进行修正，表7－4为修正后的结果。

表7－4　立地生态消费调整系数

地区	2017年	2016年	2015年	2014年	2013年	2012年	2011年	2010年	2009年
北京市	2.34	2.24	2.13	2.21	2.28	2.31	2.36	2.73	2.61
天津市	3.42	3.31	3.09	3.30	3.41	3.44	3.35	3.65	3.20
石家庄市	1.71	2.13	2.14	2.10	2.21	2.03	2.01	2.29	2.04
承德市	0.21	0.20	0.19	0.20	0.21	0.20	0.21	0.25	0.25
张家口市	0.17	0.17	0.17	0.20	0.20	0.18	0.19	0.21	0.19
秦皇岛市	0.94	0.84	0.79	0.84	0.90	0.84	0.85	0.94	0.86
唐山市	2.48	2.40	2.29	2.46	2.63	2.51	2.55	2.71	2.61
廊坊市	0.67	0.67	0.68	0.73	0.70	0.68	0.64	0.64	0.63
保定市	0.31	0.32	0.30	0.36	0.35	0.42	0.47	0.54	0.49

续表

地区	2017年	2016年	2015年	2014年	2013年	2012年	2011年	2010年	2009年
沧州市	1.22	1.20	1.08	1.00	1.00	1.00	1.00	1.00	1.00
衡水市	0.31	0.23	0.24	0.35	0.34	0.32	0.32	0.34	0.34
邢台市	1.00	1.00	1.00	1.13	1.25	1.33	1.31	1.36	1.27
邯郸市	2.82	2.94	2.89	3.16	3.24	3.25	3.15	3.44	3.19

（三）生态系统服务价值区域外溢判断

根据城市群生态足迹与生态承载力所确定的生态系统服务立地消费系数可以直接确定生态系统服务价值是否满足城市的立地消费。在我们区分生态保护区以及生态受益区的时候，假定城市群是一个相对封闭的系统，系统内的生态系统服务价值总量一定，生态系统服务价值的消费同生态系统服务价值的溢出大致上处于平衡状态。在此前提假设下，城市群的生态消费系数大于1，说明该城市生态系统服务立地消费大于城市生态系统服务总价值，即该城市的生态系统服务价值消耗大于供给，需要消耗城市群系统内其他城市的生态系统服务价值；若生态消耗系数小于1，说明该城市生态系统服务立地消费小于城市的生态系统服务总价值，该城市为城市群其他城市提供生态系统服务正的外溢价值。

在立地消费系数确定的基础上，划分京津冀城市群中的生态消耗城市和生态外溢城市，如表7－5所示。在2009～2017年，京津冀城市群的生态消耗城市和生态外溢城市保持相对稳定态势，生态消耗城市分别是北京、天津、石家庄、唐山、沧州、邢台和邯郸；生态外溢城市分别为承德、张家口、秦皇岛、廊坊、保定和衡水。在此基础上，进一步测算城市生态消耗外区的价值量，以及城市生态外溢价值量，以此可作为依据及标准支持跨区域生态保护补偿设计。

表7－5　　京津冀生态消耗与生态外溢城市

城市类型	2017年	2016年	2015年	2014年	2013年	2012年	2011年	2010年	2009年
生态消耗城市	北京	北京	北京	北京	北京	北京	北京	北京	北京
	天津	天津	天津	天津	天津	天津	天津	天津	天津
	石家庄	石家庄	石家庄	石家庄	石家庄	石家庄	石家庄	石家庄	石家庄
	唐山	唐山	唐山	唐山	唐山	唐山	唐山	唐山	唐山
	沧州	沧州	沧州	沧州	沧州	沧州	沧州	沧州	沧州

续表

城市类型	2017 年	2016 年	2015 年	2014 年	2013 年	2012 年	2011 年	2010 年	2009 年
生态消耗城市	邢台	邢台	邢台	邢台	邢台	邢台	邢台	邢台	邢台
	邯郸	邯郸	邯郸	邯郸	邯郸	邯郸	邯郸	邯郸	邯郸
生态外溢城市	承德	承德	承德	承德	承德	承德	承德	承德	承德
	张家口	张家口	张家口	张家口	张家口	张家口	张家口	张家口	张家口
	秦皇岛	秦皇岛	秦皇岛	秦皇岛	秦皇岛	秦皇岛	秦皇岛	秦皇岛	秦皇岛
	廊坊	廊坊	廊坊	廊坊	廊坊	廊坊	廊坊	廊坊	廊坊
	保定	保定	保定	保定	保定	保定	保定	保定	保定
	衡水	衡水	衡水	衡水	衡水	衡水	衡水	衡水	衡水

四、城市生态受偿与城市生态保护补偿标准

生态保护区以及受益区都高度关注的问题是补偿的金额。生态补偿标准在生态补偿研究领域一直是热点问题。根据城市群的生态补偿相关理论以及测量数学模型，对城市群内的生态受益区以及受偿值进行计算与判断，构建出相应的价值核算数学模型以开展实证研究，在一定程度上为该区域的生态补偿机制的建立完善提供技术上的支撑。

（一）生态系统服务价值货币化

京津冀城市群生态服务功能价值主要包括森林、水域和草地生态系统服务价值，以及使用能值分析法测算不同城市太阳能能值，转化为统一的衡量标准。在完整的生态系统中，部分稀缺生态资源是保证生态链完整不断裂的关键，也是促进生态系统演化的重要环节。

根据生态系统服务价值的相关理论基础，借鉴了谢高地等专家学者优化的标准当量因子，如表 7－4 所示。将耕地粮食生产净利润作为当量因子价值量，并设计出城市群生态系统服务价值衡量模型。将一个标准单位下的生态系统服务价值当量设置成 1 公顷耕地的年平均粮食生产的经济价值的七分之一，并将一个城市群的单位面积粮食产量与平均粮食价格相结合，计算公式如下：

$$ESV = \sum_{k=1}^{n} A_k \times VC_k \tag{7-11}$$

$$VC_k = D \times Q_i \tag{7-12}$$

$$D = (S_{ri} \times F_{ri} + S_{wi} \times F_{wi} + S_{ci} \times F_{ci} + S_{di} \times F_{di}) \times (1/7) \tag{7-13}$$

其中，A_k 为第 k 种土地利用类型的面积，单位为公顷；VC_k 是第 k 类土地的单位面积生态系统价值，单位为（元/公顷），D 是单位面积农田粮食的生产净利润（元/公顷），Q_i 是第 i 区域单位生态系统服务的价值当量，如表 7－6 所示；S_{ri}、S_{wi}、S_{ci}、S_{di}分别为小麦、稻谷、玉米、大豆种植面积占总种植面积的比例；F_{ri}、F_{wi}、F_{ci}、F_{di}分别为小麦、稻谷、玉米、大豆单位面积的净利润。京津冀城市群最终的生态系统服务价值测算，如表 7－7 所示。

表 7－6　中国生态系统单位面积生态系统服务价值当量　单位：元/hm² · a

一级类型	二级类型	森林	草地	农田	湿地	河流/湖泊	荒漠
供给服务	食物生产	0.33	0.43	1.00	0.36	0.53	0.02
	原材料生产	2.98	0.36	0.39	0.24	0.35	0.04
调节服务	气体调节	4.32	1.5	0.72	2.41	0.51	0.06
	气候调节	4.07	1.56	0.97	13.55	2.06	0.13
	水文调节	4.09	1.52	0.77	13.44	18.77	0.07
	废物处理	1.72	1.32	1.39	14.40	14.85	0.26
支持服务	保持土壤	4.02	2.24	1.47	1.99	0.41	0.17
	维持生物多样性	4.51	1.87	1.02	3.69	3.43	0.41
文化服务	提供美学景观	2.08	0.87	0.17	4.69	4.44	0.24
合计		28.12	11.67	7.9	54.77	45.35	1.39

注：引用谢高地修正后的生态系统服务价值当量因子。

表 7－7　京津冀城市群生态系统服务价值　单位：亿元

地区	2009 年	2010 年	2011 年	2012 年	2013 年	2014 年	2015 年	2016 年	2017 年	2018 年
北京	336	372	433	457	482	481	440	407	441	438
天津	192	211	245	257	269	268	244	224	243	242
石家庄	194	215	252	266	280	279	255	235	255	253
承德	1033	1145	1336	1411	1491	1489	1362	1258	1365	1355
张家口	689	763	890	940	993	992	907	838	908	902
秦皇岛	139	154	179	189	199	199	182	168	182	181
唐山	212	231	266	279	293	291	265	244	265	263

续表

地区	2009 年	2010 年	2011 年	2012 年	2013 年	2014 年	2015 年	2016 年	2017 年	2018 年
廊坊	65	72	83	87	91	91	82	75	82	81
保定	276	305	355	375	395	394	360	331	359	357
沧州	146	162	189	199	210	210	191	176	191	190
衡水	87	96	112	118	124	124	113	104	113	112
邢台	153	169	197	207	218	218	198	182	198	196
邯郸	142	157	183	192	203	202	184	169	183	182

根据测算结果，承德和张家口最高，提供的服务相对最多，廊坊、衡水市的服务价值最低，提供的生态系统服务业最少，整个京津冀地区生态系统服务价值呈现西北高，东部和南部普遍较低的区域特征，也是京津冀生态—经济空间格局的一大特征。

（二）生态补偿金额测算

京津冀城市群生态系统服务价值立地消费是判断服务价值是否存在外溢的核心，通过生态足迹模型确定城市的生态足迹是否在生态承载力可承受范围之内，超过生态承载力则需要向外部索取，为生态系统服务价值过度消耗地区，否则为生态系统服务价值外溢地区。

1. 城市生态系统服务外溢价值测算结果

2009～2014 年，京津冀城市群生态系统价值外溢大致涵盖了以下几个城市：秦皇岛、保定、张家口、承德、廊坊以及衡水。在这当中保定、张家口以及承德的生态系统服务机制外溢量最大。而价值溢出为负值的城市有唐山、邯郸、天津、北京、邢台以及石家庄。2015 年和 2016 年这两年，京津冀城市群的生态系统服务价值溢出城市有秦皇岛、张家口、廊坊、承德、保定以及衡水，而外溢价值为负的城市有唐山、沧州、天津、石家庄以及北京，如表 7－8 所示。

从城市群每个城市的生态外溢价值的动态变化来看，北京市的生态外溢价值波动变化，但整体变化不大，随着北京市经济发展水平不断提升，居民的环保意识提高和生态环境保护工作的开展，北京市消耗的生态系统服务价值没有明显增长。天津市的生态外溢价值绝对值不断增加，说明天津市的生态环境保护和生态环境建设还需继续加大投入。承德和张家口市的生态外溢价值不断提升，说明两个地区的生态环境保护和建设投入力度不断加大。

表7-8 京津冀城市群生态系统服务外溢价值 单位：亿元

地区	2009年	2010年	2011年	2012年	2013年	2014年	2015年	2016年	2017年
北京	-541	-643	-589	-598	-617	-582	-497	-504	-591
天津	-422	-559	-575	-626	-649	-616	-510	-518	-589
石家庄	-202	-277	-254	-274	-339	-307	-290	-266	-181
承德	775	858	1056	1129	1178	1192	1103	1007	1078
张家口	558	602	721	771	794	793	753	695	754
秦皇岛	19	9	27	30	20	32	38	27	11
唐山	-341	-395	-412	-421	-478	-425	-342	-342	-392
廊坊	24	26	30	28	27	24	26	25	27
保定	141	140	188	218	257	252	252	225	248
沧州	0	0	0	0	0	0	-15	-35	-42
衡水	57	63	76	80	82	80	86	80	78
邢台	-41	-61	-61	-68	-55	-28	0	0	0
邯郸	-311	-382	-392	-433	-454	-436	-348	-328	-334

2. 城市生态系统服务补偿和受偿初始价值测算结果

根据对生态系统服务溢出价值的度量，区分了京津冀城市群中区域生态补偿的补偿值以及受偿值，生态补偿在其受益区的价值，如表7-9所示。这是受益城市应补偿已建立的保护区的数额。生态保护区应当从城市群系统中的其他城市处获得补偿，具体补偿金额如表7-10所示。城市群区域间生态补偿金额是基于生态系统服务价值测算的，金额相对较高，在实际应用中，可结合城市财政收入状况以及居民的生态补偿意愿进行协商，获得操作性强的生态补偿标准。

表7-9 京津冀城市群生态系统服务补偿价值 单位：亿元

地区	2009年	2010年	2011年	2012年	2013年	2014年	2015年	2016年	2017年
北京	-541	-643	-589	-598	-617	-582	-497	-504	-591
天津	-422	-559	-575	-626	-649	-616	-510	-518	-589
石家庄	-202	-277	-254	-274	-339	-307	-290	-266	-181
唐山	-341	-395	-412	-421	-478	-425	-342	-342	-392
邢台	-41	-61	-61	-68	-55	-28	0	0	0
邯郸	-311	-382	-392	-433	-454	-436	-348	-328	-334
沧州	0	0	0	0	0	0	-15	-35	-42

表 7-10　　京津冀城市群生态系统服务受偿价值　　单位：亿元

地区	2009年	2010年	2011年	2012年	2013年	2014年	2015年	2016年	2017年
张家口	558	602	721	771	794	793	753	695	754
秦皇岛	19	9	27	30	20	32	38	27	11
廊坊	24	26	30	28	27	24	26	25	27
保定	141	140	188	218	257	252	252	225	248
衡水	57	63	76	80	82	80	86	80	78
承德	775	858	1056	1129	1178	1192	1103	1007	1078

五、本章小结

生态系统服务是生态保护补偿最根本的依据，生态系统服务的区域外溢是跨区域生态保护补偿的重要依据，提供了异地生态系统服务应予以生态保护补偿的共识。本章基于生境等价分析法的基本理念，在生态系统服务价值测算基础上，综合运用生态系统服务价值、生态承载力、生态足迹模型，构建生态系统服务价值立地消费模型及区域外溢价值模型，研判生态系统服务区域外溢与否、区域外溢价值，并以京津冀城市群为例证，提出基于生态系统服务区域外溢的生态保护补偿依据、标准及实施思路。

京津冀城市群生态资源、生态系统服务价值的区域差异明显，在省域层面，河北提供了最多的生态系统服务；城市之间的差别较大，承德市和张家口市的生态系统服务最高。生态足迹测算结果表明，在省域层面，天津市生态足迹最高，其次是北京和河北省；在地市层面，唐山市、石家庄市和邯郸市生态足迹最高，保定市和衡水市最低。人均生态承载力测算结果表明，在省域层面，河北省最高，北京和天津基本一致；在地市层面，承德市和张家口市最高，石家庄市和邯郸市最低。通过立地生态消费系数、生态系统服务价值区域外溢的测算，生态系统服务区域外溢城市主要有承德市、张家口市、秦皇岛市、廊坊市、保定市和衡水市，生态系统服务受益城市主要有北京市、天津市、石家庄市、唐山市、沧州市、邢台市和邯郸市。此测算结果比较符合实际，模型方法具有一定的可操作性。基于生态系统服务价值的生态补偿金额相对较高，可作为生态补偿的上限，结合各地的财政收支状况，同时考虑发展机会成本和生态补偿意愿等协商确定生态保护补偿。

第八章

基于发展机会成本的跨区域生态保护补偿

产品的价格包括劳动投入量和生产该产品所丧失的机会成本（曼昆，2001），发展机会成本已经被运用到生态保护补偿标准方面。主体功能区规划、区域发展功能定位等往往限制了生态涵养地区的发展机会，当地居民因参与生态保护项目放弃生产发展事项而承担了发展机会成本。当前生态保护补偿普遍尚未纳入或低估发展机会成本，导致生态保护补偿标准偏低、生态保护补偿效益较低。因此，在进行跨区域生态补偿标准测算中，应纳入限制开发区和禁止开发区的发展机会成本，以体现发展的公平性，有效促进人口、资源和经济的协调发展。

一、发展机会成本测算方法

已有学者从成本视角进行生态保护补偿标准测算，其中，发展机会成本是测算重点。段靖、严岩等（2010）探讨了流域生态补偿标准中成本核算的原理与改进方法，张捷等（2018）从“科斯范式”与“庇古范式”方面分析了跨省流域横向生态补偿试点制度，肖加元等（2016）、饶清华等（2018）基于机会成本研究了生态保护补偿标准问题，为优化发展机会成本测算方法奠定了有力基础。

根据主体功能区规划确认城市群各个城市的主体功能，由于重点开发区和优化开发区的城市鼓励经济发展，所以享有充分的发展权，在主体功能区划中可以看作全发展权区域，发展机会成本损失为零。禁止开发区为天然湿地、生态公园和自然保护区等，主要功能为生态涵养地区，没有发展权，呈散点分布在各个城市中，所以发展权难以量化，对于禁止开发区的发展机会成本损失不予计算。限制开发区的主要功能为生态涵养，因生态涵养导致经济发展的机会受影响，所以从区域发展的公平性和发展机会的平等角度考虑，限制开发区的发展机会成本损失应计入城市群生态补偿范围内。根据主体功能区规划将四类区域的发展机会成本损失列入表 8－1。

表 8－1　　　　　　　　主体功能区发展机会成本损失

主体功能定位	发展成本损失 FC_i	发展权
优化重点开发区	0	全发展权
禁止开发区	全部损失（不计）	0
限制开发区	部分发展成本损失	享有少部分发展权

（一）发展机会成本

从区域发展公正公平的角度来看，每个区域拥有平等的土地开发利用权，从区域发展效率来看，应优化国土空间资源配置，形成生态、经济、社会综合效益的土地开发利用格局。2011 年国家主体功能区规划实施以来，限制和禁止开发区的经济发展水平相对较低，生态敏感度较高，重点是要保护生态功能，放弃了经济发展机会，而承担了发展机会成本。京津冀城市群因自然地理条件、生态资源利用和区域发展分工的不同使得某些地区因保护生态而损失经济发展权，承担了相应机会成本。在京津冀协同发展中，规划与谋划水源保护、沙尘治理、海水入侵管控、地下水禁止开采等区域，强化海河流域的综合整治、海岸边区域的污染管控，加强建设防沙林，建设由大清河、永定河、太行山和燕山等共同构成的生态廊道网。京津冀生态涵养地区主要集中在河北省燕山和太行山区域，承德、张家口等城市的生态保护任务重，应测算发展机会成本损失并计入生态补偿中。

在测算城市群生态补偿过程中，充分考虑在《主体功能区规划》背景下的限制和禁止开发地区因环保建设而丧失的发展权，并带来发展权损失。在计算过程中，由于各地区对于生态环境保护都有相应的直接投入成本，相对易于量化，所以不做研究，仅就各地区的发展机会成本的损失进行定量分析，既体现生态补偿的公平性，又充分弥补生态涵养地区因生态环保而导致的经济发展损失。根据北京市、天津市、河北省各自的主体功能区划，对各直辖市和省级层面的限制开发区和禁止开发区的发展机会成本进行核算，计入生态补偿机制中，但禁止开发区由于散点分布在各个行政区域，因此本研究对禁止开发区发展机会成本暂不分析，仅研究限制开发区作为生态涵养地区的发展机会成本的损失。在对限制开发区发展机会成本进行测算时，对于工业基础相对薄弱，同时被划入限制或禁止开发的区域，生态补偿标准量化的前提是寻找参照区域，该区域的地理特征、生态禀赋、区域规模和研究区域相似，设计具有针对性的数量模型，测算因为放弃发展权而得到的相应生态补偿量。

（二）发展机会成本测算模型

研究城市群内部主体功能区规划下的生态补偿标准对于协调城市群发展具有理论和实践指导意义。

基于城市群不同城市经济发展状况的不同，本研究对城市群中的限制开发区域因工业发展受限或完全被禁止发展工业的城市发展机会成本损失进行分析。根据研究假设和内容要求建立的计量模型如下：

$$OC_i = DC_i + FC_i \tag{8-1}$$

$$FC_i = \left[\sum_{k=1}^{n} \frac{GDP_k}{\sum_{k=1}^{n} P_k} - \frac{GDP_i}{P_i} \right] \times P_i \times \left(\frac{\sum_{k=1}^{n} R_k}{\sum_{k=1}^{n} GDP_k} \right) \tag{8-2}$$

其中，OC_i 代表机会成本损失（opportunity cost loss）；DC_i 代表直接成本，即进行生态保护投入的资金额，本研究考虑到各个地区的生态环保投入成本与发展权的损失相关性不大，故在此不计入发展权的损失中，FC_i 是 i 城市因生态环境保护而放弃工业发展的机会成本；k 是参照区数目，本研究城市 i 的参照区选择发展条件相似的几个地区同时进行对比测算，GDP_k 为第 k 个参照城市的地区生产总值；GDP_i 为 i 城市的生产总值；P_i 为 i 城市的总人口数；R_k 为第 k 个参照城市的工业产值。

根据区域的工业发展实际，通过所选择的经济指标按照重要性排序，对于限制和禁止开发地区，反映工业发展是否受限的重要指标是工业产值，综合考察指标间相对重要性、重复性等影响因素，本研究运用第二产业产值占比对发展权的损失进行调整。

二、参照区域选择

测算发展机会成本参照区域的选择是进行生态涵养地区发展机会成本核算的核心环节，应选择与本地发展条件相似，但经济发展不受限的区域作为发展机会成本核算的参照区域。具体选择过程中，还应结合当地的实际情况进行对比分析性，选择客观切合实际的参照区域。

（一）北京市限制发展区参照区域选择

2017 年《北京市城市总体规划》将北京市的空间布局划分为首都功能核心区、中心城区、北京城市副中心、平原地区的新城和生态涵养区。北京市城市总体规划中的生态涵养区主体功能为生态涵养，即经济发展受限地区。生态保护和开发区在一定程度上为首都的生态屏障以及核心水源保护区、沟壑经济和其他生态友好型产业的先行区，同样也是构筑首都城乡一体化新格局的关键区，确保北京能够始终保持持续性发展的动力。该区域的主要任务是强化生态涵养和水源保护功能，保护水生生物及其栖息地，协调生态和其他产业发展，形成与生态相和谐的产业体系。在这一生态环境保护任务约束下，生态涵养发展区与优化和重点开发区域相比，势必损失部分发展机会成本，要实现区域之间的协调平衡发展，就必须对生态涵养区丧失发展权引致的损失提供生态补偿。

北京市生态涵养区主要集中在门头沟、怀柔、昌平、延庆、密云和房山区的山区。由于生态环境保护的政策因素，生态涵养发展区的发展模式转变过程中，会损失一些发展机会成本，参照区域选择通州、顺义和大兴三区核算发展机会成本，如表 8 －2 所示。

表 8 －2　　北京市城市空间布局与参照区域

四类功能区	北京市
首都功能核心区	东城、西城
中心城区	东城、西城、朝阳、海淀、丰台、石景山
城市副中心	原通州新城规划区
新城	顺义、大兴、亦庄、昌平、房山新城
生态涵养发展区	怀柔、密云、门头沟、平谷区、延庆区和昌平、房山区山区
参照区域	通州、顺义、大兴

注：根据 2017 年《北京城市总体规划》自制。

（二）河北省限制发展区参照区域选择

河北省的限制开发区域主要包括两个方面：核心生态功能区和农业主产区。农业主产区顾名思义即主要生产农产品的区域，不用衡量发展机会成本的损失，只是衡量关键生态功能区的发展机会成本。河北省的限制开发区主要有国家和省级两类，国家级主要是坝上高原山区。河北燕山区域涵盖了承德、张家口、唐山、秦皇岛4个市的16个县。太行山区域涵盖石家庄、保定、邢台、邯郸4个市中的17个县市，是冀中南地区的重要生态屏障和饮用水水源保护区。限制开发区域集中在承德市和张家口市，所以本研究计算承德市和张家口市因生态保护而损失的发展机会成本。

河北省国家优化开发区域包括秦皇岛、唐山、沧州3个市的17个县（市、区），重点开发区主要涵盖河北省中南地区国家级重点开发区，该区域为河北省经济、人口核心集聚区（见表8-3）。综合各方面情况，优化开发区的发展基础和条件与限制开发区域更为接近，本研究选取优化开发区域的秦皇岛市、唐山市和沧州市为生态涵养地的对照区域。

表8-3　河北省和天津市主体功能区与参照区域

四类功能区	河北省	天津市
重点开发区	保定、石家庄、邢台、邯郸	滨海新区、9个国家级经济开发区、子牙循环经济产业区、海河教育园区
优化开发区	秦皇岛、唐山、沧州市17县	河西、和平、河东、南开、河北、红桥、东丽、西青、津南、北辰、武清、宝坻区和静海区
限制开发区	张家口、承德市6个县	宁河区，蓟州区
禁止开发区	各级各类自然文化资源保护区、水源地和基本农田	市级以上自然文化资源保护区，点状分布
参照区域	秦皇岛市、唐山市、沧州市	宁河区——静海区、武清区
		蓟州区——宝坻区

注：根据各省市主体功能区规划整理自制。

（三）天津市限制开发区参照区域选择

2012年《天津市主体功能区规划》将天津市划分为优化发展、重点开发、生态涵养和禁止开发四大类主体功能空间（见表8-3）。天津市的优化发展区涵盖市内六区、环城四区、武清和宝坻区、静海区（不包括重点开发的区域），作为天津市人口集聚和经济发达的区域，可继续提升经济实力，发展数字金融、商业贸易、文化产业、生态旅游等服务型产业，推进先进制造业并鼓励建设现代农业，提升综合实力。重点开发区包括滨海新区和国家经济技术开发区，具有较强的经济基础、资源承载力和较大发展潜力。该区域作为拉动天津市总体经济的增长极，具有现代化产业和研发基地，是北方对外开放的重要门户，也是拉动北方经济增长的龙头。生态涵养发展区域主要涵盖宁河州区和蓟县，该区域能够充分供应农产品并保障生态安全，合理管控山地、林地开发，增加植被以防范水土流失。

根据天津市主体功能区规划，将天津市经济发展水平分为高、较高、中等、较低和低五个等级，在选取参照区域时，考虑当地的资源禀赋和经济发展水平进行选择，静海区和蓟州区都为天津市远郊区，在经济发展基础层面与环城区、中西城区有一定差距。在远郊区中，宁河区和静海区发展水平较高，为中等发展水平，蓟州区、武清区和宝坻区为较低发展水平。

综上所述，根据发展权测算结果选择发展基础和区位条件相似的地区作为参照区域，宁河区的发展权测算参照区域选择同为远郊区的优化开发区静海区和武清区，静海区和武清区与宁河区发展基础相似，发展程度不同，近年来静海和武清区因优化开发，发展速度较快，宁河区则因限制开发进行生态环境保护而损失了很多经济发展的权利。蓟州区的发展权测算参照区域选择同样位于远郊区的优化开发区宝坻区，宝坻区和蓟州区在 2009 ~ 2011 年发展水平相近，但主体功能区规划将宝坻区划分为优化开发区，2012 ~ 2017 年，宝坻区经济发展速度较快，发展水平不断提升。蓟州区因生态环境保护经济发展速度较慢，损失发展权较多，所以选择宝坻区作为蓟州区的参照区域。

对比天津市远郊五区 2009 ~ 2017 年的人均 GDP 与人口密度，如图 8 - 1、图 8 - 2 所示，2009 ~ 2010 年人均 GDP 前三位分别为静海区、宁河区和武清区；2011 ~ 2016 年宁河区发展水平最高，2011 ~ 2014 年宁河区人均 GDP 增长速度最快，增长幅度最大，2014 ~ 2016 年发展相对平缓，2017 年生态环境保护力度加大，作为生态涵养地区因生态环境保护压力增加使得经济发展速度出现一定程度

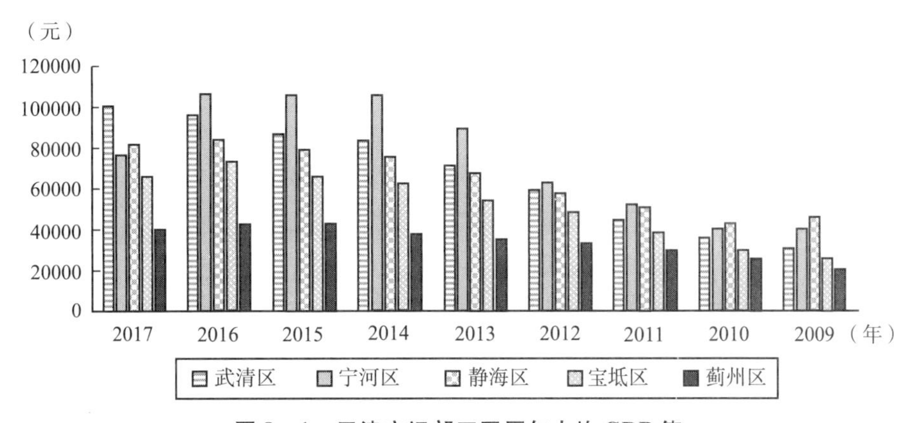

图 8 - 1　天津市远郊五区历年人均 GDP 值

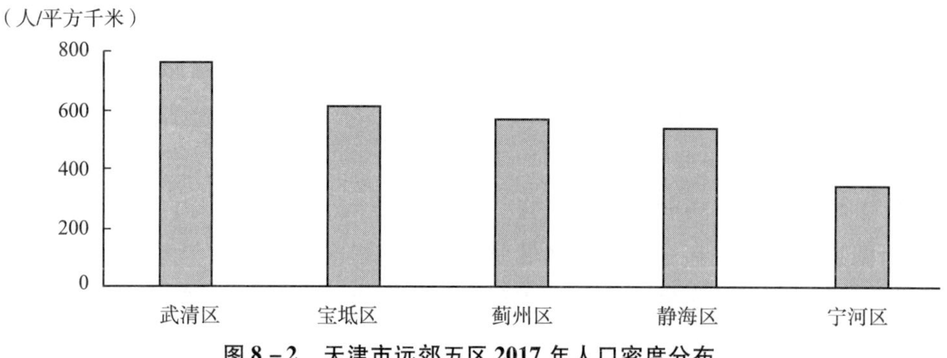

图 8－2　天津市远郊五区 2017 年人口密度分布

的下降。由于宁河经济发展水平高于部分优化开发区，GDP 稳定增长，故宁河区的发展机会成本损失较小，部分年份为负值，因此宁河区的发展机会成本不计入生态补偿金额内。

三、京津冀生态涵养地区发展机会成本

根据以上分析对京津冀城市群的限制发展地区进行发展权测算，如表 8－4 所示，以北京市、天津市、河北省的优化开发区域的平均值为参照区域，计算京津冀城市群的限制发展地区的发展权损失。结果显示，承德市和张家口市的发展机会成本损失最多，北京市各郊区发展机会成本损失相对较小。计算结果作为城市群系统内区域生态补偿的一个理论依据和参照标准，反映城市群生态涵养地区因生态环境保护所丧失的发展机会成本，体现了以人为本、平等发展的社会主义核心价值观，对主体功能区规划的实施起到很好的推进作用。宁河区为天津市的限制开发区，经济基础较好，被列入限制开发区的时间相对较短，替代产业发展较好，与优化开发区的其他区域相比，近年来受限制开发的影响较小，发展机会成本个别年份出现负值，不计入发展机会成本损失。

表 8－4　　京津冀生态涵养地区发展机会成本　　单位：亿元

地区	2017 年	2016 年	2015 年	2014 年	2013 年	2012 年	2011 年	2010 年	2009 年
蓟州	113	124	95	97	82	66	41	18	25
宁河	－39	－39	－61	－67	56	11	12	5	7
承德	298	326	311	308	245	293	275	226	156
张家口	246	251	286	325	240	306	295	222	150

续表

地区	2017 年	2016 年	2015 年	2014 年	2013 年	2012 年	2011 年	2010 年	2009 年
怀柔	1	3	5	5	7	7	6	8	11
平谷	34	33	31	32	32	30	30	29	29
密云	28	32	34	34	33	31	31	29	29
延庆	42	42	40	41	39	36	36	32	24
门头沟	22	22	23	23	22	17	18	18	17

由于北京、天津市以直辖市纳入城市群系统内生态补偿范围内，所以北京、天津市区内的限制开发区发展机会成本损失应计入生态补偿金额中，即北京、天津作为生态受益地区，支付给生态保护地区的生态补偿金额应扣除本区域限制开发区的发展机会成本损失。

四、本章小结

土地发展权制度是土地用途管制市场化机制的重要工具，是土地开发利用、外部性解决用途变更管理权利的有效措施。因主体功能区规划、国土空间优化、生态资源配置等，有的地区承担了生态保护功能而丧失了发展机会，基于区域发展的公平与效率，发展机会成本应纳入跨区域生态保护补偿标准测算。本章基于发展权理论，借鉴发展机会成本测算方法，选择生态涵养地区相对应发展水平条件的参照区域，探索了生态保护补偿发展机会成本的测算方法。以京津冀城市群为例，根据北京、天津和河北省的主体功能区规划，核算限制开发区因为环保所丧失的发展机会引致的成本，核算范围包括天津蓟州区、宁河区；河北省承德、张家口市；北京市的怀柔、平谷、密云、延庆和门头沟 5 个区。依据 2009～2017 年的测算结果，承德和张家口市因限制开发而损失的发展机会成本最高，2017 年承德市、张家口市分别高达 298 亿元、246 亿元；北京和天津市的限制开发区均在区级层面，因限制开发而损失的发展机会成本相对较低。

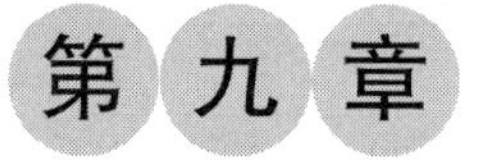

基于生态产品供给能力的跨区域生态保护补偿

2016 年国家发布的《关于健全生态保护补偿机制的指导意见》中指出，以生态产品产出能力为基础，加快和完善市场化交易和生态补偿模式。国家层面已提出要积极探索建立符合国家战略的生态产品价值实现路径，而生态补偿是增加生态产品供给，推动生态产品价值实现的重要途径，是生态环境治理的重要措施之一。受自然地理条件、区域经济发展水平及区域发展功能定位等的影响，生态产品供给能力具有明显的区域差异。依据生态产品供给能力来核算区域生态贡献和判定生态补偿，对于推动生态产品市场化、完善市场化生态保护补偿机制，以及践行“绿水青山就是金山银山”具有重要理论价值和现实意义。

一、生态产品及其供给能力

生态产品是优良生态环境的最直观表现，党的十八大报告明确提出要“增强生态产品生产能力”，十九大报告又进一步提出要提供更多优质生态产品以满足人民日益增长的优美生态环境需要。因此探究生态产品内涵以及政府与市场之间的关系，是提升供给能力，促进生态产品价值实现、开展生态保护补偿的重要基础性问题。

（一）生态产品内涵

生态产品是具有中国生态建设特色的概念，《全国主体功能区划》将其定义为保障生态安全、生态功能和良好宜居环境的自然要素，其中生态产品在人类生产生活中是必不可少的，与农业、工业以及服务业产品同等重要。在学术界，学者们定义生态产品概念主要分为三类：一部分学者遵循《全国主体功能区划》关于生态产品的定义，认为生态产品包括清新空气、清洁水源和宜人气候等自然要素，包含有形的生态产品和无形的生态产品两类（陈辞，2014），是拥有公共产品特性的纯自然系统生产的产品（郑晶，2018）。一部分学者认为生态产品可等同于生态系统服务，或者特指具有正外部性的服务，将生态产品定义为纯自然系统提供的有形物质产品和无形服务的统称，同时他们认为生态产品的供给过程要保证生态系统的稳定性和完整性（姚震，2019；俞敏，2020；高晓龙，2019）。另一部分学者认为，生态系统服务是狭义的生态产品，广义的生态产品还包括人类作用下共同生产的产品，包含人工属性和人类劳动（洪传春，2017；王金南，2020）。更确切地说，生态产品是被生产出来的物品和服务的集合，通过生态系统生产和人类社会生产共同作用，以供人类消费利用为目的，与农产品和工业品等同属于人类生活必需品（张林波，2021）。

因此生态产品需要从包括经济学和生态学等不同角度进行思考，既要考虑它是生物与自然生态系统互相作用形成的结果，充分认知生态要素自身所具有的价值，又要考虑其作为一种产品包含人类劳动生产过程，可以在市场中进行交易。总之，可将生态产品定义为生态系统自然生产或附加人类劳动后提供的维系人类生存、增加人类福祉的产出载体和终端产品，其生产具有可持续性，要保持生态资源在生产过程中不减少。生态产品包含以下内涵：其一，包含人类劳动，强调物品的生产和使用过程，满足在市场进行交易流动；其二，是自然生态系统生产，人类投入劳动和社会资源只是增加产品生产量，无法脱离生态系统独自生产；其三，生态产品的目的是满足人类需求，人类可对生态产品进行控制，具有使用价值和经济价值。

1. 生态产品分类

根据生态产品定义及其内涵，按照表现形态，可分为自然环境产品、生态物质产品、生态文化产品和生态空间产品四种类型产品，具体分类见图 9 – 1。

自然环境是指生态系统中各个自然要素的系统总和，是影响人类生存发展的水、土地、生物和气候等资源的总称，自然环境产品结合自然环境和产品内涵，是指生态系统提供的供人类生存利用必需的自然要素。自然环境产品不包含宜人气候，根据上文对生态产品内涵的阐述，宜人气候并不属于生态系统产品，虽然能增加人类福祉，但人类劳动对宜人气候的改变作用有限，其产生与存在不能被人类控制，只具有使用价值，不含经济价值，不具有产品属性，因此生态环境产品中不包含宜人气候。生态物质产品是指人类与自然生态系统共同作用生产出的满足人类生存和生产所需的生态物质，包含农副产品和生态能源，是生态产品的有形物质体现。生态系统具有景观休憩和文化教育等功能，生态文化产品是指满足人类休闲娱乐和教育科研合理开发利用生态资源形成的产品，包含自然旅游景区和农业民俗旅游产品等。生态空间产品是指人们利用生态系统和不同国土空间类型的承载功能，开发利用出的不同生态空间，包括耕地、园地、林地、草地和水域湿地空间。不同利用类型的土地是生态产品生产的主要生产资料和生产载体，生态空间产品属于存量，其价值体现除了产出的生态产品价值，更重要的是生态承载和服务调节等潜在价值。

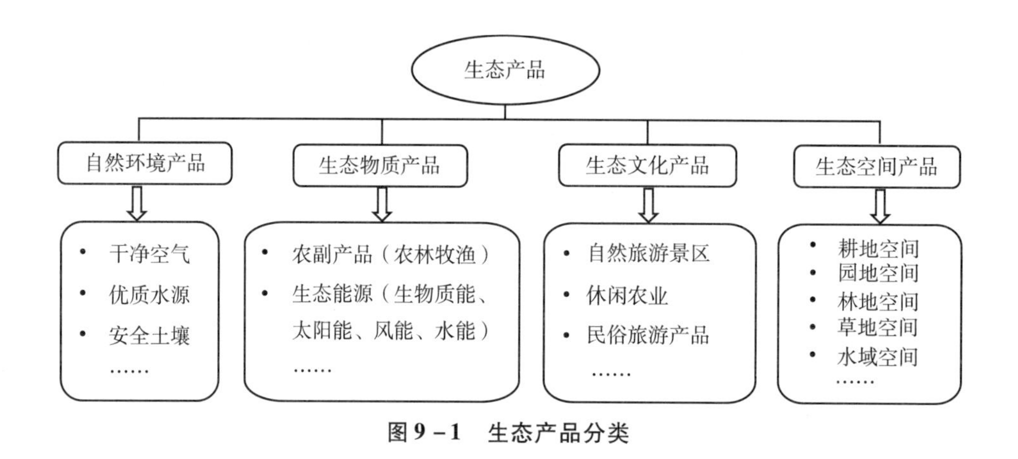

图 9－1　生态产品分类

2. 生态产品特性

生态产品具有区域空间性、公共产品性、外部性和价值性等特性。生态产品产出于生态系统，我国不同地区的自然资源禀赋和生态环境等具有较大差异，不同地域空间的生态资源分布不均，使得生产的生态产品产量种类存在空间差异性。而且，某些生态产品的使用范围具有区域性，其消费空间具有有限性。人们在消费生态产品时不能排除他人对次生态产品的消费，增加和减少消费者数量也不会影响他人消费此生态产品的消费效用，即非排他性，并且也不会影响该生态产品对其他消费者的供应量，即非竞争性。因此，生态产品具有典型的公共产品性。由于生态产品具有公共物品性，人们往往会为了自身利益而过度消费生态产品，造成生态退化等负外部性，出现供给消费的外部不经济，则外部性是导致生态产品供给不足的重要原因之一。生态产品还具有多维度价值，包括使用价值、经济价值与生态价值等。

（二）生态产品供给能力

产品供给是指生产者在某时期内依据市场价格决定向市场提供的产品数量，这是经济学中的供给。在有效市场中，生产者通过市场信号获得产品需求者的经济信息，结合自身供给成本和边际收益平衡边际成本，确定自身最大供给量。生态产品不同于一般产品，如森林产生干净空气后，其被生产以后可直接供给人类消费，将整个社会系统视作市场，生态产品被生产出以后即可视为供给，供给对象为所有民众。因此，本书的生态产品供给是指生态系统通过自身或人类投入劳动与社会资源要素促进生态系统循环恢复，产出生态产品的活动，简单来说，生产即供给。生态产品供给的主体丰富，政府、私人、社会组织或者社区都可以是生态产品供给主体（陈辞，2014），一般来说生态产品供给的官方主体是政府，包括中央和地方各级政府，且各供给主体之间长期存在互相博弈等问题（林黎，2016），社区、私人等为民间主体，供给客体包括消费生态产品的全体民众和企业等组织实体（谷中原，2019）。生态产品供给的主体还可以是整个区域，将生态富集地区视为生态产品的供给主体，生态匮乏地区为供给客体，通过自由贸易和生产要素自由流动，实现生态产品供给的区域均衡（孙庆刚，2015）。

生态产品供给能力是指一定时期内某一区域根据其区域内生态资源条件所能生产的生态产品产量限度。生态产品产自于生态资源要素，供给能力更多地体现于自然生态基础，生态资源种类丰富，生态供给能力强。除自然基础外，人类自身行为也会对生态产品供给产生影响：一方面，当人类不断增加对生态资源的消耗，向自然界产出废物，其消耗产出速度超过生态系统自身修复和消化能力，同时人类对生态环境的破坏导致生态资源等生产要素不断减少，出现生态退化现象，共同作用下对生态环境造成无法恢复的损害，降低生态产品的供给能力；另一方面，人类也可通过一系列规章制度规制人类上述产生消极作用的行为，主动采取科学技术手段和生态整治工程等进行环境治理污染，改善生态，增加生态资源存量，促进生态系统健康循环发展，达到直接或间接供给生态产品的目的。

（三）生态产品供给影响因素

首先生态产品的生产源于自然生态系统，地区本身生态资源禀赋影响产品供给量和供给潜力，经济发展水平不同的地区生态产品需求和生态环境保护程度不同，同时制度法规是否完善、产品价值能否实现转化都会影响生态产品供给。

1. 生态资源禀赋

生态产品产出于生态系统，生态资源是主要生产要素，我国各地区生态资源禀赋差距大，并且不同生态资源供给的生态产品类型不同，这使得区域与区域之间生态产品供给量和种类明显不同。生态资源丰富、种类齐全的地区，如森林、草地等面积占比高的区域，其生态环境自净能力强，生态产品供给能力远远超出生态环境较差地区。

2. 经济发展水平

地区经济发展水平不同使得各地社会发展目标、发展战略不同，经济发展水平差的地区在优先发展经济的目标导向下，容易出现以破坏生态环境为代价发展经济的现象，造成生态破坏，导致生态产品供给减少。而经济发展水平高的地区经济发展模式健康合理，更加追求生态优先发展，地区财政收入较高，有能力开展更多生态治理工程，改善地区生态环境，生态产品供给能力强。同时经济发展水平不同的地区民众对生态产品的需求也有各自偏好，经济发达地区民众对优质生态产品的需求更高。

3. 制度法规保障

当前我国还未明确制定有关生态产品的专项法律法规，相关政策法规多分散在自然资源和生态环境保护的单行法律法规中，对生态产品的供给模式、产权等问题尚未统一，仅在一些地方进行了试验和试点，并且生态破坏导致的生态产品供给能力下降问题约束性较差，规则的不明确和政策的不确定性对供给产生较大影响。

4. 生态产品自身特性

本身的公共产品性和外部性使得产品价值难以量化，其价值难以准确评估，自身价值能否转化为经济价值，生产者和供给者能否得到生产供给生态产品的经济成本回报，会对生态产品生产供给者的行为积极性和生态产品供给效率产生不同影响，进而影响生态产品供给。

二、生态产品价值及供给贡献计量

生态产品供给具有明显的区域差异，一般来说，生态资源丰富、农业资源富集地区的供给贡献大，而生态产品供给区与经济社会发展水平存在空间错配。为此，科学合理地进行生态产品价值核算、供给贡献计量，对于揭示生态产品供给的区域格局、界定生态保护区和生态受益区具有重要意义。

（一）生态产品供给贡献分析框架

供给过程中，各类产品的供给消费都不是单独的过程，其具有区域整体性，需要结合各区域实际情况，根据不同区域和不同类型生态产品，针对性提出不同的生态补偿策略，提升生态产品供给贡献，从区域整体角度实现区域生态产品供需平衡。分析框架见图 9－2。

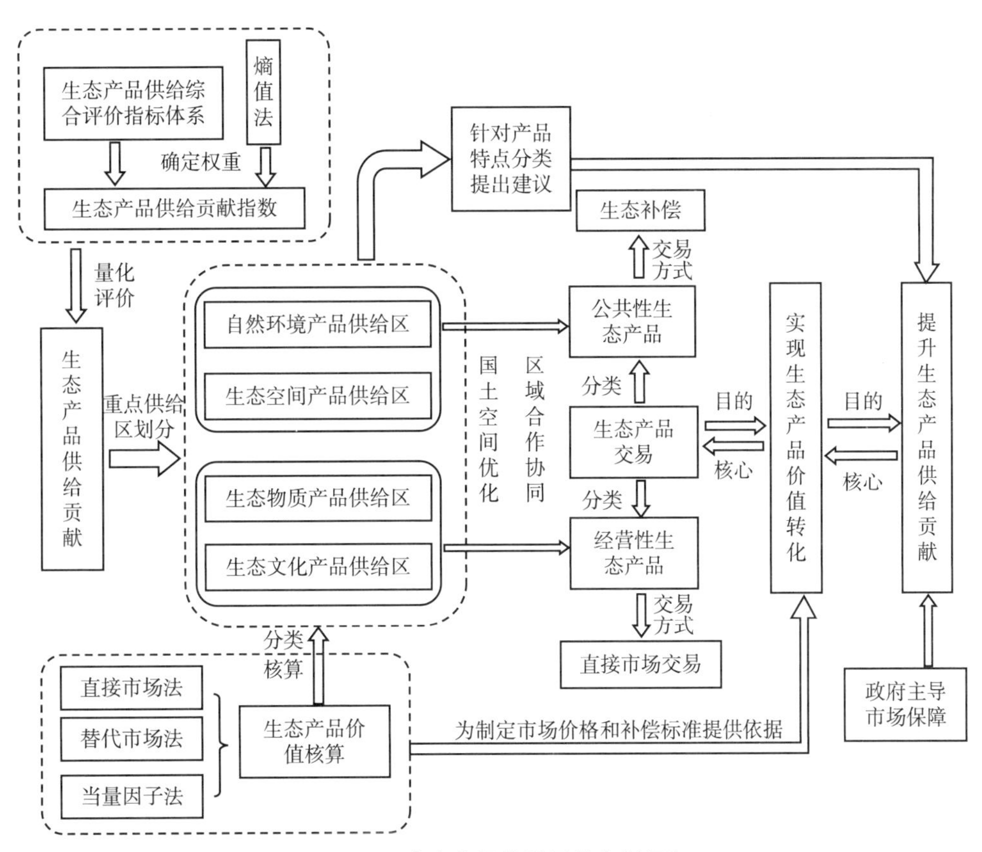

图 9－2　生态产品供给贡献分析框架

在生态产品供给贡献研究上可以以区域为研究整体，区域内部各城市作为子区域，将生态产品供给主体落脚于行政单元，以每个城市作为供给主体。通过构建生态产品供给综合评价指标体系，计算并评价各城市供给贡献指数，研究各城市供给的区域空间分布，目的是寻找不同类型生态产品主要供给区域，结合地区实际，划分不同类型生态产品重要供给区，并针对性提出提升生态产品供给贡献的生态补偿对策建议。不同类型生态产品供给贡献的提升途径和方法不同，如干净空气等生态环境产品要依靠增加绿地面积、减少污染物排放等措施提升产品供给贡献，耕地等生态空间产品需要调整国土空间规划提升产品供给贡献。不同类型的生态产品价值实现方式不同，价值转化的基础和前提是价值核算，需要选择合适的计算方法核算各区域的供给价值，可以对生态产品价值性有更加直观深刻的认知，将生态产品转化为可比较的产品，让民众和社会认识到生态产品的价值所在，进而提高供给的积极性和供给效率，其中跨区域生态补偿是价值实现的重要途径，可将价值核算结果作为生态补偿标准和补偿依据的指导和参考。

（二）生态产品供给贡献计量

计量某个区域供给的贡献指数首先要构建合理的评价指标体系，在指标体系构建时遵循系统性、代表性和指标的可获得性原则，根据不同类别生态产品，选取科学合理的评价指标，运用客观的指标赋权方法，减少人为主观因素影响，保证评价指标体系中各项指标权重的客观准确。

1. 指标体系构建

构建生态产品供给贡献评价指标体系要从生态产品内涵出发，本书参考《“十三五”生态环境保护规划》和国家发布的《绿色发展指标体系》《生态文明建设考核目标体系》等有关生态建设方面的指标体系文件中对评价考核指标的设置，结合已有研究中对生态产品评价指标选择和部分地区 GEP 核算指标（李忠，2020），根据上文生态产品分类筛选指标，构建生态产品供给贡献综合评价指标体系，从生态环境产品、生态物质产品、生态文化产品和生态空间产品四个一级分类分别设置指标（见表 9 - 1）。生态产品供给贡献更主要依赖于自然生态基础状况，人类行为如废水废气处理等影响体现于最终产品的产出数量与质量上，因此在指标选择上主要为自然生态基础指标和最终产品产出指标。

表 9-1　　　　生态产品供给贡献综合评价指标体系

一级分类	二级分类	评价指标	单位	公共性特征
自然环境产品	干净空气	空气达标率	%	公共性
		PM2.5	$\mu g/m^3$	
		PM10	$\mu g/m^3$	
		二氧化硫浓度	$\mu g/m^3$	
		二氧化氮浓度	$\mu g/m^3$	
	优质水源	人均水资源量	m^3/人	
		河流湖泊检测达标比例	%	
	优良土壤	有机质含量	%	
生态物质产品	农副产品	农产品产量	吨	经营性
		林业产品产量	吨	
		畜牧业产品产量	吨	
		渔业产品产量	吨	
	生态能源	生物质能（沼气）	m^3	
		风能	亿千瓦时	
		太阳能	亿千瓦时	
		水能	亿千瓦时	
生态文化产品	旅游产品	自然景区收入	元	经营性
		农业观光园收入	元	
		民俗旅游收入	元	
生态空间产品	农用地空间	耕地面积占比	%	经营性
		园地面积占比	%	
		林地面积占比	%	
		草地面积占比	%	
	水域空间	水域（含湿地）面积占比	%	

（1）自然环境产品。自然环境产品包含优良空气、干净水源和安全土壤三种具体产品。自然环境产品存在整体性和无法分割性，因此从地区整体状况考虑设置指标。空气产品的评价指标选取了国家环境重点监测数据指标，空气达标率越高、PM2.5、PM10、SO_2、NO_2 等空气污染物浓度值越低，表示地区干净空气供给贡献越强。人均水资源量和河流湖泊检测达标比例可代表地区水资源供给状况，河流湖泊检测达标比例按照国家环境监测标准，选取水质量三级以上为达标水质，人均水资源量和达标比例越高，说明地区提供干净水源潜力越大，供给贡献

越高。优良土壤选择有机质含量指标，土壤有机质含量越高，土壤供给质量越好。

（2）生态物质产品。包括农副产品和生态能源，其中农副产品包括农、林、畜、渔产品产量指标，生态能源包括生物质能（沼气）、风能、太阳能和水能等，不同物质产品产量越大，表示地区生态物质产品供给贡献越高。

（3）生态文化产品。包括旅游和健康休养产品，其中评价指标选取自然旅游景区、农业观光园和民俗旅游的门票、配套文化娱乐收入，产品收入越高，表示生态文化产品相对丰富，满足消费的人群数量越多，可说明生态文化产品供给贡献越高。

（4）生态空间产品。主要包括农用地和水域空间。具体评价指标为耕地、园地、林地、草地和水域湿地面积占比，上述地类面积占比越高，提供的包括休憩娱乐、空间载体在内的生态资源承载功能越完善，承载力越强，地区生态空间产品供给贡献越高。

2. 指数计算

计算生态产品供给贡献指数的重点是对指标赋权，目前指标赋权主要分为主观赋权法和客观赋权法，本书选择客观赋权法常用的熵值法确定权重，计算综合指数。熵值法是结合熵值提供的信息值来确定权重的方法，熵值是物理计量单位，指标数据熵值越小，则该项指标指代的信息和效用值越大，最终指标权重赋值越大。可以克服人为主观因素对权重设定的影响，结果更加客观准确，在综合指标评价中被广泛应用（杨宇，2006；朱喜安，2015）。主要计算步骤如下：

（1）指标间量化标准和评价单位存在差异，首先要对评价指标数据进行标准化处理。

当指标为正向指标时，其标准化公式如式（9－1）：

$$x'_{ij} = \frac{x_{ij} - x_j^{\min}}{x_j^{\max} - x_j^{\min}} \tag{9-1}$$

当指标为负向指标时，其标准化公式如式（9－2）：

$$x'_{ij} = \frac{x_j^{\max} - x_{ij}}{x_j^{\max} - x_j^{\min}} \tag{9-2}$$

其中，i 为二级分类，j 为二级分类后的评价指标，x'_{ij}为第 j 个评价指标的标准化数值，x_{ij}为评价指标具体数值，$x_{ij}^{\max}$、$x_{ij}^{\min}$分别为各地区相对应指标的最大值、最小值。

消除负值影响：

$$x''_{ij} = H + x'_{ij} \tag{9-3}$$

H 为指标平移幅度，一般取 1。

（2）利用比重法对数据进行无量纲化：

$$y_{ij} = \frac{x''_{ij}}{\sum_{i=1}^{n} x''_{ij}} \tag{9-4}$$

（3）熵值法确定评价指标权重

计算第 j 个指标的熵值：

$$e_j = -\frac{1}{\ln n}\sum_{i=1}^{n} y_{ij}\ln y_{ij} \tag{9-5}$$

第 j 个指标的差异系数如下：

$$g_j = 1 - e_j,\ j = 1,\ 2,\ \cdots,\ p \tag{9-6}$$

第 j 个指标的权重：

$$\omega_j = \frac{g_j}{\sum_{j=1}^{p} g_j},\ j = 1,\ 2,\ \cdots,\ p \tag{9-7}$$

具体评价指标权重计算得出后，分别加总二级分类和一级分类指标权重。

（4）综合评价指数计算

利用标准化的数据与权重相乘得到综合指数：

（为方便结果分析，将评价指数结果乘 100）

$$Z_i = \sum_{j=1}^{p} \omega_j x'_{ij} \times 100 \tag{9-8}$$

（三）生态产品价值核算

对于生态产品，应首先选择市场价值法，更能反映产品的市场价值，其中直接市场法以市场价格和交易量核算产品价值；替代市场法是采用某种替代技术来估算不易计量的产品价值；模拟市场法是预设该产品市场，基于消费者在一定价格下的意愿对产品价值进行评估。一般来说，上述三类市场法准确性依次降低（曾贤刚，2019）。在选择计算方法过程中，不仅要考虑方法自身特点，还要考虑方法的可操作性、经费时间的许可性和数据资料的可获得性，一些方法需要基础数据资料较多，运算过程复杂，操作难度较大，本书结合已有研究，根据生态产品分类，选择可操作性较高、能公开获得数据资料的计算方法，分别核算各类生态产品供给价值，具体方法如下：运用直接市场法核算供给水源价值、生态物质产品价值和生态文化产品价值；运用替代市场法中的健康效益法核算干净空气价值；运用当量因子法计算生态空间产品价值和安全土壤价值。

1. 自然环境产品价值核算

（1）干净空气价值核算。空气中含有多种危害人类身体健康的污染因子，首要污染物为PM2.5，与人体健康关系最为显著（黄德生，2013）。本书采用环境健康风险评估方法核算干净空气价值，环境健康风险评估方法是将空气中PM2.5浓度变化对人类造成的健康经济损失进行货币化的一种价值评估方法。干净空气可减少人类疾病，本书通过各地区年均PM2.5浓度下降或增加到$35\mu g/m^3$［国家《环境空气质量标准》（GB 3095—2012）中设定优良空气标准为PM2.5年均浓度小于$35\mu g/m^3$］时，增加或减少的健康效益损失价值核算干净空气价值。低于该浓度的地区空气为干净空气，对人类健康效益有促进作用，空气价值为正值；高于该浓度的地区空气危害人类健康效益，其空气价值为负值。具体计算公式如下：

$$E = e^{\beta \times (C - C_0)} \times E_0 \qquad (9-9)$$

$$\Delta I = P \times (E - E_0) = P \times E \times \left[1 - \frac{1}{e^{\beta \times (C - C_0)}}\right] \qquad (9-10)$$

健康效应经济核算：

$$VOSL = VOSL_{BJ} \times \frac{I_n}{I_{BJ}} \times e \qquad (9-11)$$

$$C_i = (CP_i + GDP_{di} \times T_{Li}) \times \Delta I_i \qquad (9-12)$$

$$CAV = VOSL + C_i \qquad (9-13)$$

式中，E为健康效应值，β为暴露—反应关系系数，C为PM2.5实际浓度，C_0为PM2.5标准浓度，E和E_0分别为C与C_0浓度下人群基准死亡率或疾病发病率，ΔI为健康效应变化量，$E - E_0$为上升或下降的死亡率，P为暴露人口数量。$VOSL$为统计学意义上的生命价值（社会愿意为降低一定死亡风险或防止社会成员过早死亡而愿意付出的经济价值），$VOSL_{BJ}$为北京$VOSL$价值，I_n和I_{BJ}分别为城市n与北京人均可支配收入，e为收入弹性，一般取1；C_i为健康终端I变化导致的疾病总成本，CP_i为单位病例疾病成本，GDP_d为各城市人均每日国内生产总值，T为因相关疾病导致的误工时间天数。疾病成本法中的慢性支气管炎患病时间难以确定时间界限，其经济损失按$VOSL$的32%计算（黄德生，2013）。CAV为健康效益价值。

（2）优质水源价值核算。运用市场价值法，依据地区城市统计年鉴和水资源公报给出的用水量和供水量，核算地区当年供给水资源价值，包括农业用水价值、工业用水价值和生活用水价值。公式如下：

$$CWV = \sum (W_i \times P_i) \qquad (9-14)$$

式中，W_i 代表 i 类用途（农业、工业和生活用水）用水量，P_i 代表 i 类用途用水单价。

（3）安全土壤价值核算。由于运用土地生态系统保持土壤肥力和减轻泥沙淤积功效计算土壤价值所需数据获取较为复杂，计算操作过程难度较大，许多研究者不具备所需研究资料，本书使用当量因子法计算的土壤保持服务价值等价于安全土壤价值。此处公式省略，在下文计算生态空间产品价值时增加计算保持土壤服务价值，等价于安全土壤价值 SSV。

根据上述自然环境产品中二级分类产品价值核算，最后加总得到自然环境产品价值 NPV。公式如下：

$$NPV = CAV + CWV + SSV \tag{9-15}$$

2. 生态物质产品核算

生态物质产品包含农副产品和生态能源，该类产品在相关统计年鉴中已给出产品产值，更能体现产品的市场价值，因此运用直接市场估算法，引用相关统计年鉴中农副产品和生态能源的产值为生态物质产品价值。公式如下：

$$EPV = \sum PV_i + \sum EV_j \tag{9-16}$$

式中，EPV 代表生态物质产品价值，PV_i 代表第 i 类农副产品产值（农林、畜牧、渔产品产值），EV_j 为第 j 类生态能源产值（生物质能、风能、太阳能和水能）。

3. 生态文化产品价值核算

生态文化产品的价值主要来源于生态系统的景观文化功能，人类通过合理开发利用建成自然景区，开展农业观光和民俗旅游。本书以各地区相关统计年鉴和公开数据中的自然景区旅游收入、农业观光收入和民俗旅游收入的总和计算生态文化产品价值，其中以旅游总收入的 70% 占比计算自然景区旅游收入（马国霞，2017）。公式如下：

$$ECV = TR \times 70\% + CR + FTR \tag{9-17}$$

式中，ECV 代表生态文化产品价值，TR 代表旅游总收入，CR 代表农业观光收入，FTR 代表民俗旅游收入。

4. 生态空间产品价值核算

生态空间产品价值主要体现为不同用地类型及其所形成的不同生态系统产生的生态调节服务和承载价值，本书根据目前运用较为广泛的当量因子法，参考谢高地等（2015）研究成果，避免重复计算产品机制，剔除其中供给服务和文化服务功能，计算生态系统服务价值中的气体调节、气候调节、净化环境、水文调节和生物多样性价值。公式如下：

$$ESV = \sum (V_K \times A_k) \tag{9-18}$$

$$V_a = \frac{1}{7} \times \frac{S}{A} \tag{9-19}$$

$$V_k = V_a \times F_{kf} \tag{9-20}$$

式中，ESV 代表整理后的生态空间产品价值，V_k 为不同类型土地单位面积生态系统服务价值系数，A_k 代表不同土地利用类型面积；V_a 代表一个当量因子价值，S 代表农作物经济总价值，A 代表农作物播种面积；F_{kf} 为 k 类土地利用类型 f 类生态服务功能的当量因子。

5. 生态产品总价值

根据上述各类生态产品价值，最后加总确定生态产品总价值。公式如下：

$$ETV = NPV + ESV + EPV + ECV \tag{9-21}$$

式中，ETV 代表生态产品总价值。

三、京津冀生态产品供给贡献区域格局

京津冀协同发展作为国家重大战略，以疏解北京非首都功能为核心，调整区域经济结构和空间结构，推动京津冀城市群整体协同发展。如何努力实现京津冀地区优势互补、良性互动、共赢发展是重要命题，构建经济、社会、生态、环境协调发展格局是重要基础。因此，揭示京津冀生态产品供给贡献及其区域格局，对于促进京津冀生态产品供给能力提升、健全京津冀生态保护补偿机制，以及推动京津冀协同发展具有重要意义。

（一）京津冀生态产品供给资源本底

京津冀区域经济发展差异大，生态环境问题凸显，生态产品供给不足，京津冀生态产品供给能力提升问题备受关注。京津冀地区人口密度空间分异大，经济社会发展水平的区域差异显著，行政区划和管辖权限相互分割，生态系统完整性受到行政分割制约，生态产品供给的地区之间矛盾及其均衡性和持续性问题比较突出。客观认识生态经济及其区域差异，是生态产品供给能力提升、生态保护补

偿等研究及政策制定的重要前提。

1. 生态资源分布

京津冀地貌类型丰富，区域内部包括山地、高原、丘陵、盆地和平原等多种地形，山地和高原主要分布于西部的太行山区、北部的燕山山区和西北的张北高原，中部和东南以平原为主，丘陵多分布在西北部山脉内侧，东临渤海，地势由西北向东南逐渐降低。植被表现为明显地带性，西北高原地区以草本植物和草原为主，盆地地区主要为森林和灌木丛，中部和东南部平原主要以人工植被和耕作植物为主。三地生态资源分布如表9-2所示。

表9-2　京津冀地区2018年生态资源分布

地区	生态用地资源（万公顷）	人均生态用地面积（公顷）	水资源（亿立方米）	人均水资源量（立方米）	耕地资源（万公顷）	人均耕地（公顷）
北京	101	0.047	35.5	164.6	21.3	0.01
天津	27.4	0.018	17.6	112.72	35.4	0.02
河北	1046	0.138	166.2	219.96	652.4	0.09

京津冀地区生态资源种类虽然较多，但空间分布极不均匀，作为京津生态屏障的河北省是京津冀地区重要的生态资源和生态产品供给方，在生态资源和生态用地分布上，西部和北部山地林地资源和水资源丰富，西北部的张北高原则集中了大量草地资源，中部和东南部平原地区耕地资源分布较多，水域湿地则主要分布在环渤海地区城市和保定白洋淀地区。

2. 农产品供给分布

京津冀地区农产品生产要素分布差异较大，北京和天津城市发展以第三产业为主，人口数量巨大而耕地资源较少，农产品供给长期依靠河北和外地输入，河北省是我国农产品重要生产省份，耕地资源位居全国前列，农业劳动力成本和生产成本远低于北京和天津，在农业生产和农产品供给方面具有明显优势，一直以来都承担着北京和天津的主要农产品供给任务。在具体农产品供给分布上，根据2018年三地农业统计年鉴数据，粮油和蔬菜水果等农产品供给主要来自唐山、石家庄、保定和邯郸等河北城市，畜牧业产品供给也主要来自上述城市，林业产品供给主要来自北京、张家口和保定，渔业产品供给主要来自唐山、天津、秦皇岛和沧州等环渤海地区城市。京津冀地区人口量大，北京和天津农产品大部分依靠外部区域供给，近年来，河北省不断调整农产品生产结构，优化布局，在主体功能规划中明确了燕山山前平原、太行山山前平原和黑龙港低平原三大农业区，重点生产小麦、玉米、畜牧业和经济林果等农产品，为三地加快农产品供给合作打下了坚实基础。

3. 生态与经济空间协调性

京津冀地区生态环境状况与三地经济发展水平具有较强的空间不协调性，承担大量生态环境保护和生态产品供给任务的河北省各城市经济发展水平与北京、天津差距明显，并且差距在逐渐拉大，增大了京津冀各地生态与经济空间的不协调性。京津冀三地在生态保护方面的任务不同，国家主体功能区划分涉及北京、天津和河北的生态涵养区与限制开发区不同，其中涉及河北的区域面积是北京的8倍、天津的30倍，相比于北京、天津，河北在生态保护方面的任务和压力更重。北京市产业结构合理，天津市和河北省第二产业占比高，且工业主要集中在钢铁、化工等对环境污染较重的行业，对生态资源消耗的破坏性较强，面临的生态保护任务重。河北省生态资源相对丰富，主要分布在西部山区和西北部地区，而这些生态资源丰富的地区往往是经济发展更为滞后的地区，一方面是这些地区发展受自然环境影响较大，部分地区如西部太行山区、北京的密云与房山等地，生态较为脆弱，导致自然灾害频发，对作为地区主导产业的农业产生影响；另一方面是这些地区经济发展受限于生态环境保护，产业发展受阻，导致社会经济水平较差，如生态涵养区和限制开发区对农业生产和工业产业严格限制发展，使得地区生态压力和经济压力增加，也在一定程度上造成了环京贫困带的出现，并且生态保护地区居民收入相对其他地区较低，这些区域因保护环境而错过或是放弃经济发展机遇，对地区居民就业和政府财政收入产生影响。

（二）京津冀生态产品供给贡献指数

京津冀地区生态产品供给综合评价，以北京、天津两市及河北省地级市为研究对象区域，河北省地级市包括石家庄、承德、张家口、秦皇岛、唐山、廊坊、保定、沧州、衡水、邢台和邯郸市。研究数据均来源于相关统计年鉴、地方公报和政府网站发布数据。自然环境产品中，干净空气各项数据来源于北京市、天津市和河北地级市2018年环境统计公报；价值核算数据来源于中国卫生统计年鉴和各地区统计年鉴；人均水资源量数据来源于2019年中国城市建设统计年鉴；河流湖泊监测达标数据来自各地2018年水资源公报，监测达标为三级以上水质。生态物质产品指标数据来源于各地区2019年统计年鉴和农村统计年鉴。生态空间产品中，土地利用类型来源于土地利用变更调查数据。生态文化产品中旅游收入数据来源于各地2019年统计年鉴和文化旅游公报，见表9-3。

表9-3　　　　数据来源一览

统计数据	数据来源
干净空气数据	三地2018年生态环境统计公报、三地2019年统计年鉴
优质水源数据	2019年中国城市建设统计年鉴、三地2018年水资源公报
生态物质产品数据	三地2019年统计年鉴、2019年农村统计年鉴
生态文化产品数据	三地2019年统计年鉴、2019年文化旅游公报
生态空间产品数据	三地2019年统计年鉴、土地利用变更调查数据
生态产品价值核算数据	三地2019年统计年鉴、农村统计年鉴、2019年中国卫生统计年鉴、各地政府官方网站查询数据

1. 生态产品供给贡献评价指标权重

在生态产品综合评价指标体系基础上，结合京津冀地区实际，对评价指标进行了适当更改和删减。自然环境产品中，京津冀土壤有机质含量未有公开数据，选择土壤价值进行替代。生态物质产品评价指标中删掉生态能源指标，当前京津冀地区生态能源分布不均，还未成规模的开发利用生态能源产品，且相关统计数据难以搜集，因此暂不评价生态能源产品。生态文化产品中，京津冀地区农业休闲产业发展不均衡，北京市都市农业发展较为迅速，相关产业已经体系化，农业休闲相关数据较为完整，天津和河北地区依附农业休闲观光等发展不够规模化，尚未统计农业休闲收入等相关数据，因此删除掉该指标。调整后的京津冀地区生态产品供给贡献评价指标体系见表9-4，根据式（9-1）至式（9-7）计算得到生态产品总权重为1，四个一级分类权重分别为自然环境产品（0.3424）、生态物质产品（0.2804）、生态文化产品（0.1125）、生态空间产品（0.2647）。指标属性中PM2.5、PM10、SO_2浓度和NO_2浓度为负向，其余指标属性均为正向。

表9-4　　　　京津冀生态产品供给能力评价指标体系

一级分类	二级分类	评价指标	指标权重	指标属性
自然环境产品	干净空气	空气达标率（%）	0.0414	正向
		PM2.5（$\mu g/m^3$）	0.0406	负向
		PM10（$\mu g/m^3$）	0.0346	负向
		SO_2浓度（$\mu g/m^3$）	0.0174	负向
		NO_2浓度（$\mu g/m^3$）	0.0256	负向

续表

一级分类	二级分类	评价指标	指标权重	指标属性
自然环境产品	优质水源	人均水资源量（立方米）	0.0711	正向
		河流湖泊监测达标比例（三级以上）（%）	0.0344	正向
	安全土壤	安全土壤价值（亿元）	0.0773	正向
生态物质产品	农副产品	农产品（吨）	0.0255	正向
		林业产品（吨）	0.1012	正向
		畜牧业产品（吨）	0.0399	正向
		渔业产品（吨）	0.1139	正向
生态文化产品	旅游休闲产品	自然景区游览收入（亿元）	0.0703	正向
		自然景区文化娱乐收入（亿元）	0.0422	正向
生态空间产品	农用地空间	耕地面积占比（%）	0.0257	正向
		园地面积占比（%）	0.0367	正向
		林地面积占比（%）	0.0644	正向
		草地面积占比（%）	0.0643	正向
	水域空间	水域（含湿地）面积占比（%）	0.0736	正向

2. 生态产品供给贡献指数结果

基于2018年京津冀地区城市数据资料，对京津冀13个城市生态产品供给贡献指数进行了计算，得出京津冀地区生态产品供给贡献指数结果，见表9－5。

表9－5　京津冀2018年生态产品供给贡献指数

排名	城市	生态产品供给能力指数	自然环境产品指数	生态物质产品指数	生态文化产品指数	生态空间产品指数
1	承德	49.83	31.97	3.85	2.38	11.63
2	张家口	47.34	25.93	7.69	2.39	11.33
3	北京	46.36	15.7	10.86	9.81	9.99
4	秦皇岛	43.07	18.77	7.33	2.24	14.73
5	唐山	39.28	8.81	18.23	1.96	10.29
6	天津	39.14	10.59	9.86	9.38	9.31
7	保定	26.76	7.63	9.11	3.47	6.54
8	石家庄	24.26	5.48	7.66	3.71	7.41
9	沧州	20.30	6.46	7.4	0.12	6.33

续表

排名	城市	生态产品供给能力指数	自然环境产品指数	生态物质产品指数	生态文化产品指数	生态空间产品指数
10	邯郸	17.63	5.09	5.99	2.18	4.37
11	廊坊	15.54	9.24	1.28	0.99	4.03
12	衡水	14.39	7.44	2.04	0.01	4.9
13	邢台	13.14	3.67	3.02	0.44	6.01

京津冀地区各城市生态产品供给贡献指数平均值为30.54，地区整体生态产品供给贡献偏低，指数最高值为承德的49.83，最低值为邢台，其综合指数仅为13.14，极差达36.69，各城市生态产品供给贡献差异明显。根据指数排名，承德、张家口、北京和秦皇岛排在前列，生态产品供给贡献强于京津冀其他地区，邢台、衡水、廊坊和邯郸供给贡献指数低于20，生态产品供给贡献处在京津冀地区末位，供给较差。在各类生态产品对生态产品供给贡献率方面，不同地区的不同类型生态产品供给对地区生态产品供给贡献率存在明显差异，说明每个城市内部主要供给的生态产品类型不同。

将各城市不同类型产品指数与京津冀均值比较，若高于均值则该类型生态产品供给贡献在京津冀地区较强。自然环境产品供给贡献较强的城市为承德、张家口、秦皇岛和北京。生态物质产品供给贡献占优的城市为唐山、北京、天津、保定、张家口、石家庄、沧州和秦皇岛，其中北京市和天津市生态物质产品供给贡献指数较高的原因是京津冀地区林业产品和渔业产品供给量各城市差异较大，根据熵值法原理，数据差异越大，效用值越大，权重越高，林业和渔业产品权重较高，北京在林业产品、天津在渔业产品供给上较为优异，所以两个城市最终的生态物质产品指数高。北京、天津、保定和石家庄生态文化产品供给贡献高于京津冀其他城市。生态空间产品供给贡献较高的城市有秦皇岛、承德、张家口、唐山、北京和天津。

3. 生态产品供给贡献分区

根据指数计算结果，对京津冀地区13个城市生态产品供给贡献进行横向比较，按照指数数值大小由高到低分别划分为生态产品供给趋强区、供给中等区、供给薄弱区（见表9-6）。承德、张家口、北京和秦皇岛属于供给趋强区，生态产品综合供给贡献较高。供给中等区包含唐山、天津、保定、石家庄和沧州，这些城市生态产品整体供给贡献一般，但在某类生态产品供给上贡献较高，唐山、保定和沧州生态物质产品供给贡献排在京津冀地区前列，天津和石家庄生态文化产品供给贡献在京津冀地区占优。邯郸、廊坊、衡水和邢台属于供给薄弱区，生态产品供给贡献差。

表9－6　　京津冀2018年生态产品供给贡献分区城市

供给贡献分区	包含城市
供给趋强区	承德、张家口、北京、秦皇岛
供给中等区	唐山、天津、保定、石家庄、沧州
供给薄弱区	邯郸、廊坊、衡水、邢台

京津冀地区生态产品供给贡献与地区自然生态基础紧密相连，京津冀地区生态基础和资源量自西北向东南逐渐减小，生态产品供给贡献差异也符合生态资源变化趋势，由西北向东南和南部逐渐降低，承德、张家口、北京和秦皇岛等生态产品供给贡献高的城市主要位于京津冀北部地区，供给贡献较差的城市如衡水、邢台和邯郸集中位于京津冀地区中南部。廊坊是重要的非首都功能承接区，其城市发展过程中建设用地需求旺盛，生态用地较少，地区生态本底较差，导致其生态产品供给贡献明显低于周边城市。可以看出京津冀地区生态产品供给呈现出一定的空间相关性，地区之间生态环境状况相互关联、相互影响，体现了生态系统的整体性和系统性，也证明了生态产品的区域空间特性。

（三）京津冀生态产品价值核算

1. 生态产品核算过程

根据式（9－9）至式（9－21），核算京津冀2018年生态产品价值[①]。对天津市和河北省11个地级市的干净空气价值运用效益转换方法计算，暴露－反应系数值见表9－7。健康终点选取非意外总死亡、呼吸疾病住院人数、循环系统疾病住院人数和老年慢性支气管疾病住院人数。核算生态空间产品价值，对当量因子表进行调整删减和修正，参考修正当量因子常用的粮食产量修正法，用京津冀地区单位面积粮食产量/全国单位面积粮食产量求得修正系数，见表9－8。

① 各地不同类别水价来源于该地区政府和发改委网站查询。农业水价目前全国各地并无明确定价，以2018年国家发改委发布的关于2017年度农业水价综合改革工作绩效评价有关情况的通报中全成本水平试点地区山东省农业水价0.41元/立方米（达到运行维护成本）和河南省均价0.5元为计算依据，取均值0.46元/立方米。https://www.ndrc.gov.cn/xxgk/zcfb/tz/201809/t20180929_962284.html；根据国家公布数据，2018年人民币兑换美元平均汇率为6.6174，收入数据来源于各地区统计年鉴和国民经济和社会发展统计公报，统计数据中包含国内旅游收入和国外游客收入，外汇收入按照汇率折算为人民币。

表 9-7　暴露-反应系数值

健康终点	*VOSL*	β（95% 置信区间）
非意外总死亡	185.49 万	0.0067
呼吸疾病住院	1.09 万	0.00109
循环疾病住院	0.61 万	0.00068
老年慢性支气管疾病住院	0.32 万	0.01009

表 9-8　京津冀地区当量因子表

整理后京津冀当量因子表（修正后）							
		耕地	园地	林地	草地	水域湿地	未利用地
调节服务	气体调节	0.85	1.48	1.81	1.15	1.27	0.07
	气候调节	0.45	4.23	5.42	3.03	2.80	0.05
	净化环境	0.13	1.29	1.59	1.00	4.35	0.20
	水文调节	1.43	2.89	3.55	2.22	60.08	0.11
支持服务	生物多样性	0.16	1.64	2.01	1.27	4.95	0.07
	总计	3.01	11.53	14.39	8.67	73.45	0.49
	土壤保持	0.49	1.81	2.20	1.40	1.54	0.08

注：园地因子根据其植被覆盖度与生物量取林地草地平均值，水域湿地未包含冰川积雪，不计算建设用地。

2. 生态产品核算结果

经核算得到京津冀各城市 2018 年生态产品价值，见表 9-9。自然环境产品中干净空气价值除了张家口和承德，其他地区均为负值，这是因为根据国家公布的环境质量标准，2018 年京津冀地区只有张家口和承德 PM2.5 浓度低于国家空气健康标准 35μg/m^3，其他城市均高于该标准。张家口和承德空气质量达标，可视为干净空气，根据健康效益损失法，得到张家口和承德 PM2.5 浓度与国家标准差值的潜在健康效益。其他地区 PM2.5 浓度均高于国家标准，对人体健康有害。北京市和天津市空气环境近年来经过治理持续改善，在京津冀地区环境状况良好，但两大城市人口基数大，根据计算，求得健康经济损失最高，分别为 -564.87 亿元和 -319.48 亿元。

表9－9　　京津冀2018年生态产品价值　　单位：亿元

城市	自然环境产品			生态物质产品				生态文化产品	生态空间产品
	干净空气	优质水源	安全土壤	农产品	林业产品	畜牧业产品	渔业产品		
北京	－564.87	124.46	38.07	114.70	95.10	72.00	6.10	441.20	311.96
天津	－319.48	46.89	12.12	197.21	12.73	95.76	71.13	385.76	286.50
石家庄	－177.39	27.07	21.34	324.92	21.13	256.19	2.87	157.21	187.69
承德	23.43	5.90	118.90	230.88	21.67	121.86	0.63	108.19	844.26
张家口	36.94	5.52	82.56	179.94	55.99	134.92	1.42	108.34	608.11
秦皇岛	－23.99	8.90	17.03	142.49	10.38	134.93	48.69	102.86	145.39
唐山	－138.83	9.96	18.76	377.95	10.63	262.91	102.22	92.54	284.91
廊坊	－62.59	6.76	6.05	209.72	8.02	65.60	3.88	56.74	56.18
保定	－141.12	16.32	28.24	371.99	28.50	246.03	5.93	148.29	263.27
沧州	－91.50	8.52	13.31	243.79	9.69	136.07	41.04	24.77	178.34
衡水	－45.08	6.83	8.40	226.61	9.44	102.77	0.94	20.43	83.05
邢台	－90.55	9.73	15.60	299.90	9.93	114.61	0.78	36.64	136.12
邯郸	－133.20	16.68	13.42	308.89	14.63	215.62	3.38	100.62	114.56

京津冀不同城市生态产品供给贡献不同，各城市生态产品价值量和构成具有区域差异。除去干净空气价值，生态产品价值量最高的三个城市是承德1452.29亿元、北京1203.59亿元和张家口1176.8亿元，排在后三位的城市是秦皇岛610.67亿元、衡水458.47亿元和廊坊412.95亿元，承德生态产品价值量是廊坊的3.52倍（见图9－3）。各类生态产品价值方面，自然环境产品价值量高的地区有北京、承德和张家口。生态物质产品价值量高的地区有唐山、保定、石家庄和邯郸。生态文化产品价值量高的地区有北京市和天津市，两地同京津冀其他城市的生态产品价值量差距明显。承德、张家口和北京生态空间产品价值量高。

为了更好地显化生态产品价值性，反映生态产品价值转化对社会经济发展的支撑作用，将京津冀各城市生态产品价值（空气价值各城市多为负值，暂不包含空气价值）与地区GDP进行比较，可以看出北京和天津GDP总量大，生态产品价值比较结果偏低，河北省各城市生态产品价值较地区GDP比重较大，尤其是承德和张家口表现最为明显，比重分别高达98.03%和76.58%，各城市生态产品价值与GDP比较见图9－3。此外，承德和张家口存在区域生态产品价值差异大和地区社会经济发展水平不平衡问题，2018年承德和张家口生态产品价值量巨大，城市社会经济水平发展较差，地区GDP排在京津冀城市末位，应重点推进生态产品价值转化，发挥生态效益，助推地区经济发展。

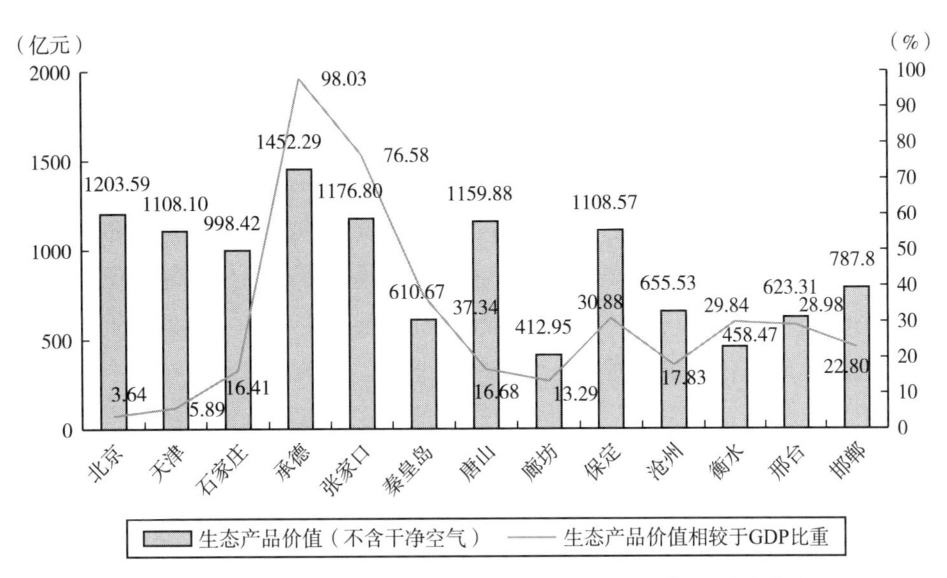

图 9－3 京津冀 2018 年生态产品（未包含干净空气）供给价值

（四）京津冀生态产品供给能力影响因素

1. 自然生态基础

自然生态基础是影响京津冀生态产品供给能力的主要因素，作为生态产品主要生产资料，各城市生态资源量和自然生态禀赋直接影响生态产品供给能力，使得河北省中部和南部城市生态产品供给能力明显不足。京津冀地区生态产品供给能力差异在空间分布上与各城市所在区域自然生态基础具有明显的一致性。京津冀地貌地形分区明显，地势整体自西北向东南倾斜下降，西北部为太行燕山山系，绿地（林地和草地）是供给干净空气、安全土壤和林业畜牧业等生态产品的生产资料，以绿地为例，张家口、承德、北京西部和北部地区多为高原山地，林地草地占比高，其中北京为 50.37%，承德为 79.61%，张家口为 58.66%，秦皇岛为 67.51%[①]，区域内绿地面积占比均高于 50%，这些地区相关生态产品供给能力明显高于京津冀其他地区。京津冀是我国水资源短缺区域，区域内部而言，承德、秦皇岛、张家口和唐山等地区人均水资源量处在区域前列，邯郸和衡水人均水资源量最低，水域湿地主要分布在天津、唐山、秦皇岛、沧州等环渤海

① 注：绿地面积占比 =（林地面积 + 草地面积）/行政区域总面积。

区域和北京、保定。京津冀中部和南部地区为平原区，是我国农产品重要生产区，耕地园地占比高，石家庄、邢台、衡水和邯郸等中部和南部平原区生态空间结构合理性较差，尤其是林地、草地和水域湿地等空间类型占比较小，地区绿地覆盖率较低，林地和草地资源匮乏，主要以人工林植被为主，生态资源禀赋差。

2. 政策规划与行政管辖影响

国家发布的京津冀协同发展规划纲要对京津冀地区生态协同治理和产业发展做出了具体规定，之后国家又陆续制定了京津冀地区专项的生态环境保护和土地利用规划，相较于我国其他区域更大的行政和发展自主权，一系列政策规划的出台使得京津冀地区各自权限受到一定影响，北京、天津和河北要在统一协调发展的前提下制定各自发展规划。不同规划内容的制定会影响生态产品供给能力，例如根据《全国主体功能区规划》和上述京津冀地区相关规划，张家口和承德属于生态涵养区，城市功能定位为首都主要的生态保护屏障区，生态空间产品供给类型结构合理，地区空气、水资源和土壤等自然环境产品供给能力显著高于其他地区，河北省是我国重要的农产品生产省份，根据规划要求，唐山、保定和石家庄等地为农产品重要供给区，基本农田和耕地园地等地类占比高，可以供给更多的农产品等生态物质产品。

生态系统的跨域性和流动性使得每个区域生态产品在供给上并不是单独存在的，空气、水源等生态产品的供给在区域上相互连通，是整体性问题，在现行行政体系下，北京、天津和河北为互相平行的行政单元，分别对各自区域行使管辖权，在京津冀协同发展战略指导下，三地在产业、交通和生态领域形成了统一，但在生态产品供给方面还存在生态治理碎片化和一定的各自为政问题，需要进一步加强三地的统筹协调供给。

3. 社会经济基础

社会经济基础对京津冀生态产品供给具有重要影响，主要表现在以下方面：第一，产业结构。第二产业比重严重影响着地区生态环境质量，进而对生态产品供给能力产生影响，工业在三种产业中对生态资源消耗多，对生态环境损害大，对生态产品供给能力的影响直接表现在干净空气方面，2018 年，生态环境部公布的全国城市空气质量排名，保定、邯郸、唐山、邢台和石家庄排在最后 10 位，5 个城市均属于典型的工业型城市，目前正处在产业结构和经济发展转型阶段，第二产业占比较高，唐山和邯郸 2018 年第二产业占比为京津冀地区前两名，保定和邢台占比均超过 40%，相比而言，承德、张家口、北京和秦皇岛等生态产品供给能力强的地区，均以第一或第三产业为地方主导产业，地区发展对生态资源和自然要素依赖及对生态环境产生的作用较小，直接或间接提升了生态产品供给能力。

第二，地区发展目标和自身定位。京津冀不同城市对自身发展目标和定位不同，如 2018 年北京、天津城镇人口占比分别为 86.5% 和 83.15%，河北省仅为 56.43%，北京和天津对自身农业发展模式定位为都市休闲农业和设施现代农业，农业观光和民俗休闲等生态文化产品供给能力强，农副产品供给能力低，而河北省定位为农业大省，农业发展以传统农牧型农业模式为主，唐山、保定、石家庄和邯郸等地为河北粮食主产区，农产品供给能力强，张家口和承德则主要供给畜牧业产品和林业产品。其他地区如廊坊是重要的非首都功能疏解承接城市，建设用地规模大，压缩了其他生态空间产品供给，生态本底较差，导致生态产品供给能力明显不足；秦皇岛是我国著名的旅游城市和滨海宜居城市，各种生态空间分布合理；承德和张家口主体为生态涵养区和限制开发区，其生态治理与生态环境保护工作是当地长期而又重要的发展目标。

第三，经济发展水平。社会经济发展越好的地区居民对优质生态产品的需求越高，在需求推动下，政府有责任和动力提升生态环境质量，增加优质生态产品供给。如北京和天津经济发展水平高于河北，通过对口援助等方式进行生态保护补偿，提高了自身区域生态产品供给能力，而邢台、衡水等地经济发展水平相对落后，某些地区还存在以环境代价换经济发展的问题。经济发展水平越好，地方财政收入越高，政府有资金进行生态修复和环境治理，进而供给能力进一步提升。此外，生态文化产品供给能力受经济发展水平影响较大，除自身景区数量等基础差异外，京津冀地区生态文化供给能力最为突出的北京和天津，景区文娱设施和住宿餐饮配套条件齐全，交通基础设施完备，游客数量增多，消费随之增多，反哺地区经济发展，形成良性循环。

四、促进生态产品供给能力提升的生态保护补偿建议

生态产品供给不足越来越成为人们关注的重要问题，由于生态产品自身产品特性，其供给积极性和供给效率亟待提升，生态产品供给具有系统性整体性，传统意义上依靠地区单独实现生态产品供需平衡的目标已无法实现，因此各地区应在区域协调基础上进行区域分工，合作供给生态产品。通过完善生态产品补贴性补偿模式，健全生态产品交易性补偿政策制度，加快实现生态产品价值转化，提高生态产品供给积极性和供给效率，最终达到增加生态产品供给的目的。

（一）推进国土空间优化，分区实施生态保护补偿

当前各地区生态产品供给的系统性整体性与区域行政分割的矛盾依然存在，不同地区各主体因经济发展水平差异对优质生态产品的需求存在一定差异，同时根据国家主体功能区划分，各城市主体功能定位不同，作为生态产品生产基础的国土空间格局分布和规划方向不同，使得主要供给的生态产品类型和贡献具有差异。生态保护的系统性以及资源分布的区域空间性要求产品供给区域联动，各地区要推进落实主体功能区定位，优化国土空间布局，根据各城市差异，打破行政管辖界限，从区域整体层面统筹协调生态产品供给，建立跨行政区的区域供给合作机制，作为实现地区整体生态产品供需均衡的基石和保障。通过优化国土空间布局，将生态产品供给类型分区划分纳入国土空间规划制定中，推进落实生态产品主体供给类型定位，优化国土空间格局分布，做好空间管控工作，合理规划农业用地和生态用地，以主体功能区划分为基础，适当扩大林地、草地和水域湿地等生态空间面积，通过增加生态空间和资源存量，提升供给能力。

生态产品供给与地区自然生态基础和经济发展程度密切相关，不同地区的产品供给类型不同，传统意义上依靠地区单独实现生态产品供需平衡的目标已无法实现，因此要在区域协调基础上进行区域分工，合理划分生态产品供给类型分区，不同生态产品供给能力提升的方法和途径不同，实行差异化供给策略，因地制宜，提高灵活性，尊重各地区自然资源禀赋和社会发展目标，全面考虑地区生态产品产出能力和生态空间格局分布，采取最有利和最适宜的方法挖掘地区生态产品供给潜能，各供给类型区因类施策，做好生态保护补偿，增加生态产品，供给促进地区生态产品整体供给贡献提升。对于自然环境产品供给区域，要继续保持并进一步加强对生态环境和生态资源保护力度，保证自然环境产品持续优质供给，做到产品供给的数量和质量不减少，非自然环境产品供给区要加快产业转型升级，主要从减少污染破坏角度出发，倡导工业转型，绿色发展，减少人类破坏，通过生态修复工程等生态补偿手段增强自然环境修复能力，间接提升自然环境产品供给能力。对于生态物质产品供给区，要确保耕地和基本农田数量，保证基本生产要素，加强生产者技术培训，科学合理种植，推广绿色农业，运用生物种植技术和轮耕技术等将产品生产与环境保护相结合，减少农业生产对环境的破坏，合理调整农用地规划，推广规模化农产品生产，提高土地产出效率。对于生态文化产品供给区，应继续提升民众休闲游憩满意度，处理好生态旅游开发与景区保护的关系，严格保护自然景区核心功能区，合理利用景区外围开发空间，在保证自然景区承载力前提下提高游览限额，非文化产品供给区需加强内部挖潜，

政府引导当地生态资源和生态空间开发，完善生态文化产品配套的交通、娱乐和住宿餐饮等设施。对于生态空间产品供给区，要协调好生产空间和生态空间界限和区域范围，通过合理划分国土空间，避免无序、粗放的生态产品供给区域划分，实现生态产品生产供给空间集约化分布，减少对生态系统的破坏，提高不同主体功能区的产品供给效率。加快生态空间产品确权，明确各种生态空间产权，探索区域生态空间产权流转方式，保证生态空间分布较差地区生态保护与社会经济发展相协调，生态空间产品供给较差地区要根据当地生态本底和国土空间分布做好空间规划工作，合理开发未利用土地，增加生态用地，提升建设用地利用效率。

（二）提升生态产品供给效率，完善生态产品补贴性补偿模式

由于生态产品的公共产品性和外部性，供给者激励受阻，会造成社会供给积极性和供给效率差，通过完善生态产品补贴性补偿模式，可以提高生态产品供给者的积极性，提升生态产品供给效率。

第一，重点解决产品补偿标准难以确定、补偿手段方式较为单一等问题。要坚持以人为本和生态优先绿色发展的原则，保证生态补偿的公平效率，在区域生态产品供给协调机构的统一组织协调下，将生态补偿的总金额与受偿区生态产品供给量相联系，以生态产品价值为依据确定不同生态产品供给补偿标准。第二，要扩大生态补偿的范围，目前各地区多是基于林地和水资源等进行生态补偿，应将耕地、草原和未利用地等自然资源也纳入生态补偿的范围。在满足条件的流域系统上下游开展合作，由上级政府提供指导，生态受益区与保护区协商定点进行补偿，推进流域内部各城市间开展异地开发、提供劳动就业岗位等对口协作，进行产业转移生产和区域专业化生产，因地制宜进行生态环境保护，增加公共性生态产品供给，同时应加强对生态补偿工作的评估与反馈，通过对实施效果跟踪评价，及时发现生态补偿过程中存在的问题，以便及时反馈修正，确保将生态补偿发挥的效用落到实处。第三，政府可针对性出台生态物质产品惠农措施，增加绿色产品生产补贴，减少农副产品生产加工企业税赋，在保证基本生态物质产品供给基础上，鼓励绿色农副产品开发生产，增加生态物质产品的生态附加值，满足民众多元化的市场需求。丰富补偿资金的来源渠道，可设立区域生态产品补偿基金，采取政府财政投入、社会捐赠和企业个人出资的方式多渠道充实补偿资金，进一步调动社会资本和社会主体参与生态补偿，减轻政府财政压力。

完善生态产品补贴性补偿模式还要在现有补偿途径的基础上探索多种生态产品补贴性补偿途径，除政府主导进行生态补偿的传统方式外，可探索市场补偿的

方式，推进行政化生态补偿与市场化生态补偿相结合，如生态产品配额交易，京津冀地区可设置如各种土地利用类型和生态空间的覆盖率目标要求，根据生态限制开发区和生态涵养区的总量要求，促进生态富集区和其他区域政府的协商，进行资源配额指标的交易和让渡，通过异地付费，实现生态资源和生态产品价值，其他方式还包括开展私人直接交易、进行生态产品认证等方式实现生态产品价值（邱水林，2019）。对于经营性生态产品，政府可以通过农产品价格补贴、自然景区门票优惠、减免相关企业社会主体税收等方式进行补偿，增加供给主体积极性，提高供给效率。

（三）促进生态产品价值实现，健全生态产品交易性补偿政策制度

生态产品市场化供给是推动生态产品价值转化的重要方式，相较于政府主导的生态补偿供给方式，市场化供给能充分发挥市场配置资源的作用，可以更高效地实现产品价值转化，使得生态产品供给者获得经济收益，增加生态产品供给。市场化生态产品补偿途径主要包括直接市场交易和生态产业化经营两种。

（1）直接市场化交易。生态物质产品和生态文化产品等经营性生态产品可直接进行市场化交易，通过市场机制，供给主客体需以市场价格进行自由交易，完成供给过程。可建立生态物质产品交易平台，生态物质产品供给区提供的农副产品等直接通过平台进行交易，畅通物质产品区域内流通渠道。对于生态文化产品，要合理开发生态，以建立自然旅游景区、发展休闲生态农业等方式，通过门票和文娱设施等收入实现生态文化产品价值。自然环境产品和生态空间产品等公共性生态产品，可通过市场权属交易的形式实现产品价值。对于自然环境产品，各地区要在现有生态污染付费基础上，推行碳排放权和排污权交易，探索建立区域污染权属交易平台，统一区域内部碳排放权和排污权交易，扩大污染物覆盖面，在重点流域和大气污染严重区域，合理推进跨区域的碳排放权和排污权交易。各地区还可以在国家政策文件支撑下，探索开展流域水权和湿地权交易，开展水权交易试点，实现水域湿地价值。对于生态空间产品，要加快推进自然资源产权确权工作，明确耕地、林地、草地和水域湿地等生态空间权属，通过明晰产权，生态空间产品可转变为生态资产，进行资源权属交易，如采取地票交易、林权交易等方式将生态空间产品的生态承载功能和生产功能的价值归结到权属交易中，通过生态空间占补交易，实现生态资源和生态空间产品的保值增值，保证生态产品总供给能力不降低。

（2）生态产业化经营。生态产业化经营是实现生态产品价值转化，提高生态产品供给能力的重要模式，通过生态产业化经营，既可以加快经营性生态产品

价值转化，由此增加良好生态环境和生态空间，又可以增加公共性生态产品供给。针对生态物质产品供给，各地区可统一规划，合理布局物质产品的供给区域，物质产品供给区要加强培育经营主体，鼓励以龙头企业和种植合作社的方式提高集约规模化，减少小农种植经营，提高物质产品产出率，加强农副产品深加工，大力发展现代绿色农业，供给绿色物质产品和地区特色产品，增加产品生态附加值。鼓励企业和基层自治组织自主开展生态旅游经营，在政府指导下，打造特色旅游景区和乡村休闲旅游路线，增加生态文化产品供给。

增加生态产品供给的根本是实现生态产品价值转化，完善和夯实生态产品交易性补偿相关政策制度是推动和实现生态产品价值转化的前提和基础，生态产品存在产权难以明晰、产品形态无法分割和产品价值难以核算等问题，因此需要在以下方面完善制度基础，健全生态产品交易性补偿政策制度：一是要建立健全自然资源资产产权制度，生态产品产自自然资源，通过落实国家关于推进自然资源资产产权制度改革的相关意见，加快进行自然资源产权确权和登记工作，明确自然资源的所有权和使用权等产权，为实现自然环境产品和生态空间产品等公共性生态产品价值转化打下基础；二是要建立健全生态资源有偿使用制度，目前民众对部分生态产品付费使用的意识还较为薄弱，尤其对于公共性生态产品，要坚持消费者付费原则，确保生态产品有偿消费，通过付费体现生态产品价值，反映生态产品供求关系，改革土地水域森林等自然资源有偿使用制度，加强生态污染者付费和生态税收制度建设；三是要建立健全生态产品价值核算制度，由于生态产品自身特性，当前并没有统一的价值核算体系和核算方法，因此应建立标准的评估核算体系，出台生态产品价值核算方法和技术规范，以生态产品产出能力为基础，核算生态产品价值，制定生态产品价格形成机制，指导生态产品交易。

五、本章小结

生态产品是具有各类服务功能的产品总和，具有区域空间性、公共产品性、外部性和价值性等特性。生态产品供给能力是指一定时期内某一区域根据其区域内生态资源条件所能生产的生态产品产量限度。生态产品源自自然生态系统，不同地区自身生态资源禀赋影响产品供给量和供给潜力，经济发展水平不同的地区生态产品需求和生态环境保护程度不同，同时生态产品价值能否实现转化都会影响生态产品供给。计量生态产品供给贡献指数的关键是构建合理的评价指标体系，根据不同类别生态产品，选取科学合理的评价指标，运用客观的指标赋权方法，保证评价指标体系中各项指标权重的客观准确。本章在生态产品内涵与外延分析基础上，构建了生态产品供给能力评价指标体系，综合测算了京津冀生态产品供给能力，按照自然环境产品、生态空间产品、生态物质产品以及生态文化产品供给状况进行区域格局分析，揭示京津冀生态产品供给贡献的区域特征，并对生态产品进行货币化价值核算。测算结果比较符合实际，反映生态产品供给能力的评价指标体系及量化方法、生态产品价值核算方法具有合理性，以生态产品供给贡献为生态保护补偿依据和标准具有可行性和可操作性。针对研究结果，提出了以下对策建议：推进国土空间优化，分区实施生态保护补偿；提升生态产品供给效率，完善补贴性补偿模式；促进价值实现，健全交易性补偿政策制度。

第十章

基于土地资源绿色利益分享的生态保护补偿

土地资源是人类生存与发展的基础，为人类提供食物、原材料，创造经济社会价值，林地、草地、水域及湿地等生态用地发挥净化空气和水源、调节气候，以及提供绿色空间等作用，提供生态产品，是绿色利益分享的物质载体，对人类具有绿色惠益。《建立市场化、多元化生态保护补偿机制行动计划》明确提出“鼓励生态保护地区和受益地区开展横向生态保护补偿”“建立绿色利益分享机制”。因此，以土地资源空间格局、优化配置、开发利用等为基础，揭示土地资源绿色利益分享问题，构建绿色利益分享的生态保护补偿机制，对于建立健全跨区域生态保护机制具有重要理论价值和现实意义。

一、土地资源绿色利益分析框架

在绿色发展理念的指引下，我们对利益的要求不仅仅停留在能够产生益处的一切物质和精神产品上，更要对物质和精神产品有低碳、生态等有利于可持续发展的要求。绿色利益是在利益和绿色发展理念这两个概念结合的基础上衍生的概念，是指任何对可持续发展产生有益价值的事物。绿色利益为我们研究和构建完整的绿色经济体系提供了新的视角。土地是一个具有自然属性、经济属性、生态属性和社会属性的综合系统，对于绿色利益的分析框架也从土地绿色生态利益、绿色经济利益、绿色治理利益和绿色空间利益四个子系统出发，共同构成土地绿色利益系统。

（一）土地资源—经济—生态环境系统

土地具有经济和自然的双重属性，从远古时代起，人类就已经视土地为人类发展必不可少的资源，通过利用土地，对其自然生态系统进行人为干预。人类通过劳动作用于土地，经过劳动力的转化变成最终的经济产品，可满足人类生产生活需要。土地是一个包含资源、经济与生态环境多重要素的系统，区别于土地系统、经济系统和生态系统这三个独立系统，土地资源—经济—生态环境系统是三者有机结合的整体，具有以下特征：

1. 整体性

土地资源—经济—生态环境系统具有整体性。这一整体系统除了具备三个独立系统具备的功能和属性以外，还具备个体子系统所没有的整体价值，对区域发展释放整体效益，达到整体最优。合理配置土地利用类型的最终目标是就是为了达到整个系统的利益最大化。

2. 层次性

土地资源—经济—生态环境系统具有层次性。整体系统与个体要素之间、子系统要素与其他要素之间可以相互作用、相互影响和相互制约。除掉或削弱某些反向或非必要的要素有可能增加子系统的利益，促进系统功能的提高，从而使整个系统找到最优解。

3. 综合性

土地资源—经济—生态环境系统具有综合性。综合性是指不仅土地系统、经济系统、生态环境系统的综合，同时在各个系统内部也是多个自然要素和社会要素的综合。研究土地资源—经济—生态环境系统的价值，要全面考虑各子系统以及子系统内的要素产生的价值。

（二）土地资源绿色利益理论框架

土地具有自然属性、经济属性、生态属性和社会属性，既是人类的生产资料又是劳动对象，是一个能够产出绿色利益的综合系统。土地绿色生态利益、绿色经济利益、绿色治理利益和绿色空间利益四个子系统共同构成了土地资源绿色利益系统。

1. 土地绿色生态利益

土地绿色生态利益指不同地区因土地利用类型分布影响而导致的生态系统服务差异，从而影响土地整体的绿色利益情况。一般而言，耕地、林地、草原、水域等在城市中占比较高，生态价值服务量也高。此外，水资源的保有量对于生态系统服务价值也有较大影响。

2. 土地绿色经济利益

土地绿色经济利益主要考虑土地带来的经济效益对于绿色利益的贡献。某种意义上人们的生活质量可以通过 GDP 来反映，同理，通过利用土地产生了多少绿色价值可以由产品产值反映，从农业初级产品供给的角度也可以体现出该区域的商品化程度和发展绿色经济的潜力。

3. 土地绿色治理利益

绿色治理利益多强调政府对生态环境的治理带来的惠益。在贯彻绿色发展理念、推动土地进行绿色利用的发展过程中，受人为重视和投入程度不同的影响，各地区治理水平参差不齐，影响土地绿色利益的产出。

4. 土地绿色空间利益

土地绿色空间利益主要是指土地为人类休闲娱乐提供的绿色空间服务惠益水平，该子系统反映了城市空间环境中绿色资源的保有量，国土空间优化对绿色空间的效果最终体现在城市绿色空间效益上。

在土地资源—经济—生态环境系统中，人类通过劳动向土地自然生态系统输入能量和物质，获得经济产品，发挥绿色经济利益；政府在绿色背景下加强对生态环境的治理，合理配置土地资源，进行国土空间优化，提升治理效能，提供绿色空间利益。对此，构建土地资源绿色利益四面体模型，在四面体的四个顶点处，子系统之间相互影响并共同作用，决定区域整体绿色效益。

在新时代生态优先、绿色发展理念下，借鉴绿色发展、绿色经济、生态经济、绿色 GDP 等评价指标体系，构建土地资源绿色利益评价指标体系；通过梳理熵权法、神经网络模型应用，构建土地资源绿色利益熵权 - BP 神经网络模型，计算绿色利益指数，探索土地资源绿色利益区域格局，从而在国土空间优化、绿色利益分享、绿色产业产品、土地绿色权益层面，探讨促进土地资源绿色利益分享机制、提升土地资源绿色发展能力的对策建议。分析框架如图 10 - 1 所示。

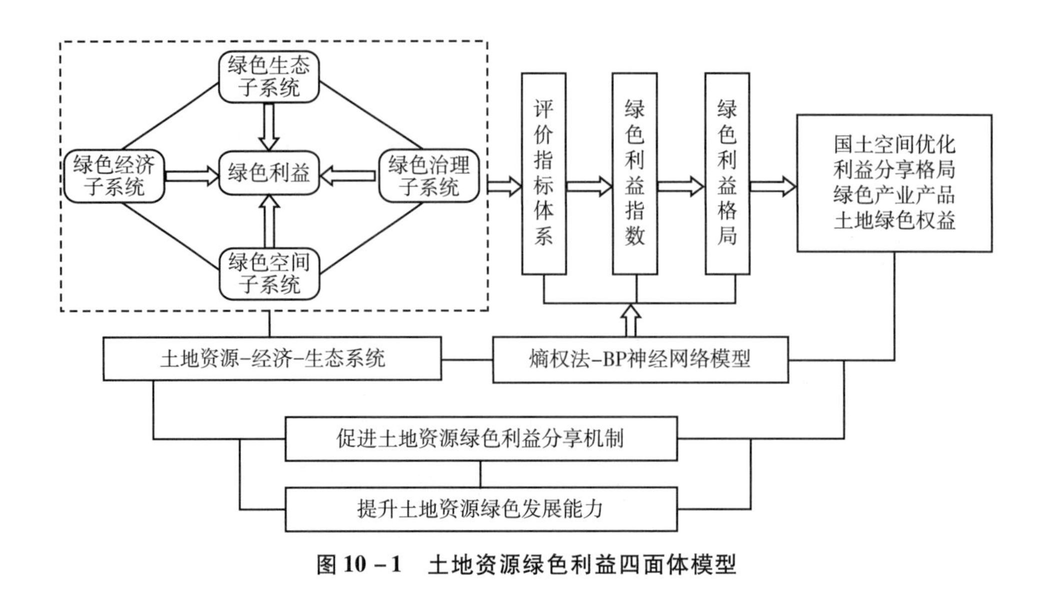

图 10-1　土地资源绿色利益四面体模型

(三) 土地资源绿色利益评价指标体系

1. 指标体系构建原则

综合性原则，在考察土地资源绿色利益评价指标时要全面反映土地资源状况、自然影响因素和社会经济因素等。土地具备生产生态多种功能，因为受到经济状况、地理条件和社会主体等因素的作用，所以要综合全面地筛查评价指标，在客观的自然指标基础上增加土地绿色用地和经济社会等相关指标。

可比性原则，要求指标特征存在差异、不可重复，数据分析要有可比性，选取区域内最能反映客观情况的指标以及差异化的数值指标，能够反映出不同区域之间因各指标差异带来的影响，这样才能够对区域内不同单元进行评价和把握。对于不具备可比性的影响指标要舍弃，以降低工作量，同时提高指标的准确性，以期更为直观地得到评价结果。

系统性原则，即能够全方位地反映某地区土地产生绿色惠益的情况，结合现有分析框架展开。指标间要具有一定逻辑架构，客观反映绿色效益规律，系统性梳理生态和经济利益等子系统和整体状况。

可操作性原则，即涉及的具体指标的数据要有科学来源，指标尽量可比较、易收集、可量化，能够对数据进行科学处理，方便后续数据处理和理论分析。

2. 土地资源绿色利益评价指标体系

对于土地资源绿色利益评价指标体系的框架，主要根据其涵盖范围确定目标层、准则层和指标层，在各层指标确定时需要遵循基本的选取原则，通过对以往研究中各相关指标体系的归纳总结，根据各准则层的内容生成对应的指标集合。将土地资源绿色利益评价指标体系划分为目标、准则、指标三层。顶层为目标层，即指标体系最终目标是评估区域土地绿色利益格局情况；中间层为准则层，使得评估区域土地绿色发展情况更加具体化；最后一层为指标层，全面系统地细化分析区域土地绿色利益产出因素。综上，在分析了土地绿色利益的含义后，建立指标评价体系，最高层为土地资源绿色利益，第二层是土地绿色生态利益、绿色经济利益、绿色治理利益和绿色空间利益，第三层为具体指标层。

在确定土地资源绿色利益评价指标体系层级结构后，筛选具体指标层的指标。在遵循上文所提到的构建指标原则确定初始方向后，参考李晓西（2011）构建的三级绿色发展指标体系、徐斌（2009）构建的绿色 GDP 核算统计指标体系、欧阳志云（2013）构建的绿色产品质量评价指标体系以及胡碧霞（2018）对城市土地利用效率区域差异影响因素的分析，构建了土地资源绿色利益指标体系，如图 10－2 所示。

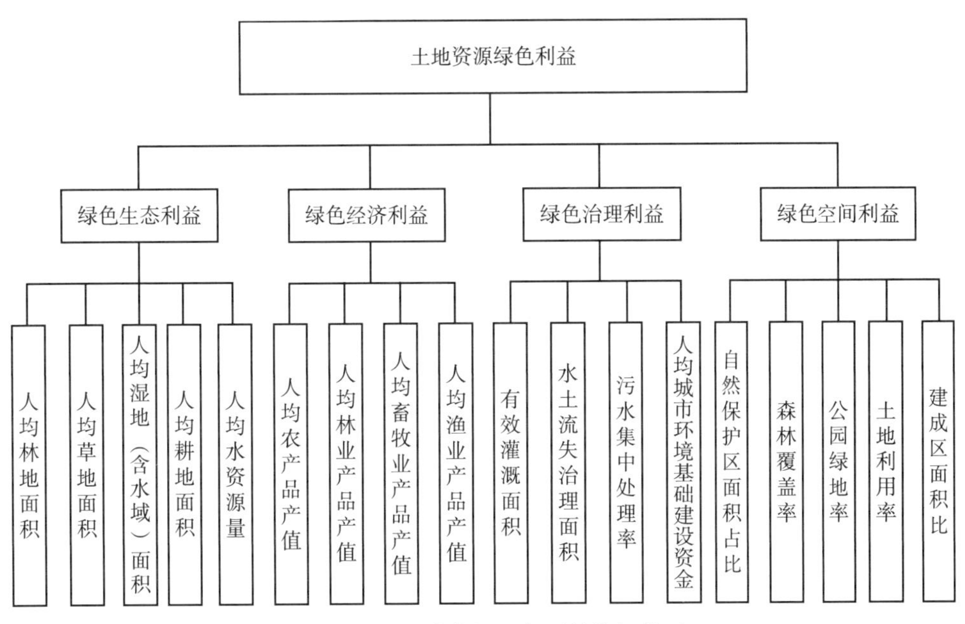

图 10－2　土地资源绿色利益指标体系

土地资源绿色利益评价指标体系由 1 个目标层、4 个准则层和 18 个具体指标组成。1 个目标层级为土地资源绿色利益，4 个准则层分别为绿色生态利益、绿色经济利益、绿色治理利益和绿色空间利益。在绿色生态利益准则层中，一共有 5 个具体指标，分别是人均林地面积、人均草地面积、人均湿地（含水域）

面积、人均耕地面积和人均水资源量。在绿色经济利益准则层中，一共有4个具体指标，分别是人均农产品产值、人均林业产品产值、人均畜牧业产品产值和人均渔业产品产值。在绿色治理利益准则层中，一共有4个具体指标，分别是有效灌溉面积、水土流失治理面积、污水集中处理率和人均城市环境基础建设资金。在土地绿色空间利益准则层中，一共有5个具体指标，分别是自然保护区面积占比、森林覆盖率、公园绿地率、土地利用率和建成区面积比。具体含义及单位如表10-1所示。

表10-1　指标具体含义及单位

指标名称	指标内涵	指标计算方法	单位
人均林地面积	一个地区内每人享有的生长乔木、竹类、灌木等林木的土地面积	林地总面积/人口数量	公顷/万人
人均草地面积	一个地区内每人享有的生长草本和灌木植物为主并适宜发展畜牧业生产的土地面积	草地总面积/人口数量	公顷/万人
人均湿地（含水域）面积	一个地区内每人享有的天然或人工、长久或暂时性的沼泽地、泥炭地或水域地带面积	湿地总面积/人口数量	公顷/万人
人均耕地面积	一个地区内每人享有的种植农作物的土地，包括熟地，新开发、复垦、整理地等在内的土地面积	耕地总面积/人口数量	公顷/万人
人均水资源量	在一个地区（流域）内，某一个时期按人口平均每个人占有的水资源量	水资源总量/人口数量	立方米/人
人均农产品产值	一个地区内每人拥有的依靠土地发展农业所生产的物品的价值	农产品总产值/人口数量	万元/人
人均林业产品产值	一个地区内每人拥有的利用当地的森林自然资源生产的物品的价值	林业产品总产值/人口数量	万元/人
人均畜牧业产品产值	一个地区内每人拥有的利用草原生态系统生产的物品的价值	畜牧业产品总产值/人口数量	万元/人
人均渔业产品产值	一个地区内每人拥有的在水生生物和渔业水域环境下收获的产品的价值	渔业产品总产值/人口数量	万元/人
有效灌溉面积	地块较平整，有水源和灌溉设施，在一般年景当年能正常灌溉的农田面积	/	千公顷
水土流失治理面积	指在山丘地区水土流失面积上，采取封山育林育草等各种治理措施，以及按小流域综合治理措施所治理的水土流失面积总和	/	千公顷
污水集中处理率	经过处理的生活污水、工业废水量占污水排放总量的比重	处理总量/总排放量	%

续表

指标名称	指标内涵	指标计算方法	单位
人均城市环境基础建设资金	城市内每人拥有的用于城市公共环境建设和环境设施维护与建设的资金	资金总额/人口总数	元/人
自然保护区面积占比	有代表性的自然生态系统、珍稀濒危野生动植物物种的天然分布区、水源涵养区、有特殊意义的自然历史遗迹等保护对象所在的陆地、陆地水体或海域占土地总面积的百分比	自然保护区面积/土地总面积	%
森林覆盖率	森林面积占土地总面积的百分比	森林面积/土地总面积	%
公园绿地率	向公众开放的以游憩为主要功能，有一定的游憩设施和服务设施，同时兼有健全生态、美化景观、防灾减灾等综合作用的绿化用地占建成区的百分比	公园绿地总面积/建成区面积	%
土地利用率	表示已利用土地的空间，即包含农用地、建设用地等在内的已利用土地占土地总面积的百分比	已利用土地面积/土地总面积	%
建成区面积比	表示土地城市化的程度，行政区范围内经过征收的土地和实际建设发展起来的非农业生产建设地段占总面积的百分比	建成区面积/土地总面积	%

二、土地资源绿色利益熵权－BP 神经网络分析模型

为了能够定量分析区域绿色利益格局，为后续政策建议的提出提供有针对性的建议和实践方案，构建土地资源绿色利益分析模型是关键。本节将利用熵权法和人工神经网络法，建立土地资源绿色利益熵权－BP 神经网络分析模型。

（一）熵权法

熵权法是一种客观的权重确定法，能够较科学地评估某项指标的重要程度，应用范围广泛，本文将使用熵权法确立土地资源绿色利益各项指标的初始权重与得分。参考国内外已有研究，基本都通过主观赋权或客观赋权的方式对指标权重进行确定。所谓主观赋权法就是按照研究人员的经验，对指标的重要性进行主观判断。比较常见的主观赋权法有专家打分法、层次分析法、二项系数法。客观赋权法是以分析数据为基础，将不同指标的相关数据采集起来，利用相应的数学推

导方式，客观评估该指标提供的信息量，尽量去除主观因素的影响。常用的客观赋权方法包括熵权法、均方差法、主成分分析法等。

熵权法是以熵值为基础的客观赋权评价方式。熵（entropy）可以直接客观地反映能量分布的平均情况。熵权法通过指标变异大小计算熵值并通过修正获得相应的权重，使研究者对相关指标的重要性做出较为准确的评估。最终的综合评价，熵值主要用于判断指标重要度，其中指标离散度越大，在综合评价中指标影响力越大，即赋权的权重越大。熵权法在数学推导的过程中逐步确定指标权重以获取较为准确的结果，不依赖于学者的主观判断，有较强的客观性。且熵权法的使用范围比较广泛，几乎能够适用于所有评价研究中对权重的确定，具有很强的普适性。但是，熵权法对于样本数据的依赖性比较强，即指标权重不存在显著的统一性，以及通过这种方式获取的权重是指标在当前展示的有用信息量，有可能会引起误差。因此在对分析结果精度要求较高时，需要寻找误差更小的方法。熵权法计算过程如下：

其一，当评估样本有 m 个，指标一共有 n 个时，建立相关判断矩阵 X：

$$X=(x_{ij})_{m*n}\ (i=1,2,\cdots,m;\ j=1,2,\cdots,n) \tag{10-1}$$

其二，由于每个指标的量纲和单位不同，无法直接比较和计算，因此需要将矩阵 X 进行 0～1 最值标准化，使得各样本数据之间可以直接进行横向比较。

当指标为正向时，标准化公式如下：

$$x'_{ij}=\frac{x_{ij}-x_j^{\min}}{x_j^{\max}-x_j^{\min}} \tag{10-2}$$

当指标为负向时，标准化公式如下：

$$x'_{ij}=\frac{x_j^{\max}-x_{ij}}{x_j^{\max}-x_j^{\min}} \tag{10-3}$$

得到各样本标准化后的数据矩阵 D，d_{ij} 为标准化后的值，h_{ij} 为指标 j 下第 i 个指标所占全部值的比重，因此，

$$h_{ij}=\frac{1+d_j}{\sum_{i=1}^{m}(1+d_{ij})} \tag{10-4}$$

其三，依据熵权法的概念界定，各个评价指标的熵值如下：

$$e_j=-\frac{\sum_{i=1}^{m}y_{ij}\ln y_{ij}}{\ln m} \tag{10-5}$$

进而得出：

$$\omega_j = \frac{1 - e_j}{n - \sum_{i=1}^{n} e_j} (i=1, 2, \cdots, m; j=1, 2, \cdots, n) \tag{10-6}$$

$$W = (\omega_j)_{1*n} \tag{10-7}$$

在上式中，e_j 代表评价指标熵值；n 是指标项数；ω_j 代表指标 j 的熵权，W 是系统总权重。

（二）BP 人工神经网络模型

BP 人工神经网络是一种多层状前馈神经网络，通过获取神经元间的连接权值并进行计算，可以得出指标的权重。本研究将使用 BP 人工神经网络模型，修正土地资源绿色利益各项指标的权重。

1. 人工神经网络

人工神经网络（artificial neural network，ANN）类似于大脑神经突触连接的网络结构，可以进行并行和分布式的信息处理，擅长从输入与输出数据中学习获取所需的知识。在神经网络结构中，一般含有若干个神经元，每个神经元中存在若干连接通道，会与相应的连接权系数一一对应，网络输出往往会由于具体连接方式、权系数、输出函数等方面的差别导致输出结果的区别。

人工神经网络的结构分为前馈型和反馈型两种形式。前馈型结构表示各神经元在接受前一级内容输入后，直接输出至下一级，网络传输中没有反馈。反馈型主要指各神经元之间可相互反馈，即信息可双向传导。可以根据学习环境调整权值，从而改善系统；依据不同的学习环境可分为监督、非监督、再励三种学习方式。本次研究采用的就是监督学习方式，在有针对性地输入训练样本数据后，对比期望输出和网络输出，获取误差信号后不断对权值进行调整，使其收敛并获得权值。

2. BP 神经网络基本原理

BP（back propagation）神经网络是一个多层状前馈神经网络，网络层与层通过连接权系数相互关联，同一层的神经元相互独立，计算较为科学，应用十分广泛，具有普遍意义。BP 神经网络的原理是以网络误差平方为目标、根据自适应梯度下降法得到最佳值。该模型的主要拓扑结构分为输入层和隐含层以及输出层三个层面，见图 10－3。

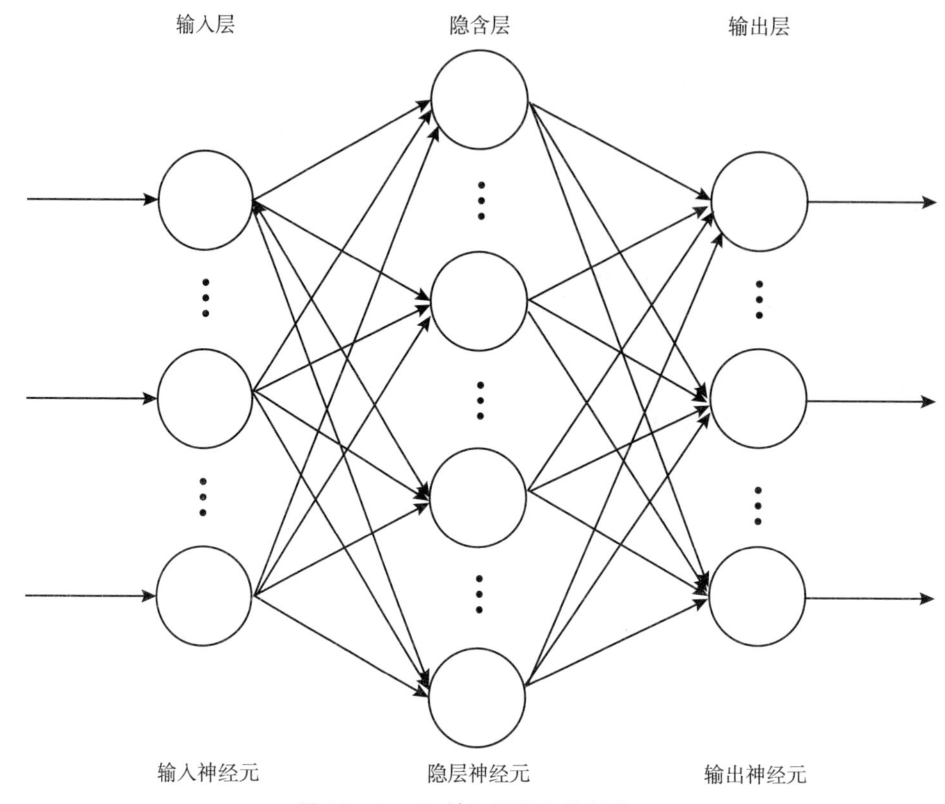

图 10－3　BP 神经网络拓扑结构图

3. BP 神经网络评价流程

该模型结构的学习过程由两部分构成。一个过程是信号正向传播，另一过程是误差逆向传播。正向传播指的是传输模式首先对输入层作用，在隐含层作处理，后进入误差逆向传播时段，将输出层产生的误差经过隐含层处理逐层向输入层返回，最后反推到各层面的各个单元，进而获取各层各个单元的传播误差或误差信号，并构成各单元的权值判断依据。权值不断修正的过程被称为网络学习过程。传导和修正过程使得网络输出的误差逐渐减小，最终使得误差达到可接受程度或者已达前期设定的学习次数。BP 神经网络进行学习训练流程如图 10－4 所示。

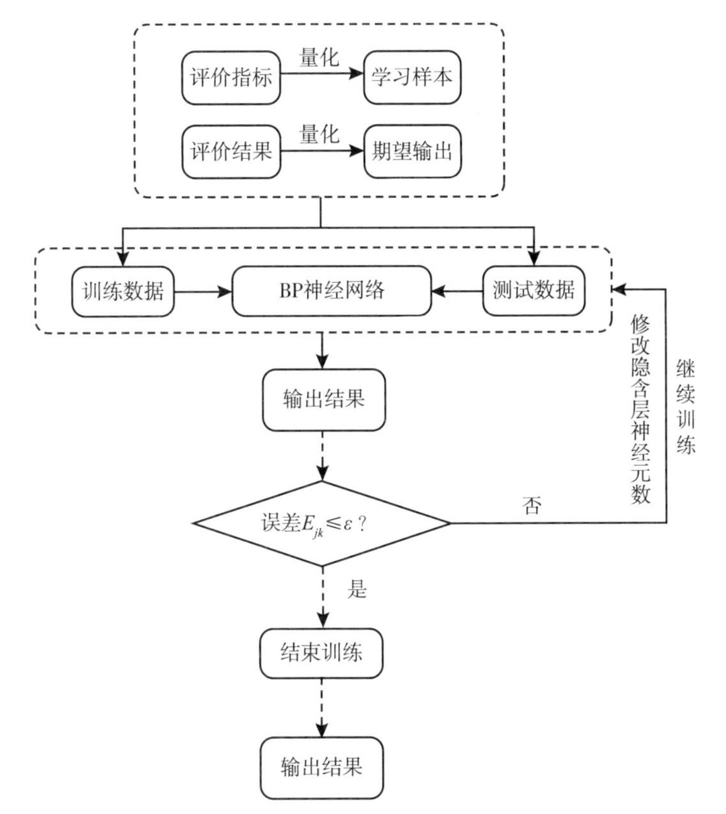

图 10－4　BP 神经网络训练流程

在具体训练步骤中，主要由输入数据的正向传播和误差的反向传播两大部分构成。在 N 个学习样本中（X_k，Y_k^*），其中 $k=1$，2，…，N：输入数据进行正向运算时，$X_k=(x_{1k}, x_{2k}, \cdots, x_{nk})$ 是输入层的神经元，通过隐含层的逐层分析，输出层可以得到样本 k 的输出为 $Y_k=(y_{1k}, y_{2k}, \cdots, y_{mk})$。将 Y_k 与样本 k 的期望输出 $Y_k^*=(y_{1k}^*, y_{2k}^*, \cdots, y_{mk}^*)$ 对比，当 N 个学习样本输出满足了期望输出，学习停止；如果没有达到期望输出，那么 Y_k 与 Y_k^* 将一直通过误差反向传播进行学习，直至达到期望输出。公式表达如下：

第一，数据归一化处理：由于神经网络输入和输出数据限制在［0，1］或［－1，1］区间内，因此在数据输入前要对数据进行归一化处理。归一化公式如下：

$$k_i' = \begin{cases} 0 & k_i < k_{\min} \\ \dfrac{k_i - k_{\min}}{k_{\max} - k_{\min}} & k_{\min} < k_i < k_{\max} \\ 1 & k_i > k_{\max} \end{cases} \tag{10-8}$$

在上式中，k_i'是归一化后的数据，即神经网络输入值；k_i 是归一化前的数据，即原始指标数据；k_{min} 和 k_{max} 分别为神经网络输入值的最小值和最大值。数据归一化可直接在 MATLAB 环境下执行操作。

第二，输入 N 个经归一化后的学习样本（X_k，Y_k^*），其中 $k=1，2，\cdots，N$。

第三，设网络层 $L(L\geqslant 3)$，输入 x_k，输出 Y_k^*，则 l 层与（$l+1$）层的连接权值矩阵如下：

$$W^{(l)}=[W_{ij}^{(l)}]n^{(l)}*n^{(l+1)}\quad (l=1，2，\cdots，L-1) \tag{10-9}$$

第四，明确学习率 η 和期望误差 ε。

第五，假设迭代次数 $t=1$，学习序列号 $k=1$，第 k 个样本（X_k，Y_k^*）进行训练。

$$X_k=(x_{1k}，x_{2k}，\cdots，x_{nk}) \tag{10-10}$$

$$Y_k^*=(y_{1k}^*，y_{2k}^*，\cdots，y_{mk}^*) \tag{10-11}$$

第六，x_k 输入层网络进行正向传播，各神经元输出如下：

$$O_{jk}^{(l)}=f(x_{jk})\quad (j=1，2，\cdots，n) \tag{10-12}$$

各神经元进行分批运算：

$$I_{jk}^{(l)}=\sum_{i=1}^{n}\omega_{ij}^{(l-1)}O_{ik}^{(l-1)} \tag{10-13}$$

$$O_{jk}^{(l)}=f(I_{jk}^{(l)})\quad (l=2，\cdots，L；j=1，2，\cdots，n^{(l)}) \tag{10-14}$$

第七，通过上述步骤进行计算，可以得到：

$$\begin{cases} y_{jk}=O_{jk}^{(L)} \\ E_{jk}=\dfrac{1}{2}(y_{jk}^*-y_{jk})^2 \end{cases}\quad j=1，2，\cdots，m \tag{10-15}$$

第八，当 N 个样本满足 $E_{jk}\leqslant\varepsilon(j=1，2，\cdots，m)$ 时，说明误差已达理想程度，学习停止；否则继续进行误差反向传播，修正权重，直至满足理想程度。

第九，当步骤八未停止，需要继续运行时，需要对输出层和隐含层进行修正。修正公式如下：

$$\begin{cases} \delta_{jk}^{(l)}=-(y_{jk}^*-y_{jk})f'(I_{jk}^{(l)}) \\ \Delta\omega_{ij}^{(l-1)}(t)=\eta\delta_{ji}^{(l+1)}O_{ik}^{(l)} \\ \omega_{ij}^{(l-1)}(t+1)=\omega_{ij}^{(l-1)}(t)+\Delta\omega_{ij}^{(l-1)}(t) \\ (j=1，2，\cdots，m；i=1，2，\cdots，n(l-1)) \end{cases} \tag{10-16}$$

$$\begin{cases} \delta_j^{(l)}k=f'(I_{jk}^{(l)})\sum_{q=1}^{n^{(l+1)}}\omega_{jq}^{(l)} \\ \Delta\omega_{ij}^{(l-1)}(t)=-\eta\delta_{jk}^{(l)}O_{jk}^{(l-1)} \\ \omega_{ij}^{(l-1)}(t+1)=\omega_{ij}^{(l-1)}(t)+\Delta\omega_{ij}^{(l-1)}(t) \\ (l=L-1，\cdots，2；j=1，2，\cdots，n^{(l)}；i=1，2，\cdots，n^{(l-1)}) \end{cases} \tag{10-17}$$

根据公式 $k=k+1$，$t=t+1$，返回步骤（5）继续训练，直至满足理想误差。因 BP 神经网络原理涉及公式较多，现将公式中各字符的概念含义统一说明，详见表 10－2。

表 10－2　BP 神经网络公式字符含义对照表

公式字符	字符含义	公式字符	字符含义
k	样本数量	y_{jk}	输出矢量的具体分量
X_k	样本 k 输入	Y_k^*	样本 k 的期望输出
f	传递函数	l	网络层
n	输入神经元数	m	输出神经元数
η	学习率	ε	期望误差
$O_{jk}^{(l)}$	X_k 到 l 层节点 j 的输出	ω_{ij}	样本 i 节点 j 的权值
$E_{jk}^{(l)}$	l 层节点 k 的输出误差	$I_{jk}^{(l)}$	X_k 到 l 层节点 j 的输入
$\Delta\omega$	权重修正值	δ	输出层各节点值

（三）土地资源绿色利益熵权－BP 神经网络模型构建

利用熵权法对指标权重进行确定时，往往没有相应横向对比，各指标间的权重值依赖于样本，可能和实际确定的指标影响力相悖，导致结果出现偏差。考虑到土地资源绿色利益评价是个复杂的非线性过程，为了得到较为准确的结果，本研究结合熵权法与 BP 神经网络方法，构建土地资源绿色利益熵权－BP 神经网络模型。通过熵权法计算得到的土地绿色利益初始结果作为 BP 神经网络输入，利用神经网络得到各层之间的连接权值并计算得到权重，使土地资源绿色利益结果更加科学客观。

1. 建模思想

在搜集到前文评价指标体系中的各项数据后，利用熵权法对初始数据进行标准化，计算指标体系中准则层与指标层的具体权重，确定绿色利益各子系统和综合利益的初始指数。最后引入该模型，确定网络层次结构，判断输入、隐含以及输出三层的节点数和主要参数，包括学习速率、误差的选择、激活函数等，利用 MATLAB 工具箱进行学习训练至误差最小，得到各指标最终权重，进而完成土地资源绿色利益指数的计算。建模思想如图 10－5 所示。

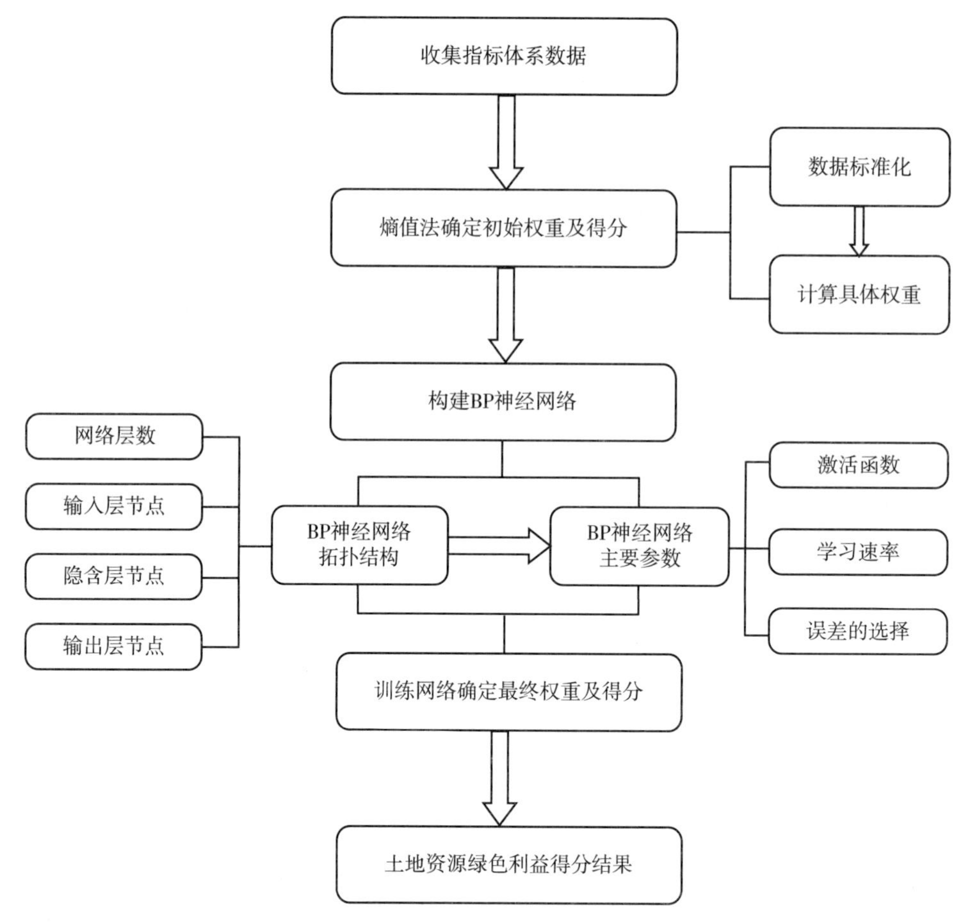

图 10－5　土地资源绿色利益熵权－BP 神经网络模型构建思想

2. BP 神经网络运行工具

本研究采用 MATLAB 软件进行神经网络模型的学习训练。美国 MathWorks 公司发布的 MATLAB 是可视化的、通过交互式程序设计和科学计算形成的一种高科技计算环境。在 MATLAB 神经网络工具箱中，其提供了初始化权值、学习和训练函数，可以构建出任意输入层、输出层和隐含层的 BP 网络，能够达到本研究的计算要求。

3. 土地资源绿色利益熵权－BP 神经网络模型

综合研究的实际需求来看，本研究对于土地资源绿色利益没有明显的主观价值倾向，且数据具备可操作性，具备采用熵权法和 BP 神经网络的基础条件。

首先，熵权法确定期望输出。根据熵权法的步骤得到土地资源绿色利益的初始指标权重，得到如下初始信息矩阵：

$$X = (x_{ij})_{n*m} \quad (i=1, 2, \cdots, n; j=1, 2, \cdots, m) \tag{10-18}$$

式中，n 代表训练样本个数，m 为指标个数，x_{ij}为第 i 个训练样本的第 j 个指标标准化后的数值。

其次，BP 神经网络拓扑结构。第一步，确定网络层数。在 MATLAB 环境下，基本的三层 BP 神经网络就可模拟任何连续有界的函数，也可处理所有输入层到输出层的映射问题，能够满足土地绿色利益指数的计算要求。第二步，确定各层节点数。根据前文指标体系，四个准则层中共计 18 个指标对土地资源绿色利益进行评价。输入层神经元数量要根据各准则层中的指标数量，确定为 4 个或 5 个；1 个输出神经元即绿色利益初始指数就能达到研究目标，因此输出层节点数为 1。

在 BP 网络中，隐含层神经元数是关键一环，它会直接影响到模型性能，容易产生“过拟合”情况。目前没有规定隐含层节点数目的选择问题，有两种普遍性的方法是实验比较法和公式验证法。实验比较即从 1 到 n 对样本集开展训练，按照训练结果挑选误差最小的神经元数；另一种是采用以下的经验公式，对公式结果进行一一试验：

$$K = \sqrt{m+n} + a \tag{10-19}$$

其中，K 是隐含层神经元的个数，n 为神经元输入个数，m 为输出数量，a 是 1 ~ 10 之间的任意整数。本模型将结合实验比较法和公式验证法，综合考虑拟合和预测效果以及训练时间，在 MATLAB 工具箱环境中寻找训练次数和均方误差最小时的隐含层神经元个数，在计算时根据具体数据进行选择。

再次，BP 神经网络参数选择。为了使模型达到更高的精度，在建立好框架之后要对模型进行参数选择和优化，即对学习率、期望误差和训练次数进行确定。学习率是指在每次循环中总共训练的次数。增加模型的非线性是激活函数的主要作用，如果激活函数不存在，则网络结构中每层都等于乘以一个矩阵，只能表示线性映射。在本次模型的训练过程中，学习率设定为 0.1，激活函数选用单极性 Sigmoid 函数，训练函数使用 Levenberg_Marquardt 函数（即 trainlm 函数），均为 MATLAB 系统工具箱中的可用函数。

最后，BP 神经网络训练结果。第一步：输入层的神经元数量为准则层下的指标个数，输出层为 1 个神经元，通过不断寻找隐含层个数，学习和测试研究对象的土地绿色利益指标权重和利益指数。

第二步：隐含层与输出层连接权向量 $Z = (z_1, z_2, \cdots, z_j, \cdots, z_n)$，其中 Z_j 表示两层之间第 j 个神经元的连接权值。

第三步：输出层神经元输出。

$$O = f\left(\sum_{j=1}^{k} z_j y_j\right) \tag{10-20}$$

两层设定的激活函数为单极性 Sigmoid 函数，即

$$f(x) = \frac{1}{1+e^{-x}} \tag{10-21}$$

输入与隐含层的设为矩阵 V，用以表示两层之间各神经元的连接权值。

第四步：连接矩阵 V 和 Z 的元素是通过熵权法得到的初始数值，神经网络训练遵循前文的步骤进行，以获得神经网络间各神经元之间的关系，即获得矩阵 V 和 Z。

第五步：确定指标权重是建立学习算法的目的，因此得到输入对于输出的决策权重，可运用以下公式计算：

$$\omega_i = \frac{\sum_{l=1}^{k} |v_{jl}|}{\sum_{i=1}^{m}\sum_{l=1}^{k} |v_{il}|}, \ j=1, 2, \cdots, m \tag{10-22}$$

式中，v_{il}、v_{jl}分别代表神经元 i 到 l 层、神经元 j 到 l 的权值，即矩阵 V 和 Z 中的元素；ω_i 表示通过 BP 神经网络得到的土地资源绿色利益体系中第 i 个指标权重。

在前述基础上进行绿色利益指数计算。为了量化评估土地资源绿色利益的具体情况，联立熵权法与 BP 神经网络模型，土地资源绿色利益熵权 - BP 神经网络模型计算绿色利益得分具体公式如下。

四个准则层的绿色利益指数分别为：

$$g_{jz} = \sum_{i=1}^{m} \omega_i * x'_{ij}, \ z=1, 2, 3, 4 \tag{10-23}$$

一个输出层的土地资源绿色利益总指数：

$$G_j = \sum_{i=1}^{n} \omega'_i * g_j \tag{10-24}$$

上式中，x'_{ij}代表指标 i 标准化值；ω_i 代表指标 i 的权重；ω'_i代表准则层 i 的权重。g_{jz}代表准则层的绿色利益指数；G_j 代表土地资源绿色利益指数。

三、京津冀土地资源绿色利益格局

京津冀地区人口、生态、资源、环境、经济、社会的区域差异明显，生态资源与经济社会的协调性问题备受关注。京津冀协同发展是国家重大战略，加快促进绿色利益分享机制具有先行典型意义。本章选取京津冀城市群作为研究单元进

行实证分析，通过前文理论基础和构建的熵权－BP神经网络模型深入探索京津冀地区土地资源绿色利益的空间格局，为以土地资源绿色利益为依据和标准探讨跨区域横向生态保护补偿奠定实证分析基础。

（一）研究区概况与数据来源

作为我国三大城市群之一，本研究将首先对京津冀城市群的地理位置、地形特征和土地利用情况等整体概况做简要叙述，以及对京津冀城市群进行实证分析时，各数据由公报、年鉴等面板数据得来。

1. 研究区域概况

京津冀城市群地形主要是山地和平原，西北部为太行山和燕山山地以及坝上高原，西南部为海河平原。北京市山地面积约有62%；天津市主要是平原地形；河北省地形多样，包括北京市和天津市的所有地形，高原、山地、河北平原面积分别占全省总面积的8.5%、48.1%、43.4%。京津冀地区土地资源数量相对较少，园地、耕地和建设用地相对最多，占到全国总建设用地面积的7.52%，园地和耕地分别对应为6.99%、5.32%。京津冀地区生态用地（包括林地、草地、水域和荒漠）占比达45.13%，分布较为不均，其中林地约占24.86%，林地资源多集中在北京门头沟区、怀柔区、河北承德等地。林地、水域以及草地的相对数量均低于全国平均水平，草地资源数量仅占全国总量的1%，草地资源严重匮乏。林地和水域资源相对较匮乏，对应占比分别为2.13%、2.18%。京津冀水域较多的地区有北京市密云区、唐山市及天津市。

2. 研究数据来源

依据前文构建的指标体系，本着数据真实可靠、来源权威、统一标准和可操作的原则，本研究的数据主要通过年鉴、公报等面板数据获得，其中土地利用率和人均相关指标通过面板数据计算得来。主要数据来源单位有国家统计局、北京市自然资源局、石家庄市统计局等政府相关部门的网站和《2018中国城市统计年鉴》《2018中国环境统计年鉴》《2018中国农村统计年鉴》《2018北京统计年鉴》《2018天津统计年鉴》《2018天津市水资源公报》《2018河北经济年鉴》《2018河北农村统计年鉴》《2018衡水统计年鉴》《2018年保定市国民经济和社会发展统计公报》《2018年沧州市国民经济和社会发展统计公报》等。在数据收集完成后再次进行数据检查，以确保研究结果的可靠性。

（二）基于熵权 – BP 神经网络的京津冀土地资源绿色利益

在土地资源绿色利益评价、熵权 – BP 神经网络模型基础上，针对京津冀土地资源特征、经济社会发展水平，构建京津冀土地资源绿色利益指标体系，如表 10 – 3 所示。京津冀土地资源绿色利益指标共包含绿色生态利益、绿色经济利益、绿色治理利益、绿色空间利益四个准则层在内，共计 18 个具体指标。

表 10 – 3　　京津冀土地资源绿色利益指标体系

目标层	准则层	指标层	指标单位	指标类型
土地资源绿色利益	绿色生态利益	人均林地面积	公顷/万人	正向
		人均草地面积	公顷/万人	正向
		人均湿地（含水域）面积	公顷/万人	正向
		人均耕地面积	公顷/万人	正向
		人均水资源量	立方米/人	正向
	绿色经济利益	人均农产品产值	元/人	正向
		人均林业产品产值	元/人	正向
		人均畜牧业产品产值	元/人	正向
		人均渔业产品产值	元/人	正向
	绿色治理利益	有效灌溉面积	千公顷	正向
		水土流失治理面积	千公顷	正向
		污水集中处理率	%	正向
		人均城市环境基础建设资金	元/人	正向
	绿色空间利益	自然保护区面积占比	%	正向
		森林覆盖率	%	正向
		公园绿地率	%	正向
		土地开发利用率	%	负向
		建成区面积比	%	负向

1. 熵权法确定初始权重及期望输出

运用熵权法之前要对数据做标准化处理。利用式（10 – 2）和式（10 – 3）对查阅收集来的原始指标数据进行标准化处理，为使结果更加精确，结果保留 4 位小数。标准化后的各子系统数据分别如表 10 – 4、表 10 – 5、表 10 – 6 和

表10－7所示，标准化后的数据都在0到1之间，便于后续相关计算。

表10－4　　京津冀土地资源绿色生态利益标准化数据

研究区域	人均林地面积	人均草地面积	人均湿地（含水域）面积	人均耕地面积	人均水资源量
北京市	0.0829	0.0228	0.0365	0.0000	0.2449
天津市	0.0027	0.0000	1.0000	0.1392	0.1219
石家庄市	0.0292	0.0898	0.0889	0.2379	0.1045
唐山市	0.0183	0.0376	0.6750	0.3129	0.2771
秦皇岛市	0.1162	0.1860	0.3298	0.2562	0.5442
邯郸市	0.0138	0.0217	0.0000	0.2562	0.0000
邢台市	0.0217	0.0389	0.0667	0.3887	0.1092
保定市	0.0284	0.1115	0.1568	0.2760	0.1477
张家口市	0.3796	1.0000	0.5240	1.0000	0.3234
承德市	1.0000	0.9226	0.6045	0.4841	1.0000
沧州市	0.0000	0.0047	0.3293	0.4602	0.0488
廊坊市	0.0085	0.0041	0.0332	0.3198	0.0774
衡水市	0.0046	0.0040	0.1354	0.5875	0.0434

表10－5　　京津冀土地资源绿色经济利益标准化数据

研究区域	人均农产品产值	人均林业产品产值	人均畜牧业产品产值	人均渔业产品产值
北京市	0.0000	0.5343	0.0000	0.0216
天津市	0.1977	0.0000	0.0956	0.4111
石家庄市	0.4770	0.0886	0.5261	0.0121
唐山市	0.7955	0.0181	0.7385	0.8276
秦皇岛市	0.7526	0.2097	1.0000	1.0000
邯郸市	0.4004	0.0166	0.3806	0.0137
邢台市	0.5643	0.0041	0.2304	0.0000
保定市	0.4317	0.1076	0.3807	0.0244
张家口市	0.5783	1.0000	0.5932	0.0127
承德市	1.0000	0.4147	0.6696	0.0041
沧州市	0.4376	0.0031	0.3049	0.3187
廊坊市	0.6844	0.0119	0.2136	0.0480
衡水市	0.7927	0.0184	0.4337	0.0054

表 10-6　　京津冀土地资源绿色治理利益标准化数据

研究区域	有效灌溉面积	水土流失治理面积	污水集中处理率	人均城市环境基础建设资金
北京市	0.0000	0.4959	0.0000	1.0000
天津市	0.3609	0.0576	0.0237	0.0843
石家庄市	0.7182	0.3118	0.9263	0.3067
唐山市	0.6536	0.1488	0.7026	0.1338
秦皇岛市	0.0334	0.1666	0.5658	0.1654
邯郸市	0.8258	0.1714	0.7039	0.0140
邢台市	0.8844	0.1857	0.6026	0.0050
保定市	1.0000	0.3920	0.5513	0.0000
张家口市	0.2770	0.9393	0.4789	0.0134
承德市	0.0561	1.0000	0.3671	0.0431
沧州市	0.7359	0.0000	0.9882	0.0424
廊坊市	0.2181	0.0141	0.4066	0.1029
衡水市	0.6828	0.0299	1.0000	0.0729

表 10-7　　京津冀土地资源绿色空间利益标准化数据

研究区域	自然保护区面积占比	森林覆盖率	公园绿地率	土地利用率	建成区面积比
北京市	1.0000	0.6952	1.0000	0.1259	0.2828
天津市	0.9224	0.0000	0.1784	0.8995	0.0000
石家庄市	0.4347	0.6147	0.6436	0.1537	0.8520
唐山市	0.0699	0.5664	0.3076	0.6181	0.8755
秦皇岛市	0.7374	0.9853	0.6275	0.1656	0.8775
邯郸市	0.1022	0.4414	0.8768	0.3474	0.9003
邢台市	0.0000	0.4064	0.4868	0.1726	0.9533
保定市	0.7309	0.4414	0.0386	1.0000	0.9509
张家口市	0.1203	0.5906	0.1089	0.1922	1.0000
承德市	0.9418	1.0000	0.2300	0.0000	0.9965
沧州市	0.1772	0.4151	0.0000	0.6219	0.9741
廊坊市	0.4321	0.4779	0.2401	0.1990	0.9326
衡水市	0.1785	0.4237	0.1297	0.2278	0.9506

通过式（10－6）和式（10－7）确定每个指标权重，每个子系统准则层的权重相加都等于1，便于后续对子系统及其影响因素的分析。通过熵权法求得的各指标及准则层的初始权重值见表10－8。在土地绿色利益各子系统中，各个指标的权重不同，对于子系统利益以及整体绿色利益产生不同程度的影响。

表10－8　　京津冀土地资源绿色利益指标体系初始权重

准则层	准则层权重	指标层	指标权重
绿色生态利益	0.2868	人均林地面积	0.2051
		人均草地面积	0.2932
		人均湿地（含水域）面积	0.2096
		人均耕地面积	0.1191
		人均水资源量	0.1729
绿色经济利益	0.2212	人均农产品产值	0.1581
		人均林业产品产值	0.2873
		人均畜牧业产品产值	0.1886
		人均渔业产品产值	0.3661
绿色治理利益	0.2322	有效灌溉面积	0.2739
		水土流失治理面积	0.2915
		污水集中处理率	0.2105
		人均城市环境基础建设资金	0.2241
绿色空间利益	0.2598	自然保护区面积占比	0.2815
		森林覆盖率	0.1234
		公园绿地率	0.2319
		土地开发利用率	0.2221
		建成区面积比	0.1411

通过熵权法计算过程和式（10－23）、式（10－24），利用标准化的数据与各指标权重相乘得到各个系统的初始绿色利益指数。京津冀土地资源绿色利益初始指数见表10－9。

表10－9　　京津冀土地资源绿色利益初始指数

研究区域	绿色生态利益	绿色经济利益	绿色治理利益	绿色空间利益	绿色利益
北京市	0.0737	0.1614	0.3687	0.6670	0.3158
天津市	0.2478	0.1998	0.1395	0.5008	0.2778

续表

研究区域	绿色生态利益	绿色经济利益	绿色治理利益	绿色空间利益	绿色利益
石家庄市	0.0974	0.2045	0.5513	0.5018	0.3316
唐山市	0.2414	0.5732	0.4003	0.4217	0.3985
秦皇岛市	0.2721	0.7339	0.2139	0.6353	0.4551
邯郸市	0.0397	0.1449	0.4275	0.4908	0.2702
邢台市	0.0950	0.1338	0.4243	0.3359	0.2426
保定市	0.1298	0.1799	0.5042	0.6254	0.3566
张家口市	0.6559	0.4953	0.4535	0.3158	0.4850
承德市	0.8329	0.4050	0.3938	0.5825	0.5712
沧州市	0.1336	0.2443	0.4191	0.3767	0.2875
廊坊市	0.0614	0.1695	0.1725	0.4121	0.2022
衡水市	0.1080	0.2144	0.4226	0.3173	0.2590

从熵权法结果来看，河北承德市、张家口市、秦皇岛市的土地绿色综合利益值较高，说明当地土地在生产与利用过程中产生了较多的绿色惠益，对于区域可持续发展贡献较大。邢台市、廊坊市在区域中明显偏低，说明这两个地方土地资源产生的绿色效益对于区域可持续发展的作用较为有限。在绿色生态利益系统中，承德市土地生态系统服务价值最高；绿色经济利益系统中，秦皇岛市生产的产品产值最高；石家庄市在治理利益系统中分值最高，体现了当地政府对于生态环境治理的重视程度；北京市的绿色空间利益最高，当地进行国土空间优化，城市绿色空间载体量大，城市绿色资源保有量高。熵权法提供了简单的结果，需要运用 BP 神经网络进一步确定权重和利益指数，进行更精确的结果分析。

2. BP 神经网络模型优化指标权重

首先，确定训练次数。在以熵权法得到初始权重后，根据前文对准则层的划分，本研究将运行 5 次 BP 神经网络，求出 4 个子系统共 18 个指标的具体权重和每个子系统的权重。第一次运行是对于绿色生态利益准则层，将表 10－4 中人均林地面积、人均草地面积、人均湿地（含水域）面积、人均耕地面积和人均水资源量 5 个指标标准化数据作为输入，表 10－9 中的绿色经济利益初始指数作为输出，BP 网络通过训练后得到输入层与隐含层、输出层与隐含层的权值，进而通过式（10－22）获得 BP 神经网络训练后绿色生态利益准则层下人均林地面积、人均草地面积、人均湿地（含水域）面积、人均耕地面积和人均水资源量这 5 个指标的具体权重。同理，第二次运行是以表 10－5 中绿色经济利益准则层下人均农产品产值、人均林业产品产值、人均畜牧业产品产值和人均渔业产品产值4个指标的标准化数据作为网络输入，表10－9中的绿色经济利益初始指数作为输出；第三次运行是以表10－6展示的绿色治理利益准则层下有效灌溉面积、水土流失治理面积、污水集中处理率以及人均城市环境基础建设资金4个指标的标准化数据作为输入，表10－9中绿色治理利益初始指数作为输出；第四次是以表10－7展示的绿色空间利益准则层下自然保护区面积占比、森林覆盖率、公园绿地率、土地开发利用率和建成区面积比这5个指标的标准化数据作为输入，表10－9中的绿色治理利益初始指数作为输出；最后一次运行是以表10－9中京津冀13个地区各子系统初始利益指数为输入，绿色利益初始指数为输出。通过BP网络的训练，分别在每次运行后得到输入层与隐含层、输出层与隐含层的权值，进而通过式（10－21）获得BP神经网络训练后4个准则层与18个指标的最终权重。

下述模拟过程以第一次对绿色生态利益准则层的BP神经网络训练为例进行阐述，其他三次神经网络模拟过程与第一次BP神经网络运算步骤一致，在输入中更改子系统中不同指标的标准化数据即可得出训练结果，可参考第一次BP神经网络训练详细步骤。

其次，确定BP网络结构与参数。根据土地资源绿色利益熵权－BP神经网络分析模型，采用只含一个隐含层的网络三层结构，实证分析对象京津冀地区共有13组数据，设定随机抽取10组数据作为训练样本，另外3组为测试样本。迭代次数Epochs＝100，目标误差goal_error＝0.001，学习速率lr＝0.1，训练函数为trainlm函数，激活函数为单极性Sigmoid函数，5个输入神经元，1个输出神经元。通过公式（10－19）可以得出推荐使用的隐含层（Hidden Layer）节点数在3.5～12.5的区间内，经过变化节点数量的不断试运行获得最佳的模型效果，最终确定以5作为隐含层神经元数。本次京津冀土地资源绿色生态利益神经网络模型构架为5∶5∶1，模型结构如图10－6所示。

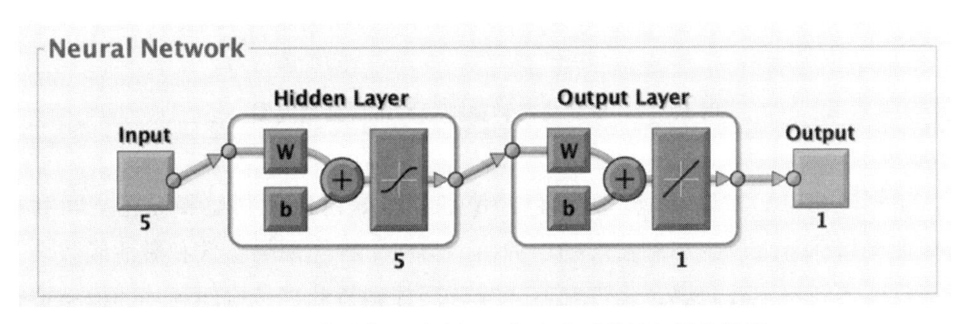

图10－6 京津冀土地资源绿色生态利益神经网络模型

再次，计算 BP 神经网络训练结果。在 MATLAB R2018a 的环境下，将 13 组数据代入京津冀土地资源绿色生态利益神经网络模型进行训练并初步检验模型的精度。

神经网络进行学习后的 R 值表示输出值与目标值的相关度，越接近 1 表示两者间越存在优线性度，模型精度越高。生态利益准则层的模型精度图如图 10 - 7 所示，此次构建的京津冀土地资源绿色生态利益神经网络模型精度较高，总体达到 0. 99905。测试结果较为精准，训练结果令人满意。

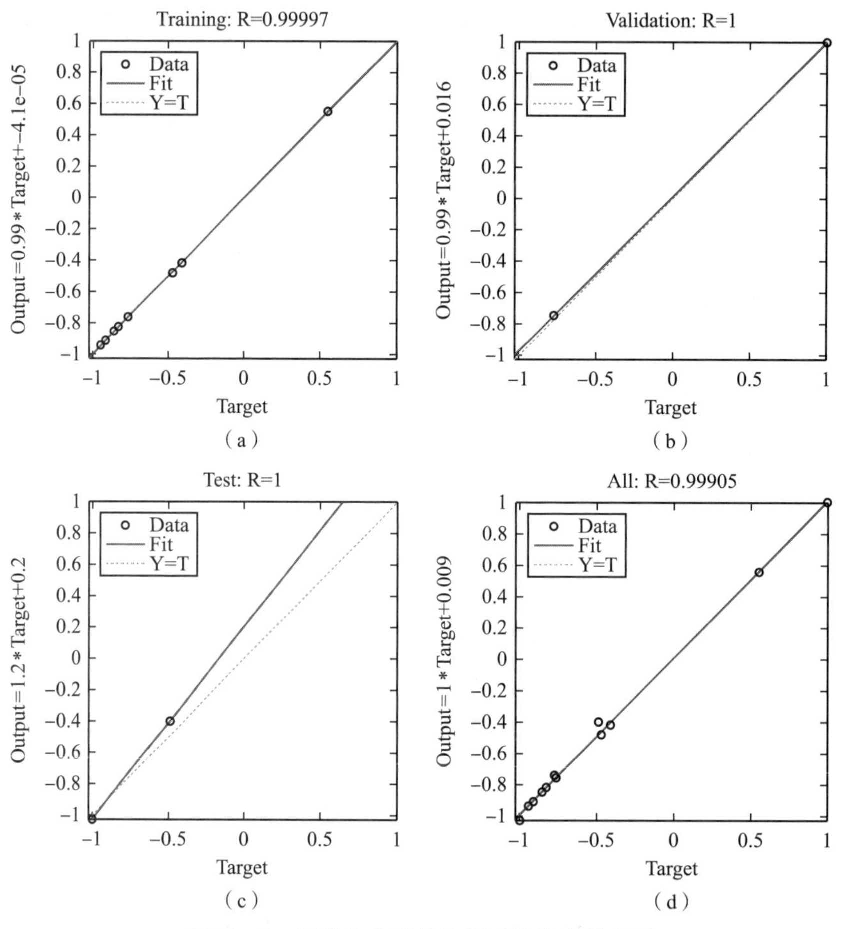

图 10 - 7　绿色生态利益神经网络模型精度图

在同样的 MATLAB 环境下，绿色经济利益、绿色治理利益和绿色空间利益的准则层指标与绿色生态利益准则层的模型类似，神经网络参数和激活函数设置与绿色生态利益一致。绿色经济利益、绿色治理利益和绿色空间利益的模型拟合度也均达到理想程度，其 BP 误差均小于设定值 0. 001。因此，该模型具备较高的精确度，可以利用该模型进行权重和指数计算。

最后，BP网络输出权重。由神经网络得到输入层与隐含层、输出层与隐含层的连接权值，并根据式（10－22）计算出各指标与准则层的指标权重。各权重反映了其指标的影响程度，即对于绿色利益水平的贡献度。从结果来看，对于土地资源绿色利益整个系统而言影响最大的是绿色生态利益子系统，说明土地生态系统提供的价值对区域可持续发展发挥了最重要的功能。四个子系统的权重较为平均，也说明本次研究的指标体系考虑较为全面。通过BP神经网络模拟所得到的最终权重与熵权法初始权重相比，整体权重变化不大，且各个子系统的权重大小排序没有变化，但神经网络模型修正了每个指标对于子系统的贡献，体现了建立熵权－BP神经网络模型的意义。其中修正熵权法的初始权重后，最终确立的指标权重如表10－10所示。

表10－10　　京津冀土地资源绿色利益指标最终权重

准则层	子系统权重	指标层	指标权重
绿色生态利益	0.2675	人均林地面积	0.1985
		人均草地面积	0.1844
		人均湿地（含水域）面积	0.1685
		人均耕地面积	0.2350
		人均水资源量	0.2135
绿色经济利益	0.2355	人均农产品产值	0.2259
		人均林业产品产值	0.2728
		人均畜牧业产品产值	0.2557
		人均渔业产品产值	0.2455
绿色治理利益	0.2416	有效灌溉面积	0.2393
		水土流失治理面积	0.2284
		污水集中处理率	0.3306
		人均城市环境基础建设资金	0.2017
绿色空间利益	0.2555	自然保护区面积占比	0.1844
		森林覆盖率	0.2102
		公园绿地率	0.1485
		土地开发利用率	0.2240
		建成区面积比	0.2330

3. 京津冀土地资源绿色利益指数

根据表10－9中京津冀土地绿色利益各指标以及各准则层的权重，根据式（10－23）和式（10－24）可以得出京津冀共13个地区的绿色生态利益、绿色经济利益、绿色治理利益、绿色空间利益以及绿色利益的得分情况。京津冀土地资源绿色利益指数为下一步具体分析京津冀土地资源绿色利益格局提供了基础数据，从得分结果简单来看与现实发展情况基本一致。具体利益指数见表10－11。

表10－11　　京津冀土地资源绿色利益指数

研究区域	绿色生态利益	绿色经济利益	绿色治理利益	绿色空间利益	绿色利益
北京市	0.0791	0.1511	0.3150	0.5731	0.2792
天津市	0.2278	0.1700	0.1244	0.3981	0.2327
石家庄市	0.1156	0.2694	0.6112	0.5378	0.3794
唐山市	0.2570	0.5767	0.4497	0.5200	0.4460
秦皇岛市	0.2894	0.7285	0.2665	0.6778	0.4865
邯郸市	0.0670	0.1957	0.4723	0.5293	0.3133
邢台市	0.1374	0.1875	0.4543	0.4184	0.2976
保定市	0.1490	0.2302	0.5111	0.6788	0.3910
张家口市	0.6522	0.5583	0.4418	0.4385	0.5247
承德市	0.7978	0.5113	0.3719	0.6502	0.5897
沧州市	0.1749	0.2559	0.5114	0.4861	0.3548
廊坊市	0.0997	0.2243	0.2106	0.4776	0.2524
衡水市	0.1718	0.2963	0.5155	0.4137	0.3460

（三）京津冀土地资源绿色利益格局分析

本研究利用熵权－BP神经网络模型得到了京津冀土地资源绿色利益得分，意图利用分值大小来分析京津冀土地绿色利益的区域格局、各子系统情况。通过ArcGIS软件将输出结果制成图，便于更加直观地展示和分析京津冀13个城市基于土地资源开发利用及其绿色产品产出而产生的满足人类需要、支持区域可持续发展的益处。

1. 京津冀土地绿色利益的影响因素

各指标的权重大小表现了其对于绿色利益得分的贡献程度，进而影响绿色利益区域格局。结合表10－11中绿色利益准则层的权重和子系统下各指标权重值，对其进行排序可以更直观地看出其对于京津冀绿色利益区域格局的影响。对于京津冀土地资源绿色利益而言，四个子系统的贡献度如图10－8所示。四个子系统贡献程度相差不大，其中贡献绿色利益最多的为绿色生态利益子系统，占比27%；贡献程度最小的是绿色经济利益子系统，占比23%；绿色治理利益子系统和绿色空间利益子系统占比分别为24%和26%。这表明，生态系统提供的服务在很大程度上影响了当地绿色惠益的产出，在城市绿色发展过程中要尤其重视生态系统服务价值。京津冀土地绿色利益各子系统的具体指标贡献度如图10－9所示。

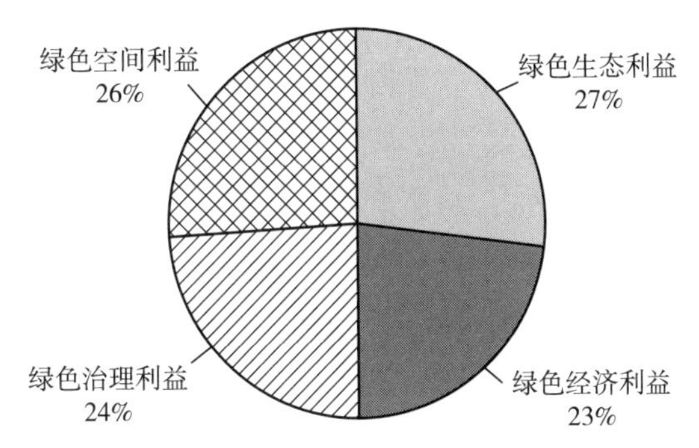

图10－8 京津冀土地绿色利益各子系统贡献比

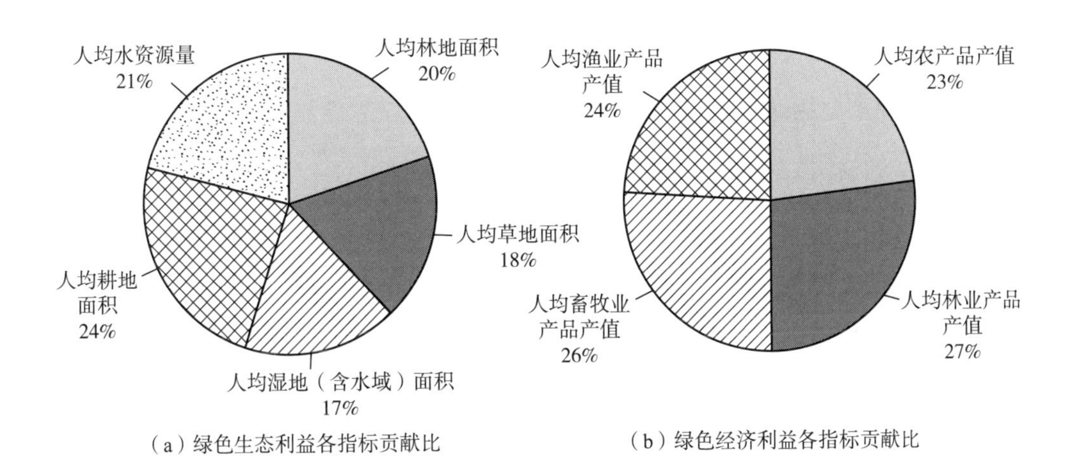

（a）绿色生态利益各指标贡献比　（b）绿色经济利益各指标贡献比

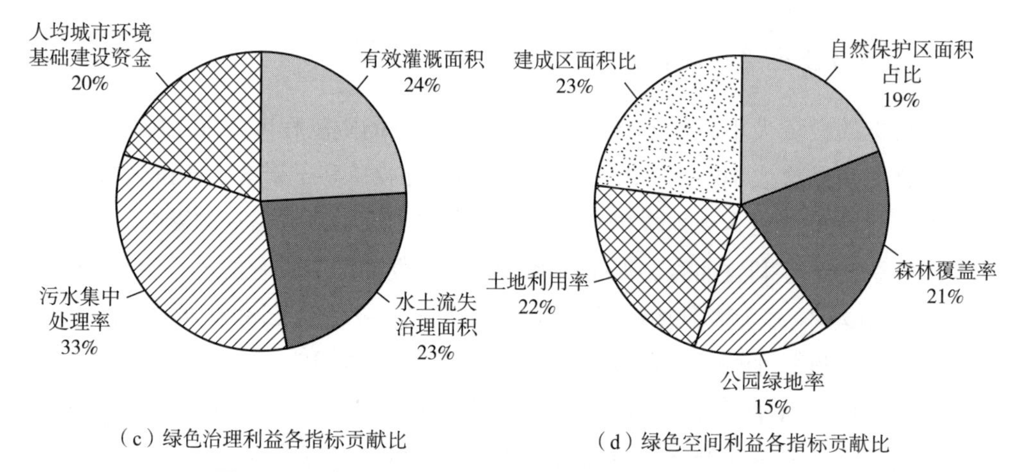

（c）绿色治理利益各指标贡献比　　（d）绿色空间利益各指标贡献比

图10－9　京津冀土地绿色利益各子系统下指标的贡献比

在绿色生态利益子系统中，各指标贡献比的顺序为人均耕地面积 > 人均水资源量 > 人均林地面积 > 人均草地面积 > 人均湿地（含水域）面积，分别占比24%、21%、20%、18%和17%。在绿色经济利益子系统中，各指标贡献比的顺序为人均林业产品产值 > 人均畜牧业产品产值 > 人均渔业产品产值 > 人均农产品产值，分别占比27%、26%、24%和23%。在绿色治理利益子系统中，各指标贡献比的顺序为污水集中处理率 > 有效灌溉面积 > 水土流失治理面积 > 人均城市环境基础建设资金，分别占比33%、24%、23%和20%。在绿色空间利益子系统中，各指标贡献比的顺序为建成区面积比 > 土地利用率 > 森林覆盖率 > 自然保护区面积占比 > 公园绿地率，分别占比23%、22%、21%、19%和15%。耕地面积、林业产品、污水集中处理程度和建成区面积比对各自子系统起到了最重要的影响，启发后续进一步对京津冀绿色利益格局的分析。

2. 京津冀土地绿色利益区域格局

从绿色利益得分结果来看，京津冀整体绿色利益相差较大，说明区域内部绿色发展情况不一致，利益关系不平衡。总体来看，京津冀土地绿色利益呈现出北部高、中部低、南部较高的局面，整体水平不高，得分超过0.5的仅仅只有北边的承德和张家口两个市。城市群内部土地绿色利益水平差距较大，最高的承德市得分水平是最低的天津市的两倍之多。从省级层面上比较，河北省高于北京市，北京市高于天津市，且河北省内部呈现北高于南的整体趋势。

在得分情况上，承德和张家口的土地绿色利益值高于0.5，位于京津冀整体水平的第一梯队，承德和张家口的各个子系统均处于领先地位，对于区域整体绿色利益贡献突出。唐山和秦皇岛的得分在0.4～0.49之间，是整体水平的第二梯队，唐山和秦皇岛在经济惠益方面贡献较大。第三梯队是保定、石家庄、沧州和衡水，土地绿色利益值在0.32～0.39之间，这四个市在京津冀地区的中部偏南，土地绿色经济惠益有限，主要靠城市对于治理和改善空间环境的重视来拉动绿色发展。第四梯队是邯郸、邢台和北京，得分在0.26～0.31之间，生态系统和经济系统惠益十分有限，导致整体水平不高。京津冀土地绿色利益最低的是天津和廊坊，得分在0.23～0.25之间，不仅不利于当地绿色发展和资源环境可持续的利用，而且在区域内部担当绿色利益享受者的角色。

土地绿色利益得分受四个子系统得分影响，反映了当地土地绿色利用和区域生态经济的发展状况，也体现了当地政府的宏观治理水平和城市空间带来的绿色服务水平。承德、张家口等生态强市不仅作为京津冀北部生态涵养区和绿色发展示范区，在京津冀区域范围产生了较多绿色惠益，同时作为整个华北的城市代表，是全国生态文明建设试点地区和先行示范区。天津市与北京市以及河北各市联合保护环境，开展环保联防联控联治。通过疏解北京的非首都功能，建设“两带、一环、一心”的绿色空间格局，绿心森林公园的建造，大范围的河道治理，推动北京绿色发展。

京津冀协同发展战略实施的六年时间里，快速推进了13个城市的绿色一体化建设。京津冀地区是一个统一的系统，以最大化区域绿色利益为建设目标，通过大气污染防治、推进水污染防治、开展土壤污染防治、规范固废污染防治、发展生态农业和节水灌溉农业等措施，全面提升了区域绿色发展水平。但是，区域内部还存在发展不平衡、各城市绿色利益相差较大、绿色产业升级等问题，京津冀地区还需继续贯彻绿色发展和协同理念，持续推进整体绿色利益水平的提高。

3. 京津冀土地绿色生态利益系统

在土地绿色生态利益系统中，耕地、林地、草地、湿地和水资源共同发挥生态系统服务功能，由于京津冀各地土地利用类型和资源储备的不同，生态系统服务价值量各有差异。

土地绿色生态利益分布大致与绿色利益保持一致，整体仍然呈现出北部地区高于南部的特征，且层次差异非常大，最高与最低分相差有6倍之多。分布较一致的局面也呼应了土地绿色生态子系统的权重最高，表明该子系统对于绿色利益整体影响最大。该子系统的具体得分情况如下：承德和张家口的绿色生态利益远远高于其他地区，尤其是承德，绿色生态利益得分将近0.8，对于当地绿色利益贡献突出。其次绿色生态利益较高的地区有秦皇岛、唐山和天津，得分处于0.18～0.29之间，这一层次与承德和张家口的差距明显。绿色生态利益得分第三梯队的城市有沧州和衡水，分值在0.17左右。保定、石家庄、邢台的绿色利益得分在0.11～0.15区间；廊坊、北京和邯郸的绿色生态利益得分最低，均低于0.1。

绿色生态利益子系统反映了当地人均可以享受到的土地产生的生态系统服务。以绿色生态指数最高的承德市为例，当地利用林业资源和水资源丰富的优势，近年来通过开展“山水林田湖保护工程”，深入实施京津风沙源治理、开展新世纪首都水源区保护、坡耕地试点治理、中小河流治理等工程建设，形成了城市森林生态系统的空间格局，当地绿色生态状况发展良好，释氧量充足，获得“最美中国生态城市”称号。反观土地绿色生态得分最低的邯郸市，由于城市在早期发展过程当中长期挖山开矿、毁林开荒，水源超载、超采，导致山体千疮百孔，水源和植被破坏严重，人均水资源量低，再加上湿地面积少，涵养水源能力差，因此生态系统服务价值量低。总之，在京津冀绿色生态利益子系统中体现了城市生态资源的重要性。

4. 京津冀土地绿色经济利益系统

在土地绿色经济利益系统中，农产品产值、林业产品产值、畜牧业产品产值以及渔业产品产值共同体现了当地初级产品的供给程度和绿色经济潜力。由于京津冀各地商品化程度和主要产品类型不同，各类产品对于绿色经济利益的贡献有差异，因此绿色经济利益得分各有差异。

京津冀绿色经济利益的格局呈现出整体北部高于南部、河北省高于北京市和天津市的局面。绿色经济利益指数的层次差异也比较大，主要体现在第一和第二梯队、第二和第三梯队之间，说明存在区域经济效益发展十分不平衡的情况。虽然土地绿色经济效益子系统权重是四个子系统当中最低的，但是涉及地区绿色经济的发展，仍然需要对其进行详细分析。

在绿色经济利益子系统中，秦皇岛独处一档，得分为0.73。第二梯队为唐山、张家口和承德，绿色经济利益得分在0.31～0.58之间，这三个市与秦皇岛差距明显。第三梯队的城市有衡水、石家庄、沧州，分值在0.24～0.3之间。保定和廊坊的绿色利益得分在0.21～0.23区间；邯郸、邢台、天津和北京处于最后位置，其绿色经济利益指数在0.15～0.20之间。可以看出，区域内大部分城市的绿色经济效益水平都处于第三梯队及之后。

土地绿色经济利益系统反映了当地人均拥有的初级产品效益和地方绿色经济潜力。在京津冀地区，北京、邯郸等大多数地区位于内陆地区，海洋资源有限；天津、唐山、秦皇岛和沧州等地沿海，地处环渤海经济圈的中心地带，尤其是秦皇岛港和唐山港，货物吞吐量十分可观。因此，在渔业产品产值上，秦皇岛和唐山远远高于其他地区。秦皇岛市绿色经济利益得分较高的另一个方面主要来自畜牧业产值的贡献，当地低山、丘陵区和平原区适合养殖产业规模化发展。此外，唐山、承德的畜牧业发展也相对较好。北京市绿色经济利益得分最低，尤其是农产品和畜牧业产品，这主要是因为京津冀协同发展中城市定位导致的，当地农业属于都市型现代农业，畜牧产品供给也基本通过建立外埠基地保障城市生活供应，实现了产业疏解。林业产品供给方面，张家口通过建设果品基地、灌木加工产业等形成了林业产业化格局，给当地绿色经济利益带来巨大贡献。总之，在京津冀绿色经济利益子系统中，体现了各地区根据自身定位、依靠当地资源优势发展农、林、牧、渔业，发展绿色经济的重要性。

5. 京津冀土地绿色治理利益系统

土地绿色利益治理系统受有效灌溉面积、水土流失面积、城市污水集中处理率和人均城市环境基础建设资金共同影响，体现了区域内地方政府对于生态环境的治理水平和土地绿色利用的投入程度差异。与之前生态利益和经济利益的格局不太一致，京津冀绿色治理利益的格局呈现出南部较高的局面，且整体来看各层次之间差距不大，利益得分比较集中，说明各地方政府近年来都比较重视治理效益。

在绿色治理利益子系统中，石家庄得分最高，分值为0.61。第二梯队为衡水、沧州和保定，绿色治理利益得分均在0.51左右；第三梯队的城市有邯郸、邢台、唐山和张家口，分值在0.44～0.48之间，与上一层次得分差距不大；承德、北京、秦皇岛的绿色治理利益得分在0.26～0.38之间，廊坊的绿色治理利益得分为0.21以下；天津的绿色治理利益得分不足0.12，排在最末。整体来看河北省内城市土地绿色治理利益水平相差不大。

绿色治理利益子系统反映了地方政府通过资金投入、环境治理等手段对绿色利益的提升。绿色治理利益得分最高的石家庄，近年来出台一系列政策文件，对水土流失全面实施预防和保护，并且以小流域为单元开展综合治理，建立水土流失综合防治体系；通过发展节水农业、优化农业供水调度等措施对农田进行有效灌溉；在城区建设污水排放管网，对城市污水采取集中和分散双向处理相结合的模式以提升污水处理效率，以提高石家庄的绿色治理水平。绿色治理利益得分最低的天津市，主要落后在水土流失治理面积和城市污水集中处理率这两个方面，下一步需推进基础设施改造，提升当地绿色治理利益。总之，在京津冀绿色治理利益子系统中，体现了各地政府治理水平。

6. 京津冀土地绿色空间利益系统

土地绿色空间利益系统从自然保护区面积、森林覆盖率、公园绿地情况、未利用地情况等为城市提供的绿色空间价值角度出发，绿色空间利益得分体现了不同地区为当地居民休闲娱乐提供的绿色空间服务各有差异。京津冀绿色空间利益整体表现为生态强市得分较高、整体相差不大的格局。随着近年来国土空间规划体系的建立和生态文明建设，京津冀各地通过绿色空间服务价值对区域整体绿色利益做出较多贡献。

虽然整体相差不大，但是根据绿色空间利益得分具体来看，保定、秦皇岛和承德位于第一梯队，得分均在0.65以上。第二梯队为北京、石家庄、邯郸和唐山，绿色空间利益得分在0.5~0.58之间。第三梯队的城市有沧州和廊坊，分值在0.45~0.49之间。张家口作为生态发展强市，空间利益得分不足0.44，在所有京津冀所包含的城市中排列倒数第四；邢台、衡水和天津较为落后，其绿色空间利益指数在0.39~0.42区间。

土地绿色空间利益系统反映了当地通过国土空间优化带来的有利于当地可持续发展的惠益。空间利益得分比较高的城市除了集约利用土地之外，近年来通过增加森林面积、提升森林覆盖率，建设国家级、省级自然保护区，减少沙化面积、释放氧气量等措施严守生态红线、落实空间规划，促进生产空间集约高效利用，生活空间清新宜居，生态空间山清水秀。天津市近年来也通过出台自然保护区规划，强化中心城区与滨海新区之间绿色生态屏障功能等措施去优化城市空间格局，提升城市蓝绿空间，但是目前在京津冀区域内，天津绿色空间产生的惠益对于整个区域来说贡献十分有限。总之，在京津冀绿色空间利益子系统中，体现了实施国土空间规划、优化城市绿色格局的重要性。

四、促进土地资源绿色利益分享的生态保护补偿建议

为了进一步推进绿色发展与绿色共享理念的落实，促进生态环境与经济社会协调发展，缓解区域发展不平衡、不充分问题，推动深化京津冀生态环境领域的协同发展，应客观判断绿色利益区域格局，以跨区域横向生态保护补偿为抓手，促进区域生态利益与经济红利互动互惠，为形成绿色利益分享机制提供参考。

（一）构建绿色利益导向的跨区域生态保护补偿

城市群作为经济、社会和生态相结合的有机整体，应鼓励绿色利益较高的地区和产生绿色利益有限的地区开展区际之间的横向价值分享，并制定补偿协议，建立“成本共担、效益共享、合作共治”的生态共建共享机制，促进区域绿色

利益分享。

1. 坚持绿色利益系统导向

城市群土地绿色利益作为一个整体系统，包括发挥绿色生态利益、绿色经济利益、绿色治理利益和绿色空间利益在内的综合利益。在城市群协同发展战略中，要坚持绿色观念和系统意识，推进区域在发展过程中坚持绿色利益导向。从土地最基本的生产功能角度出发，坚持绿色利用，保障湿地、草原等生态价值高的土地面积，积极产出农业绿色产品；提高政府对于生态环境治理的重视和投入程度，积极改善城市空间环境，提高城市绿色服务水平。

通过“山水林田湖”生命共同体和城市“绿带”“绿道”的建设，形成绿色生态网络；利用生态优势和绿色景观，大力发展文化旅游、休闲度假、医疗康养等产业项目，构建绿色产业网络；通过建设公园绿地、蓝绿空间、慢行系统、通风廊道等公共服务设施，构建绿色生活网络。绿色生态网释放自然服务效能，绿色产业网协调经济服务效能，绿色生活网发挥社会服务效能，通过三张网络的相互交织影响，使绿色利益惠及范围更广。

2. 建立健全城市群区际横向生态补偿机制

城市群是经济、社会、人居环境三个系统高度复合的大系统，其内部包含多个地区，这些地区彼此没有行政隶属关系。因为自然资源本身的特性，城市群内一般难以界定自然生态单元的行政区归属，也难以确定各行政区之间的生态联系。

对于那些生态—经济联系紧密的地区，可以假设城市群为与外界没有联系的封闭区域，按照绿色投入与绿色消耗来建立区际绿色关系逻辑，通过类似于区际生态补偿的计量方式，确定城市群内的绿色贡献方和绿色消费方，鼓励绿色利益较高的地区和自己产生绿色利益有限的地区开展区际之间的横向生态价值分享。建立外溢地区对受偿地区提供绿色利益予以补偿的机制是解决城市群内部绿色利益值高低发展不平衡局面的有效手段，也是探索生态补偿和区域协同保护的重要一环。

3. 加大横向协议补偿力度

协议补偿是生态保护主体与生态受益主体之间通过双方或多方共同协商来分配生态保护的成本及其生态服务收益的一种生态正外部性内部化途径。为了解决区域利益发展不平衡、提高生态保护区主动进行生态外溢的积极性，有必要在区域建立绿色利益横向协议补偿。

加大横向协议补偿力度，由区域内作为生态消费方的城市直接提供补偿资金，一方面可以有效减轻上级政府的财政压力，另一方面激励生态贡献方城市积极进行生态建设，推行生态价值外溢。针对一些绿色利益并不高但是积极进行生态保护活动的城市，政府可以提供一定的财政支持，并且积极进行生态采购。横向补偿协议还要使其得到更多的生态补偿金额，调动城市绿色发展的积极性，达到生态外溢的良好成效，从而促进整个区域形成良好的绿色利益流动机制。

（二）建立健全绿色权益交易的市场化补偿机制

促进建立区域绿色利益分享机制，以发展绿色产业体系为基础，完善土地资源绿色产品标识，同时建立公平开放的绿色权益交易市场，促进区域各城市积极开展绿色产品交易，建立市场化补偿机制，使区域共享绿色经济惠益，引导绿色生产和绿色消费。

1. 发展绿色主导产业体系

绿色产业秉持着环境友好理念，在产销等各个流程中积极落实环保、资源节约等相关的要求。在当前各城市群绿色主导产业体系中，比较常见的有绿色农业、绿色服务业和一些绿色加工业。绿色产业为当地创造了经济价值，增加绿色产品有效供给，促进区域产业转型，走可持续发展道路。

积极主动发展绿色产业集群是实现“被动绿色受偿”到“主动利益分享”转型的有效经济手段。首先，应对产业结构进行积极调整，提升一产附加值，对三产结构合理优化升级，对二产产业布局进行全新调整，获得更高的综合效益。其次，城市应挑选适合自身发展的绿色产业。根据城市具体发展规划，对绿色产业类型进行不断的细分，引入与当地的情况充分适应的绿色产业。最后，城市化地区积极引导工业和绿色服务业。生产和提供绿色工业品和绿色服务产品，发展绿色食品和生物制药、特色装备制造、清洁能源等特色优势产业。

2. 完善土地资源绿色产品标识

2019 年，市场监管总局发布《绿色产品标识使用管理办法》，发布了统一的绿色产品标识，同时开展了相应监管工作。在当前的评价标准中，涵盖了卫生陶瓷、纺织产品、纸制品等类别，对应产品的绿色评价标准也在实施当中。但是当前国家还没有对土地资源绿色产品进行专业的分类和标识。

产品是区域产权交易、区域利益交易的核心要素。为了促进绿色产品市场交易，完善土地资源绿色产品标识是必要条件。首先，要充分考虑绿色产品的自然、能源、环境要素，针对性地评价其环保、循环、再生等属性。其次，依据市场监管总局等相关部门制定的统一发布的绿色生产标准、产品认证规则等，建立具有土地资源特色的绿色产品评价体系和标准，并按照不同类别标识。最后，依据已建立的绿色产品标准清单中所制定的标准，建立相应专业化的绿色产品认证机构，并分别在第一、第二、第三产业中开展绿色产品认证。

3. 建立区际绿色权益交易市场

绿色产品具有可分割、易确权、边界明晰的特征，湿地、水源、清新空气等自然资源也可以考虑将其视为普通经济商品，通过市场交易实现其绿色价值的货币化，从而提升绿色经济利益。为了使绿色产品和生态资源的利益实现区域共享，推行土地绿色产品和生态产品入市，积极建设开放有序的区际绿色权益交易市场。

通过规范化、统一化、覆盖范围较广的信息平台建设以推动绿色产品信息传递，公开有关绿色产品的信息，生产程序和管理规则，明确产品来源信息等。建设绿色产品生产以及生态资源要素保护信用体系，严厉惩罚市场失信者，并建立相应的奖惩机制。创新绿色产品的市场生产和供给方式，发挥城市的特色产品优势，提升产品的附加价值；创新土地市场交易形式，除了出让、出租等传统方式之外，探索生态产业化和产业生态化经营等多样化的绿色产品价值实现形式；宣传推广绿色要素和生态产品，弘扬绿色生产生活理念和方式，从而形成公平交易、交易开放、管理完备的绿色权益和产品交易市场。

4. 构筑城市群绿色流通体系

因为城市的资源和环境承载力都是有限的，城市的规模大小以及城市空间结构合理性都对城市发展有较大影响。为了进一步提高区域空间整体绿色能力，需要加强各行政区之间的合作，使得区域环境保护、产品交易不再受到当前的行政权限限制，破除资源流动障碍；创建跨区域的高级协同机构，根据具体规划意见充分发挥区域各城市的发展优势，推行生态功能复合的城市群模式，在生态分享、贸易流通、绿色金融等各个领域形成本区域全方位的绿色流通体系。

对于区域内各城市而言，通过丰富综合治理规划内容，形成各资源部门的联动机制，改变过去单纯对于耕地保护、碎片式的生态修复和水环境治理的做法；统筹规划地上地下、山上山下、水上水下的空间资源，优化资源配置；建立多元渠道的绿色融资机制，吸纳绿色产业企业进入；提高城市治理管理现代化水平，建立绿色、低碳、韧性城市，积极参与区域绿色共享。

五、本章小结

土地资源绿色利益综合了自然资源价值、绿色经济、公共性与外部性、系统与协同发展等理论，包含了绿色生态利益、绿色经济利益、绿色空间利益、绿色治理利益。在充分考虑自然因素和社会因素的基础上，遵循综合性、可比性、定性定量结合和可操作性的原则，构建了由1个目标层、4个准则层和18个具体指标组成的土地资源绿色利益指标体系，构建了土地资源绿色利益分析系统。为了定量分析，利用熵权法和人工神经网络法，建立土地资源绿色利益熵权－BP神经网络分析模型。

京津冀协同发展是国家重大发展战略，生态环境是三大优先协同领域之一，京津冀是践行绿色发展、建立绿色利益分享机制的先行区、示范区。选取京津冀城市群作为研究单元进行实证分析，揭示京津冀城市绿色利益空间格局特征，提出构建绿色利益导向的跨区域生态保护补偿，建立健全绿色权益交易的市场化补偿机制等措施。实证分析结果与实际情况比较一致，熵权－BP神经网络土地资源绿色利益模型具有一定应用性和可操作性。今后还可进一步深化细化评测指标，推进研究的应用性，对其他城市群、流域等进行实证分析，为全国跨区域生态保护补偿长效机制建设、全国形成绿色利益分享机制提供理论参考和技术支持。

第十一章

基于区域意愿协商的跨区域生态保护补偿

《国务院办公厅关于健全生态保护补偿机制的意见》（国办发〔2016〕31号）提出了“加强跨行政区域生态保护补偿指导协调”要求。在生态保护补偿范围内，各行政区域应共同研讨生态环境问题及生态保护补偿机制建设问题，对于生态保护补偿依据、标准及方式达成共同的认识，并将相应事项列入重要议事日程。为此，生态保护补偿意愿及认知标准成为跨区域生态保护补偿的重要议题之一，如何通过政府管理者访谈、立地与异地居民问卷调查等量化出区域意愿协商标准价值是重要科学问题。通过假想的公共物品或公共服务的交易市场，询问被调查的受访者对所分析的物品或服务价值所具有的最大支付意愿，或最小受偿意愿，进而得到该物品或服务的意愿价值，被认为是相对灵活的价值评估工具（Maler K G.，2003）。因此，本章以条件价值法开展京津冀地区生态保护补偿意愿研究，为跨区域生态保护补偿意愿协商机制建设提供技术支持。

一、承德、张家口市调查情况和样本分析

生态涵养地区受偿意愿的测算是在实地调查和问卷调查基础上进行分析，以调查问卷中接受现金补偿的问卷为主体，基于调查对象的受偿意愿分布频次，通过计算得出研究范围的平均受偿意愿期望值。为了更深入了解京津冀城市群中重点生态功能区人民群众如何看待生态补偿以及环境保护问题，以及生态补偿的受偿意愿，课题组于2019年6月对张家口市和承德市不同地区的居民进行了线下入户问卷调查、访谈以及线上问卷调查。

（一）问卷设计与实践调查

问卷主要涉及四个方面，24 个调查问题：第一部分为所要调查的受访者自身基本情况，了解受访者的性别、年龄、教育程度、收入水平、主要从事的工作性质等个人基本信息；第二部分了解调查地区居民京津冀城市群的生态环境保护意识，对生态环境保护重要性的认识，政府使用职能手段开展生态环境保护体现出来的重视程度及当前京津冀区域居民对于生态环境的满意程度；第三部分询问区域范围内的居民是否深入了解关于生态补偿的政策文件以及相关内容，包括对于此项内容的关注程度；第四部分主要是调查区域范围内的居民的受偿意愿以及有关的问题。问卷的形式为封闭式，深入研究并讨论了相关的问题，希望能够得到更加精确的数据与信息。

此次问卷调查主要有两种方式：互联网问卷调查以及入户调查。其中入户调查总发放问卷共 550 份，收回问卷共 530 份，其中有效问卷 492 份。在互联网调查中，总共有问卷 1222 份，有效问卷有 730 份。实地入户调查区域涉及张家口市万全区和张北县的 7 个镇共 14 个乡，见表 11 －1。本次调研的样本选取采用随机抽样方式，将课题组分为几个调查小组分别在张家口市的万全区和张北镇等地入户调查。万全区主要调查区域位于张家口市的市郊，主要调研万全区周边乡镇居民的受偿意愿。张北县位于河北省西北方位，张家口市的正北偏西方向，内蒙古高原南部的坝上地区，植被主要以草地、森林为主，是主要生态涵养地区，远离市中心。选择这两个区域具有代表性和典型性，万全区为市郊农村，张北县远离市中心，为重要生态涵养区。

表 11 －1　　问卷调查样本区域分布情况　　单位：份

市区	线上问卷	区县	乡镇	线下问卷
张家口市	251	万全区	宣平堡乡	67
			万全镇	69
			孔家庄镇	56
		张北县	张北镇	80
			小二台镇	35
			油篓沟镇	24
			公会镇	7
			两面井乡	13

续表

市区	线上问卷	区县	乡镇	线下问卷
张家口市	251	张北县	大西湾乡	11
			台路沟乡	17
			大河乡	34
			海流图乡	15
			其他乡镇	64
承德市	479	—	—	—
合计	730			492
共计	1222			

（二）样本基本情况与描述性统计

为了能够在更深层次上保证调查结果的精准度，我们首先对调查人员开展了综合性的培训。然后与当地的村干部合作，实施问卷调查，并且在调查的过程当中与被调查人员进行了详细的交流，确保调查结果真实可靠。

从样本基本情况看，被调查者的年龄范围主要在26岁至50岁之间，占到全体被调查人员的3/4，在这当中，36岁至50岁的被调查者人数最多，接近全体被调查人员的1/2；教育水平以初中为多数，占全体被调查人员的1/3，其次为本科以上，占总样本量的28.9%，主要原因是被调查者多为当地农民，文化程度普遍较低，同时我们对各乡镇的事业单位及政府公职人员进行了实地问卷调查，这部分样本群体整体文化素质相对较高；小学及以下样本量最小，保证了不同层次居民的利益诉求；职业以农民、事业单位的公职人员以及个体经营者为主，在总样本中占有56%；家庭收入主要以工资性收入和经营性收入为主，占总样本量的75.2%，如表11－2所示。

从生态涵养地区居民对生态环境的满意程度来看，19.23%的居民对目前的生态环境保护不满意或不太满意，满意的达到80.76%，在这当中，非常满意占比为12.27%，一般满意占比为38.38%，比较满意占比为30.11%，如表11－3所示。说明张家口和承德市的居民对目前的生态环境保护基本是满意的，生态环境现状是比较理想的。但从整个满意度来评价，一般满意水平以下的比例达到58%左右，如图11－1所示，还有进一步提升的空间，因此，张家口和承德的生态环境需要改进和投入的空间较大，还需要针对现在较为突出的生态环境问题集中治理和维护，达到生态环境和经济发展良性互动。

表 11－2　　样本基本特征统计

变量	选项	频率	百分比（%）	变量	选项	频率	百分比（%）
性别	男	567	43.7	学历	高中（中专或中技）	226	17.6
	女	711	56.3		大专	155	12.2
年龄	18～25 岁	121	9.8		本科及以上	356	28.9
	26～35 岁	356	28.9	家庭收入来源	种植业	194	15.3
	36～50 岁	605	46.4		养殖业	97	7.9
	51～60 岁	157	12.2		林业	19	1.6
	61 岁以上	39	2.7		工资性收入	756	60.0
职业	农民	295	23.1		经营性收入	212	15.2
	乡村干部	36	2.9	家庭总收入	5000 元以下	104	8
	政府公务员	56	4.4		1 万元以下	105	8.4
	事业单位人员	300	23.3		1 万～2 万元	175	13.8
	个体经营者	120	9.5		2 万～3 万元	221	16.8
	私企员工	100	7.9		3 万～5 万元	224	17.8
	国企员工	92	7.5		5 万～8 万元	187	14.6
	其他	279	21.4		8 万～10 万元	131	10.2
学历	小学及以下	93	7.2		10 万～20 万元	106	8.4
	初中	448	34.1		20 万元以上	25	2.0

表 11－3　　居民对生态环境保护的满意程度

居民满意度	频率	百分比（%）	有效百分比（%）	累积百分比（%）
不满意＝1	70	5.74	5.74	5.74
不太满意＝2	165	13.50	13.50	19.23
一般满意＝3	469	38.38	38.38	57.61
比较满意＝4	368	30.11	30.11	87.73
非常满意＝5	150	12.27	12.27	100.00
合计	1222	100.00	100.00	

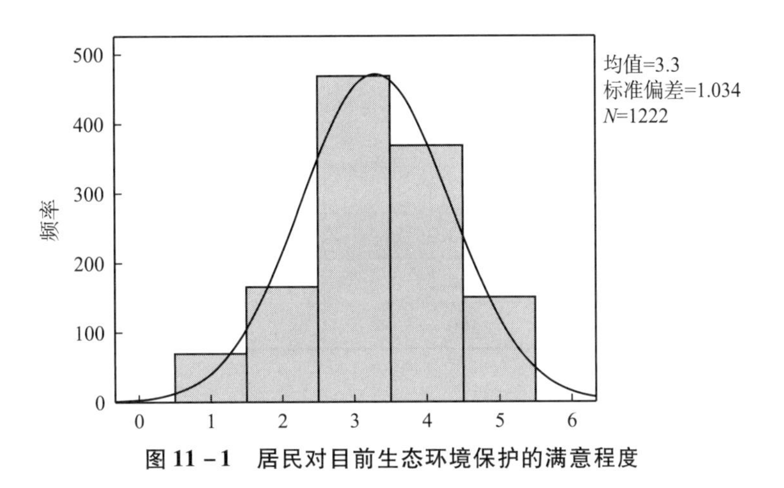

图 11－1　居民对目前生态环境保护的满意程度

从居民对生态补偿政策的认知层面分析，就生态补偿政策以及经济金融政策这两者谁更重要的问题上，认为这两者同等重要的被调查者占比为53.52%，认为前者远比后者重要的占比为20.21%，认为前者略微比后者重要的占比为9.82%，认为后者比前者重要的占比为16.45%（如图11－2所示），认为政府制定生态补偿政策比较重要和非常重要的居民占到78.89%，认为不重要和不太重要的居民占到9.98%（如表11－4、图11－3所示），说明当地居民对于生态补偿政策的制定相对比较迫切。这在一定程度上体现出生态涵养地区的人民群众对于生态补偿的各项政策重视程度极高，希望能够在保护生态环境以及生态补偿政策中弥补发展权的损失，在一定意义上激励居民加入保护环境的行列中去。

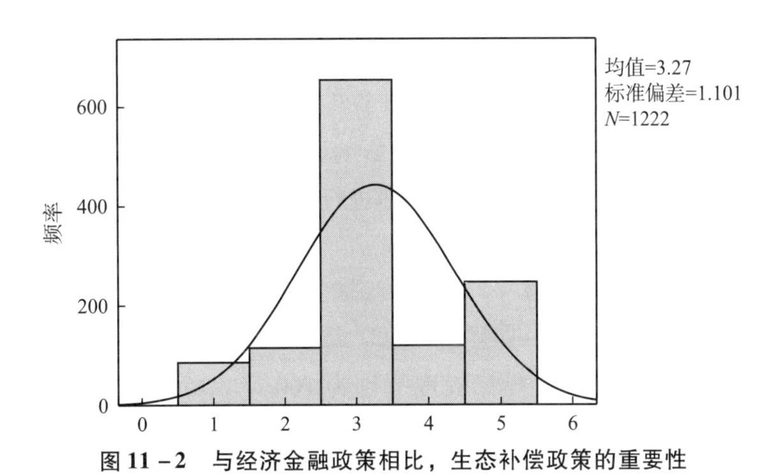

图 11－2　与经济金融政策相比，生态补偿政策的重要性

表 11－4　政府制定生态补偿政策的重要性

选项	频率	百分比（%）	均值	标准差
不重要＝1	24	1.96	4.12	1.02
不太重要＝2	98	8.02	—	—
一般重要＝3	136	11.13	—	—
比较重要＝4	408	33.39	—	—
非常重要＝5	556	45.50	—	—
合计	1222	100	—	—

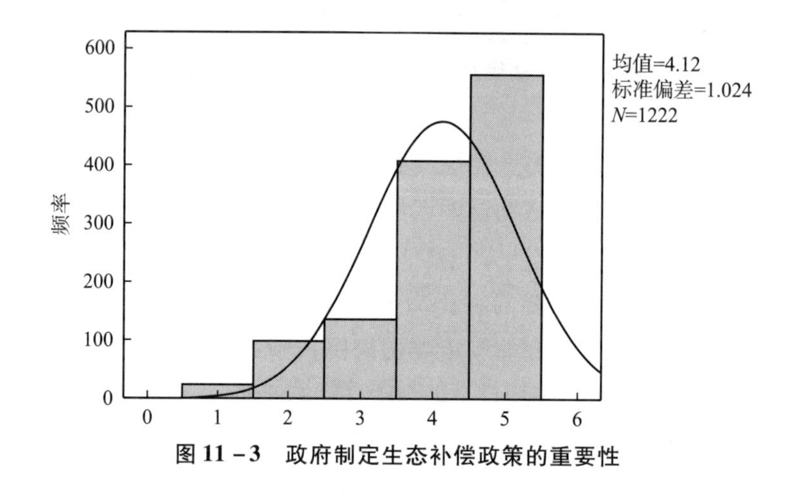

图 11－3　政府制定生态补偿政策的重要性

二、受偿意愿测算与影响因素分析

受偿意愿值是参照受偿意愿期望值计算生态涵养地区平均受偿意愿，并测算平均值。使用 Tobit 模型分析受偿意愿的影响因素，依据结果分析，进一步了解受偿意愿的影响因素，为更科学、客观地进行生态补偿提供现实依据。

（一）受偿意愿值测算

在 1222 份有效问卷中，投标额度分别为 100 元、150 元、200 元、250 元、300 元、350 元、400 元、500 元、800 元、1000 元，分别占 4.3%、6.5%、2.5%、1.9%、6.4%、2.6%、6.1%、14.7%、7.9%、47.2%，如图 11－4 所示。其中受偿意愿 1000 元的比例最高，达到 47.2%，如表 11－5 所示。根据被调查居民的受偿意愿额度频率分布数据，严格参照受偿意愿期望值计算公式，得出了生态涵养地区平均受偿意愿值，最终算出承德市以及张家口市的平均受偿意愿值为 685 元/人。

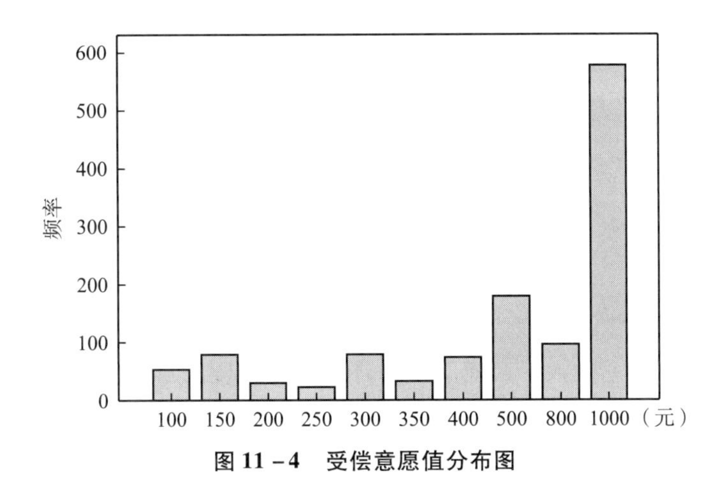

图 11－4　受偿意愿值分布图

表 11－5　　样本受偿意愿的频率分布

受偿意愿区间	受偿意愿（元）	频率	百分比（%）
100	100	53	4.3
150	150	79	6.5
200	200	30	2.5
250	250	23	1.9
300	300	78	6.4
350	350	32	2.6
400	400	74	6.1
500	500	179	14.6
500～800	800	96	7.9
800～1000	1000	578	47.2
合计	—	1222	100
平均受偿意愿	685	—	—

（二）基于问卷的受偿意愿影响因素分析

将因变量设置为生态补偿金额，所以在同意接受生态补偿时生态补偿量严格为正，在不同意接受生态补偿时设置为 0。故需选择相应模型得出补偿金额的非负估计值，在宽泛的解释变量内都具有较好的偏效应，托宾模型可方便化实现目标。

1. 变量选择及计量模型确定

模型设定如下：

$$y_1 = \beta_0 + X\beta + \mu \quad (11-1)$$

$$y = \max(0,\ y_1) \quad (11-2)$$

潜变量 y_1 满足经典线性假定；具体来看，它服从具有先行条件均值的正态同方差分布。通过模型分析得出，当 $y_1 \geqslant 0$ 时，所观测变量 y 等于 y_1，但当 $y_1 < 0$ 时，则 $y=0$。

其中，y_1 代表生态补偿金额，X 包括性别、年龄、职业、文化教育程度、家庭收入来源、家庭总收入、政府对生态环境的重视度、对生态环境的满意度、生态补偿政策重要性、环保经济价值高低、生态补偿比经济金融政策的重要性。

2. 描述性统计

此项研究的样本数量为1278份有效问卷，筛选掉不符合统计学意义的数据，最终纳入Tobit模型分析的总共有1222分问卷，如表11－6所示。变量的描述性统计，生态补偿金额为10分值变量（1＝100元，2＝150元，3＝200元，4＝250元，5＝300元，6＝350元，7＝400元，8＝500元，9＝800元，10＝1000元），将其看作连续变量，可看到生态补偿金额的均值为7.402，说明样本生态补偿最低金额的均值在400～500元之间；年龄为分类变量，47%的样本年龄在36～50之间；职业类型为分类变量，其中农民比例占21.7%；学历为分类变量，33%的样本为初中学历；收入主要来源为分类变量，可看到61%的样本主要收入来源为工资性收入；家庭年总收入为9分值变量（1＝5000元以下，2＝万元以下，3＝1万～2万元，4＝2万～3万元，5＝3万～5万元，6＝5万～8万元，7＝8万～10万元，8＝10万～20万元，9＝20万元以上），本书将其看作连续变量；根据政府对于生态环境的重视程度，将其划分为5分值的变量（5＝非常重要，4＝比较重要，3＝一般重要，2＝不太重要，1＝不重要），本书视作连续变量，均值为4.228，反映出政府较为看重生态环境；根据对于生态环境的满意程度，将其划分为5分值变量（5＝非常满意，4＝比较满意，3＝一般满意，2＝不太满意，1＝不满意），均值为3.305，说明对环境满意度为中等水平；环保经济价值高低为3分类变量，仅有5%的人认为环保经济价值低；生态补偿政策重要性均值为4.120。

表 11－6　　　　　　描述性统计

变量名	观测值	均值	标准差	最小值	最大值
生态补偿金额	1222	7.402	3.365	0	10
年龄					
18～25 岁	1222	0.097	0.297	0	1
26～35 岁	1222	0.291	0.455	0	1
36～50 岁	1222	0.466	0.499	0	1
51～60 岁	1222	0.124	0.330	0	1
61 岁及以上	1222	0.021	0.143		
职业					
农民	1222	0.217	0.413	0	1
乡村干部	1222	0.029	0.169	0	1
公务员	1222	0.044	0.205	0	1
事业单位人员	1222	0.242	0.429	0	1
个体经营者	1222	0.092	0.289	0	1
私企员工	1222	0.079	0.270	0	1
国企员工	1222	0.077	0.266	0	1
其他	1222	0.219	0.414	0	1
学历					
小学及以下	1222	0.069	0.254	0	1
初中	1222	0.333	0.471	0	1
高中（中专或中技）	1222	0.179	0.384	0	1
大专	1222	0.127	0.333	0	1
本科及以上	1222	0.292	0.455	0	1
收入主要来源					
种植业/林业	1222	0.162	0.369	0	1
养殖业	1222	0.080	0.272	0	1
工资性收入	1222	0.613	0.487	0	1
经营性收入	1222	0.145	0.352	0	1
家庭年总收入	1222	4.687	2.062	1	9
政府重视生态环境	1222	4.228	0.961	1	5
对生态环境满意度	1222	3.305	1.200	1	5
生态补偿政策重要性	1222	4.120	1.024	1	5

续表

变量名	观测值	均值	标准差	最小值	最大值
环保经济价值高低					
高	1222	0.534	0.499	0	1
中	1222	0.416	0.493	0	1
低	1222	0.051	0.220	0	1
生态补偿比经济金融政策的重要性	1222	3.276	1.093	1	5

3. Tobit 模型实证分析结果

基于上述分析，此项实证分析使用 Stata16.0 实施模型操作，最终数据见表 11 – 7。从回归结果可以看到，年龄对生态补偿意愿金额的影响显著，与 18 ~ 25 岁相比较，26 ~ 35 岁、36 ~ 50 岁、51 ~ 60 岁的生态补偿意愿金额较高，61 岁及以上影响不显著；相较于农民，其他职业类型的生态补偿意愿金额较低，这也在一定程度上表明农民是生态补偿的利益关切者。

表 11 – 7　　生态补偿金额的 Tobit 模型实证分析结果

变量	系数	标准差
年龄（对照组：18 ~ 25 岁）		
26 ~ 35 岁	0.967***	(0.368)
36 ~ 50 岁	1.374***	(0.359)
51 ~ 60 岁	1.292***	(0.425)
61 岁及以上	–0.008	(0.722)
职业（对照组：农民）		
乡村干部	–1.816***	(0.603)
公务员	–1.689***	(0.553)
事业单位人员	–1.146***	(0.368)
个体经营者	–0.251	(0.447)
私企员工	–0.335	(0.447)
国企员工	–0.616	(0.459)
其他	–0.576*	(0.327)
学历（对照组：小学及以下）		
初中	–0.357	(0.393)
高中（中专或中技）	0.443	(0.434)

续表

变量	系数	标准差
大专	0.624	(0.485)
本科及以上	0.891 *	(0.473)
收入主要来源（对照组：种植业/林业）		
养殖业	-1.911 ***	(0.493)
工资性收入	0.216	(0.316)
经营性收入	-0.836 **	(0.408)
家庭年总收入	0.126 **	(0.051)
政府重视生态环境	0.153	(0.111)
对生态环境满意度	-0.169 **	(0.080)
生态补偿政策重要性	0.807 ***	(0.116)
环保经济价值高低		
中	-0.362 *	(0.209)
低	-1.998 ***	(0.437)
生态补偿比经济金融政策的重要性	0.023	(0.091)
常数项	2.876 ***	(0.751)
N	1160	
Pseudo R^2	0.056	

注：* 代表在 0.1 水平显著；** 代表在 0.05 水平显著；*** 代表在 0.01 水平显著。

从表 11-7 可以看出，本科及以上的个体相较于小学及以下的生态补偿意愿金额更高，随着学历的提高，补偿意愿不断提升，本科高于大专以上，大专高于高中和初中；以种植业或农业为输入来源的个体补偿意愿较大，而以养殖业和其他经营性收入来源的个体补偿意愿较低；家庭年总收入同生态补偿意愿金额呈正相关，同生态环境满意度呈正相关，同生态补偿意愿金额呈负相关；认为生态补偿政策重要性越高的人，生态补偿意愿金额越高；相较于认为环保经济价值高的个体，认为环保经济价值中或低的个体其生态补偿意愿金额较低。在生态补偿意愿调查中，居民普遍认为生态补偿政策比金融政策更重要，对生态补偿的重视程度更高。

综上所述，在对样本区域进行的调查问卷分析中可以发现，年龄、职业、学历对生态补偿均有不同程度的影响，总体来看，中青年人对于生态补偿的受偿意愿较高，学历越高对生态补偿的受偿意愿相对也较高，从事养殖业和经营性农业的居民对生态补偿的受偿意愿相对较高。同时，居民对生态环境保护的重视程度相对较高，对生态补偿政策的重视程度较高，在经济发展和生态环境保护之间更加倾向于重视生态环境保护。

三、基于生态系统服务价值的补偿与受偿意愿比较

基于生态系统服务价值的跨区域生态补偿可以测算出每个城市的受偿或者补偿金额，为了体现以人为本的发展理念，充分考虑受偿区域民众的受偿意愿。将模型测算结果与受偿意愿进行比较，将区域受偿意愿作为生态补偿的下限，生态系统服务价值模型测算结果作为生态补偿的上限，结合各城市实际，通过协商谈判的方式确定最终生态补偿和受偿金额。为了在更深层次上推动城市群的经济更加协调于生态环境保护，统筹实施区域之间的共同发展，在实施跨区生态环境保护的相关工作中，应当对生态保护区居民的意愿给予充分的尊重与支持，使他们能够在生态补偿中获得较为合理的补偿量，带动他们积极参与到生态环境保护的行列中，更深层次上推动城市群的协调统一发展。

根据调查结果分析，生态涵养地区的人均受偿意愿为685元，按照2017年常住人口数计算张家口和承德的受偿意愿总额分别为32.1亿元和26.2亿元，承德市综合测算模型结果比调查受偿意愿结果高16.6亿元，张家口市高18.6亿元，如表11－8所示，生态系统服务价值测算结果可以作为生态补偿的上限，调查结果反映区域的受偿意愿，可以作为生态补偿的下限，根据各区域协商一致的情况下确定生态补偿的最终金额。通过对生态系统服务价值的测算结果与受偿意愿比较分析，生态系统服务价值模型的测算结果远高于生态涵养地区的居民受偿意愿，在实际进行生态补偿标准制定时，可根据当地的实际财政收入水平进行调整。

表11－8　生态涵养地区受偿意愿与综合模型测算结果比较　单位：亿元

城市	受偿意愿	生态系统服务价值模型测算值
承德市	26.2	558
张家口市	32.1	775

综上所述，根据生态系统服务价值模型的测算结果与生态涵养地区的区域受偿意愿，可以对城市群系统内跨区域生态补偿制定更加符合实际情况的补偿标准，同时也是可以满足生态涵养地区的区域受偿意愿，既体现出补偿标准的客观

性，同时也满足生态保护地区区域受偿意愿，体现了以人为本、兼顾效率和公平的生态补偿机制构建原则。

四、本章小结

为了达成行政区间生态保护补偿协调一致，纳入区域意愿，合理量判区域生态保护补偿意愿标准，借鉴条件价值评估思想及方法，以京津冀城市群为研究区，开展生态涵养区行政管理访谈、居民问卷调查，构建生态保护区受偿意愿模型，为跨区域生态保护补偿提供科学依据和技术支持。通过调查实证分析，居民受偿意愿及其影响因素存在着明显的差异性，中青年人对于生态补偿的受偿意愿较高，学历越高对生态补偿的受偿意愿相对也较高，从事养殖业和经营性农业的居民对生态补偿的受偿意愿相对较高，居民对生态环境保护的重视程度相对较高；通过生态系统服务的生态保护补偿模型与生态保护补偿受偿模型测算结果比较，生态系统服务价值模型的测算结果远高于生态涵养地区的居民受偿意愿，在某种程度上说明受偿意愿调查及测算比较符合客观实际。在实际进行生态补偿标准制定时，可根据当地的实际财政收入水平进行调整。

第十二章

城市群系统区域生态贡献与补偿

城市群是指在特定地域范围内，依托一定的自然条件、发达的交通通信等基础设施网络、紧密联系的人口、经济、社会等资源要素，以中心城市为核心，向周围辐射构成的空间组织紧凑的城市集合区域。城市群是中国城镇化的主体形态，是城镇空间布局优化的重要载体，城市群发展是我国推动城镇化的主要模式，是推动城镇化和社会经济发展的区域引擎。城市群是人口、产业、设施高度聚集的地域单元，是自然、经济、社会、生态高度复合的复杂大系统，系统内各行政区之间的人口流动、经济贸易往来、交通联系、生态关系十分密切。生态共建共治共享是城市群系统内区域协调发展和高质量发展的重要理念，跨区域生态保护补偿是协调生态保护与经济社会发展的重要抓手。

一、研究区与研究方法

《全国主体功能区规划（2011－2020）》中将城市群作为推动城镇化的主体，党的十九大报告提倡以城市群为基础构建大中小各类城市以及小城镇之间协调发展的空间格局，加快京津冀等20个城市群协同发展。我国跨区域横向生态保护补偿区域覆盖面还十分有限，将城市群纳入跨区域生态保护补偿能够有效扩大补偿范围，并有利于改善生态质量，增强优质生态产品的可持续供给。

（一）研究区及数据来源

京津冀城市群、长江三角洲城市群、成渝城市群是我国国家级城市群，是黄河流域、长江流域及西部地区城市群的重要代表，其区域协调及生态共建共治共享具有重要意义。京津冀城市群根据《北京城市总体规划（2016－2035）》和《天津市城市总体规划（2005－2020）》，以北京市中心城区和其余的10个区、天津市中心城区及其余的6个区，以及河北省的11个地级市，共29个地区作为研究对象。北京市中心城区包括东城、西城、海淀、朝阳、石景山、丰台6个区；天津市中心城区包括和平、河西、南开、河东、河北、红桥6个中心城区及周边北辰、东丽、西青和津南4个区。根据《长江三角洲城市群发展规划》，长江三角洲城市群包括上海市、江苏省、安徽省和浙江省各市（区）共35个市（区）。根据《上海市城市总体规划（2017－2035年）》将黄浦、徐汇、长宁、杨浦、虹口、普陀、静安以及浦东新区的外环内城区相应行政区归为中心城区，其余9个区独立计算。成渝城市群根据《成渝城市群发展规划》确定的重庆市、四川省划入城市群范围的市、区为研究对象，共计39个市、区。为研究方便，将重庆市的渝中区、沙坪坝区、南岸区、江北区、九龙坡区和大渡口区归为中心城区。数据来源于北京市、天津市、重庆市、河北省、四川省等各省市2017年统计年鉴，以及各地政府公报2017年财政一般公共预算支出决算表，土地数据来源于2016年土地变更调查数据。

（二）研究方法

为了整体上体现区域之间生态关系和明确生态贡献，可以按照投入产出思路来考量生态系统服务异地外部性的生态贡献。计量思路如下：假设城市群是生态－经济关系联系紧密地区，区域间不存在行政隶属关系；当某区域生态投入大于就地生态消耗时，理解为该区域生态系统服务存在外溢价值，提供了生态服务，承担了生态保护功能，属于生态贡献方；当某区域生态投入小于就地生态消耗时，理解为该区域消费了外区域生态系统服务，属于生态索取方。数据包络分析方法（data envelopment analysis，DEA）是一种比较典型的效率评价方法，在多种投入和多种产出分析方法方面具有绝对优势，同时不需要确定权重。SBM－DEA模型（slacks-based measure）是基于松弛变量测度的DEA相对效率分析方法，作为一种非参数方法，依靠投入产出的数据得到相应的技术前沿以及各决策单元（DMU）相对于参照技术的效率评价，而不需要设定生产者的最优行为目标，也不需要对生产函数的形势做特殊假定。

借用SBM－DEA模型来计量决策单元的相对效率，用相对效率值来表征城市群内部每个城市的生态消耗率，用EC（ecology consumption）表示，将每个城市作为一个独立的决策单元DMUj，选取城市群中每个城市的生态投入指标，将生态资源消耗作为产出指标，以此计算各城市的生态消耗率。按照投入产出模型分析，EC 越大，表明城市生态投入较小，生态消耗较大，生态贡献相对较小（该地区的生态消耗越多，生态投入较小，该城市的生态贡献越小）；EC 越小，表明城市生态投入较大，生态消耗较小，生态贡献相对较大。若生态消耗小于生态投入，属于生态贡献方，按照生态补偿原则，EC 较大的城市应该给 EC 较小的城市生态补偿。

根据 SBM - DEA 模型计算得出每个城市的生态消耗率 EC，反映城市生态投入消耗程度，EC 越大表示生态消耗越多，与生态贡献呈负相关性。生态补偿依据是生态贡献，为此需要将生态消耗率 EC 转换成生态贡献指数 ECI（ecological contribution index），生态贡献指数为正的城市为生态贡献区，归为生态受偿城市；生态贡献指数为负的城市为生态索取区，归为生态补偿城市。在生态受偿城市中，生态贡献指数越大生态贡献越大；在生态补偿城市中，绝对值越大生态消耗越多，需要支付的补偿就应越多。

（三）生态贡献计量指标体系

城市生态投入主要是指生态建设资金、劳动、技术等直接投入成本，生态用地的土地成本，环境污染防治等治理成本，以及为了保护生态而承担的发展机会成本；生态消耗指就地人口承载力、经济水平、基础设施等对自然生态资源的消耗和破坏。本研究计量指标的选择基于为政府相关部门提供生态补偿标准的技术支撑，按照 SBM - DEA 模型机理，合理选择投入、产出指标，指标选取既要尊重科学原理，又要考虑指标层次性、可获得性、可操作性原则，便于相关部门数据常态化采集和核算。

生态用地是最具生态服务功能的重要物质载体，包括耕地、林地、草地和水域等。城市群中各行政区域，生态用地面积越大，生态效益越高，同时往往又会限制建设用地及第二、第三产业发展，需要经济补偿来弥补发展机会成本。节能环保投入越大，能源消耗、污染排放会越小，环境保护力度越大。而人口、第二产业产值、经济总量（GDP）往往与水土资源、基础设施等消耗及污染物排放量等成正比，人口多、第二产业发达、经济总量大，会占用更多的生态资源，对生态系统的扰动会更大。第二产业生产总值作为生态消耗输出指标，主要是衡量工业、建筑业等对生态资源的占用和消耗，GDP 是从经济发展总量规模角度来衡量城市整体的生态系统服务消耗，两个指标有一定的关联性，但本研究主要考量城市地区之间的关系，对于单个城市的计算没有意义，因此，指标的共线性问题不影响研究目标。因此，本书选择最具代表性的生态用地投入、节能环保投入作为生态投入指标，人口、第二产业、经济总量作为生态消耗指标，劳动、科学技术投入在此忽略不计。指标体系如表12-1所示。

表12-1　生态贡献计量指标体系

指标类型	指标类别	计量指标
生态投入	生态用地投入	耕地面积
		林地面积
		草地面积
		水域面积
	经济投入	节能环保投入
生态消耗	城市发展消耗	常住人口
		第二产业生产总值
		GDP

二、京津冀区域生态贡献计量与补偿

京津冀协同发展是国家重大发展战略，京津冀城市群主要包括北京、天津以及河北省的11个地级市，是国家探索城市群空间布局，促进人口、经济和自然资源协调发展的重要示范区。现阶段重点发展的领域包括交通、产业、生态环境三个层面。产业对接协作能够进一步推动区域的协同发展，促进经济进步，交通一体化网络建设成效显著，在生态环境协同治理方面重点落实京津冀区域大气污染防治协作机制，目前取得的成就主要如下：对密云水库上游开展补偿，保护位于张家口的水源涵养区和京津冀生态支撑区等。党的十九大以后，京津冀协同发展、生态文明建设更是迎来新局面，将以高起点、高标准推动生态共建共享，以及生态保护与经济社会的耦合共进发展。

（一）生态—经济空间格局

近年来，京津冀城市群频繁发生环境污染问题，大气污染尤其严重，跨越行政区边界，行政主体间不能仅局限于本地管理，应将整个京津冀城市群作为系统性的生态保护区域，政府之间联合起来协同治理环境。生态空间是保障城市生态安全、创造高质量生活品质所必需的国土空间，生态空间的规模变化、空间结构改变、生态过程会对生态系统产生相应的制约，影响生态系统为人类生产生活提供支持的良性循环（王甫园等，2020）。京津冀城市群的协同发展不仅涉及经济以及公共服务，而且包括基础设施和人民生活质量。

1. 生态经济空间不均衡

京津冀城市群生态环境与区域经济发展现状存在空间上的不均衡，生态涵养功能区主要分布在西部山区，如张承等地区经济发展水平比较落后，北京市和天津市的经济发展状况较好，但人口密度大，经济体量较大，产业密集，生态效率相对较低，造成了该地区生态—经济空间格局不平衡的局面。

随着协同发展的战略不断推进，京津冀三个不同的地区经济发展都获得了显著的成效，但是，它们之间的差距还是非常明显。2017 年北京市、天津市、沧州市人均 GDP 最高，达到了 10 万～13 万元，廊坊市、唐山市人均 GDP 也较大，邢台市、邯郸市人均 GDP 最小，处于 3.5 万～4 万元之间，张家口市、保定市人均 GDP 也较小。由此可见，在京津冀城市群中北京市发展水平最高，河北省经济发展水平明显落后于京津两地，低于全国平均水平，如图 12－1 所示。

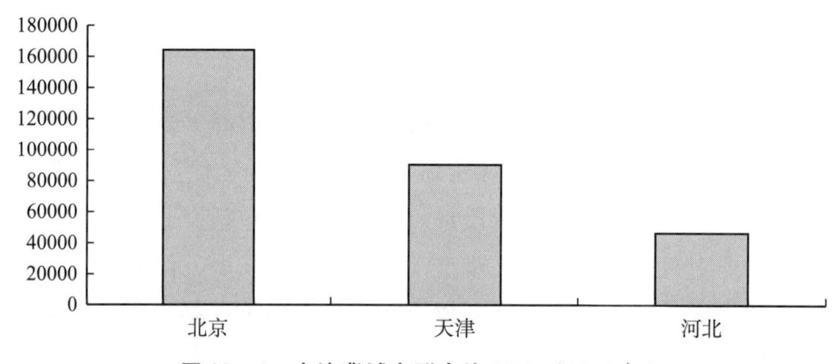

图 12－1　京津冀城市群人均 GDP（2019 年）

2. 生态资源集中区往往是经济发展相对滞后区

京津冀脆弱的自然环境导致自然灾害多发，进而对农牧业生产造成较大影响，经济损失导致贫困地区脱贫难度大，返贫率升高，进一步陷入“生态恶化制约经济发展，经济落后加速生态破坏”的恶性循环，经济可持续发展难度大，生态和经济压力持续加大，使得生态涵养区易陷入生存危机，形成环京津贫困带。

3. 生态保护限制了经济发展

京津冀城市群生态涵养地区因生态保护使自身发展受限，对经济社会的发展带来极大的挑战。同时因生态环境保护，京津水源涵养区所有涉及水源地的项目全部取缔，并禁止新建各类与水源有关的项目，生态保护一定程度上阻碍了经济发展。京津冀城市群生态涵养区具有天然的生态优势，主要输出生态产品，但生态产品市场化机制尚不健全，生态优势没有形成自身经济优势，转变还需完善市场机制。生态优势转变为发展优势，还存在两方面问题：一是生态产品市场化不健全，生态系统服务价值的测算目前没有统一可执行的标准，还需尽快出台生态产品的测算规范和标准；二是生态资源配置的市场化机制不完善。目前京津冀城市群生态资源配置更多的是采用无偿调拨的方式，河北的张承地区作为水源地涵养区，本身水资源紧缺，仍向京津无偿供水，一定程度上压缩了自身用水的项目，国家的相应扶持和补偿政策还不完善，产生了“欠发达地区保护环境，发达地区享受环境”的生态不公平现象，使生态产品输出地和输入地之间的矛盾加剧。输出生态产品的生态效益输出地区缺乏生态建设和环境保护的动力，生态效益输入地区面临资源环境的约束。

4. 生态保护区居民收入水平较低

生态涵养地区政府因治理环境、保护水源地安全，投资较大，财政负担沉重，在不同程度上影响了当地发展工业的各种机会，也丧失了发展经济的相应机遇。例如张家口，这里的污染企业数量非常多，每年关闭大约有上百家，这样就导致税收收入逐渐减少，而且还不利于社会就业。同时，因生态环境保护政策的实施，稻改旱、退耕还林还草、禁止农药化肥等举措使农村居民收入减少。密云水库和官厅水库上游禁止放牧，禁止污染类项目，上述举措对当地农民收入水平和脱贫致富产生较大影响。如图 12 - 2、图 12 - 3 所示，北京市的人均可支配收入与人均消费水平最高，河北省最低，河北省是生态资源最集中的地区，但收入和消费水平最低，反映出京津冀城市群的收入差距相对较大。

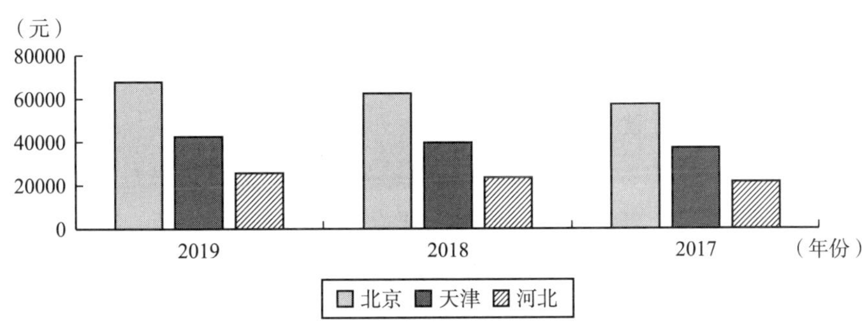

图 12 - 2　京津冀城市群人均可支配收入

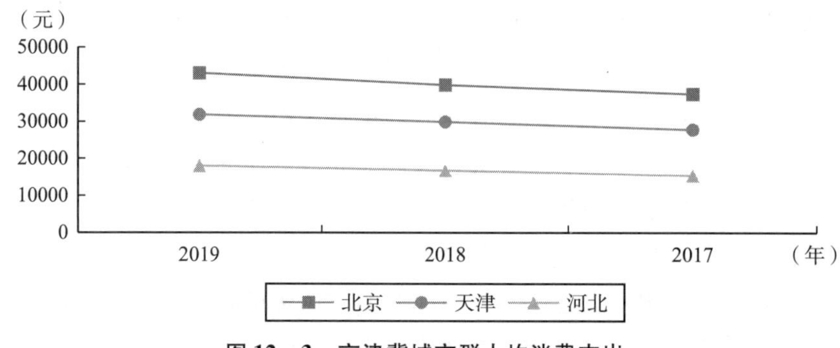

图 12－3　京津冀城市群人均消费支出

由于行政区域之间利益不均衡，区域间生态—经济之间存在失衡现象。构建跨区域的“生态关系－生态贡献－生态补偿－生态共建共享”理论框架，对比生态投入与生态消耗的大小来判断该区域为生态贡献方或生态消费方，运用数据包络分析方法（DEA），将生态投入理解为生态用地与经济等方面的投入，生态消耗则从人口与产业方面表征，计算生态消耗率，确定生态补偿、生态受偿角色，提出科学划分生态—经济功能分区，在其内部实施跨区域的横向生态补偿；利用 DEA 方法，确定补偿标准测算方法、过程及补偿权责关系；建立生态管理、生态补偿的生态—经济功能区管理部门，进一步形成生态—经济空间格局（彭文英等，2018）。

（二）生态贡献计量

京津冀城市群生态贡献指数有 14 个正值区、14 个负值区，一个中位地区。北京市生态消耗率最高，达到 6.941，生态贡献指数为－0.987；其次是天津市滨海新区、天津中心城，生态贡献指数均为－0.259；河北省生态消耗率最高的是邯郸市、石家庄市，生态贡献指数分别为－0.018、－0.009；生态消耗率最小、生态贡献指数最高的分别是河北省的张家口市、承德市，生态贡献指数均为 0.013。北京市密云区、平谷区、延庆区、房山区生态贡献指数均为 0.011，天津市仅有蓟州区生态贡献指数为正。

（1）北京及天津中心城区生态消耗率最高，属于生态贡献负值区。北京市中心城区节能环保投入力度较大，该地区建设用地所占比例较高，城市常住人口多、GDP 总量及第二产业生产总值高，城市生态消耗大，生态投入产出的生态消耗率最大，生态贡献为负值。北京市昌平区、顺义区，天津市滨海新区及中心城、武清区、宁河区，河北省的邯郸市同属于上述情况，生态消耗率在 0.2 以上，属于生态高消耗地区。

（2）河北省石家庄市、廊坊市、邯郸市、邢台市、沧州市、衡水市、唐山市，天津市的静海区、宝坻区，北京市的大兴区、通州区11个市区生态消耗率在0.1～0.2之间，生态贡献指数均为负值，分享了其他地区生态系统服务价值的外溢。对比京津冀生态消耗率分布图和土地利用类型分布，该类型地区的建设用地所占比例相对较大，多为第二产业较为发达地区，开发程度较好。天津市的静海区和宝坻区被划为限制开发区，但第二产业基础相对较好，二产所占比重仍较高，故生态消耗率较大，属于生态消耗地区。

（3）河北省张家口、承德市，北京市的密云区、平谷区、延庆区、房山区，多属于山区生态涵养地区，从土地利用类型来看，该类区域森林、草原等生态用地面积、常住人口、经济发展总量相对较低，城市生态消耗率低，城市生态贡献高，在城市群中属于生态系统服务价值外溢地区，发挥了区际生态服务作用。

（4）河北省的秦皇岛市、保定市，北京市的门头沟区、怀柔区，天津市的蓟州区，产业发展较好，生态用地面积较广，节能环保投入也较大，因而生态投入产出的生态消耗率较低，生态贡献指数为正，生态服务产生了区域外溢价值，属于生态贡献地区。

（三）生态保护补偿措施

京津冀城市群跨区域生态保护补偿存在生态产权不清晰、生态保护补偿标准确定以定性描述和双方协商为主、补偿标准不规范、补偿形式以财政补贴为主、技术等项目补偿较少、没有形成生态补偿长效机制等问题。基于生态贡献指数分析京津冀生态补偿利益相关者，确立生态补偿地区和生态受偿地区，建立适合京津冀城市群的跨区域生态补偿机制是解决京津冀跨区域生态补偿的有效途径，如表12－2所示。

表12－2　　京津冀城市群城市生态角色

地区	消耗率	贡献指数	生态角色	地区	消耗率	贡献指数	生态角色
北京中心城	6.941	－0.987	补偿	邢台市	0.116	0.001	受偿
滨海新区	1.915	－0.259	补偿	唐山市	0.110	0.002	受偿
天津中心城	1.913	－0.259	补偿	通州区	0.102	0.003	受偿
昌平区	1.025	－0.131	补偿	蓟州区	0.099	0.003	受偿
武清区	0.305	－0.026	补偿	保定市	0.092	0.004	受偿
宁河区	0.272	－0.022	补偿	门头沟区	0.087	0.005	受偿

续表

地区	消耗率	贡献指数	生态角色	地区	消耗率	贡献指数	生态角色
邯郸市	0.245	-0.018	补偿	怀柔区	0.072	0.007	受偿
顺义区	0.204	-0.012	补偿	秦皇岛市	0.062	0.009	受偿
石家庄市	0.187	-0.009	补偿	房山区	0.047	0.011	受偿
静海区	0.185	-0.009	补偿	延庆区	0.045	0.011	受偿
廊坊市	0.171	-0.007	补偿	平谷区	0.045	0.011	受偿
宝坻区	0.167	-0.006	补偿	密云区	0.045	0.011	受偿
沧州市	0.155	-0.005	补偿	承德市	0.035	0.013	受偿
大兴区	0.147	-0.003	补偿	张家口市	0.031	0.013	受偿
衡水市	0.123	0.000	中位区				

1. 生态贡献区受偿

京津冀生态贡献区生态受偿存在的主要问题是生态补偿投入不足，资金主要来源于中央财政，社会资金投入相对较少，金融服务、社会捐赠等渠道缺失，一些自然资源的生态补偿没有纳入补偿范围。重点生态功能区生态环境和经济发展之间关系复杂，生态补偿标准偏低，生态保护者动力不足，生态补偿资金不能实现全覆盖，生态补偿政策法规建设滞后，生态补偿取得了一定成效，但总体较为单一，补偿存在较大局限性。

通过 SBM - DEA 模型测算，生态贡献较大区域主要位于森林、耕地、草地和水域面积大的位置，分布在京津冀北部的坝上高原生态防护区以及燕山 - 太行山生态涵养区。生态贡献大的地区应优先补偿，结合各地的财政收入与支付能力构建合理的补偿金额，以生态贡献为依据，综合考量建立专项基金保证专款专用，生态贡献越大的地区获得越多的生态补偿金额。

2. 生态消耗区支付补偿

在京津冀生态协同治理中，建立相应生态管理和补偿运作的管理部门，制定系统化的跨区域生态补偿制度，减少多部门主管造成的生态补偿效率低下的问题，调动各级政府生态保护和生态建设的积极能动性，保障各区域的公平发展，协调区域经济发展与生态保护的矛盾。

3. 生态补偿区与生态受偿区

京津冀城市群可以划分为 14 个生态补偿方和 14 个生态受偿方，一个生态中位地区。生态补偿地区包括北京中心城、天津滨海新区、天津中心城、北京昌平区、天津武清区、天津宁河区、河北邯郸市、北京顺义区、河北石家庄市、天津静海区、河北廊坊市、天津宝坻区、河北沧州市、北京大兴区、河北衡水市。北京市中心城区的生态消耗率达到6.941，生态贡献指数为-0.987，生态消耗最大，属于生态补偿地区，需要对其他生态贡献大的地区进行经济补偿。生态受偿地区包括河北邢台市、河北唐山市、北京通州区、天津蓟州区、河北保定市、北京门头沟区、北京怀柔区、河北秦皇岛市、北京房山区、北京延庆区、北京平谷区、北京密云区、河北承德市、河北张家口市。北京延庆区、北京平谷区、北京密云区、河北承德市和河北张家口市生态消耗率最低，在整个城市群中生态贡献高，属于生态受偿地区。生态补偿地区主要集中于城市群经济发达、人口高度聚集区域；生态受偿地区主要分布在京津冀西北部生态涵养区及东部滨海发展带，这些城市的生态用地面积广、人口相对较少，经济发展水平和居民收入水平相对较低，在保护生态环境的同时限制了经济发展，应通过生态补偿措施进行区域发展的平衡和协调。

按照生态投入、生态消耗确定生态保护地区的生态系统服务外溢价值，作为跨区域生态补偿的客观依据，综合考虑系统的开放性型和生态—经济联系紧密地区的区域合作性，体现区域生态的公平与正义。在京津冀地区扩展生态补偿范围并形成区域间生态补偿机制，将城乡间以及行政区间生态补偿模式纳入相应制度中，制定京津冀间生态补偿标准、测算方式、补偿程序，界定补偿权责，形成城市群跨区域生态补偿长效机制（彭文英，2018）。

三、长三角城市群区域生态贡献与补偿

《国务院办公厅关于健全生态保护补偿机制的意见》中强调在长江、黄河等重要流域开展横向生态补偿试点。2016年《长江三角洲城市群发展规划》中提到长三角城市群位于“一带一路”和长江经济带的交汇地带，在国家现代化建设中占有举足轻重的地位，因此要以生态建设提供新支撑。随着城市化进程不断推进，人口逐渐聚集在流域附近，巨大的人口压力导致流域的生态产品和服务如土地、水、食物等被大量消耗。城市化的发展逐渐改变了流域的土地利用模式，对流域生态过程、生态结构及生态功能产生一定程度的影响和破坏。因此，完善长三角城市群区域生态补偿，有利于进一步推动形成成本共担、利益共享的协同发展局面，也有利于解决区域水污染、空气污染等环境问题。

（一）生态—经济空间格局

长三角城市群的经济密度远高于全国平均水平，是中国城市化水平和经济发展综合水平最高、城镇密度最大的城市群地区，以上海市为中心和枢纽，综合交通网络发达，对外经济联系密切，但城市群内部的生态—经济空间不平衡现象依然存在，如图 12－4、图 12－5 所示。

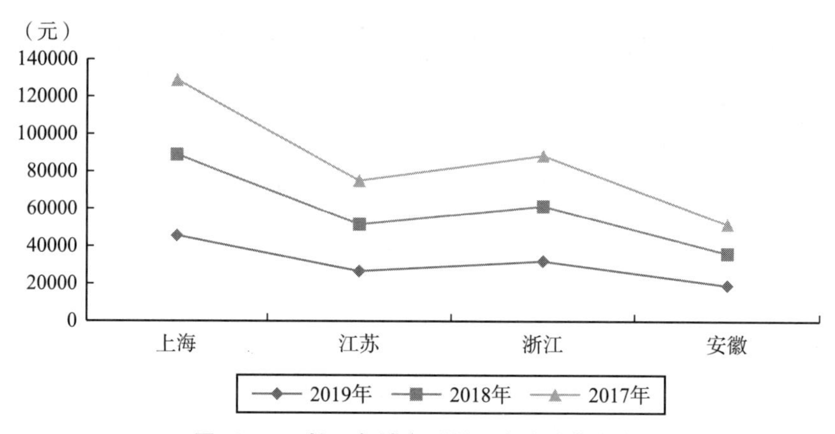

图 12－4　长三角城市群居民人均消费支出

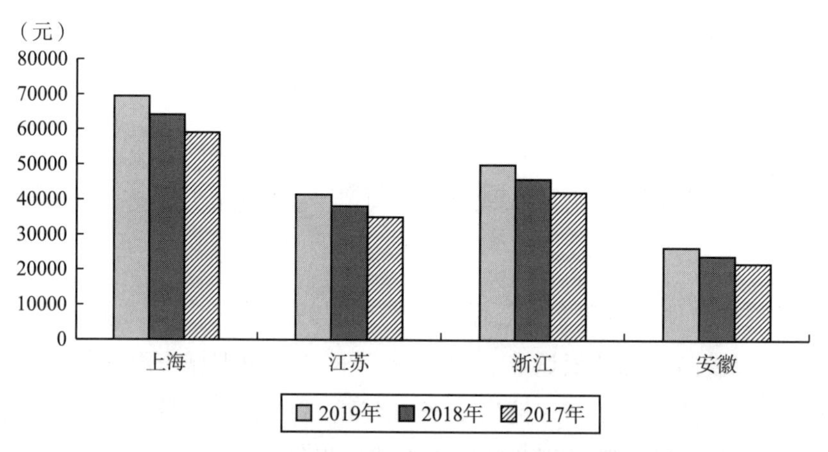

图 12－5　长三角城市群居民人均可支配收入

（1）人口、经济重心集中在上海、南京、苏州等少数城市。安徽省的整体经济发展水平较低，上海市的崇明区、松江区等城市的经济发展水平与核心城市仍存在差距。在省级层面，上海市、浙江省的人均可支配收入与人均消费支出在整个城市群中处于较高水平，与江苏省和安徽省存在较大差距，整个城市群的经济发展空间不均衡，经济重心的虹吸效应和集聚效应明显。

长三角城市群经济发展迅猛，引起人口的迅速聚集，大量外来人口拥入长三角城市群，未能及时落户和同等享受城市群内的教育、医疗、住房等公共服务，为社会发展带来隐患。人口在长三角城市群聚集压力巨大，但城市未体现出强大的包容度，未利用好庞大的人口基础发展经济，人口市民化相对滞后。

（2）经济与生态间的发展矛盾突出。随着工业化、城镇化的发展，城市人口不断集聚、经济迅速增长、城市空间加速扩张，城市生态压力逐渐增大，逐渐出现一系列生态环境问题，如资源短缺、生态失衡、环境恶化、雾霾增多等现象。经济的不断发展造成环境恶化，生态空间被持续侵占，生物多样性受到威胁。空气污染严重，雾霾频发，全年空气质量将近30%的天数未达标。城镇化的不断推进使得城市生活垃圾与工业废物骤增，土壤承受较强压力，受严重污染。

（3）城市建设无序，生态空间被占用。经济高速发展和城市扩张建设密切相关，2013年长三角地区建设用地总量达36153平方千米，国土开发强度达17.1%，其中上海高达36%。[①] 无序的城市扩张使得后续建设不足，从而制约了城市群的长期发展。此外，对基本农田与生态空间的侵占持续增加，对国土空间布局与利用效率产生严重负向影响。

（二）生态贡献计量

长江三角洲城市群生态贡献指数有17个正值区和17个负值区，一个中位地区。上海市中心城区的生态消耗率达到2.216，生态贡献指数为－0.981，生态消耗最大；其次是上海市的宝山区，生态消耗率为1.026，生态贡献指数为－0.442；崇明区生态消耗最小、生态贡献指数最大。生态消耗率大、生态贡献指数为负的地区，浙江省依次为湖州市、绍兴市、台州市、宁波市、舟山市；江苏省依次为常州市、南通市、泰州市、盐城市；安徽省依次为芜湖市、马鞍山市。生态消耗率小、生态贡献指数为正的地区，浙江省依次为金华市、嘉兴市、杭州市；江苏省依次为南京市、扬州市、镇江市、无锡市、苏州市；安徽省依次为池州市、宣城市、铜陵市、滁州市、安庆市及合肥市。

（1）长江三角洲城市群生态补偿城市主要集中在沿海经济发展带，包括上海市、台州市、宁波市、绍兴市、舟山市、南通市、盐城市，沿江经济带的泰州市、常州市、湖州市、芜湖市，地处重点开发区和优化开发区，尽管有一定的生

① 国家发改委：《长江三角洲城市群发展规划》，2016－05－11。

态用地数量，节能环保投入也较大，但因常住人口多、GDP 总量或第二产业产值高，生态消耗率大，生态贡献为负值。对比土地利用类型来看，上述城市建设用地所占比例相对较大，开发程度较高，呈 T 字形分布在长三角城市群。

（2）浙江省的金华市、嘉兴市、杭州市，江苏省的南京市、无锡市、苏州市，安徽省的合肥市、滁州市，有一定数量的生态用地，尤其是节能环保投入大，南京市达 49.69 亿元，杭州市为 40.86 亿元，在整个长三角城市群地区，为生态系统服务价值外溢地区，对城市群有一定的生态贡献。

（3）上海的崇明市、金山市、松江区，安徽省的池州市、铜陵市、宣城市、安庆市，从土地利用类型分析该类地区生态用地面积广，林地和草地资源丰富，相对而言人口、经济总量较小，生态投入大于生态消耗，属于生态系统服务价值外溢地区，应接受生态补偿。

（三）生态保护补偿措施

长三角城市群系统内流域、森林以及矿区的生态补偿研究和实践已取得一定成效，流域内的生态补偿作为我国跨区域生态补偿的试点地区，相关政策和补偿机制相对较多，包括生态补偿的地方性法规、行政激励措施、产业扶持政策等都有较深入的实践研究。但在城市群内部不具行政隶属关系的城市之间跨区域生态补偿研究较少，基于生态消耗和生态贡献层面对城市群系统内部进行生态补偿可以更好地解决长三角城市群内部的经济发展和生态保护矛盾。

1. 生态贡献区与生态消耗区

如表 12－3 所示，长三角城市群可以划分为 17 个生态补偿地区和 17 个生态受偿地区，一个生态中位地区。生态补偿地区包括上海中心城、上海宝山区、上海闵行区、浙江湖州市、上海浦东新区、浙江绍兴市、上海青浦区、浙江台州市、江苏常州市、浙江宁波市、江苏南通市、安徽芜湖市、江苏泰州市、上海嘉定区、江苏盐城市、浙江舟山市、上海奉贤区，生态受偿地区包括苏州市、安徽合肥市、安徽安庆市、安徽滁州市、浙江杭州市、安徽铜陵市、浙江嘉兴市、江苏无锡市、浙江金华市、江苏镇江市、江苏扬州市、江苏南京市、安徽宣城市、上海松江区、上海金山区、安徽池州市、上海崇明区。长三角城市群生态补偿城市主要集中在沿海经济发展带的上海市、台州市、宁波市、绍兴市、舟山市、南通市、盐城市等地，沿江经济带的泰州市、常州市、马鞍山市和芜湖市等，地处重点开发区和优化开发区。生态受偿城市主要是因为节能环保投入、生态用地面积等相对较高，而人口、经济总量相对较小，在城市群中表现出生态投入大于生态消耗，具有生态贡献。

表 12－3　　　　　　　　　　长三角城市群城市生态角色

地区	消耗率	贡献指数	生态角色	地区	消耗率	贡献指数	生态角色
上海中心城	2.216	－0.981	补偿	苏州市	0.049	0.000	受偿
宝山区	1.026	－0.442	补偿	合肥市	0.048	0.001	受偿
闵行区	0.164	－0.052	补偿	安庆市	0.042	0.004	受偿
湖州市	0.156	－0.048	补偿	滁州市	0.041	0.004	受偿
浦东新区	0.144	－0.043	补偿	杭州市	0.041	0.004	受偿
绍兴市	0.098	－0.022	补偿	铜陵市	0.040	0.005	受偿
青浦区	0.096	－0.021	补偿	嘉兴市	0.038	0.005	受偿
台州市	0.079	－0.013	补偿	无锡市	0.036	0.006	受偿
常州市	0.073	－0.010	补偿	金华市	0.036	0.006	受偿
宁波市	0.071	－0.010	补偿	镇江市	0.036	0.006	受偿
南通市	0.069	－0.009	补偿	扬州市	0.034	0.007	受偿
芜湖市	0.065	－0.007	补偿	南京市	0.032	0.008	受偿
泰州市	0.061	－0.005	补偿	宣城市	0.030	0.009	受偿
嘉定区	0.058	－0.004	补偿	松江区	0.025	0.011	受偿
盐城市	0.057	－0.003	补偿	金山区	0.015	0.016	受偿
舟山市	0.056	－0.003	补偿	池州市	0.015	0.016	受偿
奉贤区	0.052	－0.001	补偿	崇明区	0.009	0.019	受偿
马鞍山市	0.050	0.000	中位区				

2. 生态贡献区受偿措施

根据生态贡献指数划分的生态受偿地区，在省级层面，浙江省包括杭州、嘉兴、金华三个地级市；江苏省包括南京、无锡、苏州、镇江、扬州五个地级市；安徽省包括合肥、铜陵、安庆、滁州、宣城、池州六个地级市；上海市有金山、松江、崇明三区。

在生态贡献地区应坚持“生态文明，绿色发展”理念，加速建成生态—经济空间格局。在生态保护中，要贯彻绿色城镇化的建设理念，尊重自然生态空间格局，以现有生态资源分布脉络优化城市布局，构建绿色化、生态化的生产、生活方式以及城市运营模式，推进生态共治，建成经济和生态协同建设发展的新格局。

现有生态补偿机制大多依靠政府自上而下指导实施，但是上下级政府间易出现异化的委托代理关系，地方间“各自为政”，不利于政策实施。加强长三角城市群的政府间协作一般性立法，明确补偿的基本原则；加强长三角城市群生态补偿政府间协作的跨区域协商性立法，需要城市群内部各政府之间协商讨论，避免出现交叉管理、多头管理、各自为政的问题，制定出合理的城市群生态补偿方案；长三角城市群内部各政府需进行生态保护补偿跨区域协作方面的地方性立法，以上级部门的政策要求为指导，结合本地实际情况单独立法。

3. 生态补偿区补偿措施

根据生态贡献指数划分的生态补偿和生态受偿地区，在省级层面，浙江省被纳入生态补偿地区的城市包括宁波市、绍兴市、湖州市、舟山市、台州市；江苏省包括常州市、南通市、盐城市、泰州市；上海市包括中心城区、闵行区、宝山区、嘉定区、浦东新区、青浦区、奉贤区；安徽省包括芜湖市。把握好“绿水青山就是金山银山”逻辑内涵，鼓励资源消耗型、高污染型企业向生态环保型转变，努力实现产业生态化、生态产业化。

生态补偿地区应发展生态产业，建立生态建设支撑体系。长三角城市群生态补偿可大力发展人才补偿机制，留住高精尖技术人才，为生态产业创新不断发展贡献一分力量。对于长三角城市群庞大的人口基础，应以此为支撑，转变较为突出的产能过剩问题，转变产品型经济为服务型经济。推动传统要素投入型努力向创新驱动型转变，提高城市集约利用水平，拓展生态空间，根据不同区域状况确定开发强度，实现生态—经济的高质量发展。将经济发展与当地生态保护强度相适应，建成生态—经济融合发展的空间格局。

四、成渝地区区域生态贡献与补偿

成渝地区是带动整个西南地区的重要经济和科创中心、生活宜居地，是西南地区高质量发展的重要动力源和增长极。建设成渝双城经济圈有助于地区间形成优势互补的空间布局，从而拓展城市群内的市场空间和产业链，是推动国内国际双循环新发展格局的重要地区。

（一）生态—经济空间格局

成渝城市群位于国家西部地区，是长江经济带中的重要城市群和“一带一路”的重要部分。成都和重庆是西南地区的重要经济和文化中心。依据2015年《成渝城市群发展规划》，两地依托科研优势和技术产业基础，形成了“一轴两带、双核三区”的空间布局。成渝城市群的极化现象突出，人口、产业不断向成都和重庆两市聚集，市中心人口密度、经济密度较大，如图12－6所示，成渝城市群人均GDP差异加大，成都、重庆、德阳市人均GDP相对较高，其余城市人均GDP水平相对较低，且分布空间不均衡。生态涵养地区分布在成渝城市群的山地和外围，生态涵养地区承担的生态保护压力较大，生态—经济空间格局不均衡。

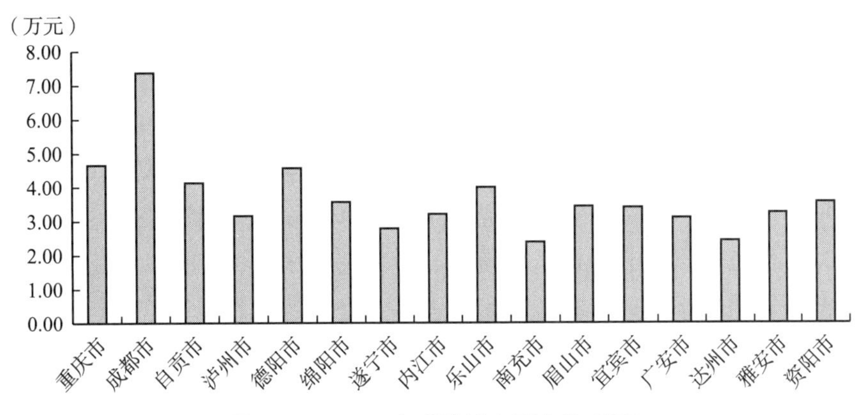

图12－6　2016年成渝城市群人均GDP

（二）生态贡献计量

成渝城市群可以划分为19个生态补偿方和19个生态受偿方，一个生态中位地区。重庆市中心城区、自贡市、渝北区生态消耗率最高，重庆中心城区的生态消耗率达到4.037，生态贡献指数为－0.98。生态消耗率大、生态贡献指数为负的地区，四川省依次为自贡市、成都市、内江市、资阳市、德阳市、绵阳市、南充市、广安市；重庆市依次为中心城区、渝北区、北碚区、荣昌区、璧山区、永川区、綦江区、巴南区、江津区、垫江区、铜梁区、大足区12个区。

（1）从四川省的生态消耗率分布来看，生态消耗大而生态贡献为负值的地区与成渝城市群发展规划中提出的“一轴两带，双核三区”空间发展格局中的相应发展区域在一定程度上重合，成都、德阳和绵阳属于成都都市圈，位于成德绵乐城市带，南充市是南遂广城镇密集区的核心，这些地区城市开发强度大、经济总量大、人口密集，生态资源占用消耗多，生态投入产出的消耗率大，因而生态贡献为负值。

（2）从重庆市的生态消耗率分布来看，重庆中心城区、渝北区、北碚区、璧山区、荣昌区、永川区等位于成渝发展主轴，地处重庆一小时经济圈内，自贡市、内江市紧邻重庆一小时经济圈，城市开发强度大，生态资源占用多，人口密集，社会经济相对发达，生态投入产出的消耗率大，生态贡献为负值。

（3）成渝城市群生态贡献为正值的地区整体沿长江干流及支流分布，地处成渝城市群的长江生态型城市带，生态用地面积较大，生态环境良好，人口相对较少，经济发展总量偏小，生态投入产出的消耗率小，属于生态贡献区。

（三）生态保护补偿措施

成渝城市群可划分为19个生态消耗区和19个生态贡献区，一个生态中位地区。生态消耗区包括重庆中心城、自贡市、重庆渝北区、成都市、重庆北碚区、内江市、重庆璧山区、重庆荣昌区、资阳市、重庆永川区、重庆綦江区、重庆巴南区、重庆江津区、德阳市、重庆垫江县、绵阳市、重庆铜梁区、重庆大足区、南充市，其中重庆市中心城区、自贡市、重庆渝北区、成都市、重庆北碚区为生态消耗率最大的五个地区，是成渝城市群生态受益的核心地区；生态贡献地区包括眉山市、遂宁市、重庆潼南区、重庆万州区、宜宾市、达州市、重庆梁平区、重庆合川区、乐山市、重庆长寿区、泸州市、重庆涪陵区、重庆黔江区、重庆南川区、雅安市、重庆忠县、重庆丰都县、重庆开州区、重庆云阳县，其中重庆云阳县、重庆开州区、丰都县、忠县和雅安市为生态贡献最大的五个地区，是成渝城市群生态受偿的核心区域，如表12-4所示。

表12-4　成渝城市群城市生态补偿角色

地区	消耗率	贡献指数	生态角色	地区	消耗率	贡献指数	生态角色
重庆中心城	4.037	-0.980	补偿	眉山市	0.112	0.000	受偿
自贡市	1.082	-0.242	补偿	潼南区	0.106	0.002	受偿
渝北区	1.000	-0.221	补偿	遂宁市	0.106	0.002	受偿
成都市	0.361	-0.062	补偿	万州区	0.106	0.002	受偿
北碚区	0.282	-0.042	补偿	宜宾市	0.105	0.002	受偿
内江市	0.185	-0.018	补偿	达州市	0.094	0.005	受偿
璧山区	0.183	-0.017	补偿	梁平区	0.091	0.005	受偿
荣昌区	0.182	-0.017	补偿	合川区	0.091	0.005	受偿
资阳市	0.161	-0.012	补偿	乐山市	0.091	0.005	受偿

续表

地区	消耗率	贡献指数	生态角色	地区	消耗率	贡献指数	生态角色
永川区	0.159	-0.011	补偿	长寿区	0.088	0.006	受偿
綦江区	0.157	-0.011	补偿	泸州市	0.082	0.008	受偿
巴南区	0.151	-0.009	补偿	涪陵区	0.075	0.009	受偿
江津区	0.140	-0.007	补偿	黔江区	0.070	0.011	受偿
德阳市	0.139	-0.006	补偿	南川区	0.063	0.012	受偿
垫江县	0.135	-0.005	补偿	雅安市	0.060	0.013	受偿
绵阳市	0.129	-0.004	补偿	忠县	0.057	0.014	受偿
铜梁区	0.129	-0.004	补偿	丰都县	0.053	0.015	受偿
大足区	0.124	-0.003	补偿	开州区	0.052	0.015	受偿
南充市	0.118	-0.001	补偿	云阳县	0.031	0.020	受偿
广安市	0.113	0.000	中位区				

1. 生态消耗区补偿

生态补偿的地区与成渝城市群发展规划中提出的“一轴两带，双核三区”空间发展格局中的相应发展区域重合，成都市、德阳市和绵阳市属于成都都市圈，位于成德绵乐城市带；南充市是南遂广城镇密集区的核心；重庆中心城区，北碚区、渝北区、巴南区、铜梁区、大足区、荣昌区、璧山区、永川区、江津区、綦江区，资阳市及垫江县位于重庆一小时经济圈内；自贡市、内江市紧邻重庆一小时经济圈，整个生态补偿地区基本位于以成都市和重庆市为核心的成渝发展主轴。

2. 生态贡献区受偿

生态受偿地区的城市乐山市、眉山市、雅安市位于四川省西南部山区；宜宾市、泸州市、万州市、长寿市、涪陵市，重庆忠县、丰都县、云阳县位于长江干流；重庆潼南区、合川区、南川区和开州区，及遂宁市、达州市位于长江各个支流；重庆梁平区、黔江区位于长江两岸的山地。整体是沿江分布，培育形成成渝城市群的长江生态型城市带，生态用地面积较大，生态环境良好，生态贡献较大，需得到生态补偿地区的经济补偿。

五、城市群系统区域生态保护补偿建议

城市群作为各城市间经济社会生态等要素紧密关联有机体，整体建设应遵循生态演变和经济运行规律，以生态资源和生态系统服务为主线，兼顾生态保护直接成本和发展机会成本，建立起区际生态补偿为重要措施的“成本共担、效益共享、合作共治”的生态共建共享机制。根据生态贡献指数模型，构建“生态关系—生态贡献—生态补偿”模型，设计城市群内部跨区域生态补偿长效机制，提出相应对策建议。

（1）构建城市群跨区域生态补偿长效机制。按照国家城市群发展战略，对全国城市群范围进行划分；考虑社会经济发展及财政规模等因素，在城市群内部以地级市为基准进行生态贡献核算；建立统一的生态贡献计量指标，运用投入产出模型思路计算生态贡献指数，指数为正的归为生态受偿地区，指数为负的归为生态补偿地区；以生态贡献指数为依据，结合地区 GDP、公共财政，以及城市群国土空间规划等，定量生态补偿额度，建立城市群“生态补偿基金”及生态补偿常设机构，形成年度生态补偿的长效机制。

（2）按照国家城市群发展战略，结合国土空间规划，推出生态共建共享及横向生态补偿城市群。考虑社会经济发展等因素，按照“受益者付费，供给者收费”的市场经济原则，以投入产出思路对城市群内部以地级市为基准进行生态消耗、生态贡献核算，作为城市群生态补偿的基础。

（3）针对不同城市群自然地理条件、人口和社会经济发展水平，分区分类设计可以反映生态投入产出的指标体系，建立城市群生态贡献计量指标体系，并运用投入产出模型思路计算各地区生态贡献指数，指数为正表征其生态系统服务有外溢价值，可归为生态受偿地区，指数为负表征分享了外区生态系统服务，可归为生态补偿地区。

（4）以生态贡献指数为依据，结合地区 GDP、公共财政，以及城市群国土空间规划等，建立城市群“生态补偿基金”及常设机构，有效落实城市群生态补偿实施的主体责任、经济补偿标准等，形成年度生态补偿的长效机制，实现城市群生态、经济、社会和谐发展。

（5）将城市群纳入国家跨区域生态补偿试点。城市群是我国城镇化的重要阵地，是推动社会经济发展的区域引擎，是既开放又独立的生态—经济紧密联系系统。在推进生态共建共享过程中，将城市群区际生态补偿纳入我国跨地区生态补偿试点领域，对于加快完善生态补偿机制、改善城市群生态环境具有重要

意义。

（6）开辟生态补偿市场化渠道。2015年《成渝城市群发展规划》提到要坚持“市场主导，政府引导”的发展方式，充分发挥市场在城市群发展过程中的决定性作用。探究多元化和市场化的生态补偿模式，如水权和碳排放权等权益交易等，推进生态补偿。建立政府主导、市场运作、社会主体参与机制，引导资金向生态保护倾斜，依据“谁投资、谁受益”原则引导资金向生态建设投入。北京市委、市政府在2018年10月印发的《关于推动生态涵养区生态保护和绿色发展的实施意见》提出优化体制机制，生态投入保障需要政府、企业和社会多元化主体共同参与，深化结对协作机制。推动区域间制定协作方案，平衡资源分配、共同投资建设、共享协作建设成果。采取跨区域转移支付的方式带动生态涵养区经济社会发展等。天津市和河北省相继出台生态补偿的相关政策文件，为保护水资源，在水源涵养区开展生态补偿试点，落实引滦入津、流域上下游之间的横向生态补偿方案，在京津冀三地联防联控，统筹加强水污染治理。

建立由多部门组成的生态补偿监督委员会，构建相对民主的监督平台，对资金的调动和使用进行监督，保证资金使用的安全性，确保补偿机制的有效实施。要对补偿工作积极进行检查和反馈，随着区域生态建设的不断推进，建立相应的奖惩与约束制度，同时，可考虑适当引入第三方监管和评估机构，科学、规范地评价和监督城市群区域内区域生态补偿的市场行为，对补偿的最终效果进行科学评估，推动生态环境系统和社会经济发展之间的协作。

六、本章小结

城市群是自然生态系统、经济系统、社会系统、人居环境系统高度复合的大系统，其内部包含彼此没有行政隶属关系的多个城市地区。城市群内部，地形地貌、流域，以及森林草原等单元与行政区交错复合，一般难以界定自然生态单元的行政区归属，也难以确定各行政区之间的生态联系。本章借用投入产出宏观思路，构建“生态关系—生态贡献—生态补偿”理论分析框架，建立基于DEA的城市群生态贡献指数模型，并以京津冀、长江三角洲、成渝城市群进行了实证分析，设计城市群系统跨区域生态保护补偿政策措施。

（1）区际生态补偿可以按照生态投入与生态消耗来建立区际生态关系逻辑，当某区域生态投入大于生态消耗时，该区域生态服务具有区域外溢价值，理解为生态贡献方，定义为生态受偿地区；反之，区域享受外区生态服务为生态消费方，定义为生态补偿地区。区域生态投入与生态消耗可以借助投入产出模型来考量，建立合理地反映生态投入和生态消耗的生态贡献指标体系，运用 SBM - DEA 模型计算各个地区的生态消耗率，并折算成生态贡献指数。实证计算结果符合实际情况，适合用于如城市群地区内部生态单元较难切割及生态联系不明确的大区域系统内的区际生态补偿计量，但仅适用于生态—经济联系紧密地区内部区域之间的相互比较，并假设该区域为与外界没有联系的封闭区域。

（2）生态投入主要体现在生态用地资源、资金、技术等方面的投入，生态消耗主要体现在人口、产业、基础设施运行等的生态资源占用、生态系统扰动与破坏等方面。选择耕地、林地、草地、水域（湿地）面积来表征生态用地投入，利用节能环保投入表征经济投入，选择常住人口、第二产业生产总值、GDP 表征生态消耗。该生态贡献计量指标体系简单明了，数据获得性强，符合科学性、可行性、实用性及可持续性等原则。今后可在自然资源要素统一登记管理基础上，拓展量化考核指标，以求更加科学性和严谨性。

（3）不能孤立绝对地运用生态贡献指数来核算区际生态补偿，还应结合国土空间规划的功能区划分、重要生态功能保护区，以及地区公共财政水平、社会经济发展的区域差异等，将区际横向生态补偿与区域协调发展、精准扶贫等联系起来，促进城市群大、中、小城市和小城镇协调发展。

第三篇

实践与措施

第十三章

生态环境区域共建共治共享实践

“共建共治共享”社会治理模式，为解决区域协同发展存在的要素流失、区域主体缺位、内生能力不足以及政府或资本单边主导引致利益失衡、矛盾冲突的困境提供了新思路。跨区域生态补偿存在错综复杂的利益诉求、盘根错节的社会矛盾，理应运用共建共治共享的整合性思维、合作性理念来考虑和应对。当前国内外在生态的共建共治共享建设中展开了相关实践，为国内跨区域生态补偿实践也提供了社会治理框架，为后续跨区域生态补偿研究与实践提供参考，为跨区域生态补偿机制构建和保障措施的建设提供借鉴。

一、国外生态环境共建共治共享经验

随着工业革命、城市化的深入发展，环境污染问题日益严重，在 20 世纪中后期，发达国家改变传统开发方式，开始致力于环境污染治理、区域开发治理，在流域、土地开发等层面开始了跨行政区的生态环境共建共治共享，将生态环保科技、可持续发展、低碳发展、低影响开发等理念引入生态建设和环境保护中，积累了丰富的区域协作协同经验，为生态系统的整体修复恢复奠定了实践基础。

（一）流域生态共建共治共享经验

为了统一进行流域管理，国际上开展了流域地区生态环境共建共治共享的实践，积累了成功经验。美国国会成立统一的流域管理机构，英国建立府际合作机制，捷克和德国两国就流域签订双边协议，日本琵琶湖流域综合治理等均为国际上流域综合治理的典型案例，为我国流域生态环境共治共享共建提供实践经验。

1. 美国国会成立统一的流域管理机构

国会依法成立了该区域统一的管理机构——田纳西河流域管理局（Tennessee Valley Authority，TVA），该机构负责开发的范围包括流域整体范围内的各项事项，开发与治理的领域比较广且具有综合性，涵盖了预洪、交通、能源、环保、旅游等在内的第一、第二、第三产业。一是建立了具有实际责权的管理机构TVA，将各自分散经营的管理部门以相关者利益协调整合起来，制度上保证各部门的利益和生态环境责任，促进生态环境与经济社会协调发展；二是统一制定流域开发及流域范围内经济建设、生态建设规划，对土地开发时间空间进行合理有序的统一安排；三是针对关键问题，重点建设了水利枢纽工程，合理调配和有效利用水资源，有效防治洪水泛滥；四是重视生态环保科学技术的研发与推广，着力构建专业化的科学研究和技术研发队伍，专门从事水资源开发、高效化肥等研究，并全面开展公众教育，普及生态环保知识，引导公众积极参与基本技能学习，保障流域管理、生态环保的可持续性。总之，在田纳西河流域管理局的统一领导下，制定并实施有效措施，使该流域进行综合性、整体性的发展，最终区域内发展成果显著，由洪水灾害泛滥、荒滩荒草贫瘠之地转变为经济社会繁荣、山清水秀的优美之区。

2. 英国府际合作机制

英国1973年颁布《水法》，1974年成立了水务管理局，专门从事水资源、水生态水环境治理，统筹了供水、治污与河道局等多个管理机构，改变了过去的多部门交叉而低能低效的管理局面。针对泰晤士河污染治理、水生态修复问题，英国建立了府际合作机制，根据泰晤士河流域的管理范围内的自然地理、经济社会及行政区情况，因地制宜地划分为10个区域管理局，明确各分管理局的给排水、渔业种植业、治污修复等方面职能分工、职责权益，各管理局既有分工又有高度的协作协同，从而提高了流域治理和生态环境保护的积极性。1996年，随着社会经济发展和科学技术进步，进一步改革水务管理治污机构，整合水质水生态检测、处置、水资源开发与保护、水科技研发机构，深化细化流域统一规划布局，严格控制排污企业的排污量，实施上下游差别化的排污费制度，企业生态环境保护“投资”红利明显，而企业的水污染成本更为突出，形成源头治理的府际－企业的整体性协作协同治理，极大地提高了水污染治理效率。

3. 日本琵琶湖流域规章制度的公众参与

日本的琵琶湖水生态环境不断恶化，为此专门出台了《琵琶湖区综合治理特别法》。日本从国家层面到地方层面均出台了相应的法律法规，并不断征求公众意见，公众全过程参与立法、执法及各类规章制度等，设法提高公众的认可度、参与度和公共政策的公开度，全方位约束琵琶湖流域范围内的各种行为。同时，设立了功能齐全的琵琶湖管理机构，中央政府一级的水资源管理部门涉及环境省、国土交通省、农林水产省、厚生劳动省、经济产业省，部口之间对水资源的治理分工明确，各司其职（彭波，2014）。在严厉的法律法规和全面的规章制度基础上，对琵琶湖流域的利用开发、水源涵养、水质保护、水土保持等诸多方面提出长远而整体的规划安排。琵琶湖治理之所以能够取得良好效果，社会公众参与治理是最重要的经验，为了使社会公众了解琵琶湖污染的真实情况，琵琶湖所在地政府滋贺县政府通过发布环境公开白皮书、召开生态环境论坛、举办宣传活动等各种形式，及时向公众提供琵琶湖的环境状况，准备实施的湖泊治理措施等（彭波，2014）。

4. 捷克和德国两国签订流域双边协议

易北河流域跨经捷克和德国，为了修复治理和保护流域生态环境，1990 年开始两国根据易北河流域状况在生态补偿等方面达成协议，基本协议是为治理跨国界流域水污染，德国给予捷克 900 万马克建设污水处理厂，同时适度增加对捷克的补偿。德国为治理莱茵河流域，依据实际排放量对排污厂商征收税费，税费率按照水质所含污染物确定，若达到规定的排污标准，相应费率减少 3/4。其他国家也制定了生态环保协议，近年来澳大利亚进一步加大环保投入，投资额达到其 GDP 总量的 1.6%，给予环保型企业税收、工程设施建设等优惠。英国伦敦为治理大气污染、缓解交通堵塞，规定对进入城市内部的家用车征收拥堵费。

（二）土地生态共建共治共享经验

由陆地土壤、水文、大气及地形地貌为环境基质以及相应的生物群落共同组成的土地生态系统，是开放的具有自我调节和代偿功能的动态系统，具有水平、垂直空间结构，最易受人类活动影响。一些人类的生产活动将干扰甚至引起土地生态系统退化，其系统退化往往将造成立地区域和异地区域的生态环境问题。世界各国非常重视土地生态系统的综合保护与治理，积累了丰富的共建共治共享经验。

1. 日本的跨区域开发治理经验

日本在生态治理领域倡导公众参与社会生态治理建设，推进社会及环境的协同优化。日本的北海道从地理位置上看处于最北端，地域面积达七万四千平方公里，大约是该国国土面积的1/5，人口密度约为68人/平方公里，日本全国每平方公里约300人，北海道地区属于全国人口密度最低地区。但是，北海道的经济一直发展缓慢，主要因为存在某些客观的环境原因，如冬季严寒、夏季低温、土壤条件较差，分布广阔的重黏土、火山。经过近60年的开发，北海道自然生态环境受到了很好保护，目前已成为一个经济现代化地区。日本北海道积累了较多有价值的生态环境共建共治共享经验。

其一，成立了双重负责的开发体制和中央政府直辖的开发机构。为了使北海道的开发在政策法规的指导下合理地进行，日本政府颁布了一部《北海道开发法》，遵照该法，政府在中央专门成立了开发厅，开发厅的最高长官同时也担任政府国务大臣的职务。在北海道开发厅以下成立开发局，该局的直接上级单位是开发厅。在整个开发过程中，开发厅负责直接部分，其他辅助部分由北海道政府负责，北海道的开发体制具有双重负责的性质。该体制的双重负责的特征为，中央设立的北海道开发机构负责主要开发职责，地方政府协助参与。在北海道开发中设立专门的开发机构具有重要的意义：第一，有助于各省、厅之间能够顺利有效的协同开发工作；第二，有助于激励地方政府积极投入开发，增加了资金的支持力度，多手段全方位寻找资金，同时也保障了资金的高效使用。

其二，制定了层次清晰、目标明确的开发计划。北海道的综合开发是分层次、分阶段进行的，每一个阶段都有自己详细的计划。在每一个计划中又有明确的目标：第一阶段的主要任务是合理利用资源、促进产业发展；第二阶段的主要任务是优化产业结构和提高产业发展质量；第三阶段的重要任务是着力建设高质量的社会福利设施；第四阶段的主要目标是形成综合的开发环境，保证社会经济发展的安全、有效；第五阶段的最迫切的任务是使北海道的经济竞争力在国内外更强。北海道的五阶段任务在整个日本未来的发展中都具有重要的影响意义。当然，该计划也存在一些不足，开发厅与当地政府之间也会存在意见分歧，但在计划制订过程中不断进行协调，并明确协调结果，保障政策计划的高效实施。

其三，中央政府给予了资金支持。中央政府强有力的财政支持是北海道快速开发的最重要保障，在1995年的财政补贴中，北海道的开发项目获得的中央政府补贴远高于其他地区，比如国家高速公路修建方面增加13%的补贴，公路及其他基础设施建设方面增加18%，日常河流的改建方面增加13%，渔港建设方面高出30%，港口建设方面多出35%。在农业发展过程中，中央政府依据不同的实施主体给予不同的资金支持。如在改造农业用地时所需发生的调研费中，国家财政对国有性质的事业全额承担，与此形成鲜明对比的是，团体性事业承担的则降低了很多，只承担一半，北海道当地政府的财政投资具有选择性和倾向性，主要对地方性的事业负责，一般出资 50% 至 100%。

2. 埃及“治沙造田”共建共治工程

位于非洲东北部的埃及，国土面积 96% 为沙漠，自然环境条件极差，生态环境系统极端脆弱，而人口不断增加，粮食自给问题尖锐，治沙造田成为政府的重要工程。政府加强对纳塞尔湖附近的图什卡区域的研究，利用高新遥感技术、测绘技术等综合进行了地形地貌、水文地质、土壤植被等定性定量分析，自然生态、经济社会全方位的方案论证，在 1997 年开始启动了图什卡工程，也曾被称为新河谷工程，是埃及历史上在沙漠治理与改造方面投入资金、人力规模最大的一次。为了解决生态环境恶化、土地利用、水资源等问题，耗资约 897 亿美元，规划 20 年新建水渠 850 千米，将尼罗河水通过水渠流入埃及西南部沙漠地区。同时，政府制定一系列激励优惠政策，如 20 年税收优惠政策鼓励在图什卡湾建厂，以廉价购买开发成型的土地鼓励企业参与水渠工程建设。治沙造田工程的成功经验主要体现在以下两点：一是高度重视政府协调作用，专设了图什卡工程部长委员会，包括农业、工业、国防、公共工程、能源、电力等各机构部门，负责地方政府、企业、科研单位的协调协同，统一制定具体工程方案，及时解决工程过程中的各类问题，体现了生态环境共建共治共享；二是具有详细完整、可操作性的配套政策支持，包含税收优惠、政策补贴、奖励激励等，积极鼓励国际社会组织、国家大型机构、大型企业及各类社会组织团体参与工程建设，有效解决了资金、人才和技术等问题。

3. 以色列沙漠治理与开发共建共治

以色列国土总量小、土壤质量差，3/5 以上的国土面积为沙漠，土地生态环境恶劣，治理沙漠和开发沙漠成为生态建设重要任务，建设现代农业工程成为区域发展的重点任务。1948 年建国后，以色列颁布了水资源保护、建筑工程规划、生态环境保护等方面的法律法规，尤其是出台了翔实的水资源保护、水资源开发法规制度，制定了水资源调配及开发利用规划。“北水南调”输水线花了 11 年时间，长度达到 145 千米，年度调水量达 5 亿立方米，满足了全国 25% 的用水需求量。同时，重视水资源监测与保护，长期常态化进行水质监测，采取生物措施和工程措施相结合方式，湖区及周边地区加强水土流失防治、农业面源污染防治，并不断优化农业耕作方式，采取保护性耕作措施，调整土地利用结构，尽可能减少人为不合理土地利用方式造成的生态破坏和环境污染。此外，还非常重视研究和推广沙漠水资源利用技术，致力于创新滴水灌溉技术、水资源循环利用技术、土壤改良技术，盐碱治理、地表水收集利用、废水灌溉，以及沙漠渔业、沙漠温室大棚等，着力发展沙漠农业现代化，达到世界领先水平。沙漠治理与开发，极大地改善了以色列农业生产条件，拓展了农业用地和城镇用地，从建国初期可耕种面积 10 万公顷扩展到 44 万公顷，灌溉面积由 3 万公顷增加到 26 万公顷，农产品产值增长 16 倍，约占欧洲蔬菜瓜果市场的 40%，在欧洲的花卉供应量仅次于荷兰，在沙漠上建设了现代化城镇、农庄和工厂。其经验主要在于政府大力推动，重视科学技术创新推动，重视公众宣传教育，精细化进行农业技术推广和农民技术培训，因地制宜地进行农业生产服务，全国形成了系统完整的农业生产服务体系和服务网络，政府、企业、农民通力协作共赢，令世界瞩目。

（三）国外生态共建共治共享经验总结

国际上许多国家非常重视生态建设和环境保护，积累了较好的生态共建共治共享经验。总结来看，其一，中央政府与地方政府通力协作，中央政府发挥主导作用，地方政府发挥主体作用，引导企业、社会组织团体及公众个体积极参与。其二，设立了具有高度权威性的组织机构，统一组织领导，统一制定法律法规及政策制度，统一规划土地开发、生态建设和环境保护方案，加强利益相关者矛盾协调，及时解决相关问题。其三，非常重视生态环境科学技术创新，着力构建完善的推广宣传体系，重视相关者生态环保技能培训、环境友好型开发技术培训等，加强生态环保科学化技术化产业化，促进提高生态环境与经济社会效益。其四，构建完整的生态环境立法体系和生态环境教育体系，用严厉的法治约束各种行为，将环境教育渗透到学校教育、家庭教育、社会教育整个过程，同时大力引进国外各种成功的环境教育项目，环境教育普及程度高、普及方式多样化（向鲜花，2020），保障区域土地开发、生态修复恢复、环境治理等各项措施顺利实施。

二、国内生态环境共建共治共享经验

共建共治共享的社会治理理念是习近平总书记的重要思想，是新时代中国特色社会主义思想的重要内容。共建共治共享是以中国特色社会主义公共服务理论、协商民主理论和价值共享理论为基础，含“共同建设、共同治理、共同享有”三重意蕴。中国共产党十九大报告提出的共建共治共享理念为社会治理提供了新格局与目标，也为新时代生态保护提供了治理新思路、方法与方向。

（一）流域生态共建共治共享经验

流域是指由分水线所包围的河流集水区。大的流域由干流、支流共同构成水系，往往跨过多个行政区，如长江流域、黄河流域、珠江流域等。受过去较长时期不合理的人类活动影响，我国流域生态问题严重，21 世纪以来我国非常重视流域系统的共建共治共享，积累了较好的经验。

1. 宁蒙“投资节水、转换水权”合作模式

我国宁夏回族自治区和内蒙古自治区水资源紧缺，水资源浪费和用水比例失衡现象严重。农业用水量占总用水量的比例高达到 90% ~100%，渠系水利用系数仅仅是 0.4 左右，将近 50% 的水量浪费在输送过程中。对此，在黄河管理委员会协调指导下，在杭锦灌区建立水资源节约改造工程并将节省的水源提供给电厂。水权的市场转让不仅提升了灌区水资源利用现状，而且优化了水源配置。“投资节水、转换水权”合作模式，体现了水权交易、水市场制度在优化水资源配置方面的作用，既使企业有了更好的发展空间，使得农民合法的用水权益获得了保护，又使区域经济得到快速发展，提高了水资源的利用效率。

2. 千岛湖跨省生态共建共治共享

千岛湖为典型的跨省区流域，发源地在安徽省黄山山脉，属于钱塘江水系的正源，在淳安县境内的水域面积为总流域的 97%，在上游安徽省占 2.7%，在建德市内占 0.3%，是杭州市及其下游县市的重要饮用水源。千岛湖生态补偿关键是要对淳安县生态保护和建设进行补偿，国家、省、市用于污水及垃圾打捞处理、植树造林、生态公益林、封山育林等项目资金以及千岛湖旅游门票的收入是补偿资金的主要来源。金阳市采用异地开发的“造血型”模式对金发江水源区磐安县进行补偿，为了在保护该县水源区环境的基础上解决该县的贫困现状，政府专门成立了金磐扶贫经济技开发区。该经济技术开发区具有优越的地理位置，因为其地点设在金华市工业园区内。该开发区的经济发展对下游地区生态环境造成一定影响，需要对下游地区进行生态补偿，主要是获得所得税收入后，再按照一定比例返还给磐安县。但是，同样也向磐安县提出要求，主要如下：其一，该县对于排污企业不准给予审批；其二，对其上游水源区的环境要加大力度整治，提高出境水的水质，并要求符合Ⅲ类饮用水标准及以上。

3. 晋江、洛阳江流域的生态共建共治共享

晋江、洛阳江流域生态补偿属于在一个行政区范围内进行的生态补偿，该流域的生态补偿具有如下特点：政策在同一行政区内更容易得到统一协调与执行，而且根据政策制定出了详细的补偿规则，行政区内明确划定出受益区与保护区，在进行补偿时根据水质的改善情况，最终达到生态补偿效用与补偿金额的一致性。总而言之，在不同区域、不同层次，中国流域内的生态服务补偿已经开始推行，只是依据不同的标准推行的方式也会不同。

（二）乡村生态共建共治共享经验

近年来，随着乡村振兴战略的实施，乡村生态建设中已积累了可借鉴参考的共建共治共享实践案例，四川明月村与天府新区新兴街道、浙江鲁家村等在实践中探索出“三个统一”和“三个共同”的基于共建共治共享的新机制，即统一规划、品牌、平台，共同建设、经营并且共享资源。以四川省明月村生态建设为例，明月村位于四川省蒲江县的西北方位，占地面积约 6.8 平方千米，由 15 个村民小组构成，全村共 723 户，2218 人。政府与新村民、原住自然村民、各类社会力量共同推动文创立村，“文创 +”新模式带动产业发展，推进村庄环境建设、生态修复恢复，推动村容村貌改善的美丽乡村建设，建成了美好生活的共同体（谢琼，2019）。主要经历了三个阶段：2007 ~ 2009 年为脱贫阶段，大力推进土地整理、环境整治，调整农业种植结构和改善耕地种植条件，共整理建设了 2000 亩茶园、6000 亩雷竹园，有效改善了环境和提高了农民收入；2010 ~ 2014 年为优化阶段，政府与乡村居民共同建设，投入 6000 多万元用于乡村环境整治，产业用地、村庄居民点有序优化，极大美化了明月村乡村空间形态，改善了农民居住条件；2015 ~ 2018 年为富裕美丽阶段，大力挖掘乡村文化，加强生态建设和环境整治，开展生态农业、乡村旅游与具有文化创意产业，闲置宅基地得到有效利用，除基本的农业收入，工资性、经营性以及财产性等类型的收入日益增长，美丽乡村建设成效显著（姚树荣，2020）。

（三）城市群生态共建共治共享经验

随着社会经济的区域“增长极”发展，由多个城市组成经济、社会、生态、环境高度复合的城市群系统，各自为政的城市往往将生态系统分割管理，而生态系统退化问题、环境污染问题往往具有不经济外部性，生态修复恢复及环境保护

具有经济外部性，生态环境的共建共治共享更为迫切。“十四五”规划和2035年远景目标纲要明确提出，优化建设京津冀、长三角、珠三角、成渝、长江中游等城市群，健全城市群协同一体化发展机制，统筹协调布局基础设施，加强产业协作分工，共享公共服务，实现生态共建、环境共治，形成共担成本、利益分享机制，促进区域经济与生态保护之间的协调发展。

1. 长株潭“生态绿心区”建设

长株潭城市群的生态绿心区由长沙市、株洲市和湘潭市划出的部分区域共同组合形成。20世纪末“长株潭一体化”战略区域布局构想了此生态绿心区，2005年，湖南省政府颁布《长株潭城市群区域规划》，提出了“绿心区”概念，以践行长株潭城市群“生态同建、环境同治”问题。2007年，长株潭城市群获批国家“两型社会”建设全面配套改革试点，生态“绿心”建设正式启动。成立了长株潭“两型社会”建设改革试验区领导协调委员会，2011年制定了《长株潭城市群生态绿心地区总体规划（2010－2030年）》，提出建设具备国际品质的高质量城市群生态绿心的战略目标。同年，湖南省人大常委会通过了《湖南省长株潭城市群生态绿心地区保护条例》，首次运用地方法规方式确认和保护“绿心规划”。后来，各市设计了相应的配套性政策并开展了生态共建活动。目前，生态绿心区的建设与保护工作已经纳入各级政府的政绩考核范畴，要求各级政府严格按照规划要求开展工作。也就是说，区域生态共建共治是按照绿心区在行政区划上的归属地来确定各自任务，而且，绿心区生态共治的成本也由各市自行承担（王明，2020）。

2. 成渝城市群生态共建共治共享

国务院常务会议于2006年通过《成渝城市群发展规划》，突出强化重庆和成都的带动辐射作用，以创新作为产业驱动，以环保和增强产业根基为支撑，将其建设成为引领西部高质量开发的大城市群，协同发展大中小城市并合理布局小城镇的格局，由此形成更加清晰合理的成渝城市群未来发展方向。

成渝城市群构成不是以成都、重庆两个大城市和其他几个中小城市在特定空间内的自然格局和简单架构，城市群之所以成“群”的关键之处在于城市之间协同互动并形成紧密联系。建设成渝城市群应以“创新、协调、绿色、开放、共享”新发展理念作为行为导向，深化绿色利益和生态服务的供给侧改革，置换传统投资，增加绿色投资，从投资于自然资源和生态环境两个方面推动排污减量化、资源再利用和废物再循环；统一资源节约和生态保护，运用“互联网+”新技术增强绿色技术使用，促进绿色投资，建设绿色产业、绿色园区和绿色城市，开展生态保护协同合作，在建设防护林、保护水资源以及治理水环境、使用清洁能源、国土资源保护等方面确立补偿标准，形成排污权、碳排放权等市场交易模式，探索合作机制。

3. 京津冀生态环境协同发展

京津冀协同发展是国家重大战略之一，生态环境是京津冀协同发展的三大重点优先领域，已基本具备了生态共建共享机制。2014 年 8 月国务院成立了“京津冀协同发展领导小组”，是国务院成立的第三个以特定区域发展为指向的“小组”，第一次是“西部开发领导小组”，第二次是“振兴东北领导小组”。

“京津冀协同发展领导小组”设置了相应的办公室，堪为区域协调发展的顶级配置，为京津冀生态共建共享机制给予了最顶层的设计和支持。当前在水土治理、风沙治理以及大气治理方面取得了丰富成效。北京市与河北省于 2003 年在壶流河、云州、册田水库线路设立 8 个水质监测站，全方位全天候监测水质；2005 年北京市与河北张家口、承德两市组建水资源治理合作协调小组，北京每年出资 2000 万元，用于建设两市区县水资源治理项目。2006 年，北京市和张家口市共同安排专项资金在官厅、密云水库的水域上游治理水污染和开展节水产业。风沙源治理和防护林建设被认为是国家重点生态建设工程，国家于 1979 年开始建设三北防护林工程，并于 1995 年实施太行山绿化工程，京津两地 2002 年起实施风沙源治理工程。国务院于 2010 年 5 月发布《关于推进大气污染联防联控工作改善区域空气质量指导意见》，将京津冀明确为联防联控大气污染的重点治理区域。2013 年 9 月，国务院发布《大气污染防治行动计划》和《京津冀及周边地区落实大气污染防治行动计划实施细则》，对京津冀及周边区域防治大气污染的近期目标进一步明确。2013 年 10 月，中央采取了激励性财政政策，按照“以奖代补”的方式，安排 50 亿元专项资金，用于京津冀及周边地区大气污染治理，着力淘汰耗能低效产业，淘汰整治燃煤小锅炉，搬迁再造环境污染企业，全面整治汽车尾气污染和农业面源污染，协同推进生态建设和环境整治。

（四）国内生态共建共治共享经验总结

自然生态系统是以自然边界为单元，行政区域是以行政界线来划分管理单元，如流域系统、地貌单元往往跨越两个或多个行政单元，生态—经济紧密联系地区也往往包含两个或多个行政区。因此，生态环境领域的共建共治共享具有客观必要性。随着我国可持续发展的深入、生态环境保护要求的增强，从国家到地方不断落实生态共建共治共享理念，积累了不少成功案例和经验。

在区域生态共同建设中，要增强国家的协调力度，建立健全管理体制，明确中央政府与地方政府之间的纵向职能配置，加强地方政府之间的横向协同。要明确国家、地方政府的责任，确保在建设、管理中政府职能的有效实现。合理划分政府之间的事权以及支出责任界定，明确各项事权的具体内容和要求、执行范围，划分清楚财政支出义务和建立相应的资金保障制度。主动为生态管理体制的构建建言献策。制定与区域生态相关的法律法规，建立有效的社会参与机制，完善资金筹措机制。政府要建立有效的市场激励机制和约束机制，既能够充分调动市场的活力，吸引社会上的资金，同时又能防止市场主体因追求经济利益最大化而忽略国家公园的公益性。在区域生态共同治理中，要着力完善监督评价机制。政府设立专门的监督部门，常态化地监督生态建设、环境治理及生态环境质量，对于生态建设项目要全过程进行监测、督查，不断完善生态治理监督机制。同时，重视生态责权利的评价，加大科研投入完善监测评价指标和评价方法，搭建政府、专家、企业、公众联合督查与评价平台，将评价纳入年终绩效、年度考核、干部晋升等，提升政府管理者的责任感和积极性。增强公众参与积极性，建立公众交流反馈平台，畅通公众意见反馈通道，并经常性地以访谈、问卷等形式进行公众调查，及时宣传生态环保政策，了解公众生态环境政策认知和满意度，建立健全公众意见反馈机制。此外，应出台相应措施积极鼓励生态治理科技研发，提高治理能力的现代化水平，促进生态治理产业化发展。在区域生态共享中，努力让各地政府、相关企业、居民共享生态环境保护红利和经济社会发展红利。在生态共治机制设计中，落实大区域的系统观整体观，以资金补贴、人财物支持、产业援助等多样化方式对生态环境保护地区予以扶持，以财政补贴、税收优惠政策、土地开发政策等促进生态环境领域市场化机制建设，在水权交易、排污权交易以及碳汇交易制度等基础上，扩大和深化生态环境产品的市场交易，提高资源的配置效率，充分调动居民的生态建设和环境保护积极性，全社会共享优美环境和经济社会发展成果（余梦莉，2019）。

三、生态共建共治共享机制构建方向

生态环境是我国共建共治共享的重要领域。把握生态系统发展规律、环境保护要求，以生态文明建设为纲领，紧密围绕我国绿色发展、高质量发展，立足于我国生态环境形势和区域管理体制机制特征，总结借鉴国内外生态环境共建共治共享经验，探索生态共建共治共享机制构建方向具有重要意义。

（一）注重协作方式的长效机制

环境污染问题及生态系统退化问题日益凸显，迫切需要构建区域生态系统共建共治共享长效机制，保持生态系统的构成要素各自发挥自身功能而且相互之间协同联系。当前，在我国生态环境共建共治共享实践中，项目式、阶段式的协作较为普遍，尚未形成协作协同的长效机制。

建立该长效机制，一方面要通过体制改革优化来调整和分配生态环境权责和职能，另一方面通过国家法律、地方层面的规章制度以及机构内部的行为规范等来予以约束，通过建设和变革相对应体制和制度，可以使得生态共建共治共享机制落实到实践中。其中生态型行政表示政府管理者依据生态可持续建设要求，为履行生态建设和保护职责，依法行使环保管理权力。生态行政实践能力的提升，首先需形成生态意识，落实可持续发展思想。国内长期单纯重视经济增长速度，甚至一些政府部门偏向重视经济指数而不关注生态文明。生态治理理念的深入使得政府部门转变传统理念，为实现经济增长的可持续性，合理开发利用生态资源。其次，落实生态责任，以绿色 GDP 作为评价考核指标。要落实管理者责任制，对违反生态建设的行为严肃问责。这种机制的运行需要明确具体化的各个治理主体责任，根据相关评判指标明确划分在生态治理中的各生态行政部门所具有的职责、权限，最后以治理一体化形式形成合力，共同推动生态建设。同时，将绿色 GDP 纳入干部评价考核指标体系中，并将其作为行政部门职位提升和惩罚的依据。最后，改革执法模式，优化生态监管职能。对生态文明的关注使得国家对生态保护机构和环保职能部门进行归并重组，但是从监管职能视角分析，仍然存在执法主体混乱、执法方式不足、权能不匹配等行政问题。因此需要深化改革生态监管体制，形成有利于环保、合理利用自然资源的长效机制。

（二）着力全方位的各主体共同参与机制

促进生态环境治理多元化。生态保护与资源修复是极具修复性的系统工程，在过去，我国生态治理通常是单一的政府主导模式，缺乏生产企业、环保型社会组织以及普通公众等主体的参与。所以，多元化主体的参与协调环保机制有待探索，追求环保的实践落实价值和社会显著成效并未彰显。党的十九大提出要“构建政府为主导、企业为主体、社会组织和公众共同参与的环境治理体系”。为贯彻落实党的十九大部署，中共中央办公厅、国务院办公厅印发了《关于构建现代环境治理体系的指导意见》，提出“构建党委领导、政府主导、企业主体、社会组织和公众共同参与的现代环境治理体系”。这为新时代下健全生态治理机制、加快多元协作模式构建的治理体系指明了方向。

区域生态环境共建共治共享的全方位体系构建，要厘清利益相关者生态与经济关系，以及各自诉求，出台激励鼓励政策引导全社会参与生态建设和环境保护。从政府层面，建立自上而下和自下而上相结合的国家、省、市县、村镇纵向体系，从规划、建设到管理、考核，明确不同层级政府的责权利及相对应的督查评价办法，上下贯通齐心协力共抓生态环境保护；激励企业、社会组织团体积极参与投入，完善配套政策制度，健全生产企业的生态环保责任制度，以生态产业化、产业生态化促进企业生产绿色化、低碳化，培育发展生态环保产业，发挥企业主体作用，形成政府作用机制和市场机制相结合的企业共建共治共享局面。此外，通过宣传教育，畅通居民个体参与通道，发挥居民主人翁精神，形成“政府引领、企业主体、环保组织配合、引导公众参与”的生态环境共建共治共享全方位体系。

（三）健全协作领域的生态环境质量提升机制

提升生态环境质量是共建共治共享的重要目标，生态环境质量的改善重点要改善生态环境系统的主要资源要素，如水资源、大气等主要关系环境质量的要素。对经济增长中与生态保护不适应、产业布局与区域生态承载力不匹配等系统新环境问题，要突破单项要素管理和技术开发、单一传递介质和单一领域研究的限制，实施“区域协作、介质耦合、过程同步、治理综合”的技术路线，从整体上管控系统设计并且对环境污染进行有组织性的治理。

健全提升生态环境质量的协作领域，应扩大生态治理协作主体，克服单一化针对某个要素或问题提出解决方案的弊端，要努力构建基于整体的涵盖多个资源要素，解决系统性问题的模式，这样才能从根本上解决生态退化和环境污染问题，形成系统的全覆盖的协作治理格局。建立基于提升生态功能、完善系统化管理的治理模式；建立以宜居环境为主体的生活质量改善技术体系；开展和区域开发强度协调的生态协同发展模式研究。从多个视角研究多重要素的生态空间管控技术，形成全面的环境信息传导和存储系统、开发快速智能分析和决策集成系统。开展区域污染物全方位控制、及时修复污染场地、对废弃物的循环利用等技术分析，探究 PPP 等模式以吸引多样化的资本参与环保。

（四）强化协作模式的市场机制

在生态治理协作中合理划分政府与市场边界，政府是生态治理协作的主导，但是从长远发展视角出发，建立生态协作的市场机制更为重要。市场机制建设要拓展生态保护补偿和环境经济效益思想，树立环境商品化观念，建立环保投资的利润保障机制，按照“谁受益、谁购买，谁污染、谁付费”的原则，科学评估植树造林、湿地维护、城市绿化、土壤修复、水污染治理等生态环保行动的生态价值、经济价值，明确生态保护者与生态受益者的责任、权益及利益分配。通过建设合理公正的环保工程和拍卖机制以在区域内形成大气、水环境、土壤及湿地等自然要素的环境容量交易机制，尤其是要加快在区域间的横向生态容量交易机制，鼓励民营资本用于修复生态领域。地域单元需考察跨区域生态补偿模式，探索横向生态补偿制度，推动生态一体化建设，完善市场化、多元化的生态保护补偿机制。市场化协作模式包括水权、排污权、碳排放权等权益市场交易，生态环保产业市场化发展，污水、垃圾处置的环境补偿，绿色标签生态产品交易等。

四、本章小结

党的十八届五中全会上，习近平总书记强调“坚持共享发展，必须坚持发展为了人民、发展依靠人民、发展成果由人民共享，作出更有效的制度安排，使全体人民在共建共享发展中有更多获得感，增强发展动力，增进人民团结，朝着共同富裕方向稳步前进。”① 习近平总书记在省部级主要领导干部专题研讨班上，指出“共建才能共享，共建的过程也是共享的过程。要充分发扬民主，广泛汇聚民智，最大激发民力，形成人人参与、人人尽力、人人都有成就感的生动局面”。② 生态环境是共建共治共享的重要领域，国外实践主要集中在流域、荒漠和区域治理中，国内实践涉及流域治理、乡村振兴生态建设以及城市群协同发展等方面，积累了较为丰富的实践经验。当前，我国生态环境共建共治共享局面尚未形成，协作方式单一，协作层面简单，协作模式先进性不足，协作长效机制不健全。在生态文明建设的新时代，要注重协作方式的长效机制，着力全方位的各主体共同参与机制，健全协作领域的生态环境质量提升机制，强化协作模式的市场机制建设，为跨区域生态建设和环境保护、跨区域生态保护补偿奠定基础。

---

① 新华社：《中国共产党第十八届中央委员会第五次全体会议公报》，《求是》2015 年第 21 期。

② 习近平：《习近平在省部级主要领导干部学习贯彻党的十八届五中全会精神专题研讨班上的讲话》，《人民日报》2016 年 5 月 10 日。

第十四章

跨区域生态保护补偿实践经验

跨区域生态补偿实践作为实现区域生态共建共治共享的重要方式，国内外纷纷出台了相关法律条例及政策制度来推动和保障生态补偿的实施。国内外在不同领域开展了大量实践，在政府补偿、市场化补偿，以及区域之间对口协作与援助补偿等方面积累了大量经验，我国近年来进行了跨区域生态保护补偿试点示范，有较多的成功案例。总结国内外既有经验，对于我国跨区域生态补偿工作部署、健全跨区域生态保护补偿机制具有重要意义。

一、国外跨区域生态补偿实践经验

国际上生态补偿又被称为“生态系统或环境服务付费”，生态系统服务价值通过经济手段来体现。政府定价和财政补偿是国际上较为常见的一种生态系统服务付费的手段，即政府作为全民代表向生态系统服务的提供方购买生态产品，在财政上给予支持和补偿。除了政府财政转移性支付外更多地还有通过市场主导的生态产品交易，相较于政府的直接生态补偿，市场交易双方主动性更强，效果更好。市场中生态受益方自发地从生态供给方购买生态服务，形成生态产品的自由市场交易。因此本节从政府主导、市场主导和资源要素领域三个方面总结国外跨区域生态补偿实践，为国内实践提供借鉴。

（一）政府主导的跨区域生态补偿实践

国外政府主导的跨区域生态补偿实践可分为政府主导的纵向以及横向生态补

偿两大类。

1. 政府主导的纵向生态补偿实践

可分为三类，其一纵向生态补偿的政府付费项目主要表现为政府主导购买社会所需的生态服务，例如美国耕地保护储备计划等，资金来源于政府的年度预算（Baylis K. etc.，2008）；其二如墨西哥水文环境服务项目等，依赖于政府主导建立的使用者专项使用费（Muñoz – Piña C. etc.，2008），在政府主导下的使用者付费项目中，表面是使用者付费，但实际上使用者在其中没有决策权甚至被政府要求强制收费，政府机构负责建立森林和水资源委员会等专门的管理机构负责运营并对项目进行设计决策，使用者在项目建设中只是强制被动参与。当前实践表明，政府直接付费和政府主导建立的使用者付费项目的区分是不明确的，许多补偿方式都是二者混用，例如哥斯达黎加的环境服务支付项目（PSA）中成立的“森林生态环境效益基金”，以政府付费为主体，但也包括使用者付费以及来自国际和非营利组织的捐赠（Pagiola S.，2008）。其三是政府针对某项资源保护设立专项基金，如厄瓜多尔皮马皮罗市和基多市成立的水资源保护基金，政府直接管理方式有效保护了城市周边水域。由于政府机构直接负责和间接运作，纵向生态补偿的管理方式通常能保持长期稳定。

2. 政府主导的横向生态补偿模式

即政府依据相关法律制度，引导受益区和保护区之间协商补偿数额。补偿对象多为自然资源所有者而很少直接对当地政府直接补偿，横向生态补偿多方参与的特点相对突出。例如德国各州税后扣除25%的消费税，其余的由工业先进的州根据相应标准支付给经济落后的州生态补助金；在美国为激发流域上游的水土保持积极性，提出流域下游的生态收益区对上游环境保护区作货币补偿（葛颜祥等，2006）；德国和捷克为保护易北河流域，德国在捷克城区投资建造大型污水处理厂，并发布多项流域保护法律政策以保障流域范围内水质安全（任世丹和杜群，2009）。这些区际转移支付对象都是各州或者是州内政府。这些国家间的横向生态补偿方式基于区域间经济水平，支付的资金数额主要依据居民收入水平和平均纳税额确定，经济发达地区综合补偿经济欠发达地区（蒋永甫和弓蕾，2015）。在政府主导下的现金补偿是最直接最有效的补偿方式，实践中市场主导下的非现金的间接补偿方式更为普遍，支付条件也相对宽松（Farley J. and Costanza R.，2010）。

（二）市场主导的跨区域生态补偿实践

市场化主导下的跨区域生态补偿实践主要体现在市场化的横向生态补偿模式中。国外市场化的横向生态补偿模式有四种类型：一是法律为保证生态保有量而实施的“生态保护指标交易”。例如美国法律规定了美国的湿地指标总量，湿地指标可以进行交易，但是任何经济活动都不能减少美国的总湿地面积；二是建立“生态产品市场”，比如“绿色产品”的认证、监管机制，美国和欧盟国家为生态良好和自然环境下生长的农副产品附上生态标签，这些产品价格较高，因此以间接方式补偿保护生态成本。三是生产企业因为使用生态资源而支付给利益受损者的“绿色偿付”。例如法国毕雷矿泉水公司提出补偿水源区中保护水源的农民，鼓励农户减少使用农药，向农户提供技术支持和承担环保设备购买费用（任世丹和杜群，2009）。四是建设清洁生产市场。在国际节能减排中，《京都议定书》鼓励各国开展碳排放权和许可证交易。美国政府部门的许可证制度对环境生态资源的总量以及使用者的配额做出规定，若出现配额不足或者盈余，可在市场交易中调节（吴越，2014）。从理论的角度分析，对于部分生态系统服务价值提供地区而言，非现金补偿方式更能体现传统互惠交易的特点（Heyman J. and Ariely D.，2004）。因此，在生态补偿金额相对较小时，非现金的生态补偿方式产生的激励作用更加有效（Asquith N M. and Vargas M T.，2008）。

（三）重点领域的跨区域生态补偿实践

国家生态保护补偿意见及行动计划提出要在重点领域全面覆盖生态保护补偿，积极引导生态保护地区与生态受益地区开展横向生态保护补偿，加快形成生态保护与生态受益之间的良性互动局面，形成绿色利益分享机制。

1. 流域跨区域生态补偿实践

其一，全流域综合治理。全流域综合治理主要包括流域内项目共建、基金共建和管理机构共建。改革了传统的分散管理机制，并成为各国学习的流域治理成功经验。为保护莱茵河流域生态，协商建立了莱茵河国际委员会、水文委员会、水处理厂以及莱茵河保护国际协会等国际性组织，为流域综合管理建立了有效协作机制，进而保障流域的生态系统健康（Asheim B. etc.，2008）。20 世纪 60 年代，英国创新流域治污技术，统一管理泰晤士河，主要方式分为两大类。治理上突破行政区划界限，成立流域的综合治理委员会以及水务管理局，实施流域系统统一规划管理，开展全流域行政区协作治污。1996年将国内现有独立管理部门整合成统一管理的机构，和流域内的各地方政府在技术开发、法规制定、经费管理等方面进行探讨，以统一化管理环境资源，加强横向政府间协作。20世纪80年代中期澳大利亚新南威尔士州为保障流域内水、土壤、植被等可持续利用引入了全流域综合管理。在治理流域跨国或跨界的污染问题的全流域综合治理方面的经验如下：设定综合性治理和开发规划，鼓励政府及民间组织等各类主体共同参与到流域治理中以综合开发和保护流域；针对流域的不同特点实施综合治理开发；设置综合性管理机构，调整组织管理方式；等等。

其二，市场化补偿方式多元化。例如美国的加利福尼亚提出的“水银行”措施方案，“水银行”纳入符合严格条件的用户，从自愿卖水用户那里购买水，转卖给其他用水户。水权交易机制是依据水权而对总水量进行股份分配和股份制方式的管理，方便进行水权交易，也促使水资源发挥更高的经济价值。当前，要鼓励促进水权交易，完善交易法规制度，不损害水权者，利于保护鱼类和野生动植物，合理分担交易成本，提高水权交易活力。例如，澳大利亚水权转让的管理制度不断完善，新南威尔士州的水法规规定，水权证拥有者可将水权证全部或部分水量转让给其他水权证拥有者，用水户节约的用水量也可有偿转让给新用水户，水权证用户需要缴纳规定的水费以及从河流、湖泊取水的水权费，以此促进水权交易来保护水资源和提高节约用水积极性。法国毕雷矿泉水公司取水的水源地受到了流域内养牛业的影响，为保持水质与本地牧民签订协议，牧民必须严格控制养牛规模，减少种植谷物和使用杀虫剂，补偿标准按照每年都给予每公顷230美元，补偿实践持续18年到30年，要求农民将奶牛场规模控制在规定范围内，改进破坏环境的处理牲畜粪便方式等。同时对农业发展提供技术支持并承担农业设备购进费用。法国皮埃尔公司是世界上最大的一家瓶装天然矿泉水企业，面临流域的污染物含量超标等生态破坏问题。公司与上游农户达成协议，协调对上游农业进行转型，帮扶农民引进先进农业设施，引导农民在种植中采用环保技术以保护水源地，公司还购买了上游1500公顷的土地，监督农户合理使用，转为对水源污染小的乳业品生产管理，其间还给予农户们一定的生态补偿和技术支持，这一举措比建立过滤厂或搬迁厂址，寻找新的水源地，在成本节约方面更加有效。

其三，生态补偿政策工具多样化。政府直接补贴表示政府直接提供给水源区保护者和相关机构或者法人资金或技术支持，例如在美国田纳西河水源区生态补偿中，政府直接收购生态敏感性的土地以此作为自然保护区，对保护区周围有重要生态服务功能的农业用地休耕，直接给予保护区内的农场主补贴以改善水源质量和水源区周边生态环境政府间横向转移支付表现在巴西政府在对州政府的税收再分配中加入了对生态环境因素的考察，根据州内拥有自然保护区的数量和流域面积计算生态补偿指标，运用财政转移支付的手段来补偿因保护自然生态环境而发展受限制的地区。这一政策的实施使得很多州从中获益，极大地保护了生态涵养地区与周边地区的关系，在不制约地方发展的同时增加了该地的税收，这使得更多州愿意将生态保护区设立在本地，极大地推进了生态保护的积极性。同在欧洲的奥德河流域治理也采用了国家间生态补偿模式，国家之间共同决策并根据流域所在的国家区域的自然、社会、经济条件差别协议承担差异化经费；澳大利亚为解决土地盐渍化，提出下游种植灌溉者对流域上游开展造林工程付费的生态补偿方式。其中新南威尔士林业部门具有植树造林以固定土壤盐分的责任，因此是生态服务的提供者，而农民使用上游水资源灌溉并利用下游水域，是生态服务的需求方，其中付费标准是，依据流域上游现有建设森林的蒸腾水量，以每公顷42美元的价格（后有调整）从林务局购买盐分信贷，总期限为10年。

2. 湿地跨区域生态补偿实践

国外非常重视湿地保护，具有丰富经验。1972年美国出台《清洁水法案》，其中包括湿地保护、开发利用管理制度。美国的湿地银行制度已经比较成熟，在湿地生态保护及其多元化融资方面提供了经验（赵云峰，2012，孟兵站，2013）。湿地银行是利用金融机制通过湿地信贷交易来实现湿地保护资金平衡，在制度保障和市场运作中推动实践发展（柳荻，2018），主要涉及银行主办者、湿地开发者和湿地银行检查小组三个利益群体，主办者作为卖方，应提前提交给检查小组计划草案，经过审核后签订银行协议书，依据协议修复湿地，将湿地面积当作需得到补偿主体的湿地存款。开发者是买家，即在湿地开发可能对湿地生态造成破坏的群体。检查小组的职能是审核草案，保障银行协议和湿地信贷的顺利进行，监管开发者的开发和补偿行为，管理湿地许可证的开发和市场交易过程（柳荻，2018；严有龙，2020）。

3. 大气跨区域生态补偿实践

大气治理的区际生态补偿中，政府间首先开始尝试设立跨行政区而且具有监管权力的防范空气污染的机构，例如美国加州建立的南海岸空气质量管理区（SCAQMD）。其次，建立完善的大气信息报告与污染预警机制。以南海岸空气质量管理区为例，州与州之间建立了具体化的大气治理协作机制，各州主动参与制订空气污染治理计划，编制量化和公示空气污染指标，各州具有空气保护执法权力以及管理排污权市场的权限。再次，建立严格健全的法律制度，美国《1970年清洁空气法》当前还一直沿用，设立的空气质量监管标准和治理计划为美国大气治理形成了基本的制度基础。最后，广泛畅通的监督渠道。美国公众有权参与政策制定、参与治理计划的实施与监督，进而大幅度提高了环保意识和能力。

4. 农业跨区域生态补偿实践

其一，区域间自愿达成协议。为保护农业生态，英国于1990年开始实施北约克摩尔斯农业计划。计划中规定：第一，大部分土地是个人所有的，英国政府可以从土地所有者手中购买土地生态服务（冯俏彬，2014）；第二，该规定中的土地生态服务指的是自然生态和生物资源价值，在英国北部保留传统农业耕作模式；第三，农场主和国家管理者都可自愿参与达成协议；第四，明确协议条款，规定农场主采用传统农业耕作等。从规定实施的结果看，英国的传统农业景观得到保留。

其二，生态消费区域向生态服务区域付费，开展生态产品认证计划。欧盟于1992年对生态产品设置生态标签，获得标签的产品从研发、产品生产到终端销售中的各个环节都要做到不能破坏生态环境，并符合欧盟国家环保标准。尽管绿色产品相对普通产品的价格高出20%～30%，但在市场中也很快受到广大消费者的喜爱，通过消费者购买，就会间接地实现生态补偿。生态标签作为一种以市场为基础的促进预防环境污染和可持续性的手段，在世界范围内得到了越来越多的接受和认可（冯俏彬，2014）。

二、国内跨区域生态补偿政策制度

党的十八大以来，我国致力于生态文明建设，生态保护补偿机制建设成为生态文明体制机制改革的重点内容之一。早期生态补偿主要集中在纵向生态补偿方面，中央直接对生态环境保护地区给予直接的财政转移支付补贴，让生态保护地区得到了直接收益，但政府财政压力过大，生态系统服务的区域外部性问题并未完全得到解决，为此，国家出台了跨区域的生态补偿政策制度，开启了基于资源要素领域层面和不同区域类型跨区域的生态补偿探索和实践。

（一）跨区域生态补偿政策总体规定

1. 国家层面的跨区域生态补偿政策制度演进

我国从“十一五”开始生态补偿政策制度建设，在“十二五”规划中，中央政府专节论述生态补偿机制由生态环境的受益主体以及收益区域补偿提供生态效益的区域以平衡利益主体生态关系构成。2005 年党的十六届五中全会提出了“谁开发谁保护、谁受益谁补偿的原则，加快建立生态补偿机制”。2012 年党的十八大报告提出了建立“自愿有偿使用制度和生态补偿机制”。跨区域生态保护补偿是国家进行生态文明建设和推进主体功能区战略的重要举措，从 2014 年以来国家在多项政策规定中对跨区域生态补偿进行了规定，见表 14－1。

表 14－1　　跨区域生态补偿国家总体规定

时间	发文机构和文件名称	相关内容
2019 年 11 月 15 日	《生态综合补偿试点方案》	创新森林生态效益补偿制度，推进建立流域上下游生态补偿制度，发展生态优势特色产业，推动生态保护补偿工作制度化。建立安徽、福建、江西、海南、四川、贵州、云南、西藏、甘肃、青海十大生态综合补偿试点，试点县 50 个
2018 年 12 月 28 日	《建立市场化、多元化生态保护补偿机制行动计划》	建立市场化和多元化的生态补偿机制，在资源开发中将生态环保投入和生态修复费用纳入成本核算。明确了九类市场化的生态补偿形式，分别是：资源开发补偿、排污权交易与减排补偿、水权交易与节水补偿、碳交易与碳汇补偿、生态产业、绿色标识、绿色采购、绿色金融、区域多元化补偿。引导生态的受益者和相关投资者对保护者补偿
2016 年 4 月 28 日	《国务院办公厅关于健全生态保护补偿机制的意见》	加快生态文明建设，健全生态补偿机制。建立水权、排污权和碳排放权等初始分配制度，完善资源有偿使用、开展预算管理、建立投融资机制，培育交易平台
2016 年 3 月 24 日	《深入贯彻绿色发展理念加快推进横向生态补偿机制建设》	建立“成本共担、效益共享、合作共治”的机制，以地方为主，中央提供适当和梯级奖励，补偿机制的激励和约束功能，探索异地开发、采取技术援助、帮扶解决就业、采用对口扶贫等方式
2015 年 4 月 25 日	《中共中央　国务院关于加快推进生态文明建设的意见》	引导生态受益区保护区、流域上下游，通过补助资金、专业产业转移、培训人才、园区共建等形式进行补偿
2014 年 4 月 24 日	《中华人民共和国环境保护法》	建立跨行政区域重点区域、流域环境污染和生态破坏联合防止协调机制，国家建立、健全生态补偿制度，以强制性的法律法规解决跨区域间的环境治理和保护难题

注：根据相关跨区域生态补偿政策自制。

从政策制度演进可以发现，跨区域生态补偿是平衡各行为主体生态利益的主要方式。早期国家提出的“谁开发谁保护、谁受益谁补偿”的原则是国家开展跨区域生态补偿主要依据；当前国家主要关于流域的跨区域生态补偿的制度较多，主体功能区的跨区域生态补偿开始涌现，对流域和重点主体功能区提出了具体化的政策意见；国家开始基于水和大气等资源要素的市场交易和补偿开展实践探索；并在相关生态脆弱区域开展生态补偿试点，对于单项（林地、草地、耕地）和城市群内跨区域生态补偿也有提及。当前《建立市场化、多元化生态保护补偿机制行动计划》为跨区域生态补偿提供了政策框架。

2. 省级层面的跨区域生态补偿政策制度

在中央政府做出跨区域生态补偿的政策的顶层设计后，各省份、地级市以及县域地区从国家政策出发，结合本地区特点制定了各自的生态补偿实施政策制度。2016～2018 年期间各省（自治区、直辖市）为贯彻落实国务院办公厅关于健全生态保护补偿机制意见，广东省、河南省、内蒙古自治区、安徽省、福建省、吉林省、云南省、贵州省、甘肃省、西藏自治区、陕西省、广西壮族自治区、海南省、天津市、北京市、湖南省、湖北省、青海省（按文件发布时间排序）的政府办公厅根据自身生态状况印发了关于健全生态保护补偿机制的实施意见，各地结合本地区重点生态领域和相关生态功能区特点，制定了本地区的生态补偿实施措施，重要的是都为跨区域生态补偿提供了明确指导意见并落实到相关责任单位。

经对各地区的省级跨区域生态补偿政策梳理发现，生态补偿制度主要是在国务院办公厅《关于健全生态补偿的实施意见》的指导下结合本地区实际提出了跨区域生态补偿的实施意见；不仅对跨省域生态补偿措施展开研究还对省内重点地域横向生态补偿提出建设意见。省级层面跨区域生态补偿制度主要包括主体功能区跨区域生态补偿市场化措施的总体探索和流域横向生态补偿办法；主体功能区的市场化生态补偿措施有碳交易权、排污权和水权交易；以流域为重点的横向生态补偿主张在相关政府的引导下建立横向生态补偿；主张在生态脆弱化地区和人地矛盾尖锐区域首先开展横向生态补偿试点；将单个生态补偿项目和横向生态补偿制度落实到相关省级部门以防止部门之间责任混杂，逃避追责。为森林、草原、湿地和耕地等生态领域细化了生态补偿制度，主要以政府资金补贴和利益主体相互协作的横向生态补偿相结合的方式健全各省份生态补偿机制。

3. 地级市层面的跨区域生态补偿政策制度

在国家和省政府关于生态补偿制度的指导下，各地级市也积极落实生态补偿政策意见，并结合自身生态特征发布了各自的生态补偿政策制度并提出跨区域生态补偿相关政策意见。按照文件发布时间排序有河北省石家庄市和邢台市、辽宁省鞍山市、湖北省鄂州市、湖南省益阳市和岳阳市、山西省晋城市、四川省成都市、云南省楚雄州、陕西省西安市。

对各地级市的跨区域生态补偿政策梳理发现：生态补偿制度主要是在国务院

办公厅和所在省的办公厅关于健全生态保护补偿机制的实施意见的指导下，结合本地级市提出了跨区域生态补偿的实施意见；不仅对跨市域生态补偿措施展开研究，还对地级市内重点地域横向生态补偿提出建设意见；要求积极寻求中央和省政府的资金和政策帮扶；地级市层面跨区域生态补偿制度在省级层面要求的主体功能区跨区域生态补偿市场化措施和流域横向生态补偿办法的基础上提出了更加具体的方案；主体功能区的市场化生态补偿措施不仅要探索碳汇交易权、排污权和水权交易，还要积极建立投融资和培养发展平台；以流域为重点的横向生态补偿包括开展对口帮扶、产业区域转移、共建园区等横向生态保护补偿关系；主张在地级市内的生态脆弱化地区首先开展横向生态补偿试点；将单个生态补偿项目和横向生态补偿制度落实到相关地级市部门以防止部门之间责任混杂，逃避追责。不仅对森林、草原、湿地等生态资源提出生态补偿任务，而且根据各地级市的生态自然保护区建设提出政策要求；主要以政府资金补贴的纵向生态补偿和利益主体相互协作的横向生态补偿相结合的方式健全各地级市生态补偿机制。

4. 县级层面的跨区域生态补偿政策制度

县级层面的跨区域生态补偿政策制度相对较少，主要表现在地市级跨区域生态补偿制度的实践落实中，主要责任主体是各县市区生态环境分局。县级市跨区域生态补偿政策文件相对地级市更加细化，例如福建省福州市永泰县作为国家生态县和国家重点生态功能区，探索水权交易助力流域生态补偿，依托平潭和闽江口的水源配置，将水源保护成本纳入水价，以间接实现流域生态补偿。2014 年永泰县积极开展赎买商品林试点，推进林权的抵押贷款。相应出台林权的回收储存抵押方案以及资产抵押等管理办法，组织区域内的 7 家金融机构帮扶推动绿色金融，其中林权抵押是绿色金融探索的重要方式。同时出台相应的生态环境损害赔偿管理和实施方案等，形成行业专家咨询库，形成行政执法和刑事司法相互衔接的补偿机制。

在县域范围内，安吉等县市都出台了异地开发相关生态补偿政策，规定上游地区项目进入下游县市开发区，税利收入交由上游乡镇。在市域范围内，金华市为帮扶上游磐安县建设在本区域内设立金磐扶贫经济开发区，并在政策制度和基础设施等方面给予支持。绍兴市为支持上游新昌县建设在袍江经济开发区设立新昌医药化工园。四川省的阿坝州与成都市为保护岷江上下游水源，在成都市的郊外共同建立成阿工业园，阿坝州为保护水源集中发展生态农业、旅游和水电，而将工业企业转移到成阿工业区，该园区内产生的工业资金、创汇和税收等经济收入，成都和阿坝按照 4∶6 的比例分配。成阿工业园为上游的阿坝州带来财政收入，间接实现生态补偿，还解决了部分劳动力的就业问题，从而实现了两地经济和生态效益双赢格局。实践证明，“飞地经济”是当前区域间生态补偿的有效形式，应在继续完善基础上不断推广。

岳西县是国家生态综合补偿试点县，处于大别山区域，作为水源涵养和生物保护等重要调节生态的功能区。岳西县委和政府为发挥该县重要的生态功能，出台《岳西县地表水断面生态补偿试行办法》、《岳西县大别山区（淠河流域）水环境生态补偿试点实施方案》等管理条例。在全县的24个乡镇之间形成依据地表水断面作为补偿标准的补偿机制，并实行区域间双向补偿；在县域内的国家自然保护区实施具体的差异化生态补偿制度，对农民的直接资金补偿进行差异化处理，根据生态资源管理绩效和群众的生活要求调整和健全补偿机制，实现生态保护和社区主体利益相互促进的目标；县城采用集中式管理水源地方式以考评水资源保护；在大别山区淠河和姚家河流域开展横向的水生态补偿机制，每年淠河流域获得1200万元生态补偿资金，姚家河获得720多万元①生态补偿资金。岳西县下一步要结合本地编制的生态综合补偿试点工作方案，总结现有生态补偿的经验和资金使用状况及问题所在，明确目标并创新思路，打造生态综合补偿的试点样板。

（二）重点领域的跨区域生态补偿实践

1. 森林跨区域生态补偿案例

森林跨区域生态保护补偿较多的是政府直接的转移支付补贴，依托森林保护项目予以资金技术支持，近年来发展了市场化补偿，主要包括碳汇交易、商品林赎买、森林面积指标交易，大大拓展了森林跨区域生态保护补偿范围。

其一，碳汇交易。中日防沙治沙试验林建设是日本政府与沈阳市康平县达成的中国首个碳汇交易，把试验林所吸收的碳素以排放权形式卖给日本相关企业，出售排放权而获取的收益可在康平县种植和维护防护林。

其二，商品林赎买。福建省商品林赎买作为市场化的补偿方式已取得良好成效。政府是赎买的引导者、执行者和监管者。尽管是政府主导但是不是全面化管理，而是以政策制度作为引导、利用补贴激励和服务外包的形式运作，鼓励社会主体广泛参与生态建设。政府给予地方自主权，因地制宜创新开展，采取的主要措施包括运用市场机制确定赎买价格，开展市场化管护，培育生态管护产业，促

① 岳西践行“两山”理念，生态保护补偿成效不断显现，http://ahyx.gov.cn/html/news/sz/sz/2020/08/411949.html。

进生态林业发展，坚持生态保护与民生改善并重。改革中的主要挑战在于商品林赎买的保证金投入可能不足，而且赎买资金主要是区（县）政府自筹；另外，赎买具有公益性，投资收益具有不确定性，因此利益主体参与赎买的意愿低。以此需要运用多种方式融资，鼓励长期的资金投入，加强赎买后的林区经营管护（王季潇，2020）。

其三，森林面积指标交易。为保障长江上游生态，重庆市于2018年10月建设以森林覆盖率作为交易指标的补偿机制。规定经济水平高但生态空间相对稀少的区县可从其他区县购买森林面积指标，以提升本地区的森林覆盖率，而补偿其他森林资源相对较多的区县，更好地协调合作保护生态。江北区和酉阳土家族苗族自治县签订生态补偿协议，成为重庆市第一个用森林覆盖率作为交易指标的补偿协议。根据协议，江北区为补偿酉阳县的生态贡献，使用森林面积进行补偿，分三年共补偿7.5万亩的森林面积，总价值约1.875亿元。接着其他区县也跟随学习，例如九龙坡区和位于东北部的国家扶贫重点县城口县于2019年11月签订协议，双方共交易1.5万亩的森林面积指标，九龙坡区支付给城口县补偿资金约3750万元。

2. 水源地保护的跨区域生态补偿

国内现行的水源地生态补偿实践主要是以政府主导。政府补偿方式有三种：一是运用财政补贴或基金帮扶实施生态补偿，例如新安江流域作为首个跨区域生态补偿试点，生态补偿机制建立第一轮试点时间为2012年到2014年，在此期间中央拨款3亿元，浙江、安徽两省各自拿出1亿元用于新安江的跨流域环境污染问题治理，两省以“水质”对赌，共同设立环境补偿基金，实现共建共享。二是通过政策支持、技术合作等方式实施生态补偿，例如2005年浙江省在国内最先出台《浙江省人民政府关于进一步完善生态保护补偿机制的意见》，流域生态补偿作为水源保护和水源污染问题解决的重要措施被各地政府采纳，之后河南省等各个省市先后发布进一步完善生态补偿机制的相关办法（毕建培，2019）。三是政府引导水资源保护方和受益方通过自愿协商建立水质水量协议，依据达标标准判断奖惩并实施补偿。2010年河南省在全省内的长江、黄河、淮河和海河四大流域涉及的18个地市开展水源生态补偿，水质评判标准选择设定的四大流域的重点水流断面监控点以核算超标污染物，根据结果提出惩罚和奖励共同进行的双向奖罚机制，充分调动了水源地和受益区参与水源生态补偿的积极性。2013年江苏省也在全省内广泛开展水域生态补偿工作，形成描述断面水质的评价因子指标考核水质达标状况，实行主体间双向补偿（周洁和逄勇，2016）。2014年北京市不仅提出对跨界水流断面的水质污染物进行考核，还要求评价年度污水治理任务的完成度，从而构成两项指标生态补偿考核体系，若水源保护区未达到水质质量目标，则要惩罚相应区县，并将罚金直接提供给下游区（县）作为生态补偿资金。

市场化手段主要是水权以及排污权交易转让机制，誉有生态省之称的浙江省水权交易模式为全国流域跨区域生态补偿提供了参考。我国首例基于水权交易的生态补偿是浙江省的义乌市政府与东阳市政府之间关于购买用水权的成功交易，义乌、东阳两地水权交易，通常被认为是市场主导的生态补偿的“双赢交易”（朱九龙，2014）。

3. 农业跨区域生态补偿实践

2003 年在北京市密云水库上游流域开始试行退稻还旱工程，以改善水质与来水量。2003 年开始试行，涉及北京市与河北省多个县市。2006 年，在张家口赤城县黑河流域成功实施了 1.74 万亩稻改旱试点项目。2007 年正式在赤城县和承德丰宁、滦平两县开始实施稻改旱的项目。北京市每年补贴 5665 万元支持河北张家口承德地区，共实施了 10.3 万亩稻改旱，其中，承德市两县的 7.1 万亩以及张家口赤城县境内的 3.2 万亩耕地全部退出水稻耕种，而改进种植节水型作物。补偿金额也从补贴 450 元/(亩·年) 到 2008 年以后提高到 550 元/(亩·年)（冯丹阳，2017）。

2017 年和 2018 年的中央一号文件均提到了跨区域的农业生态补偿，并将之作为重要的战略目标。在这样的背景下亟须加强区际农业生态补偿相关的研究，以满足实践对理论的需求，从某种程度上来说，虚拟耕地是不同区域间农业生态系统联系的纽带，在粮食流动过程中形成了虚拟耕地的占用与被占用关系，但是仍然处于探索阶段（梁流涛，2019）。

运用河北省农业种植区域具有天然优势的自然条件，在农产品生产中实施生态标识制度，开发生态化品牌和地方性品质，和京津地区形成稳定可持续的供销渠道，提升农产品附加生态价值，间接增加农产品种植者收入。例如，张家口市坝上地区利用本地独特地理优势，大面积种植错季蔬菜，分批次上市销售，得到京津地区及日韩国家居民的喜爱，当前在北京市菜市场已占据“半壁江山”。

（三）区域层面跨区域生态补偿实践

1. 主体功能区的跨区域生态补偿

基于主体功能区的跨区域生态补偿最能体现不同区域间由于生态保护导致的

发展权水平差异，本书整理了基于主体功能区跨区域生态补偿的国家总体规定，见表 14－2。

表 14－2　　基于主体功能区跨区域生态补偿国家总体规定

时间	发文机构和文件名称	相关内容
2018 年 12 月 28 日	《建立市场化、多元化生态保护补偿机制行动计划》	优化排污权配置，探索建立生态保护地区排污权交易制度。加大在生态功能比较重要、资源丰富的贫困地区的投资力度，加强建设在重点生态功能区的公共服务
2018 年 2 月 13 日	《关于建立健全长江经济带生态补偿与保护长效机制的指导意见》	加大长江流域跨越功能区的转移支付并安排转移支付的预算，调整转移支付的分配结构，完善县域生态质量考评体系，加大直接生态补偿形式，重视禁止、限制两类开发区以及上游地区
2016 年 2 月 15 日	《关于加大脱贫攻坚力度支持革命老区开发建设的指导意见》	将符合条件的贫困老区纳入重点生态功能区补偿范围，引导生态产品供给区和受益区间通过资金补助、转移产业、培训人才、园区共建等方式补偿
2015 年 4 月 25 日	《中共中央　国务院关于加快推进生态文明建设的意见》	深化改革财税体制，健全转移支付机制，规范生态补偿渠道，加大对重点生态功能区的转移支付力度
2010 年 12 月 21 日	《国务院关于印发全国主体功能区规划的通知》	鼓励探索建立地区间横向援助机制，生态环境受益地区应采取资金帮助、定向援助、对口支援等形式，对重点生态功能区的利益损失进行补偿

注：根据相关主体功能区生态补偿政策自制。

对主体功能区的国家和省级政策制度总结可以发现，国家鼓励生态功能区之间建立对口支援、转移支付等援助机制，受补偿主体重点向禁止和限制开发区、上游地区以及生态功能区倾斜，并受到国家战略的影响。以江西省为例，在国家政策指导下对森林、水流、湿地等生态区域根据主体功能区规划分别建立了跨区域生态补偿的相关政策要求，内容更加详细。江西省鄱阳湖生态经济区在国家和省政府生态功能区跨区域生态补偿制度的指导下，基于生态经济区具体特征制定了相关条例，并形成针对性措施和责任主体，制度要求更加具体。

国家 2010 年颁布的《全国主体功能区规划》根据区域间的主体功能分为城市化地区、农产品主产区以及重点生态功能区三大类。其中重点生态功能区的主要功能是提供生态产品和服务，其生态补偿方式可分为三类：中央对地方的转移支付；针对单一资源要素的生态补偿；地方政府间的横向补偿（廖华，2020）。

2011 年中央针对重点生态功能区特有的生态功能开展转移支付。在实践探索中，资金用于防治污染，包括污水、垃圾处理，土地资源整治，发展居民基础教育，提升公共服务，乡村扶贫等工作，平衡地方生态环保与经济社会发展的矛盾。对生态资源的特定单一要素的生态补偿，被称为“项目制”（渠敬东，2012），主要方式是国家直接给予资金补助和直接帮扶建立生态项目，其中包括保护天然防护林、修复湿地等。尽管和政府直接拨付类似，表现方式都是纵向转移支付，但是针对单一资源要素的项目制的转移支付资金用途具体明确，补偿更具针对性。例如为补偿公益林建设的机构和经营者的管理支出而设立的森林生态补偿基金，国家审议通过的《中华人民共和国森林法》《国家级公益林管理办法》等对资金使用、公益林的保护管理方式以及补偿标准做出具体安排。还有一种就是横向补偿。依据国土空间对自然资源的规划，根据资源要素禀赋可划分为具有不同主体功能的区域，生态功能区的建设者和政府是受偿主体，补偿主体是享受生态服务的受益地区。因为生态功能区的主要功能在于提供生态产品，因而丧失部分发展权，但是受益地区无偿享有生态功能区提供的生态服务以及生态产品，为平衡生态功能区和受益地区的利益，体现社会公平，横向转移支付具有重要作用，例如于2008年重庆、湖南政府签署了《酉水流域横向生态保护补偿协议》，酉水河流域被作为武陵山区的生态功能区，协议规定，两个省市政府以两地交界处的断面水质为补偿依据，根据水质监测部门的实际监测结果确定补偿资金，同时对清理水污染的生态工作的资金运用做出约定。

当前生态功能区区域生态补偿存在诸多问题，迄今为止，“生态补偿”概念在政府文件中没有给出法律含义，具体概念不统一（汪劲，2014）；有关补偿的标准和政府规章政策频繁变动，导致受偿主体和补偿主体无法准确衡量利益问题（杜群和车东晟，2019）；地方政府的服务水平不足，地方政府缺乏提升产业结构的能力，补偿标准不合理、激励效用不足。

2. 流域跨区域生态补偿

我国较早在流域开展了跨区域生态保护补偿试点示范，表14－3总结了关于流域生态补偿的相关规定。流域是以分水岭为边界的地域系统，系统内水流、水资源是运动变化的有机整体，是典型的自然地理单元。人类生产生活对水资源的依赖促使流域系统格局成为生产布局、城镇化布局的重要基底。随着人类社会对自然地理认识的深化，对流域系统的运动机理、演变规律的认识也不断深化，依托流域系统的经济区划、生产力布局、城镇规划不断出现，对于流域生态环境的系统性保护也不断增强。相对于其他生态资源领域，我国流域层面的跨区域生态补偿制度相对完善，从国家层面到市县区级层面都对流域跨区域生态补偿做出详细的政策要求，而且流域跨区域生态补偿实践开展较早也较多，为政策制度发展提供了实践基础。

表 14-3　　基于流域跨区域生态补偿国家总体规定

时间	发文机构和文件名称	相关内容
2020 年 4 月 20 日	《支持引导黄河全流域建立横向生态补偿机制试点实施方案》	支持引导各地区加快建立横向生态补偿机制，奖励资金将对水质改善突出、良好生态产品贡献大、节水效率高、资金使用绩效好、补偿机制建设全面系统和进展快的省（区）给予资金激励，体现生态产品价值导向
2019 年 11 月 15 日	《生态综合补偿试点方案》	流域上下游开展横向生态补偿，在省内开展流域横向生态补偿试点。在流域的跨省断面建立监测网络以及绩效考评机制，鼓励地方间建立多样化的合作机制
2018 年 2 月 13 日	《关于建立健全长江经济带生态补偿与保护长效机制的指导意见》	以政府为主导、自主协商为辅，鼓励各省（市）在省内流域的上下游间和主体功能区间建立生态补偿机制，在省（市）间流域上下游间探索生态补偿试点，推动流域上中下游间协同合作、东中西互动发展
2018 年 2 月 28 日	《建立市场化、多元化生态保护补偿机制行动计划》	合理配置水权，推进水权确权，确定区域间的用水总量和各自的权益，明确各用户的水资源使用权
2016 年 12 月 5 日	《关于加快建立流域上下游横向生态保护补偿机制的指导意见》	将流域的跨界断面的水质和水量作为补偿基准。鼓励上下游间开展排污权、水权交易。合理确定补偿标准。建立联防共治机制。签订补偿协议
2016 年 4 月 28 日	《国务院办公厅关于健全生态保护补偿机制的意见》	完善用水权、排污权、碳排放权初始分配制度，建立有偿使用、管理预算、投融资等机制，培育市场交易平台。在区域、流域间开展水权交易
2016 年 3 月 24 日	《深入贯彻绿色发展理念　加快推进横向生态补偿机制建设》	新安江、九洲江、汀江-韩江流域，要细化试点落地方案，落实资金管理和项目安排
2015 年 4 月 25 日	《中共中央　国务院关于加快推进生态文明建设的意见》	引导生态受益区与保护区之间、流域上下游间，资金帮扶、转移产业、培训人才、园区共建等方式补偿

注：根据流域跨区域生态补偿政策自制。

其一，政府间横向转移支付。新安江流域是由习近平总书记倡导推动的全国第一个跨越多个省份的流域生态补偿探索地。到目前为止新安江流域的生态补偿机制建立经历了三轮改变，第一轮试点时间为 2012 年到 2014 年，在此期间中央拨款 3 亿元，浙江、安徽两省各自拿出 1 亿元用于新安江的跨流域环境污染问题治理，两省以“水质”对赌，共同设立环境补偿基金，实现共建共享。在第一轮试点期间，每年浙江省对流入省界的流域断面水质进行监测评估，若水质达标则安徽省可获得相应的经济生态补偿款，所得的补偿金又继续用于新安江流域的生态保护和环境治理，通过这样的举措形成一个跨省流域生态保护的良性循环圈。第二轮试点时间为 2015 年到 2017 年，在此期间，中央财政支持保持 3 亿元不变，安徽、浙江两省每年出资各增加1亿元，并规定将试点期的水质稳定系数提高至0.89。第三轮为2018年到2020年，两省每年出资2亿元，并争取得到中央资金帮扶，共同设立横向生态补偿资金，继续采用流域跨省界的断面水质考评。在新一轮的考核中，对水质提出了更高的要求，加大了总氮和总磷的权重，分别由过去的各25%调整为各28%，相应地对于试点期的水质稳定系数也由过去的0.89调高至0.90。2012年建立试点以来，各主体积极探索努力，新安江流域探索出了可复制和推广的生态文明建设机制。

其二，水权交易模式。跨行业、大规模的水权转让第一次完整地体现了水权、水市场制度对水资源的优化配置。浙江省2020年建成了全国首个生态省，浙江省的水权交易模式为全国提供了参考。我国首例基于水权交易的生态补偿在浙江省的义乌市政府与东阳市政府间产生，东阳市以2亿元的价格一次性转让给义乌市横锦水库每年4999.9万立方米的永久用水权，并要求水质达到国家一类饮用水标准，同时义乌市要按每平方米0.1元的价格支付给供水方水源综合管理费。浙江省绍兴市汤浦水库有限公司与慈溪市自来水公司签署了《供应水合同》，绍兴市将每天20万立方米的引水权卖给慈溪市。这是一个市场化水权交易范例。宁夏和内蒙古两区在黄河管理委员会的协调指导下，投资节水、转换水权模式成为水权交易成功案例。杭锦灌区中的节约水资源工程建设为电厂提供大量的水资源，水权市场交易发展了水利融资方式并提高了用水效率。

其三，工程项目模式。主要包括北京市与张家口市、承德市之间的水资源保护项目、南水北调中线工程受水区与水源区之间的对口限制等。北京市安排专门资金，支持密云水库上游河北省张家口市，依据上游来水水质、水量、行为三方面指标，2018年至2020年，对河北张承地区相关县区实施生态保护补偿。承德市实施“稻改旱”工程，北京相继与河北赤城、滦平和丰宁达成协议，在黑河流域和潮白河流域实施“退稻还林还旱”补偿。按照项目实施管理进行生态保护补偿具有较好的可行性和可操作性，生态治理和环境保护的成本核算也容易被接受，但项目工程类型多样，补偿规则及方式也众多，尚不能支持形成统一的系统生态保护补偿，项目工程资金也具有较大的不确定性和不可持续性。生态环境保护是一项长期行为，项目工程一旦停止，生态保护区及相关者的补偿往往也就停止，地方政府或居民往往重新开发本地生态资源，很可能再次破坏环境（杨文杰，2019）。

其四，异地开发模式。为了某种生产生活目的，保证生态功能和环境品质，往往对某个地区实施共同保护、共同开发、共同经营，国家、地方政府予以政策、资金技术支持，促进生态受益地区在“异地”进行开发，达到生态受益地区对生态保护地区的生态保护补偿目的。该模式规避了生态保护补偿依据、标准确定问题，相对来说有一定的持续性，对生态保护地区实施“造血式”扶持，有助于生态保护地区与受益地区形成良性循环机制，有利于生态保护区可持续发展。磐安县是浙江省金华市管辖的边缘山区县，吸收了杭州等周边城市的大气污染，并释放清新空气，但经济基础薄弱。所以为发展磐安经济的同时保障上游生态以化解生态和经济的矛盾，金华市和磐安县共同建立了一块“飞地”，即选址在金华市经济技术开发区的金磐扶贫经济开发区。这是浙江省在区域之间开展异地开发的典型成功案例。补偿方式为处于下游的金华市在本市开发区内选址为上游的磐安县发展自身工业经济建设工业开发区，在本区域内可开展磐安县经济项目，并由磐安县自主建设开发，使得磐安县内生态环境得到很大改善。由于有了资金支持，生态工程建设取得良好进展，金华市无须直接支付补偿金额，合理地转移了补偿成本并建立高效补偿机制，不仅可以保护生态还可帮扶脱贫，有助于发展生态经济（邓新杰，2007）。

从各地实践分析，现阶段流域内跨区域生态补偿存在的问题，目前仅见于省内补偿或者大流域的支流，对于横跨多个省份的长江流域，仍处于试点状态；协调合作平台缺失中小流域上下游之间的“一对一”协商模式，不足以满足跨多省的大流域生态补偿，需要有若干个“一对一”模式才能构建完整的流域横向生态补偿体系；没有充分考察流域的系统性，缺乏对流域内山水林田湖草系统的统筹思考；南北方水量需求的迫切程度不同，水量基准的设定不同，生态补偿标准难统一（杜勇等，2020）。

3. 城市群跨区域生态补偿模式

京津冀城市群初期区际生态补偿主要以工程项目建设为主，方式单一，京津冀协同发展战略提出后，北京市与河北省、天津市与河北省分别制定了水生态横向补偿协议，对补偿资金来源、考核标准和适用管理进行了协定，使京津冀水生态补偿提升到制度化层面。京津冀协同发展战略实施之前，京冀、津冀的跨区域水生态补偿多在工程和项目建设中开展合作等，没有形成系统化的补偿机制和保障性制度体系。

2014 年正式出台了《京津冀协同发展规划纲要》，并且在这份文件中明确提出，要进一步促进京津冀协同发展，并将这一战略上升到国家层面。随着文件的出台以及实施，该区域的生态环境治理获得了非常明显的效果。在生态环境保护层面，通过签订协议和备忘录等方式，在水源保护、风沙治理、植树造林等方面取得了较大进展，如表 14－4 所示。横向跨区域生态补偿实践主要涉及流域和水源地层面。在流域层面有水环境治理、小流域治理等项目。在初期阶段，补偿方式不够完善，大多补偿内容都属于工程建设项目。与此同时，采取了丰富多样的补偿方式，但是到目前为止，补偿体制还是不够完善，还需加强探索与改进。

表 14 - 4　　京津冀城市群生态补偿实践

项目	时间	相关内容
水环境治理项目	2005 年	北京与张家口、承德成立水资源环境治理合作协调小组，北京每年支付 2000 万元支持张承地区水资源保护项目
	2006 年	京冀签署《北京市人民政府河北省人民政府关于加强京冀与社会发展合作备忘录》，以水环境的治理、农业节水、水源涵养等在张承地区开展以项目工程建设为主要形式的横向生态补偿实践
生态清洁小流域治理项目	1996 ~ 2004 年	北京每年向承德的丰宁、滦平提供资金 100 万元，用于局部小流域治理
	1997 年	北京向张家口赤城提供 50 万元治理小流域
	2014 年	在密云水库上游的张承两市五县建设生态清洁小流域，京津共同出资建成 24 条清洁小流域，水土流失治理面达到 86. 38%
稻改旱项目	2006 年	北京先后与河北的赤城、滦平、丰宁达成协议，在黑河和潮白河流域实施“退稻还林还旱”，至 2013 年底补偿资金 4 亿元
上游地区保护水源建设项目	2009 ~ 2014 年	天津对河北承德和唐山引滦水源保护项目投入 1. 3 亿元，支持了 63 个水源地项目
黎河流域治理工程建设	2006 ~ 2011 年	天津通过工程建设方式对黎河流域进行治理
引滦河水入天津的横向生态补偿	试点期 2016 ~ 2018 年	津冀按照“利益共享，责任共担”原则实施，补偿资金三部分构成，河北、天津财政各出资 1 亿元，中央财政每年补贴 3 亿元，根据考核目标分别拨付。2019 年，试点期结束，天津、河北共投资 6 亿元，中央财政补贴 9 亿元，继续完善、延长引滦生态补偿机制
密云水库上游水源涵养地区横向生态保护补偿协议	2018 ~ 2020 年	北京、河北签署《密云水库上游潮白河流域水源涵养区横向生态补偿协议》，北京、河北按照“成本共担、效益共享、合作共治”原则建立协作机制，以水质、水量、上游行为管控三方面指标实施生态补偿，期限三年

注：根据相关文献资料自制。

三、跨区域生态保护补偿机制构建方向

我国跨区域生态保护补偿积累了较为丰富的经验，但存在开展范围偏窄、试

点领域有限、补偿标准偏低等问题，区域之间生态关系界定不统一，“谁补谁”问题存在争议，“补多少”的理论说服力还不强。总结国内外生态保护补偿经验，尚需分析区域生态贡献，研讨政府作用与市场作用的协同机制，厘清生态环境与经济社会利益相关者诉求，明确跨区域生态保护补偿机制构建方向。

（一）完善政府跨区域生态补偿制度

现有区域间的转移支付主要依据经济水平来确定，尽管一定程度上帮扶了贫困地区，但是生态补偿机制尚未形成，转移支付目的与生态补偿指向不相契合，区域获取的财政资金应当和需要担负的生态责任和建设要求相结合。从区域间的补偿方式和协议内容中可以发现生态补偿仍然缺乏实践落实和政策支持，区域利益主体对补偿内容缺少理解，因此进行补偿主动性不足。因此构建补偿体系，应该从社会主体根本利益出发，实现生态效益互惠共赢，发挥各区域政府间协作作用，调动地方政府积极性，规范政府补偿资金的使用。改善生态补偿中的各种不足要考虑以下几点。

1. 推动建设跨区域生态补偿协调机制

第一，要保障生态安全，实施适用于区域发展战略的纵向补偿机制，完善政府主导下的自上而下补偿重点区域的生态保障功能，实现生态产品和服务所具有的公益价值。第二，在统筹区域间补偿时，根据区域差异建立差异化补偿政策。根据区域间的功能定位以及地域特点，结合政府要求制定差别化具体化的补偿标准，产业引进负面清单，由政府通过转移支付购买生态服务以补偿发挥生态保护作用且经济落后的地区。第三，积极修复和治理环境破坏。根据国家对各生态功能区建设要求和生态破坏状况，在坚持自然恢复的基础上，强化生态环境的系统性修复和管理，高效率利用生态空间。第四，中央政府在鼓励推动跨区域生态补偿机制的同时要为地方政府提供政策、法律以及财力支持，将生态补偿责任落实到地方政府，使得财权和事权匹配。在具体的转移支付进程中，可先后对功能区的地方政府财政拨款，在转移支付中体现优先级机制。第五，要建立协调统一的自然资源管理核算机制，在合理清晰核算自然资源价值的基础上，完善跨区域生态补偿制度，在遵循跨区域生态补偿法理基础上，明确补偿对象、方法、标准、形式、经费来源等具体政策规则，用以规范各级政府的行政行为，保证补偿行为的规范性、稳定性、公平性和长效性。

2. 建立跨区域生态补偿的约束与监督制度

在跨区域生态补偿，对利益主体的约束与监督机制必不可少，二者相互作用，缺一不可。约束和监督机制的协同作用可以保障生态补偿可持续性实施，更好地约束主体间在生态补偿中的行为，推进区域间协调发展。对政府的生态补偿拨款和资金使用的总过程实施监督，上级政府可管理和监督整个项目建设中的资金使用情况；在区域间建立联合监督体系，各区域都可监督资金拨付和使用过程；同时要确保项目资金使用的合理化和高效率，防范政府间联合贪污受贿。另外，区域间联合监督机构要注意监管生态工程建设，可聘请专业的生态专家监督生态工程，保障工程质量（温薇）。

（二）建设市场化多元化的跨区域生态补偿方式

国内跨区域生态补偿多以政府直接投入资金、转移支付为主，难以满足生态环境治理的资金需求。补偿过程需要国家强制进行，缺乏激励和引导补偿地区自觉支付补偿金额的机制，没有形成调动全社会主体保护生态环境积极性的制度和资金鼓励政策，生态化产业尚未形成开发路径，即缺乏“造血型”工程建设，因此有必要实施市场化补偿方式。当前生态服务价值尚未形成普遍化的转化路径，因此难以建立系统化的补偿机制。市场化的补偿方式以生态产品价值实现为基础，因此也要探索产业生态化转化路径，价值转化和补偿资金来源涉及企业等投资型社会主体和地方政府等监管主体。补偿方式涉及自然资源管理、权益置换和生态税收等多个方面，因此要鼓励多元化市场主体投入管理，弥补政府监管不足，发挥市场作用。在政府设立的补偿资金基础上利用生产产业支持、投资优惠等方式引导市场主体参与生态保护，拓展价值实现路径；结合各地区的地理条件培育特色产业，与其他区域形成合作生产与分工体系，实现政府、市场和社会发展动态平衡。

第一，加强地方政府间横向补偿。在市场化的补偿中，政府仍然是不可或缺的主体，具有引导和监督作用。政府应当依据地区间的产业结构差异、生态资源禀赋差异和经济发展差距，结合生态共建原则，提供资金支持、技术帮扶等促进生态补偿，可采取异地开发方式促进区域产业合作和异质性人才交流；大力扶持生态和文化旅游等生态型产业；创建区域间协作交流平台，使得补偿和受偿主体间的生态补偿信息交流更加便利，减少信息不对称问题，激发主体间的自发补偿意愿以促进补偿机制的落实。

第二，鼓励市场主体间横向补偿。在转让、抵押和出租生态资源中要规范资源使用权的市场规则和行为，明确主体间在开发利用生态资源时的原则和要求。为提升生态资源利用效率，要建设市场交易和公共服务平台，落实市场主体的信用评价，保障生态资源在各个市场主体中顺畅交易流转，确保交易的公平性、安全性和高效性，为市场化补偿奠定生态资源交易基础。

第三，制定生态补偿保障性法律制度。在生态环境损害和资源赔偿、权益交易等方面建立保障性制度体系，为财政支持、绿色金融、土地管理等生态补偿程序提供支持，在保障补偿资金合理化利用的同时让补偿主体得到更多政策支持和优惠；设立专业化的补偿监管和评价机构，主要负责补偿制度体系的落实、监督与评估，并对补偿主体行为进行管理和奖惩，缓解制度保障性不足、主体参与度不广等问题。

第四，推动多元化的生态补偿。市场交易不仅涉及生态产品，而且体现在区域间的权益交易中。深究排污权、水权等权益配置结构，灵活运用市场化手段，引导各类主体主动探索多元化的交易机制是必要的，有助于合理化资源配置。例如可在全国推动建立碳交易市场，发放排污许可证，形成碳排放权交易和抵消体系，使得权益交易更加规范化，便于国家监管；还可在此基础上建立二级权益交易市场，细化生态补偿内容（马家龙，2020）。

（三）健全生态系统服务价值评估体系

在当前技术应用中，生态资源自有效益和服务价值及其产生的损耗难以规范化核算和评价。一个区域的生态治理投入以及生态资源的受益状况当前缺乏系统化、可量化的评判标准和体系。如果区际补偿中充分考察各个区域的地理条件、社会经济特征以及现有生态系统结构，则设立的补偿依据和要求就会有权威性和标准性。科学合理地确定区域间的补偿金额是补偿机制的实施基础。因生态补偿的依据、程序、方式没有形成标准化、法制化的规范要求，在具体实施中缺乏可操作性，补偿标准也无法依据服务价值测算，同时生态产品和服务所具有的生态效益显著影响补偿的测算，补偿效果不显著。为此，开发生态价值核算新技术，构建生态价值评估制度可从以下几点着手：

第一，合理界定产权。产权界定可明确区域间的补偿和受偿主体，同步提升受偿区及受益区对所产生和享用的生态效益的付费意识。在产权界定中，无论补偿主体是谁，生态资源都是公共的，物权具有法治性，因此要统一确权、管理，确保生态补偿的参与主体所具有的资源所有权或者使用权具有明晰的规定和权利。在确定生态补偿主体过程中要保障生态资源的可量化，生态资源的受益者通常是需要做出补偿的主体；在补偿主体无法判断并且生态资源不可核算时，政府就要相应地做出补偿。因此补偿对象不仅是地方政府，其他社会主体也要参与其中。

第二，核算生态产品价值。自然资源具有多样性，对人类形成的生态效益和价值存在较大差距，因此对资源使用付费时要根据生态产品的不同类别设立补偿标准。同时需要尽快建立相应的分类补偿标准，对自然资源的价值进行评价，根据不同资源形成的不同类别生态产品分别核算价值量，解决生态资源价值被忽视、补偿依据难以确定、环境损害难以衡量等问题。根据生态资源的使用和治理情况编制负债表，对一个区域而言，要补偿资源增值地区，贬值地区则要做出补偿。另外，在区域间生态产品流通中，要根据补偿金额确立产品市场价格，补充相应的人力和技术支持提供更多优质生态产品。

第三，完善生态资源管理制度。保障生态效益的可量化需要有国家核算制度保障。在资源核算和量化中，需要结合国家设置的资源税，要全面了解国内对各种自然资源的税费要求，根据不同补偿主体的需求建立专业化的生态资源收益核算体系。根据政府制度合理调整收益和税收比例，对节约生态资源、主动治理环境等的市场主体进行政策奖励和税收优惠，提高补偿区在生态资源治理中所得收益。

第四，完善生态资源开发标准。生态资源的补偿和交易都要形成相应的价格确定机制，可通过价格竞争提升资源利用效率，在交易中要严格管控生态资源存量、使用量以及开发强度。作为部分补偿主体的重要依据，应将资源的开发和保护要求都纳入生态补偿合同中，促使资源集约化开发和高效利用的同时监督生态受益区要主动承担资源补偿和治理责任。

（四）搭建利益相关者信息共享平台

各个地区间形成稳固的协作治理关系，需要区域内和区域间各级政府和利益主体保持长期生态信息交流并协调保护生态资源。生态保护信息是开展协同治理的基础，主体间相互分享生态污染和保护状况有助于防范污染问题并预防生态风险的产生，可降低整个区域的环保成本。因此在跨区域生态补偿中，需建立多元化主体间信息共享和互动平台，促进补偿主体以及监管主体间开展协作，缓解生态补偿中的信息不对称问题。

第一，发挥信息技术在生态补偿中的作用。保障区域间生态补偿的顺利进行和政府监管的可持续性，数据管理和信息传导技术是必不可少的。运用先进技术记录和分析补偿主体的信用、责任以及补偿过程，政府可以用来监督和评价补偿主体，使得整个补偿过程更加透明化。在信息管理和技术交流中，设置民众、企业主体都可参与的模式，详细记录补偿信息，对资金、主体情况全程管理分析，使得监管机构可实时了解情况，便于政府和社会公众参与。

第二，形成多样化和具体化的主体间协作交流机制。在多个地区间形成生态补偿双边或多边的主体协作模式，主动开展生态保护协作，使得跨区域生态补偿成为主体间共赢的生态保护模式，实现跨区域污染协同治理。

第三，建立生态补偿信息通报制度。通过在政府网站和信息共享平台发布信息的方式，将需要通报的生态补偿信息在多个地区间跨区域传播，尤其是在流域生态补偿中，要对区域交界的环境质量实时动态监控，将质量信息及时向公众分享，对于环境治理较好的地区可发布表扬信息，相反要曝光环境破坏主体。

第四，着重监控和监测区域内产生严重环境破坏的企业和社会个体的信息和日常生态资源利用行为。加强区域间各类社会主体利用资源的信息交流分享，通过区域间生态利用和补偿的信息监测，纵向和横向对比分析主体间生态补偿进程。

四、本章小结

在生态共建共治共享机制构建的基础上，国内外跨区域生态补偿实践也稳步推进，国外跨区域生态补偿实践主要分为政府主导、市场主导以及各个资源要素领域三个类别。国内跨区域生态补偿包括国家、省、市、县域相关规章制度以及在制度指导下的资源要素层面和区域类型层面的实践。最后通过对国内外实践经验的收集整理，学习国外案例及国内先进示范区实践经验，提出完善政府跨区域生态补偿制度，建设市场化多元化的跨区域生态补偿方式，健全生态系统服务价值评估体系，搭建利益相关者信息共享平台四个跨区域生态补偿构建方向，为完善我国跨区域生态补偿工作并为跨区域生态补偿机制构建提供实践参照。

第十五章

跨区域生态保护补偿机制构建

2005年以来我国生态补偿机制建设成效显著，在2015年生态文明体制改革总体方案中将完善生态补偿机制作为重要内容之一，2016年国务院印发了《关于健全生态保护补偿机制的意见》，提出"推进横向生态保护补偿""研究制定以地方补偿为主、中央财政给予支持的横向生态保护补偿机制办法"，鼓励开展跨区域横向生态补偿试点。因此，在跨区域生态补偿理论与方法研究基础上，结合各地各类横向生态补偿机制建设经验，差异化构建多元化、市场化的跨区域生态补偿机制，促进生态—经济的区域协调，推进形成区域生态共建共治共享格局。

一、跨区域生态保护补偿机制构建思路

现阶段我国跨区域横向生态补偿已经进行了较多有益尝试，取得了许多宝贵经验，但还没有形成常态化的全覆盖的跨区域横向生态补偿机制。目前，在推进生态文明建设中，深化落实《建立市场化、多元化生态保护补偿机制行动计划》，立足于生态—经济—社会系统可持续发展的合理性、可行性，以"为什么补—谁补谁—补多少—如何补"为理论逻辑和实践路径，科学研究跨区域生态补偿的区域类型，遵循生态文明建设原则和生态补偿原则，在整体架构基础上分类构建跨区域生态补偿机制框架，为跨区域生态补偿实施机制和区域协调机制奠定基础。

（一）构建原则

跨区域生态补偿是生态补偿的重要组成部分，强调区域发展的公平与效率，在区域可持续发展终极目标下保障生态—经济—社会协调发展和区域间协调发展。机制构建应体现生态补偿的本质目的及基本运行规则，顺应国家“生态优先绿色发展”的根本要求，反映国家生态环境保护和生态补偿的准则。在构建跨区域生态补偿机制中，应遵循自然生态系统演化基本规律，坚持生态文明建设基本原则，依据系统性整体性原理，切实有效推进跨区域生态补偿，促进区域生态共建共治共享。

1. 遵循权责统一、利益义务兼顾的原则

受自然条件、行政区划的影响，自然生态系统与社会经济系统的空间交叉复合，系统边界往往不一致。某个区域的社会经济效益最大化往往不能使整个大区域社会经济效益最大化，某个区域的生态保护效益却具有明显外部性。每个地区均有保护生态环境的责任，开发利用自然资源和追求社会经济发展利益的权利，应尽生态建设和环境保护之义务。我国环境管理法遵循“谁开发谁保护、谁破坏谁恢复、谁受益谁补偿、谁排污谁付费”的原则，其中，必须要厘清区域责任、权利、利益关系，科学分析区域之间的生态关系，合理界定生态保护地区和生态受益地区，对做出生态贡献的生态保护地区予以补偿，对分享了生态服务、开发占用自然资源，生态破坏和环境污染的生态受益地区应支付补偿，建立公平与效率兼顾的跨区域生态保护责权利体系。

2. 遵循共建共治共享的区域共赢原则

自然生态系统是在一定时间和空间范围内依靠自然调节能力维持稳定的大系统。系统内各要素相互作用相互影响形成整体性特征，又通过物质循环、能量流动等各种途径与外界联系而体现了系统的开放性，且生物、环境及其相互作用而具有结构性和功能性特征，为人类提供生存基本条件的同时还提供不同功能的公益服务。跨区域生态保护补偿涉及生态系统服务、发展权益、社会经济发展、当地民生保障等，国家与地方、地方之间以及政府主导与社会参与、行政管理与市场机制等各方权益，需要协商达成区域意愿。因此，跨区域生态补偿机制构建要按照生命共同体框架，加强区域之间的沟通与协作，从系统性整体性高度寻求合作共赢，切实推动形成区域生态共建共治共享的新格局。

3. 遵循因地制宜分域分类有序推进原则

生态系统为人类提供多种生态功能，比如生物生产功能、生态调节功能、生态景观功能、生物多样性保护功能等；不同生态系统构成要素的类型及其价值也各不相同，比如森林、草原、水域及湿地、海洋等；不同的自然地理条件和社会经济发展情况有不同特征的生态系统类型，比如自然生态系统、农业生态系统、城市生态系统。此外，还有一些特定的生态系统单元，比如，流域、城市群、黄土高原、环渤海、粤港澳等，主体生态功能区、水源保护地、自然保护区、国家公园等。因此，跨区域生态补偿机制构建要在生态补偿原则下，科学分析不同生态补偿领域区、类型区的特殊性，合理界定生态保护地区和生态受益地区，因地制宜拟定补偿标准，重点突出、先易后难地循序渐进，为完善我国生态补偿机制奠定基础。

4. 遵循以政府主导、市场运作、社会参与的原则

生态系统服务具有公共性特点，生态系统服务付费是解决此问题的有效措施，而完全依赖市场化机制较难有效实现。我国政府具有自然管理权责，发挥政府的生态环境保护主导作用能够保障跨区域生态补偿机制构建。但完全依赖于政府来推动生态保护补偿，政府压力过大难以持续运行，还需要形成全社会共同参与的格局才能持续推动。因此，机制构建要加强政府主导作用，加快健全资源开发补偿制度建设，并充分运用市场机制，完善水、排污、碳排放权等市场交易制度，在生态产业和产品生产销售方面给予政策倾斜，推广绿色采购理念和绿色金融服务，激发全社会参与生态保护的积极性，拓宽生态补偿渠道，尝试发展多样的跨区域生态补偿模式和方式，促进形成绿色利益分享的区域格局。

（二）总体框架

跨区域横向生态补偿的核心问题是要厘清区域之间的生态关系，主线是“为什么补—谁补谁—补多少—如何补”，其中，“为什么补”是生态补偿依据，“谁补谁”是界定生态补偿主体和客体，即界定生态保护者、生态受益者，“补多少”是生态补偿的标准核算，“如何补”是生态补偿方式。对于跨区域生态补偿，“谁补谁”是关键问题，这需要立足于生命共同体视角，运用整体性系统性思维来分析区域在生态—经济系统中的生态角色，判断区域是否做出了生态贡献，或区域是否消费分享了外区生态服务。而不同领域不同类型区所发挥的生态服务有所不同，提供的生态产品也具有公益性、准公益性和经营性之区别。因

此，跨区域生态补偿应在区域生态共建共治共享框架下，以区域协调发展、绿色发展战略为准则，结合国土空间优化、生态保护规划等，按照重点要素领域、重点生态功能区、重点发展区、重要项目区等进行合理的生态补偿类型选择，按照生态供给服务、生态调节服务、生态支持服务、生态文化服务进行生态服务产品特性辨识，并进行价值核算，从而形成政府主导、市场化协同、全社会参与的“权责统一”的分域分类的跨区域生态补偿机制。构建思路框架如图 15-1 所示。

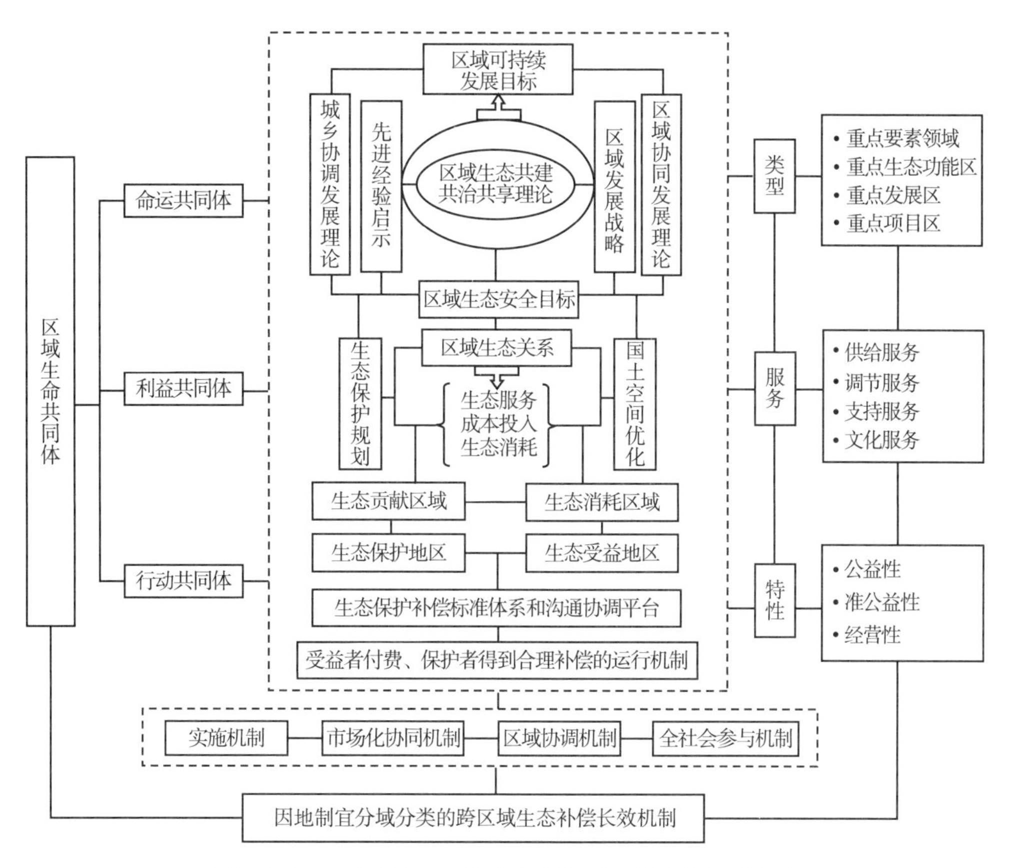

图 15-1 “权责统一”的分类分区跨区域生态补偿框架

（1）梳理生态补偿重点领域和重点区域，拟定横向生态补偿类型。在已有理论研究和实践探索基础上，形成以森林、湿地、草原、水流、海洋、耕地为重点领域的补偿类型；以重点生态功能区、重点发展区、重要项目区为主设立生态补偿区域类型，构建跨区域生态补偿的分域分类体系。

（2）根据不同领域不同区域类型的自然生态特质和社会经济发展状况，梳理生态供给、生态调节、生态支持、生态文化服务产品及其特征属性，划分公共性、准公共性、经营性生态服务产品，确立跨区域生态补偿的服务产品清单。

（3）将不同领域不同区域类型的自然生态与社会经济作为生命共同体，以整体性系统性思维为准则，以生态优先、绿色发展为导向，结合国土空间优化、生态保护规划等，以行政区为补偿单元，分析系统自然生态—社会经济作用机理和演变规律，探索区域之间生态关系量化依据与标准，构建生态保护地区和生态受益地区的界定方法和补偿标准体系。

（4）按照大区域生命共同体建设思路，以促进形成生态共建共治共享的区域新格局为方向，以区域生态命运共同体、经济社会利益共同体、行动共同体为逻辑理路，整合不同领域不同区域类型生态补偿依据与标准，结合区域协调、生态扶贫等政策，建立沟通协商平台，设计生态受益区域付费、生态保护区得到合理补偿的运行机制。

（5）探索重点领域、重点区域的横向生态补偿试点示范，构建生态补偿的市场协同机制，完善生态补偿的社会参与机制，采用资金补贴、相互协作、转移产业、人才管理、共建园区等方式进行补偿，推进因地制宜建设分区域分类别的跨区域生态补偿机制。

（三）分类框架

随着我国生态补偿理论与实践的逐步深化，实施领域不断拓宽，补偿方式日益市场化、多元化。但是，我国生态补偿范围仍然偏小，市场化、多元化的生态补偿机制还不健全，尤其是跨区域生态补偿机制尚未全面确立。《国务院办公厅关于健全生态保护补偿机制的意见》《建立市场化、多元化生态保护补偿机制行动计划》等文件都明确鼓励受益与保护生态功能地区建立横向补偿，提出在森林、湿地、草原、荒漠、水流、海洋和耕地等重点资源领域，在主体功能区内的禁止开发区域以及重点生态功能区等重要区域实施生态补偿，在污染危害严重或威胁度高的流域，还有南水北调工程水源区、京津冀水源涵养区等开展跨区域横向生态补偿试点，鼓励积极开展跨区域横向生态保护补偿试点。因此，基于跨区域横向生态补偿目的和要义，有必要梳理横向生态补偿类型及其特征属性，为市场化、多元化跨区域生态补偿机制构建奠定基础，如图 15 -2 所示。

（1）按照生态系统服务的空间类型可以划分为领域类型、项目类型、区域类型及其等级类型。领域类型包括森林、湿地、海洋、荒漠以及耕地等强调生态空间用地为主体的生态系统服务；项目类型主要是指因生态保护、生态整治、污染治理等目的开展的项目实施区，如退耕还林区、湿地恢复、水土流失治理、荒漠化治理、土地复垦区、土壤污染治理和水污染治理等区域；区域类型是指行政区、保护区、自然单元及各类经济发展区，比如，省、市、县行政区，重点功能区、水源保护区、国家公园等生态保护区，京津冀、长三角、珠三角城市群，环渤海经济区、粤港澳大湾区等经济规划区，黄土高原、河套平原等地貌单元，长江流域、黄河流域等流域单元。每个空间类型均有各自特征的等级划分，一般来说，为了便于行政管理及实施，可按照省际横向生态补偿、地市区际横向生态补偿、县市区际生态补偿方式分级实施。

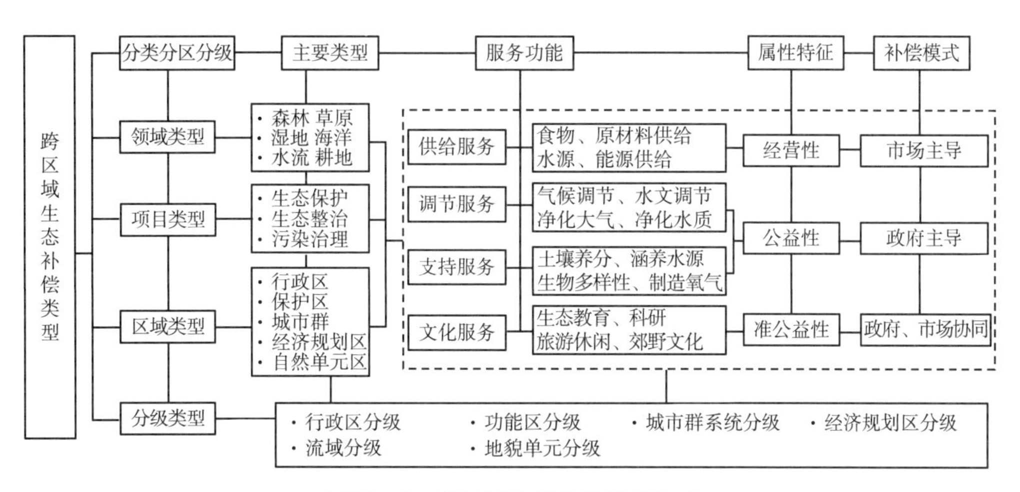

图 15－2　跨区域生态补偿类型体系

（2）按照生态系统服务功能可以划分为生态供给服务、调节服务、支持服务、文化服务。生态供给服务主要为人类生存生产提供生态产品，多为有形产品，如各类食物、水源、能源、木材、草料、矿产、岩石等原材料，具有经营性特点，可以通过健全资源开发补偿制度而采取市场化运作为主导的补偿模式；生态调节和生态支持服务，主要是在更大区域生态系统内提供了调节和支持服务，比如气候调节、水文调节、净化大气、净化水质、保持土壤、涵养水源、制造氧气、保持生物多样性等，具有公益性特点，需要采取政府主导的生态补偿模式；生态文化服务是指提供生态教育、生态科研及生态旅游、郊野休闲等功能价值，具有准公益性特点，可采取政府与市场协同的生态补偿模式。

（3）按照生态系统服务的属性特征可以划分为政府主导的跨区域生态补偿、市场主导的跨区域生态补偿、政府与市场协同的跨区域生态补偿。政府主导的生态补偿主要针对公益性生态服务产品，合理界定生态保护区和生态受益区，拟定合理的生态补偿标准，中央财政与地方财政相结合进行生态补偿；市场主导的生态补偿主要针对经营性生态服务产品，通过自然资源确权，排污权、碳排放权、水权等市场交易，以及生态产业、绿色产品认证等市场化运作进行补偿；对于准公益性的生态服务产品，比如各类项目区、生态旅游区，划分政府权责、市场主体责任，采取政府引导市场协同的补偿模式。

（四）实施框架

我国对于跨区域横向生态补偿已有高屋建瓴的指导意见和行动计划，开展了关于横向生态补偿的理论研究和实践探索，在流域、重点生态功能区已有试点，为有效实施跨区域生态补偿奠定了基础。但目前跨区域生态补偿如何落地实施仍是亟待解决的问题，应加快构建分类分区的跨区域生态补偿实施机制。

生态补偿是一项涉及自然、经济、社会多个领域多个层级的政策性系统工程，其有效实施需要科学拟定补偿依据、标准，清晰划分政府主导型补偿和市场主导型补偿边界，界定补偿主体责任与义务，在全国一盘棋下厘清和整合省、市、县生态补偿权责。对于跨区域生态补偿的实施，要合理选择补偿区域范围，明确界定生态保护区和受益区，建立易于操作的补偿标准核算体系，打通生态补偿落地的“最后一公里”。

跨区域生态补偿实施流程如图 15 - 3 所示。第一，在中央政府的全国跨区域生态补偿指导意见下，政府、专家参与进行区域范围选择，选择补偿区域类型，比如，流域横向生态补偿、重点功能区横向生态补偿、城市群横向生态补偿。第二，专家分析论证补偿区域类型系统内的地区之间生态关系，拟定区域主客体界定依据与方法，合理界定生态保护区和生态受益区，确定补偿主体和客体。第三，依据不同属性特征的生态产品进行区域外溢价值核算，构建相对稳定的易于操作的生态补偿标准综合模型。第四，根据地区之间生态关系及生态服务产品属性特征，划分公益性产品的政府主导型生态补偿模式、经营性产品的市场主导型生态补偿模式、准公益性产品的政府与市场协同补偿模式。第五，在确定补偿依据与标准的前提下，组织区域协商，充分尊重区域意愿，选择资金补偿、技术支持、对口援助、政策支持等补偿方式，拟定跨区域生态补偿政策制度及实施细则。第六，对生态补偿实施区域进行年度考核和绩效评估，建立常态化的奖惩制度，并对生态补偿实施区域、补偿主客体、补偿标准及方式等进行动态优化调整，促使形成多元化、市场化的跨区域生态补偿长效机制。此外，在实施过程中，不断丰富更新补偿区域的数据资料，建设技术支持系统，建立健全信息平台，为全社会参与生态补偿奠定技术基础。

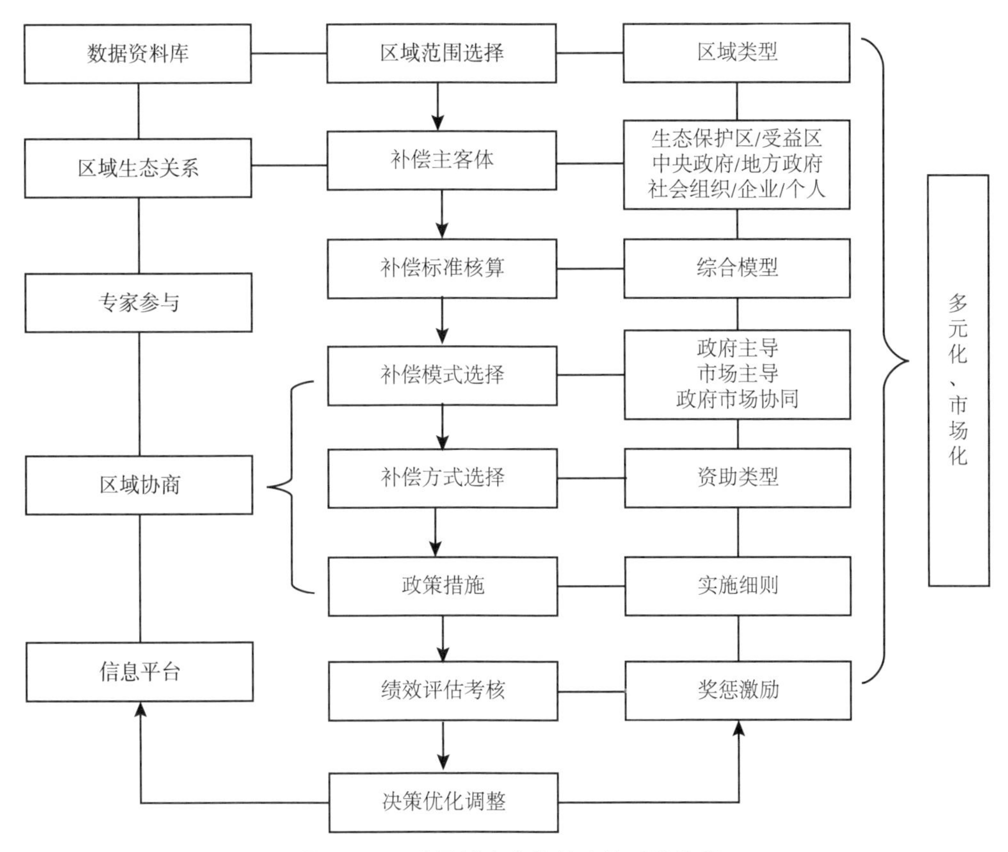

图 15－3　跨区域生态补偿实施系统流程

按照跨区域生态补偿原则、依据及实施流程，针对不同区域类型，可以从五大方面来思考生态补偿问题。一是地区生态资源提供的生态系统服务产品，有形产品和无形产品，公益性产品、准公益性产品及经营性产品，科学客观评价生态服务产品价值，量化评判区域外溢价值，这是生态补偿的核心；二是生态建设所投入的土地、资金、技术、劳动力等直接成本，比如生态基础设施建设、生态造林种草投入、生态系统维护保育等；三是因区域规划、功能区划分、生态红线划定等造成生态保护地区的发展机会损失，需要量化发展权损益；四是生产生活活动造成的生态破坏、环境污染，在环境保护法的赔偿赔付外，长期的生态修复、环境治理所需成本，以及因破坏、污染使地方品质受损和居民身心健康受损，这需要损失性量化核算；五是大区域系统内的区域发展往往存在差异，为实现区域发展一体化和区域合作共赢，应采取生态扶贫、合作共赢等方式进行帮扶，量化核算区域协调性补偿。为此需要建立生态系统服务价值补偿、成本性补偿、损失性补偿、区域协调性补偿四大补偿标准及核算技术系统。

二、政府主导型跨区域生态保护补偿机制

跨区域生态补偿旨在解决生态保护与经济发展的区域公平、效率及协调性问题，突出政府主导作用，统筹考虑不同地区的自然资源开发、社会经济发展以及地区之间的协调，合理界定生态保护地区和受益地区，开发易于操作的科学的综合性补偿标准核算技术工具，按照利益相关理论分析确定生态补偿主客体，最后达成区域协商一致下实施多元化生态补偿方式，实现不同生态补偿类型区域的人口、经济、资源环境的协调发展。

（一）“服务—贡献—协调”的生态保护地区和受益地区界定

生态保护地区和受益地区界定是生态补偿的“谁补谁”的问题，实质是分析区域之间的生态关系。生态保护区是指为生态环境保护投入相应的资源、资金、技术等以保证不断提供生态系统服务、生态产品供给及保障生态安全，在大区域系统中做出了生态贡献的地区。生态受益区是指因强化经济效益而弱化生态效益，生态资源投入相对少，分享消耗了外区生态系统服务和生态产品的区域。在已有的理论研究和实践探索基础上，在一个相对封闭的生态—经济紧密联系大区域系统内，生态保护地区和生态受益地区的界定依据主要包括两个方面：一是在大区域系统内是否提供了生态系统服务，即生态系统服务是否产生了区域外溢价值，是否在大区域生态—经济系统内做出了生态贡献；二是生态保护红线、主体功能区划分、区域功能定位等，判断是生态保护为主的地区还是重点、优化发展的地区。

假设所选择的生态补偿区域是一个封闭的生态、经济、社会紧密联系的行政地区集合体，立足科学客观、简单易操作原则，可通过生态系统服务价值、生态足迹、生态承载力来判断生态服务的区域外溢与否，运用投入消耗思想判断地区是否有生态贡献，并结合区域功能区、区域经济协调等进行优化调整。具体步骤如下：

（1）选择跨区域生态补偿基本行政区单元，构建行政区单元的自然、生态、社会、经济等生态补偿基本数据库。利用生态系统服务价值核算、生态承载力评估方法，计算每个行政单元区的最大生态系统服务价值（谢高地，2015）。调整后的生态系统服务价值当量因子法测算方法比较成熟，可利用此方法测算每个行政地区的生态系统服务价值 ESV。

（2）利用生态足迹法测算生态系统服务立地消费价值，与生态系统服务价值进行比较得到生态消费系数，判断是否产生了区域外溢价值。当生态消费系数 $T_i<1$ 时，反映该城市生态服务高于生态消耗，具有生态系统服务外溢价值，可划为生态保护地区；$T_i>1$ 时，反映该城市生态消耗高于生态服务，可划为生态受益地区。参考计算公式如下：

$$T_i = EC_i / medianEC \qquad (15-1)$$

$$EC_i = ED_i / ES_i \qquad (15-2)$$

$$ED_i = \sum_{k=1}^{6} (q_t \times ed_{it}) \qquad (15-3)$$

$$ed_{it} = \sum_{j=1}^{n} (c_{it}^{i} / p_t^{j}) \qquad (15-4)$$

$$ES_i = (1-12\%) \times \sum_{t=1}^{6} (b_t \times s_{it} \times q_t) \qquad (15-5)$$

其中，T_i 为生态消费系数，EC_i 为地区 i 的初级生态消费系数，$medianEC$ 为补偿区域所有地区的生态消费系数中位数；ED_i 为地区 i 的生态足迹，ES_i 为地区 i 的生态承载力，$i=1$，2，3，…，n，表示城市个数，$t=1$，2，3，4，5，6 分别表示各类用地类型，ed_{it} 表示 i 城市 t 类土地的生态足迹，c_{it}^{j} 表示 i 城市第 t 类土地生产的第 j 种商品数量，各类土地分别拥有若干种商品，p_t^j 表示生物资源全球单位土地的平均产值，或者能源资源全球平均能源足迹与折算系数的乘积，s_{it} 表示 i 城市第 t 类土地的实际面积，b_t 表示 t 类土地的产量因子，q_t 为均衡因子。不同类型的土地面积均衡因子和产量因子参考全球足迹网络于 2017 年发布的“Working Guidebook to the National Footprint Accounts”中的数据（杨屹等，2019）。

（3）建立健全生态投入、生态消耗的生态贡献计量指标体系，运用投入产出方法计算生态消耗系数。生态投入主要包括生态用地、经济、技术等指标，生态消耗主要包括人口、产业、经济发展指标。可利用超效率的 SBM - DEA 模型进行投入消耗计算得到超效率生态消耗系数 t_i，当 $t_i>0$ 时，该地区为全区域的生态消费方，需要支付生态补偿；当 $t_i<0$ 时，该地区为全区域的生态贡献方，属于生态受偿方。

$$t_i = DEAEC_i - medianDEAEC \qquad (15-6)$$

式中，$DEAEC_i$ 为某地区的超效率计算的生态消耗系数，$medianDEAEC$ 指全区域内各地区生态消耗系数的中位数。

（4）综合 T_i 为生态消费系数、t_i 超效率生态消耗系数得到生态补偿系数 ET_i，$ET_i>1$ 说明该行政地区在大区域系统中提供了生态系统服务，可界定为生态保护地区；反之说明该行政地区分享了其他地区的生态系统服务，可界定为生态受益地区，并结合生态红线划定、主体功能区划分、区域经济发展水平等，合理界定生态保护地区和生态受益地区，为形成生态保护地区与生态受益地区之间的良性补偿机制奠定基础。

（二）“价值—成本—损益—协调”的综合性补偿标准

大量的理论研究和实践探索证明，生态系统服务价值是补偿的基础，生态建设、生态治理成本及发展机会成本是生态保护的成本投入，生态破坏、环境污染造成的地方品质受损、居民身心健康受损而带来的地区损益，以及区域合作共赢的生态扶贫资金，这些构成了生态补偿的依据和标准。在生态保护地区和生态受益地区合理界定基础上，综合性补偿标准核算步骤如下：

（1）利用生态系统服务价值 ESV、生态补偿系数 ET_i 计算出生态系统服务的区域外溢价值 SV_i。$SV_i>0$ 为生态保护地区的生态服务外溢价值，$SV_i<0$ 为生态受益地区分享的生态服务价值。

（2）根据主体功能区规划、生态红线划定及区域发展功能定位等，利用基本数据库和机会成本损失核算方法计算每个地区的机会成本 OC_i。$OC_i>0$ 为生态保护地区损失的机会成本，$OC_i<0$ 为生态受益地区占用的机会成本。

（3）利用生态环境还原法等方法来核算跨地区的生态破坏、环境污染的治理成本 GC_i，$GC_i>0$ 为生态保护地区的治理成本，$GC_i<0$ 为生态受益地区破坏污染所应承担的治理成本。

（4）利用地方品质、居民身心受损折算方法核算地方损毁额 LD_i。$LD_i>0$ 为生态保护地区承受的损毁损益，$LD_i<0$ 为生态受益地区破坏污染所应承担的损毁损益。

（5）根据区域意愿评估、区域协商一致，并结合经济发展水平的区域差异、生态扶贫目标等，拟定生态补偿调节系数 AC_i，综合计算生态补偿标准 EC_i。$EC_i>0$ 为生态保护地区受偿额，$EC_i<0$ 为生态受益地区的补偿额。计算公式如下：

$$EC_i = AC_i \times (SV_i + OC_i + GC_i + LD_i) \tag{15-7}$$

（三）利益相关者的补偿主客体确定

在生态保护地区和生态受益地区界定基础上，需要进一步确定生态补偿主客体，即确定生态保护地区的“谁保护”和生态受益地区“谁受益”的问题。生态补偿区域是生态—经济的生命共同体，区域之间生态共建共治共享，建设、治理和分享主客体是区域生态—经济利益相关的集合体。按照利益相关者分析，生态补偿的主客体涉及中央政府、各级地方政府、企业和社会组织及公民个体。

（1）中央政府是全国生态补偿的组织者、谋划者和监督监察者，要维护全国的区域发展公平与效率，制定政策制度、法律法规来促进生态环境保护和资源开发优化，对于具有全国性意义的生态保护区、具有重大意义的生态治理区以及全国主体功能区规划、生态红线划定区中的各类保护区、禁止限制性开发区等负有补偿责任。

（2）各级地方政府要负责辖区范围内的生态保护、生态治理和生态补偿，积极推动生态优先、绿色发展。对于生态受益地区政府，要明确共同维护生态系统的责任与义务，按照跨区域生态补偿标准核算，根据利益相关者分析合理分摊补偿额。对于生态保护地区政府，要严格按照质量标准要求完成生态保护任务，根据生态保护、修复、治理、设施建设等合理分配受偿额。

（3）企业往往是资源利用和环境污染者，对生态系统的扰动大，甚至造成生态破坏，对此应依据企业性质、资源占用、污染破坏程度等支付生态补偿费用。而对于生态产业、产业生态化的企业应根据实际情况予以一定激励补偿。

（4）对于各类社会组织，应积极号召参与到生态环境保护和生态公益事业中，激发对生态保护和环境治理的热情，鼓励捐赠以补充生态补偿资金。

（5）公民个体既可能是生态受益者又可能是生态受害者。生态受益地区的公民分享了生态系统服务价值，享用了各类生态产品，理应支付生态补偿费用，承担生态建设、环境保护的责任。生态保护地区的公民参与了生态建设，因保护生态失去了发展机会，受各类限制而经济收入较低，理应得到生态补偿费用。

（四）区域协商的多元化补偿方式选择

充分发挥政府主导作用，加强中央政府与地方政府、各地方政府之间的交流协商制度建设，在协商一致前提下尽可能选择有效的各类补偿方式，既充分体现保护地区的保护绩效、投入付出，又要兼顾区域社会经济的发展，促进生态保护地区可持续发展。

针对公益性强的政府主导型生态补偿，通常有货币补偿、实物补偿、科技教育支持、对口协作、政策扶持等补偿方式。中央政府对地方政府的财政转移支付、地方政府之间的横向转移支付，可以通过货币、实物形式予以直接补偿。货币、实物是生态补偿的重要方式，可补偿到地方政府、企业、公民个体。地方政府得到的生态补偿资金除支付企业、公民外，主要用于生态建设、环境治理，以及支持交通、水利、能源、信息、环境保护等基础设施建设，改善地方品质，为促进区域绿色发展奠定基础。

中央政府、各级地方政府可制定各种优惠政策，如通过税收优惠、金融政策等形式予以补偿。地方政府之间加强交流协商，依据生态保护地区发展需要，借助某种具体项目或工程，实施生态保护、基础设施、产业、教育、科技等方面的对口协作性补偿，支持生态保护地区生态建设和生态产业发展，推动生态受益地区对生态保护地区“造血式”补偿，促进生态受益地区生态产业发展。

三、市场主导型跨区域生态保护补偿机制

生态补偿机制是调控生态—经济系统的各利益主体的生态保护和经济发展权益的分配关系，目的是保持和提升生态系统功能，促进区域协调发展。对于没有行政隶属关系的区域之间的生态补偿，更应该积极发挥市场机制对生态资源的区域配置作用，通过市场交易促进形成绿色利益的区域分享机制。党的十八大以来，我国出台了一系列政策制度来持续推进市场化、多元化生态补偿机制建设，但是因为区域生态关系不清晰、主体权责不明确、补偿标准核算难等问题，跨区域生态补偿市场化机制还不完善，亟须在政府主导作用推动下加快建设生态补偿市场，促进经济发展和生态保护的“双赢”。

（一）产品—价值—交易的生态补偿市场化机制框架

市场化是利用市场机制来解决社会、经济、政治、生态、环境等问题的一种态势，即利用价格杠杆来调节供给与需求平衡。20 世纪 80 年代，美国运用经济力量来保护环境，世界各国也开始纷纷采用经济激励的方式来进行环境保护和自然资源管理。随着市场化工具的不断进步，生态系统服务市场化工具得以提出和发展，其核心是将自然生态系统服务赋予货币价值，为生态环境外溢价值确定可进行交易的市场价格（Pirard R.，2012；张晏，2017），从而实现生态保护和环境治理政策目标。2020 年 4 月 9 日，中共中央、国务院印发《关于构建更加完善的要素市场化配置体制机制的意见》，强调提高资源要素质量并提升资源配置效率，引导各类要素以集聚先进生产力。2018 年国家发改委 9 部门联合印发《建立市场化、多元化生态保护补偿机制行动计划》，为加强市场化生态补偿机制建设提供了政策方向。市场化工具有多种，主要包括市场外包和市场出售。产品是实现市场化的基础，实施市场化生态补偿首先要将不能经济量化的生态系统服务量化成产品，即界定“生态产品”。生态产品是指“生态系统生物生产和人类社会生产共同作用提供给人类社会使用和消费的终端产品或服务，包括保障环

境和生态安全、提供物质和精神服务等，与农产品和工业产品共同构成人类必需品”（张林波，2020）。

从跨区域生态补偿操作性层面来看，一方面某个地区可能提供了生态系统服务，另一方面某个地区的发展可能是损毁消耗生态系统服务，并可进一步分为无形产品、有形产品、权益产品。无形产品是指生态系统不能直接以物质形式提供的服务产品，包括生态系统的气候调节、水文调节、大气净化、水质净化等调节服务，涵养土壤养分和水源、保持生物多样性、制造氧气等支持服务。生态系统提供的无形产品具有公益性，对此应采取政府主导、市场支持的生态补偿模式。自然生态系统提供的食物、能源、原材料以及生态文化开发等为有形产品，比较利于产品价值货币化，对此应采取政府支持、市场主导的生态补偿模式。对于损毁消耗生态系统服务，可以通过环境还原或生态资源权益来采取政府支持、市场运作的生态补偿模式。为了激励和推动生态保护的市场经济行为，充分利用市场化工具，应大力发展绿色金融，对生态保护和环境治理给予资金保障。跨区域生态补偿市场机制框架如图 15 –4 所示。

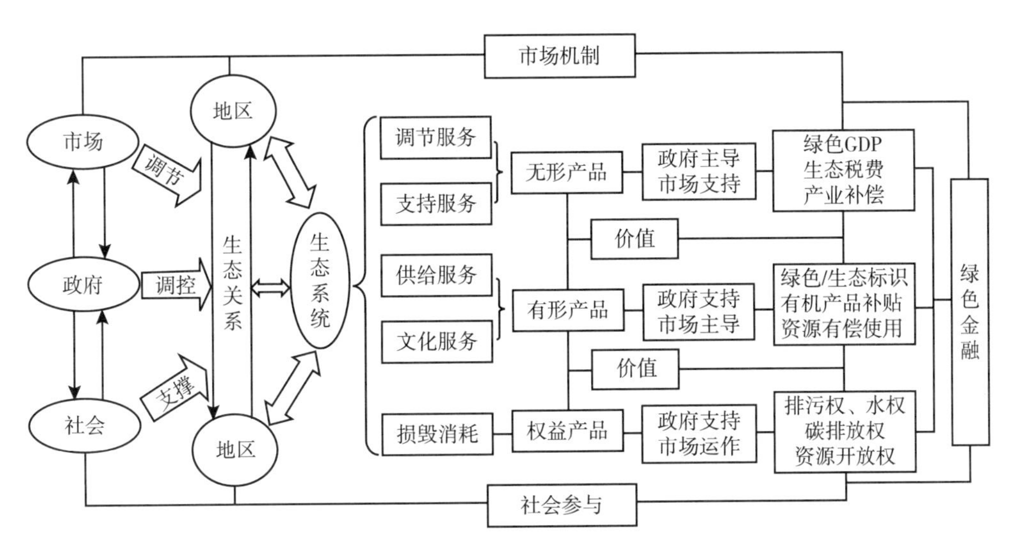

图 15 –4　跨区域生态补偿市场机制框架

（二）市场支持政策性补偿：无形产品的市场化支持

自然生态系统对生态环境提供的调节服务和支持服务，具有非排他性、非竞争性和协同生产性，比较难以界定其产品及其价值，很难通过市场交易实现产品的经济价值。以政府为主体对生态系统服务价值给予补偿已成为普遍共识，国内外已开展了较长期的实践。但是，完全依赖政府进行补偿，政府财政能力有限，也不利于全社会共同参与到生态保护和环境治理之中。因此，除由政府主导对生态系统提供的无形产品进行生态补偿外，还需要探索多种市场支持性的生态补偿方式，促进生态系统良性循环可持续。跨区域生态保护的市场化支持的关键是要构建区域生态、经济的利益共同体，引入市场机制来调配区域之间的利益博弈关系，促使形成绿色利益分享机制。根据已有研究和实践探索，主要有以下几种市场支持方式。

1. 生态税收支持绿色利益区域共享

在生态补偿范围内，根据地区经济发展水平和财政能力，设计环境保护税、资源税、消费税等财税制度，以税收作为市场经济调节杠杆，调整地区之间的生态关系，支持绿色利益区域共同分享。生态税是指对单位和个人在资源开发、生产过程及生活中的资源消耗、环境污染行为征收的特定税，实现资源环境和生态保护，是利用税收杠杆促进生态保护和环境优化的有效方式。

《中华人民共和国环境保护税法》第一条明确指出“为了保护和改善环境，减少污染物排放，推进生态文明建设，制定本法”。环境保护税主要针对企业生产产生环境污染的产品或服务而征收的税费；资源税是针对土地、水资源、林草、海洋、矿产、石化等生态环境资源设立各种开发利用税费，对消耗这些资源的企业或个人进行征收，尤其是对于不可再生的、一定时段内不可替代的自然资源实施重税；消费税是从消费者角度，将消费税纳入不利于自然生态保护、不符合资源节约和节能减排等的产品价格中，比如高耗能产品、一次性木筷等，由消费者承担资源消费税。同时，加大税收优惠或减免政策力度，企业生产提供具有保护环境的产品或服务，消费绿色节能减排产品等，可以减免一定的税费。通过征收或减免生态税费，鼓励企业、个人积极参与生态环境保护，解决生态环境资源保护的区域外部性问题。征收的税费纳入区域生态补偿基金，用于支持生态保护地区的生态基础设施建设、生态保护产业发展，促进全部地区全社会生态共建共治共享。

2. 生态产业化促进生态保护可持续

生态产业化指生态产品或服务的价值实现过程，及以生态系统修复为主的新业态形成过程（谷树忠，2020），实质是将生态保护作为一项产业，标准化、规范化生态系统修复和维育，确定各种生态产品的生态价值、经济价值、资源价值、环境价值，按照规模化、企业化、品牌化、专业化来进行经营。具体实施过程中，在政府主导下，建立地区生态产业化台账，出台各种激励机制，构建利于生态产业化的制度环境，通过生态保护区、生态修复区等的政府外包、市场购买，或生态农业、生态旅游、生态康养等方式，由企业、社会组织、个人经营进行专业化经营，解决生态保护地区人力、资金、技术等缺乏问题，促进保护区可持续性的绿色发展。主要有以下两种方式：

一是政府收购、市场经营。生态系统服务供给需要持续的生态系统维护和保育，受损的生态系统往往难以通过自然恢复力短时期内修复，这些都需要人为参与和投入。首先在政府主导、专家参与下将生态保护、生态修复区项目化，包括自然保护区，如退耕还林、防沙治沙、荒地开发等项目；其次，根据生态系统结构、功能、过程机理等制定生态保护、生态修复等目标；最后，依据投入成本、机会成本及激励优惠等，拟定项目建设总价，政府收购，通过承包、转让、租赁、拍卖等形式购买，政府与企业、社会组织或个人签订协议，通过政府收购、市场经营的方式来实现生态保护市场化，政府向生态保护的企业等支付费用，激发全社会参与生态建设的热情。

二是生态合约特许经营。政府将生态系统保护、生态修复等作为一种特殊的垄断性产品按照特许协议授权给某企业或社会组织，让其提供特定的生态系统服务产品。生态资源为人类提供生态系统服务，能够开发利用生态资源而供给生态物质产品、生态文化产品，带来经济利益和社会效益。生态系统维护保育、生物基因库保护、野生动植物保护等生态保护，水土流失治理、土地沙化治理、环境污染治理等生态治理，与生态休闲旅游、生态康养、生态科技教育等协同一体化设计，政府组织专家参与共同拟定特许经营项目，政府将其租赁给企业、社会组织经营，给予特许经营权优惠，消费者通过消费特许经营产品而付费。通过“建设－拥有－经营”（BOOB，uild-own-operate）、“建设－经营－转让”（BOT，build-operate-transfer），实现生态保护的市场化运作。

3. 绿色GDP竞争机制提升生态保护动力

在全球可持续发展、生态环境保护背景下，将资源消耗、环境破坏损失纳入国民经济核算体系已基本达成共识。1993年联合国统计署出版的《综合环境与经济核算手册》提出了生态国内生产总值（envi-ronmental domestic product，EDP），即剔除自然资源损耗、生态影响、环境破坏的国民经济净收益，国内称为绿色GDP。国内外研究者积极探索了绿色GDP核算方法、绿色GDP经济核算制度，有效促进了经济建设和生态保护“双赢”，也为完善生态补偿制度提供了依据。

在跨区域生态补偿机制构建中，可通过地区绿色GDP考核来确定补偿主客体及补偿标准。基本思路如下：首先，拟定统一的绿色GDP核算指标及核算方法；其次，将绿色GDP纳入地区社会经济发展绩效考核，形成绿色GDP年度发布制度；再次，设计基于绿色GDP核算的跨区域生态补偿方案，可根据生态补偿区域范围内地区绿色GDP排名、中位数、平均数等，结合生态功能区划分、生态红线划定、国土空间优化等空间战略，拟定绿色GDP支出指数和绿色GDP受益指数，并结合社会经济发展、财政能力给指数赋值，资源消耗、生态破坏等的地区支付补偿费用，低耗、清洁生产和保护生态的地区得到补偿费用，形成生态补偿区域范围内绿色利益分享机制。

4. 对口援助增强区域生态协作

为了促进区域经济协调发展，我国出台了一系列区域发展政策。对口援助是经济发达地区支援经济欠发达地区的一种有效的政策行为，当前已普遍被选择成为跨区域生态补偿措施。一般来说，生态保护地区地处偏远，社会经济发展相对欠发达；经济发达地区或实力雄厚地区，人口、产业高度集聚，城市化水平高，财政支付能力强，教育、医疗、科技水平也高。因此，在生态补偿区域范围内，加强地区之间、政府与非政府组织之间的协商沟通，制定地区之间、项目之间对口援助政策，主要包括资金援助、产业援助、教育援助、医疗援助、生态建设援助等类型。生态建设援助是指一个地区的政府组织或非政府组织对另一个地区的生态建设支援，比如直接承担生态灾难后的修复恢复、污染治理、土地整治项目及生态基础设施建设等，支持生态保护地区的生态建设和环境保护，践行生态共建共治共享理念，促进形成生态命运区域共同体。

（三）市场交易补贴性补偿：有形产品交易的政策补贴

生态有形产品主要包括无公害有机农产品、地理标志性农产品、绿色食品，太阳能、风能、沼气能源等绿色能源产品，具有环保、节能、节水、资源循环再生利用等生态科技型产品。生态物质性有形产品易于定价，方便投入市场进行交易，但其生产需要生态保护投入，往往需要更多的环境保护科技创新支持，一般来说市场交易价格难以支持生产成本，利润太低甚至负利润，生产者积极性较低，也需要有激励措施来促进全社会参与生态产品供给与消费。因此，为满足人民对优良生态产品追求，尤其是针对生态产品供给的区域差异性，应积极采取激励政策，即采取市场交易补贴性补偿，发挥生态补偿作用，保障有形生态产品供给的稳定性、持续性、增值性。

1. 绿色/生态标识

绿色/生态标识是指对有形生态产品进行专业认证、特色标识和特殊监管，提高其产品的市场交易价格，将生态保护成本、生态质量的附加成本等转嫁给消费者，消费者付费、生产者得到合理的经济回报，从而发挥生态系统服务价值的市场补偿作用。国内外已有生态标签、环境标志、绿色产品环境标志认证、有机产品认证等，积累了丰富的经验，对于促进生态系统服务价值实现取得了显著成效。当前，首先要尽快梳理整合绿色/生态产品名目，以绿色农产品、绿色食品、绿色能源产品及节能节水环保产品为主，构建与世界接轨的全国统一的完整体系化的绿色/生态产品清单；其次，加强绿色/生态产品标准研究，统一认定标准指标、监测方法、监测时间等，建立健全绿色/生态产品标准体系；最后，运用无公害、绿色有机食品等产品认证制度和地理标志认证保护制度，以及绿色电力证书资源认购制度，森林生态标志产品和森林可持续经营认证制度等，构建绿色/生态产品认证机制，建立绿色/生态产品监管体系和监管制度，完善绿色农业生产、绿色食品生产、绿色能源生产和环境保护等管理体系，促进有形生态产品的市场化生态补偿。

2. 绿色采购

绿色采购是指采购绿色产品和符合绿色发展理念的绿色采购方式。从生态补偿视角，主要是指采购经统一认证的绿色/生态标识产品，优先选择和采购具有环境和能源管理体系认证的企业或公共机构生产的产品，或选择采购生态功能重要区域的绿色/生态产品，为绿色/生态产品顺利交易奠定基础。一方面保障绿色/生态产品生产的经济利益，促进供给的稳定性、持续性；另一方面，积极引导全社会参与采购绿色/生态产品，形成绿色生产、绿色销售、绿色消费的生态保护全社会合力。对此，加快构建绿色/生态产品发布平台，建立健全绿色采购清单发布机制，并制定绿色采购优惠政策，出台绿色采购通道办法，有效促进形成绿色/生态产品消费市场，保障实现生态功能区域的生态产品的经济效益，从而促进绿色产品生产的市场化生态补偿。

3. 财政补贴

财政补贴是激励生态产品供给的核心政策工具之一，在绿色/生态标识产品研发、生产、运输、销售过程中以资金、技术、绿色通道等多种灵活形式予以补贴。一是财政补贴可以弥补绿色/生态产品生产成本、交易利润，降低生产、运输、交易中的风险，激励企业、社会组织及个人参与生态产品生产与消费；二是政府可通过设立一系列绿色/生态产品研发、成果转化等方面的引导基金，通过贷款贴息、资金资助、技术支持等方式促进提升生态产品供给能力；三是政府给予税收优惠政策，通过减免税收来降低生态产品生产成本、交易成本，引导企业、社会组织及个人选择投入绿色/生态产品生产和市场交易，促进全社会形成资源节约、环境保护的生产与消费格局。

（四）市场配额性补偿：权益产品的市场化运作

生态资源和环境品质具有不可贸易性，为了将市场主体引入生态资源和环境保护中，可计量、分割生态资源和环境保护权益，设置地区资源配额，通过交易配额实现生态资源的市场化生态补偿。市场配额性补偿的主要理念是将生态资源、环境品质权益化和产品化，由市场化运作进行权益产品交易，发挥市场生态补偿作用。一是可以将生态保护、环境治理绩效进行地区配额，将绩效权益化，构建地区绩效配额交易制度，低绩效地区购买高绩效地区的配额；二是将生态资源、环境许可权益化，促使形成权益产品市场交易，由市场化机制对生态保护地区和生态受益地区之间进行权益平衡，实现二者之间的合理生态补偿。

1. 生态资源权益交易补偿

科斯认为生产要素是一种权利，造成外部性的这种权利也成为一种生产要素，可通过产权安排来解决外部性问题（曾贤刚，2014）。产权明晰是市场可交易的基础，也是市场在生态资源配置中起决定作用的重要前提。清晰界定生态资源产权使得生态资源功能与价值产权化，促使生态资源价值区域外部性溢出通过产权交易来实现其市场经济效益。因此，加快构建生态资源产权制度，明晰和登记生态资源产权，合理定价生态资源，实现生态资源权益的市场交易，实现产权的市场化补偿效果，从而激励全社会参与生态保护。目前较多的是水权、林权、草地权、矿产资源权等交易，可在此基础上扩大生态资源权益确定，形成系统完整的生态资源权益目录，完善生态资源权益交易制度。

从水权交易来看，以流域为生态补偿范围，因地制宜合理分配流域内各地区用水指标，用水量达到或超过用水指标的地区需要购买用水指标富裕地区的指标，形成流域内的水权市场交易制度。一方面可增加用水供给量，另一方面可节约水资源，水权转让可得到相应补偿。

2. 环境许可权益交易补偿

为了保护生态环境防止污染行为，国家采取环境行政管理许可证制度。开发建设、生产排污等凡影响环境的行为活动者必须向环境主管部门申请，经批准获得许可证后方能进行，并经行政主管部门监督核验和惩处。一方面将环境影响纳入国家统一管理之中，便于把环境破坏、污染排放等控制在环境承载力或环境容量范围内；另一方面利于环境管理制度化、法制化、规范化，促使企业技术创新和工艺改造，也便于公众参与环境影响监督。一般来说可以分为以下四种类型：适用于发展规划的规划许可证；适用于资源开发、工程建设的开发许可证；适用于危害环境、有毒物质的生产和销售的生产销售许可证；适用于污染物质排放的排污许可证。排污权交易、碳排放权交易已积累了较好的经验，可以推广建立各项环境许可证制度，扩大环境许可权交易范围。

环境监管部门通过生态系统环境承载力或容量研究，因地制宜分析区域内部结构，确定系统内部各地区环境许可配额，每个地区将配额分配给所在地区的企业，企业之间、地区之间可以将没有占用的环境许可权益进行买卖交易。环境许可权益交易可以补贴企业绿色技术创新，促进企业使用清洁能源、低碳排放和发展循环经济；地区的环境许可权益交易费用可以用于生态基础设施建设、环境保护科技创新等，发挥地区生态环境补偿作用。

（五）市场选择性补偿：生态产业补偿

“生态产业化、产业生态化”是绿色发展重要理念，是区域经济发展的重要方向。生态产业是以生态经济学和知识经济规律为基础，具有生态系统承载能力、高效和谐生态功能的网络型、进化型产业（王如松，2001），包括生态农业、生态工业、生态旅游业、生态服务业、生态环保产业等。生态产业是支撑生态保护地区经济发展的重要产业，也是生态保护地区内生发展的基础性产业。生态产业本质是以生态优先绿色发展为理念，以生态科技创新为导向，以生态和经济双赢为目标，实现区域可持续发展。一方面，生态产业不同于传统产业“唯GDP”，在生态科技支撑有限的情况下，生态产业的经济效益往往受限；另一方面，发展生态产业需要有一定水平的基础设施条件和生态科技水平，需要提供良好的生态产业发展环境。因此，区域生态产业选择及发展需要政府和市场共同作用。政府可以通过税收优惠、直接补偿等方式激励企业发展生态产业，市场凭借价格、利润来促进生态产业的选择和发展。在跨区域生态补偿机制中，通过收取生态受益区的税收、补偿费用、生态援助等，设立生态产业补偿项目，支持生态保护地区发展生态产业，实现“造血式”生态补偿。

四、绿色利益分享的跨区域补偿协调机制

我国社会的主要矛盾已经转化为人民日益增长的美好生活需要与不平衡不充

分的发展之间的矛盾，区域协调发展战略已是国家重大战略之一。跨区域生态补偿是协调生态与经济关系、区域之间生态关系的有效措施，跨区域生态补偿机制建设是生态文明制度建设的重要内容之一。实施跨区域生态补偿需要区域之间有效的沟通与协商，在生态保护、资源开发、经济发展、社会和文化建设等层面达成协商一致，保障生态资源的有效均衡配置和生态补偿的合理安排，推动形成绿色利益分享格局，实现生态共建共治共享。

（一）区域协调的重要认知

跨区域生态补偿的区域协调关键在于利益分配。在生态补偿区域范围内，构建生态共建共治共享的利益共同体，优化区域多方利益的博弈关系，制定生态效益、经济效益、社会效益公正、公平、合理的分配政策，建立绿色利益分享机制，实现区域互利共赢，保障跨区域生态补偿的稳定性和持续性。

1. 利益相关的命运共同体

习近平总书记在《中共中央关于全面深化改革若干重大问题的决定》的说明中明确指出，山水林田湖是一个生命共同体。生态补偿区域是生态—经济紧密联系的命运共同体，区域之间，政府、企业、社会组织、个体之间，投资者与原住居民之间等是共生共存共赢关系，生态保护利益与社会经济利益相互协调互相促进。自然生态要素在地域空间上分布错综复杂，自然生态系统提供的生态服务、生态物质、生态空间具有公共属性，价值利益的区域分享也错综复杂，区域生态环境相互依赖相互影响。一个区域内的生态破坏以及环境污染，将影响另一区域生态质量，进而影响地方品质而制约区域社会发展和经济增长。生态补偿区域范围内，自然生态利益与社会经济利益息息相关，应形成区域利益、社会群体利益共同体理念，具备生态保护责任、生态保护利益共享、社会经济发展效益共赢的理论认知和实践自觉，为生态补偿的区域协调奠定基础。

2. 区域多方博弈权衡

区域协调协商实质上是区域之间的利益博弈，是生态保护区与受益区之间的博弈，是生态保护策略和参与者、生态补偿支付者，以及生态资源权益，政府、企业、相关社会组织及居民个体之间的利弊权衡。根据博弈理论逻辑，在跨区域生态补偿范围内，每个区域均会结合所在地区实际情况、参考相关地区的决策行为而做出最有利的生态保护、社会经济发展行为决策，所有行为主体的决策行为及其造成的后果是相互作用相互影响的，利益相关命运共同体内区域之间、主体之间不断进行博弈，最终达成生态与经济的均衡状态，实现生态补偿范围内各方利益最大化，从而保障切实持续实施跨区域生态补偿。对此，需要在生态补偿区域范围内，厘清博弈主体及其利益焦点、利益矛盾冲突，利用跨区域生态补偿措施来进行生态和经济的利益再分配和再调整，有效降低生态共建共治共享的风险和损失，实现区域协调的可持续发展。

3. 绿色利益分享

新时代我国提出了建成富强、民主、文明、和谐、美丽的社会主义现代化强国目标，强调必须牢固树立并切实贯彻创新、协调、绿色、开放、共享的发展理念，坚持节约资源和保护环境的基本国策，探索生态优先绿色发展道路。绿色利益是指利用绿色资源、绿色手段而获得的惠益，从利用绿色资源而产生的绿色惠益来看，绿色利益可以分为绿色生态利益、绿色经济利益、绿色治理利益、绿色空间利益。不同地区因生态资源数量与质量、人口总量、生产方式等差异而导致绿色惠益具有差异性。绿色利益分享是实现“绿水青山就是金山银山”的重要措施，跨区域生态补偿是实现绿色利益分享的重要内容。立足于命运共同体理念，生态补偿区域范围内，利用利益均衡机制，通过跨区域生态补偿来调整绿色利益分配，分享了其他地区绿色利益的地区应予以补偿，形成绿色利益分享格局。

（二）区域协调目标与原则

跨区域生态补偿的区域协调旨在维护生态保护与经济发展的公平与效率，营造生态共建共治共享的生命共同体的利益空间，建立生态命运共同体联盟，加强生态保护的区域横向合作，制定和完善较为全面的生态财税制度、跨区域生态补偿制度，采取谈判、协商等有效的沟通措施，达成长期、稳定的区域生态共建共治共享态势，搭建有利于生态保护和经济发展的行政地区利益共享的协商机制，实现受益者付费、保护者得到合理补偿的目标，保障生态资源和非生态资源的有效配置，有效鼓励全社会参与，共同提高生态功能和社会经济发展能力，为生态优先、绿色发展提供有力支撑。跨区域生态补偿的区域协调应坚持以下原则：

1. 公平与效率原则

公平与效率是区域发展政策制定的重要理念，公平是协调的前提，效率是发展的关键，要实现跨区域生态补偿的区域协调目标必须坚持区域发展的公平与效率原则，这是区域协调的前提和关键。为了顺利实施跨区域生态补偿，要求各个地区具有同等地位和机会支配自然生态资源，具有同等地位和机会参与社会经济发展，区域发展竞争规则、利益分配标准是平等有效的，生态保护和社会经济发展效率最大化，区域发展差异及居民收入水平差距趋于合理，保障生态资源配置效率的可持续性和区域发展秩序的相对和谐稳定性。在生态补偿区域协调的公平与效率原则下，坚持谁受益谁补偿，综合考量生态服务产品价值、生产成本、机会成本，生态效益、经济效益、社会效益的区域均衡，在补偿资金的收取、分配上尽量保障区域社会经济发展的公平，最大化提高生态保护效率和地方经济发展效益，确保生态保护区和生态受益区的良性互动关系长期稳定，促进区域可持续发展。

2. 共建共治共享原则

在生态补偿区域范围内，自然资源禀赋、社会经济发展条件及历史文化发展的区域差异是客观存在的，国土空间优化、地方社会经济发展战略服从和服务于国家宏观经济发展战略布局，不同地区的生态保护、社会经济发展有所侧重，在生态补偿中的利益诉求也各不相同。为此，要坚持共建共治共享原则，科学分析各个地区的生态补偿的责任、权利、义务及惠益，客观正视每个地区的不同利益诉求，统一认识每个地区都有建设生态环境的责任和义务，从根本上破除行政区划壁垒，统一制定生态保护规划，在项目、资金、技术、人才等层面合理分配生态保护任务，共同享有生态保护和社会经济发展红利，加强地区之间在生态保护中的沟通与协商，客观计量与谈判协商相结合拟定跨区域生态补偿，形成“利益共享、责任共担”的共建共治共享的多赢发展局面。

3. 比较优势互补原则

实施跨区域生态补偿在很大程度上是为了解决生态保护与社会经济发展错配问题，区域协调应充分考虑生态保护和经济发展的协调问题，各地方政府要坚持比较优势互补原则。每个地区要客观认识本区域的发展优势和劣势，科学评估所在地区的自然资源、生态环境、社会经济、民生保障、科学技术等条件水平，在生态补偿区域范围内进行比较优势判断，立足于因地制宜、优势互补来制定地区发展战略，平等协商生态资源、社会经济发展的区域配置，确保生态补偿区域范围内生态保护区和生态受益区的界定划分、补偿标准、补偿方式具有客观性，达成跨区域生态补偿的区域协商一致。

4. 生态优先绿色发展原则

“生态兴则文明兴，生态衰则文明衰”，生态优先绿色发展是新发展理念的重要组成部分，是实现《中共中央关于制定国民经济和社会发展第十四个五年规划和二〇三五年远景目标的建议》提出的“建设人与自然和谐共生的现代化，促进经济社会发展全面绿色转型”战略举措的必由之路。跨区域生态补偿的区域协调要坚持生态优先绿色发展原则，地方政府要立足于生态文明建设和中华民族永续发展高度，深入系统认识尊重自然、顺应自然、保护自然的科学要义，地区社会经济发展谋划遵循生态优先绿色发展的原则，对为人民群众日益增长的美好生活追求提供更优质的生态产品有统一的认识，调动全社会参与，让生态补偿发挥维护生态优先、增强绿色发展、促进区域协调的作用。

（三）构建绿色利益分享的区域协调机制

跨区域生态补偿是实现生态环境保护和区域协调发展的有效举措，既能促进区域之间资源的有效配置与高效利用，受益者付费、保护者得到合理补偿，又能协调区域之间的利益，实现区域可持续发展。实施跨区域生态补偿，应在国土空间优化目标下，区域发展空间依赖客观现实基础上，强化区域生态命运共同体，以政府为主导弥补市场缺位，重视利益相关者的协商谈判，完善资源要素共享环境，促进区域分工与协作，建立健全区域间绿色利益分享，有效推动生态补偿区域合作共赢。

1. 资源要素共享的区域分工机制

区域分工具有客观必要性，充分发挥各个区域的资源量、要素禀赋、区位特征等方面所具备的比较优势，有助于发展区域整体效益。传统的区域分工是在资源、要素不完全自由流动的情况下产生的，区域之间的壁垒阻隔明显，强化了分工而淡化了协作协同。我国已进入全面深化改革的新时代，致力于建设全国统一开放、竞争有序的市场体系。实施跨区域生态补偿也是解决区域分工问题，协调生态资源分布、生态产品供给、社会经济发展在区域之间的差异问题。区域命运共同体内要打破地域分割和破除行政区的刚性约束，科学进行功能区划，同时要为分工协作创造条件，建立资源要素共享的区域分工机制，生态资源和生态产品采用联合、转包、出租、转让、抵押等多种方式参与市场，为各地区协商一致参与生态补偿奠定公平公正的基础。

资源要素共享的区域分工机制构建重点如下：统一的区域功能区划分，统一的国土空间优化；建立自然资源资产产权制度，统一的自然资源登记与管理制度；统一的自然资源开发及有偿使用制度，统一的生态资源占用补偿制度，统一的自然资源资产交易平台。自然资源作为生态系统的重要内容，开发者使用资源时要做到有偿使用，而且要承担资源开发过程中所产生的不利影响，通过生态环境投入、生态修复费用追加、生态补偿等方式来维护生态系统功能，实现区域生态环境与经济社会整体效益最大化。

2. 绿色利益评估机制

绿色发展关系到中国发展全局，是五大发展理念之一。绿色发展是以人与自然和谐为价值取向，以绿色低碳循环为主要原则，将环境资源作为社会经济发展的内在要素，体现为资源节约和环境保护的区域格局、产业结构、生产生活方式等特征。“保护生态环境就是保护生产力，改善生态环境就是发展生产力”，生态资源是生产力要素和社会财富，开发利用生态环境以及优质生态环境所产生的绿色利益应该区域共享、人人共享。

跨区域生态补偿是绿色利益区域分享的核心，绿色利益是跨区域生态补偿相关者的纽带。在大力推动绿色发展、实施跨区域生态补偿下，要加快构建绿色利益评估机制。一是加快界定绿色利益内涵、表征指标及量化方法，统一绿色利益价值核算标准、价格定级评估标准；二是结合自然资源评估、自然资源收益分配制度建设等，建立绿色利益评估组织与团队，定期常态化进行绿色利益评估；三是在自然资源资产交易平台、生态补偿平台建设框架中，以及自然资源统一调查监测中，统一纳入绿色利益信息，完善生态补偿基础数据，为形成绿色利益分享格局奠定基础。

3. 绿色利益共享政策机制

利益机制是从维护自身利益出发，对外部环境各种经济现象及其变动的反应方式，是各主体之间相互依赖、相互作用与制约的行为方式。利益共享是共建共治共享的基础，完善利益共享机制是调整利益格局、构建和谐社会的重要保障。区域生态—经济命运共同体建设，应有效消除区域之间的利益矛盾，需要建立一套系统的、合理的绿色利益共享机制，以利益分享和分配为核心，协调生态保护区与生态受益区之间的关系，弥补生态保护区的利益损失，保障区域发展的公平与效率。

构建绿色利益共享政策机制主要包括以下内容：一是制定生态保护补偿区域的生态保护目标、社会经济发展目标，明确生态环境保护与经济社会建设的地区合作收益，拟定各地区合作重点与任务；二是在自然资源收益分配制度建设中，在绿色利益评估基础上建立绿色利益分配政策制度，按照跨区域生态补偿实施框架，以对口协作、资金补偿、产业转移、共建园区、人才培训等方式分配利益，实现优势互补和提高整体效益；三是通过跨区域生态补偿评价、绿色利益评估等，建立绿色利益分配的动态评价与反馈机制，监测生态保护、绿色发展的动态变化，制定奖惩办法，尤其是要重视激励机制建设，全面调动各地区、各主体参与到绿色利益分配格局中，实现利益共享、责任共担的区域可持续发展格局。

4. 利益相关者协商机制

跨区域生态补偿涉及多方多维利益相关者，从区域层面，涉及生态保护区与生态受益区，生态补偿区与生态受偿区，生态受损区、生态修复区、生态设施建设区、环境治理区等横向区域，还有全国、省、市、县、乡（镇）及村纵向区域，也含有不同地形地貌单元和经济发展单元的纵横向区域；从利益主体层面，涉及政府、企业、社会组织或团体、个体。为了保障跨区域生态补偿的公平公正、客观合理，需要在政府主导下搭建多方多级多维利益主体的沟通协商机制和平台。跨区域生态补偿利益相关者协商机制构建主要应在跨区域生态补偿管理机构建设中，在各级政府部门生态补偿管理权力职责中，明确赋予各地方政府之间的沟通与协调职责；在自然资源登记与管理完善中，明晰自然资源产权，加快界定各利益主体的收益权、补偿权，将收益权纳入产权统一管理和市场交易；建立生态补偿利益相关者动态信息大数据库，搭建利益相关者生态补偿信息沟通平台，定期动态发布生态补偿信息，采取公开、公正的政府协商、市场谈判方式，形成区域协商一致的跨区域生态补偿长效机制。

五、本章小结

跨区域生态补偿旨在解决生态保护与经济发展的区域公平、效率及协调性问题，突出政府主导作用，统筹考虑不同地区的自然资源开发、社会经济发展以及地区之间的协调，合理界定生态保护地区和受益地区，开发易于操作的科学的综合性补偿标准核算技术工具，按照利益相关理论分析确定生态补偿主客体，最后在区域协商一致下，实施多元化生态补偿方式建立服务—价值—成本—损益—贡献—协商的政府主导型补偿机制。

我国出台了一系列政策制度来持续推进市场化、多元化生态补偿机制建设，但是因为区域生态关系不清晰、主体权责不明确、补偿标准核算等问题，跨区域生态补偿市场化机制还十分不完善，亟须在政府主导作用推动下加快建设生态补偿市场，促进经济发展和生态保护的“双赢”。因此也要建立产品—价值—交易的市场主导型跨区域生态补偿机制。

跨区域生态补偿是协调生态与经济关系、区域之间生态关系的有效措施，跨区域生态补偿是生态文明制度研究的重要内容之一。实施跨区域生态补偿需要区域之间有效的沟通与协商，在生态保护、资源开发、经济发展、社会和文化建设等层面达成协商一致，保障生态资源的有效均衡配置和生态补偿的合理安排，推动形成绿色利益分享格局，实现生态共建共治共享。

第十六章

跨区域生态保护补偿保障措施

跨区域生态补偿以保障国家生态安全、建设美丽中国为目标，旨在提升优质的生态产品供给能力，实现生态保护和受益地区之间的良性互动。近年来，我国跨区域生态补偿实施范围和领域不断拓展，保障机制日益完善，但还存在覆盖面不够全面、资金来源单一、各方参与积极性不高、法规制度不健全、技术标准不统一等问题。在“十四五”时期，应在政府主导作用下，进一步完善跨区域生态保护补偿措施，有力推动健全生态保护补偿机制。

一、跨区域生态保护补偿组织保障

跨区域生态保护补偿具有特殊性和复杂性，涉及各级地方政府以及区域生态、经济、社会，以及生态保护认知与意愿等，生态保护的公益性特征显著，生态系统服务及生态产品的价值与价格比较难以确定，不具备行政隶属关系的政府之间的生态保护补偿尤其需要强有力的组织保障。跨区域生态保护补偿需要健全组织体系强化统筹协调，在政府主导下加强组织实施、多渠道筹集资金、增强宣传舆论引导作用，推动全社会参与生态保护和积极支持生态保护补偿。

（一）强化统筹协调，健全组织体系

科学高效的组织领导是顺利实施跨区域生态保护补偿的重要基础保障。跨区域生态保护补偿要高度重视政府主导作用的发挥，尽快健全组织体系，加强组织领导，促进区域之间、政府之间、政府与社会组织之间的统筹协调。在国家生态

保护补偿机制及行动计划基础上，构建基于区域尺度和基于行政管理的生态保护补偿组织领导体系，如图 16－1 所示。

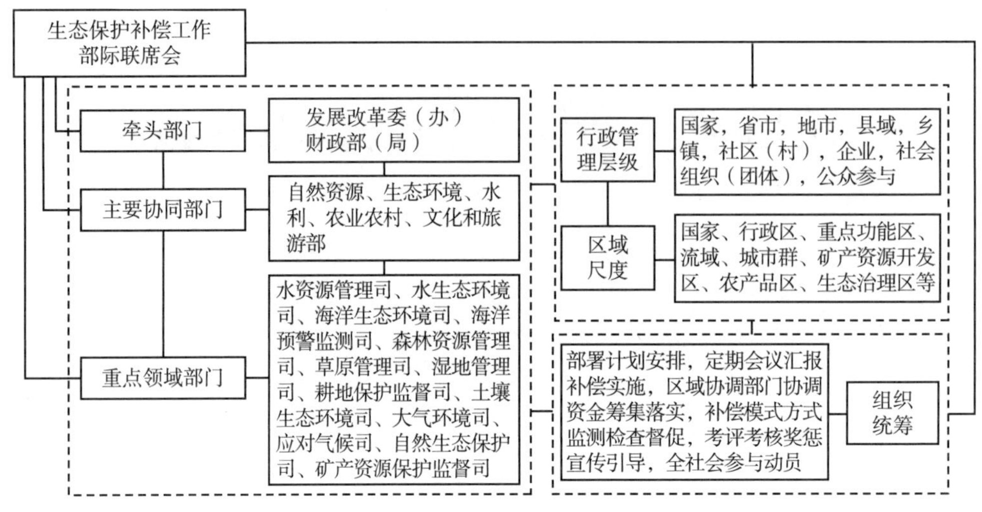

图 16－1　跨区域生态保护补偿组织体系

跨区域生态保护补偿应加快建立健全由国家发展改革委、财政部会同有关部门组成的部际协调机制，充分发挥好生态保护补偿工作部际联席会议制度的作用，尽快构建跨区域生态保护补偿组织体系。（1）组织体系架构由国家生态保护工作部际联席会统一领导，逐级建立省、市、县生态保护补偿工作部际联席会，统筹相关部门；（2）生态保护工作部际联席会由发展改革委、财政部会同牵头，自然资源部、生态环境部、水利部、农业农村部、文化和旅游部等协同，其主管负责领导参与联席会；（3）水资源管理司（水利部）、水生态环境司（生态环境部）、海洋生态环境司（生态环境部）、海洋预警监测司（自然资源部）、森林资源管理司（自然资源部）、草原管理司（自然资源部）、湿地管理司（自然资源部）、耕地保护监督司（自然资源部）、土壤生态环境司（生态环境部）、大气环境司、应对气候变化司（生态环境部）、自然生态保护司（生态环境部）、矿产资源保护监督司（自然资源部）等为重点领域单位，其主管负责领导参与联席会；（4）国家、省（直辖市）生态保护工作部际联席会，在国家、省生态补偿工作部署计划安排下，选择国家级、省级跨区域生态保护补偿区域，比如重点功能区、城市群、流域等，建立国家、省重点区域生态保护补偿工作部际联席会，合理界定生态保护区和生态受益区，统筹协调相关地区实施常态化的跨区域生态保护补偿；（5）各级工作部际联席会主要负责生态保护补偿部署计划安排，形成年度公报与计划，定期与上级会议汇报，统筹协调相关区域和部门，统筹协调解决生态保护补偿中的重大问题、跨区域问题，多渠道筹集落实资金，商议制定补偿标准和模式方式，监测检查和督促补偿实施，统一制定考评考核奖惩办法，督促宣传舆论引导，全方位调动全社会参与生态保护和生态补偿积极性。

（二）多渠道筹集资金，形成稳定的补偿资金投入

跨区域生态保护补偿是在补偿区域范围内多个行政区之间的横向补偿，筹集落实补偿资金是最为重要的环节之一，应在生态保护工作部际联席会统一领导下，政府主导、市场运作、社会参与共同建立“生态补偿基金”。补偿资金来源以“谁受益谁补偿”为原则，构建多元化多渠道的资金投入长效机制，提高生态保护补偿资金的稳定性和增长性。资金筹集渠道主要如下：

1. 多元主体协同投入

其一，国家财政投入。国家是生态保护政策的制定者和生态建设的运营者，中央直接划拨重点功能区、试点区，并根据生态保护绩效考核进行财政转移支付。

其二，地方财政收入比例提取。在全国范围内，以省（直辖市）、地市为单元，参考国际惯例将国民生产总值（GDP）的1%～5%提取为生态保护基金，其中，再以一定比例的基金用于生态保护补偿。

其三，企业及社会组织资金注入。企业既是生态资源占用消耗者又可成为生态保护者，企业投资是生态保护补偿资金筹集的重要渠道。一是可以通过收取企业的排污费、资源消耗税等，将每年按占比将部分资金投入生态保护基金；二是企业发展生态产业，参与生态建设，或在生态保护区、生态修复区特许经营生态农业、生态旅游、生态康养等，尤其是发达地区产业支援相对欠发达地区，解决生态保护地区人力、资金、技术等缺乏问题。

其四，社会公众投入。社会公众是生态保护的最直接受益者，生态利民惠民是生态保护的核心目标。可以通过生态/绿色产品消费、生态认养、生态捐赠等方式，非绿色生态产品消费税等，吸引全社会公众投入生态补偿资金。

2. 生态税收资金投入

生态税是生态保护补偿基金的稳定性来源之一，生态税包括环境保护税、资源税和消费税，将征收的税费按照一定比例投入生态保护补偿基金，用于支付生态保护补偿，以及支持生态基础设施建设、生态保护产业发展

此外，设置市场配额交易税资金投入。在生态保护补偿区域范围内，通过计

量、分割生态资源和环境保护权益，设置地区资源配额，由市场化运作进行配额交易，将所得交易税的一定比例投入生态保护基金。当前，应优化拓展水权、林权、草地权、矿产资源权等生态资源权益配额交易市场；通过生态系统环境承载力或容量研究，因地制宜分析区域内部结构，确定系统内部各地区环境许可配额，每个地区将配额分配给所在地区的企业，企业之间、地区之间可以将没有占用的环境许可权益在市场进行交易。

3. 绿色/生态金融投入

绿色金融又称生态金融，是基于金融理论与方法，综合运用绿色债券、绿色信贷、绿色抵押等金融工具，以绿色发展、生态保护为主旨的创新性金融模式。绿色金融具有自然生态资源配置、生态环境风险控制、生态和绿色投资引导等功能，是解决经济发展和环境保护之间矛盾的重要途径。建设生态文明，金融机构要坚持科学发展观，大力发展绿色/生态银行，加强生态保护区、绿色企业与国开行、农发行、亚行、世行等国内、国际金融机构的沟通与对接，满足企业绿色发展和生态建设的融资需求。当前，鼓励大型国有银行设立绿色金融专门部门和专门柜台，有条件的地区可以成立生态银行，专门负责生态保护方面的绿色金融事务；在生态保护工作部际部署下，统一推进绿色债券、绿色基金，生态资源资产抵押贷款，特色生态产业发展的信贷，股权融资、信托、租赁等融资服务，保障生态保护补偿资金的稳定性。

（三）加强宣传舆论引导，营造生态保护良好氛围

习近平总书记指出“良好生态环境是最公平的公共产品，是最普惠的民生福祉”，人民对美好生活的向往，就是奋斗目标。“人民群众对环境问题高度关注，可以说生态环境在群众生活幸福指数中的地位必然会不断凸显”①。提高全社会文明程度，是实现中华民族伟大复兴的内在要求和重要目标。公民自觉参与生态文明建设的实践是搞好生态文明与可持续发展的重要条件。宣传教育是提高生态保护补偿、提升公众生态保护补偿认知意愿的重要途径，宣传舆论引导是顺利实施生态保护补偿的重要保障措施之一。

（1）创新宣传理念，加强宣传新理论新思想。借助生态文明思想理论宣传，提炼生态保护补偿思想理念及国家手段措施，将生态保护补偿，尤其是跨区域生

① 中共中央文献研究室．习近平关于社会主义生态文明建设论述摘编［M］．中央文献出版社，2017.

态保护补偿作为一种意识形态、文化思想来进行设计，既要重视政策制度的宣传，更要上升到精神文化、思想文化及价值情操高度，广泛引起社会公众高度关注，统一政府管理者、企业与社会组织者、公众个体的生态保护补偿认识，引导公众积极参与和配合生态保护和生态保护补偿工作。

（2）创建各级各类学习参与平台，构建多元化多层级宣传教育体系。公众参与生态建设、生态保护补偿的平台和机会较少，不同特质人群参与生态建设的积极性和意愿不同。对此，应增强政府主导作用，加快完善生态文明宣传教育机制，突出生态保护和生态保护补偿。一方面，将生态文明教育纳入幼儿园、中小学等普及性教育之中，生态文明教育、生态保护教育常态化普及化；另一方面，全社会动员和参与，分类分层进行公众生态文明宣传教育，引导社会组织（团体）、企业及社区，创建线上线下学习活动平台，广泛开展公益活动，创新公众参与方式，拓宽参与生态补偿的渠道，搭建各类生态保护补偿志愿活动、捐赠等平台，加快建立多元化多层级全过程的生态建设和生态保护补偿公众参与体系。

（3）重视大众媒体作用，加强生态保护的日常宣传教育。利用报刊、广播、网络和电视等媒介，运用新闻发布会或展览展示等形式，讲解和宣传生态保护、生态补偿等内容，宣传思想理念、政策制度，通过评估考核等办法树立先进地区先进人物榜样，推广各地先进高效的生态保护补偿经验，通报生态破坏行为，以榜样号召学习，将生态补偿学习和宣传融入日常生活，积极引导社会主体广泛参与生态保护和生态补偿，营造全社会全领域投身生态保护的良好氛围。

（4）重视城乡差异，建立城市和乡村公众生态保护宣传体系。城市与乡村的景观形态、社会经济形态也是有差异的，面临的生态环境问题也有所不同，城乡公众对于生态文明的认知和行为也有差异。在生态文明建设中，尊重城市和乡村的发展规律，针对城乡生产特点、各类污染排放，以及城乡居民生活习惯等，围绕生态文明原则和内涵，制定差异化的城市和乡村生态文明宣传普及知识和教育教材，尤其是要加强乡村生态文明知识、法律法规的宣传教育，让村民正确理解人与自然和谐共生、“绿水青山就是金山银山”、山水林田湖草是生命共同体等要义，营造生态环境保护的良好氛围，增强参与建设生态文明的积极性。

二、跨区域生态保护补偿法制保障

跨区域生态保护补偿是在政府主导下地区之间生态共建共治共享的重要工程之一，法律制度是其重要的支持和保障。一方面利用法律制度保障生态保护补偿的实施，另一方面确立生态保护补偿法律地位，确保有效进行生态保护补偿。当前，要加快建立健全生态保护补偿法律体系的建设，促进生态保护补偿工作制度化，明确跨区域生态保护补偿的地区和作用，推动以流域、重点功能区、城市群等为主的跨区域生态保护补偿法制化、制度化、规范化。

（一）健全生态保护补偿法律体系

国家和地方政府积极探索了生态保护机制，尤其针对生态保护补偿试点相继出台了生态保护补偿意见和办法，在生态保护补偿实践中产生了一定的法律效力。但我国生态保护补偿法律层面一直没有完整的体系，现行法律没有对生态保护补偿基本制度性问题进行统一规定，补偿的主客体及其权责义务、区域之间生态合作博弈，以及补偿标准、方式等尚未从法律层面予以规定。目前生态补偿制度范畴模糊，制度体系十分不完善，实践中均以中央财政转移支付为主要方式，地区之间主要采取横向补偿协议方式（车东晟，2020）。当前需要尽快从法律层面上对生态保护补偿予以明确规定，尽快建立纵横向的法律体系，如图 16－2 所示。

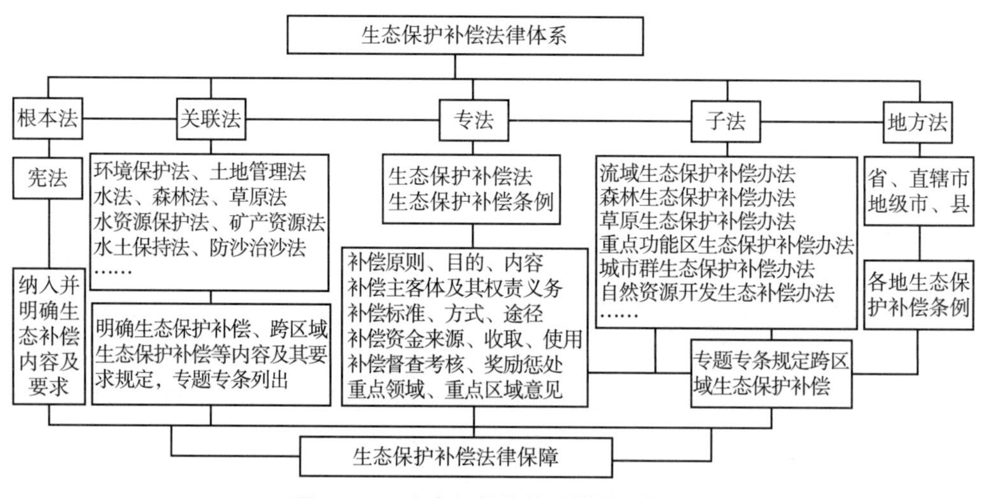

图 16－2　生态保护补偿法律体系框架

我国已开启了全面依法治国的新时代，生态资源环境相关法律法规日益完善。《中华人民共和国环境保护法》《中华人民共和国土地管理法》《中华人民共和国水土保持法》《中华人民共和国矿产资源法》《中华人民共和国水法》等法律均与生态补偿制度有一定的联系，有些地方还出台了地方性法规条文，国家部委和地方部门也推出了一系列政策文件，为规范化制度化实施生态补偿奠定了有力基础。对于没有行政隶属关系的区域之间的生态补偿，更加需要通过法律法规手段来予以保障。

（1）《中华人民共和国宪法》具有最高的法律权威，是国家的根本法。2018年3月11日通过了《中华人民共和国宪法修正案》，将生态文明写入宪法，"推动物质文明、政治文明、精神文明、社会文明、生态文明协调发展，把我国建设成为富强民主文明和谐美丽的社会主义现代化强国，实现中华民族伟大复兴"。生态保护补偿是生态文明建设、可持续发展战略的重要内容，在《宪法》相关条文中明确生态保护补偿及各类型生态保护补偿，增强生态保护补偿的合法性、权威性，为生态保护补偿立法奠定法律基础。

（2）尽快出台《生态保护补偿法》《生态保护补偿条例》。从法律层面对生态保护补偿进行规定，专题专条规定森林、草原、耕地、矿产资源等生态保护补偿制度，以及重点区域生态保护补偿。在国家法律框架下，出台省及直辖市、地市、县级生态保护补偿条例，制定重点功能区、流域、城市群等生态保护补偿条例，明确跨区域生态补偿的区域之间事权划分及责任配置，建立公开透明的生态补偿程序规则和严格的生态补偿责任，建立健全行政管理的纵向生态保护补偿法律体系。

（3）在相关法律规定中明确生态保护补偿内容及规定。《中华人民共和国环境保护法》《中华人民共和国土地管理法》《中华人民共和国水法》《中华人民共和国水资源保护法》《中华人民共和国森林法》《中华人民共和国草原法》《中华人民共和国矿产资源法》《中华人民共和国水土保持法》《中华人民共和国防沙治沙法》等法律均与生态保护补偿有一定联系，有些地方还出台了地方性法规条文，国家部委和地方部门也推出了一系列政策文件，为规范化制度化实施生态补偿奠定了有力基础。在生态保护工作部际会领导下，协调各领域部门，在相关法律文本中强化并明确生态保护补偿，在市场监管法律法规层面明确生态产品市场监管，强化跨区域生态保护补偿的法律意识和共建共治共享理念，突出跨区域生态保护补偿原则与内容，横向层面完善生态保护补偿法律体系。

（二）完善生态保护补偿制度体系

制度是构建生态保护补偿机制和推动主要的工作制度化建设的重要保障，是生态资源、生态系统服务区域配置的重要政策工具，在促进生态保护和经济社会协调发展中具有重要地位和作用。我国生态保护补偿制度体系还不完善，尚未形成制度化的工作机制，系统的、有效的规范性文件也亟待出台，生态保护补偿的基本制度体系也不够明晰，跨区域生态保护补偿制度缺位更为严重，加快推进生态保护补偿制度建设是当前的紧迫任务。

制度由规则构成，规则能激励和约束参与者行为（Ostrom E.，2005），规则是形成社会激励结构的基本决定因素（North D. C.，1994），关注与行动情境相关的规则（Hijdra A.，2015），并在结构上详细规定一系列规则（Ostrom E.，2011）。生态保护补偿制度的特定规则对于生态补偿运行将产生关键影响（王雨蓉，2021），对于推进生态保护补偿工作制度化具有重要意义。结构分析在于建立起客观结果与制度结构之间的因果关联，功能分析能够对客观结果的结构及其决定因素进行解释论证，二者能为生态保护补偿制度的完善提供理论指导（黄锡生，2020）。因此，拟以“规则—结构—功能”为理论分析框架，构建生态保护补偿制度体系，为跨区域生态保护补偿制度化安排给予理论支持。生态保护补偿制度体系构建框架如图16－3所示。

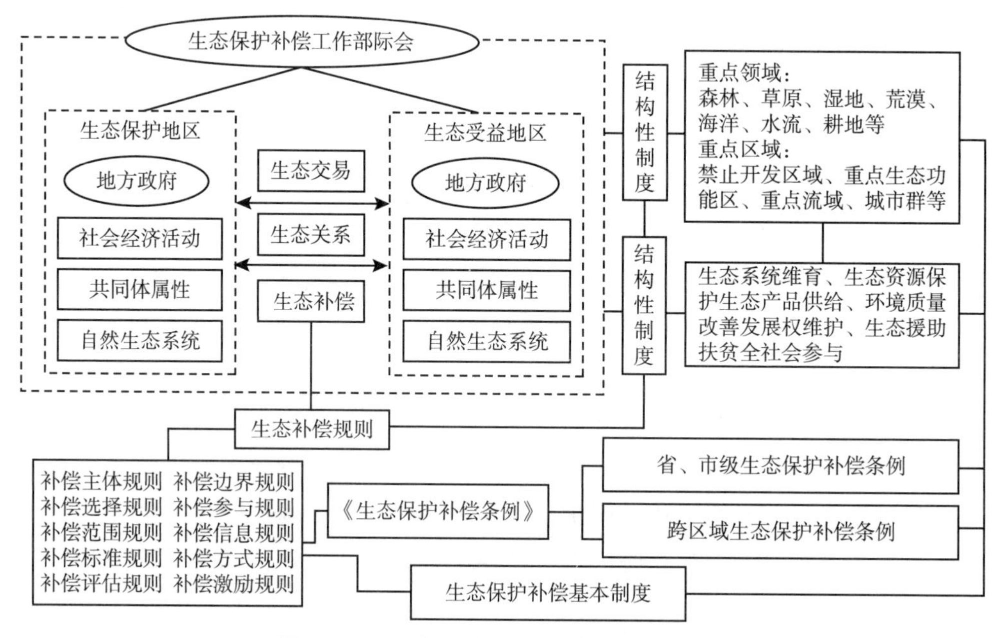

图16－3　生态保护补偿制度体系构建框架

1. 健全生态保护补偿规则性制度

在国家层面《国务院办公厅关于健全生态保护补偿机制的意见》《建立市场化、多元化生态保护补偿机制行动计划》，以及《生态综合补偿试点方案》等基础上，尽快出台《生态保护补偿条例》。按照生态保护补偿应用规则逻辑，在《生态保护补偿条例》中，明确生态保护补偿总体思路和基本原则、生态保护补偿执法主体，定义生态保护补偿主体，界定生态保护角色和生态受益角色，说明政府、企业和社会组织、个人的生态受偿和付费原则；明确生态保护补偿中主体和客体的责任权利义务关系，列出生态保护补偿中“必须”“允许”“禁止”等区域定位清单，利益主体间的协商和社会参与方式，分析生态补偿、生态受偿和支付意愿；合理定位补偿的区域范围、补偿标准、实施规则，合理分配资金、对资金来源和管理做出具体化记录和规定，及时发布和公开生态补偿信息及管控办法；对补偿绩效建立评估机制，形成激励主体参与补偿的奖惩机制，以全面推进补偿工作制度化。

2. 完善生态保护补偿结构性制度

在《生态保护补偿条例》框架下，按照生态保护补偿结构性特点，进一步完善重点领域、重点区域的生态保护补偿制度，制定相应的生态保护补偿细则。重点领域加快出台《森林生态保护补偿细则》《草原生态保护补偿细则》《湿地生态保护补偿细则》《荒漠生态保护补偿细则》《海洋生态保护补偿细则》《水生态保护补偿细则》《耕地生态保护补偿细则》，重点区域加快出台《禁止开发区域生态保护补偿细则》《重点生态功能区生态保护补偿细则》《流域生态保护补偿细则》《城市群生态保护补偿细则》，重点生态功能区包括水源涵养区、国家公园、自然保护地等。在细则中，要切实践行“绿水青山就是金山银山”的理念，兼顾生态保护、环境治理与合理利用，明确权属责任主体，补偿原则、内容、标准，操作规范与要求等，专条专款明确跨区域生态保护补偿规范、程序、协议内容等，明确政府补偿责任、市场化补偿措施，有效调动全社会生态保护积极性，推进构建生态保护补偿长效机制。同时，行政层级与跨区域的纵横向生态保护补偿细则，重点区域以及重点领域之间的生态补偿细则要在法律条例下设计制定并无缝衔接，从而构成系统化和一体化的补偿细则和制度体系。

3. 建立生态保护补偿功能性制度

生态保护补偿功能主要体现在加强生态保护、促进区域生态和经济社会协调发展，实现区域可持续发展。具体来看，生态保护补偿应发挥促进生态系统维育、生态资源保护、生态产品供给、环境质量改善、发展权维护、生态援助扶贫、全社会参与等目标功能，而不同目标功能的补偿规则、要求与方式也有所不同。因此，为了增强发挥生态保护补偿功能作用，结合我国生态建设、环境保护现实，在生态保护补偿条例、生态保护补偿细则框架下，全国、省、地市应出台生态保护补偿功能性政策制度。例如，《生态资源保护奖惩补偿办法》《有效促进生态产品供给的生态补偿办法》《促进环境质量改善的生态补偿办法》《生态权益交易补偿办法》《生态援助扶贫补偿办法》《促进全社会参与生态补偿办法》，以及《生态补偿资金筹集与使用办法》等。生态保护补偿功能性制度与结构性制度有机衔接，关联的概念、规则、内容、标准等要一致，形成“规则—结构—功能”的纵横向补偿制度体系。

4. 健全生态保护补偿基本制度

生态保护补偿涉及自然资源管理、环境保护、区域协调发展等方面的政策制度，应加快建立健全基本制度，有效支持生态保护补偿法治化、规范化、标准化、信息化。主要基本制度如下：

其一，健全自然资源管理制度。加快推进自然资源统一确权、登记，促进自然资源管理改革创新，为生态保护补偿制度建设奠定基础。明晰的产权才能理清生态保护补偿责任、权利与义务，建立了自然产权确权登记才能为构建全国统一的生态保护补偿依据、标准提供坚实基础，才能建立补偿精准化的信息化平台，保障构建长效机制。重点推进完善自然资源产权确权登记制度、自然资源有偿使用制度和集约利用制度、生态损害赔偿、环境保护税费等，健全自然资源管理制度体系。

其二，建立跨区域生态保护补偿的组织协商制度。跨区域生态补偿涉及多方多维利益相关者，从区域层面，涉及生态保护区与生态受益区，生态补偿区与生态受偿区，生态受损区、生态修复区、生态设施建设区、环境治理区等横向区域，还有全国、省、市、县、乡镇及村纵向区域，同时含有不同地形地貌单元和经济发展单元的纵横向区域。从利益主体层面，涉及政府、企业、社会组织或团体、个体。当前应发挥生态补偿的部际联席会议等制度作用，出台《跨区域生态保护补偿协议办法》，明确主体间自主协商的实践原则、协商内容和程序等，鼓励区域间开展跨区域横向生态补偿。同时，赋予各地方政府之间的沟通与协调职责，将生态保护补偿纳入年度工作任务，协商制定各项生态补偿配额，协议定价生态产品、自然资源收益权、环境保护权等，加强监督监管，搭建利益相关者生态补偿信息沟通平台，定期动态发布生态补偿信息，采取公开、公正的政府协商、市场谈判方式，形成区域协商一致的跨区域生态补偿长效机制。

其三，建立生态保护补偿资金筹集与使用制度。加快建立持续的跨区域转移支付制度，落实“以地方补偿为主，中央财政给予支持”的精神，突出流域上下游、水源地与受水区，林、草、湿地、耕地等转移支付，建立跨区域转移支付生态保护补偿基金；针对生态利益密切联系区域、生态系统服务区域外溢等情况，制定《政府间财政关系法》、绿色 GDP 及 GEP 经济考核评价挂钩制度，实施干部政绩与生态保护质量挂钩、生态保护效益与生态保护补偿挂钩制度；拓展和延伸补偿行为主体，制定《多元化生态保护补偿资金管理办法》《生态保护补偿市场化资金筹集办法》，明确资金缴纳、存储、使用及监督管理内容。

其四，完善市场化生态补偿制度。推进市场化方式、多元化主体的补偿机制，设计补偿制度时，加强市场化生态补偿模式和管理制度，突出跨区域生态市场化补偿建设。加快建立生态产品交易性补偿制度、生态产品市场监管制度、生态权益的市场化配置及补偿制度、生态产品税收制度、生态绿色金融制度、生态产业化补偿制度、生态保护与修复绩效奖励制度等，形成多元化的市场化补偿政策制度体系，促进政府、市场、企业、社会团体及个人积极参与生态保护，保障可持续的生态保护资金来源渠道。

三、跨区域生态保护补偿技术保障

生态保护补偿是保护生态环境和促进经济社会协调的有效的政策工具，强有力的技术支持是实现生态保护补偿规范化、标准化、制度化的基本保障。完善补偿主体与补偿范围识别技术、补偿标准核算技术、补偿监测评估技术，以及生态产品标识与价值核算技术、碳排碳汇监测计量技术等是优化生态保护补偿技术工具的重要基础。

（一）构建生态保护补偿范围与主体识别技术

《国务院办公厅关于健全生态保护补偿机制的意见》明确指出要“科学界定保护者与受益者权利义务”，提出“实现重点领域和禁止开发区域、重点生态功能区等重要区域生态保护补偿全覆盖”，“跨地区、跨流域补偿试点示范取得明显进展”。实施跨区域生态保护补偿首先要选择生态保护利益相关的区域范围，明确生态保护地区和生态受益地区，界定各个地区生态保护责任、权利、义务，在实践中明确“使用者付费”“受益者付费”“保护者获得补偿”的补偿原则，推进形成受益者付费、保护者得到补偿的补偿机制。

1. 生态保护补偿区域范围识别技术标准

《国务院办公厅关于健全生态保护补偿机制的意见》要求扩大生态保护补偿范围，为此应构建生态保护补偿范围标准技术。跨区域生态保护补偿区域范围是指促进区域生态系统修复、维护且保障区域生态功能持续供给，为了维护生态、社会的公平正义，需要实施区域之间资金、实物等不同补偿形式的自然—生态—经济—社会紧密联系地区。

《生态保护补偿条例》明确了补偿区域选择和判断的原则及要求，规定禁止开发区域、流域、城市群、重点生态功能区等区域开展跨区域生态补偿，在森林、水流、耕地等资源领域探索跨区域生态补偿的原则和要求。在此基础上，根据重点领域、重点区域的自然生态、经济社会特点，分类分域研究制定生态保护补偿范围识别技术标准，比如《森林跨区域生态保护补偿范围识别技术标准》《流域跨区域生态保护补偿范围识别技术标准》《城市群区域生态保护补偿范围识别技术标准》等，重在界定自然—生态—经济—社会系统紧密联系程度和利益相关程度，根据关联性的区域范围划定标准，为地方积极开展跨区域生态保护补偿奠定技术基础。

2. 生态保护补偿主体识别技术

补偿主体是在补偿范围内，根据利益相关者在生态保护或生态受益、生态破坏等情景中的责任而确定的主体，包括区域主体和政府、企业、社会团体、个人补偿主体。根据国家生态保护补偿指导意见，补偿主体识别有四个一般性原则：一是受益者付费，即在生态保护补偿范围内，分享了其他区域生态系统服务价值、享用了生态产品的主体，应按照生态保护补偿支付机制办法承担补偿责任；二是使用者付费原则，即使用、占用了生态资源的主体，如森林采伐、草原放牧、矿产资源开发、水资源取用等，应缴纳资源使用占用费；三是生态破坏者付费原则，主要是针对企业、社会团体及个人的行为活动是否造成生态系统服务功能受损、退化而需要承担的补偿责任，这不同于赔偿、罚款；四是保护者得到补偿原则，即在生态建设、环境保护中做出了贡献的主体，应按照贡献大小、成本投入、发展机会成本等给予补偿和奖励，鼓励全社会参与生态保护。

在生态保护补偿主体识别一般性原则下，根据主体属性特征、生态贡献情景等分类制定生态保护补偿主体识别技术标准。对于区域主体识别，实质是地方政府主体责任界定，应制定生态保护地区和生态受益地区的科学界定技术标准，重点是生态系统质量、生态系统服务区域外溢、发展机会成本、区域生态补偿意愿、生态援助扶贫等技术标准，保障区域之间的生态公平与生态正义；对于企业、社会团体，除了承担法律法规责任外，重点是界定生态资源占用使用、生态破坏行为及其影响程度，保护生态要素资源、维护服务功能行为及贡献程度，设计不同于赔偿、罚款或奖励的识别技术标准，界定生态补偿中的企业或社会团体，生态受益企业或社会团体，保障生态保护中企业、社会团体之间的公平与正义；对于个体，除了环境保护法等法律法规方面的责任外，设计生态产品消费、生态资源使用等情况的补偿识别技术标准，界定生态受益和生态保护个体，保障公众个体的生态公平与生态正义。

（二）健全跨区域生态保护补偿标准体系

《国务院办公厅关于健全生态保护补偿机制的意见》明确指出“加快建立生态保护补偿标准体系，依据不同领域和各种类型要素特征，以生态产品产出能力为基础，完善测算方法，分别制定补偿标准”。党的十八大以来，各界学者针对不同情景探讨了生态保护补偿标准的核算依据和方法，地方因地制宜进行了社会实践探索，为生态保护补偿机制建设奠定了有力基础。但是，当前，生态保护补偿依据、标准不统一，尚未形成统一的可操作性测算方法体系，尤其是对于不存在上下级行政关系的区域之间，需要区域一致认同的统一的标准体系，才能确保跨区域生态保护补偿的长效性。

在既有研究和实践探索基础上，建立健全跨区域生态保护补偿标准及技术系统，如图16－4所示。按照跨区域生态补偿原则、依据及实施流程，针对不同区域类型，可以从以下五点来测算补偿标准。需要建立生态产品价值补偿、生态建设直接成本性补偿、生态保护发展机会成本补偿、生态环境损失性补偿、区域协调性补偿五大补偿标准及测算技术系统，并科学有机整合测算标准，建立生态保护补偿标准体系，为生态保护补偿实施、监测统计指标体系构建等奠定基础。

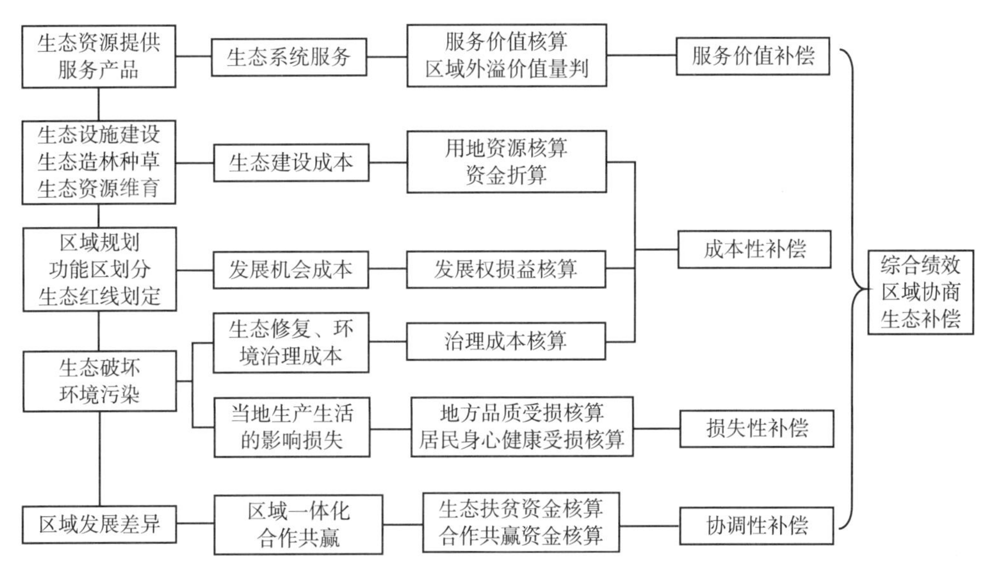

图16－4 跨区域生态保护补偿标准与技术系统

（1）生态服务产品价值测算标准。地区生态资源提供的生态系统服务产品、有形产品和无形产品，公益性产品、准公益性产品及经营性产品，科学客观评价生态服务产品价值，量化评判区域外溢价值，这是生态补偿的核心。

（2）生态保护直接成本测算标准。生态建设所投入的土地、资金、技术、劳动力等直接成本，比如生态基础设施建设、生态造林种草投入、生态系统维护保育等，构建直接成本计算指标、内容及参考价值。

（3）发展机会成本测算标准。区域规划、功能区划分、生态红线划定等造成生态保护地区的发展机会损失，需要量化发展权损益。制定发展机会成本核算方法指导意见，明确核算区域选择原则、核算指标与方法，以及在生态保护补偿标准测算中的应用，体现区域发展的生态公平与正义。

（4）生态环境损失性价值测算标准。生产生活活动造成生态破坏、环境污染，在环境保护法的赔偿赔付外，长期的生态修复、环境治理所需成本，以及因破坏、污染使地方品质受损和居民身心健康受损，需要统一的生态环境损失性价值测算标准。

（5）区域协调性补偿测算标准。大区域系统内的区域发展往往存在差异，为了区域发展一体化、区域合作共赢，应开展生态扶贫、合作帮扶共赢，需要量化核算区域协调性补偿，建立统一的区域协调性补偿测算内容、指标及方法。

（三）构建跨区域生态保护补偿监测评估体系

《国务院办公厅关于健全生态保护补偿机制的意见》明确提出，“加强森林、草原、耕地等生态监测能力建设，完善重点生态功能区、全国重要江河湖泊水功能区、跨省流域断面水量水质国家重点监控点位布局和自动监测网络，制定和完善监测评估指标体系”，“加强生态保护补偿效益评估，积极培育生态服务价值评估机构。”因此，加快构建跨区域生态保护补偿监测评估体系，是监督和约束生态保护补偿的重要基础，是区域政府绩效考核、奖励处罚，以及财政拨款、资金分配等的重要依据。

（1）建立统一的生态系统质量评价技术方法。在自然资源管理体制改革创新下，完善森林、草原、湿地、海洋、水域、耕地等质量评价技术方法，以生态系统服务功能、生态产品供给能力为目标导向，并在补偿范围确定的基础上，运用现代技术完善生态环境监测体系，制定《禁止发展区生态系统质量标准与评估技术》《重点生态功能区生态系统质量标准与评估技术》《流域生态系统质量标准与评估技术》《城市群生态系统质量标准与评估技术》等，为生态系统质量评估、生态绩效考核及生态保护补偿等奠定基础。

（2）建立统一的生态保护补偿动态监测技术。生态环境质量监测技术相对比较先进，指标相对统一，但是对生态补偿标准的监测有部分缺失，严重制约生态保护补偿绩效评估、责权利监察审计等，影响区域生态环境与经济社会的协调发展，制约区域协调可持续发展。实际上的监测技术应包括政策评价、生态效益评价、经济效益评价、社会效益评价，建立健全监测指标体系，规定监测时间、监测措施、监测上报及登记办法等，客观数据采集与主观数据采集相结合，生态保护补偿监测与生态环境质量监测有机衔接，形成常态化的动态监测制度，为生态保护补偿评估、考核激励机制、生态保护补偿信息发布等提供基础信息。

（3）统一的生态保护补偿评估技术。效益评估是促进提高活动、保障实现目标的重要手段，生态保护补偿效益评估旨在评价生态保护补偿实施情况、促进生态系统质量提升和增强生态系统服务功能的效益。为了督促和激励开展生态保护补偿，应在相关评估技术基础上开发可操作性的生态保护补偿评估技术。评估技术类型分为行政层级纵向生态保护补偿评估、跨区域横向生态保护补偿评估；评估技术领域分为森林、草原、湿地、海洋、耕地等生态保护补偿评估；评估技术区域包括禁止开发区、重点生态功能区、流域、城市群等生态保护补偿评估。每种评估技术模块包含政策落实、补偿实施、生态质量、环境改善、全社会参与五大内容。根据不同类型生态保护补偿特点，将评估范围、评估指标、评估方法以及评估成果应用与政府行政绩效管理、企业和社会团体绩效奖惩等挂钩。同时，突出与生态资产评估技术方法、自然资源管理评估技术方法、生态环境质量评估技术方法等的协调统一和有机衔接，将补偿评估技术纳入自然资源管理体系和生态环境质量评估技术体系中，促进自然资源统一监管和生态环境质量有效提升。

四、跨区域生态保护补偿激励机制保障

补偿激励机制是调动各方主体积极参与生态保护和支持政策、促进落实生态-经济利益相关者责权利，以及约束生态保护行为的重要公共机制。《国务院办公厅关于健全生态保护补偿机制的意见》《建立市场化、多元化生态保护补偿机制行动计划》等国家政策制度明确提出要加快健全生态保护补偿的激励机制，加强教育宣传推广，引导全社会形成环保意识，鼓励全社会参与，形成利益主体共同参与的生态保护者和受益者之间的良性互动。

（一）强化生命共同体的激励约束机制

生命共同体是生态文明的重要理念，立足于生命共同体理念探讨跨区域生

态保护机制构建，有利于促进形成生态保护区和受益区良性互动格局。生态系统服务具有公共性特点，生态系统服务付费是解决此问题的有效措施。我国非常重视激励机制建设，在相关政策制度中都设置了激励办法，在有些领域还出台了专门的激励政策制度，如《新一轮草原生态保护补助奖励政策实施指导意见（2016－2020年）》。

激励约束机制能将责权利落到实处，既能激励各类主体参与生态建设，又能约束各类主体的生态行为，调节生态保护补偿资金分配，增强生态保护补偿成效（黄锡生和陈宝山，2020）。生态保护补偿激励约束机制要按照大区域生命共同体建设思路，以促进形成生态共建共治共享的区域新格局为方向，以区域命运共同体、利益共同体、行动共同体为逻辑思路，结合区域协调发展、生态扶贫等政策，设计“责任－行为－效果”的跨区域生态保护补偿激励模式。结构体系如图16－5所示。

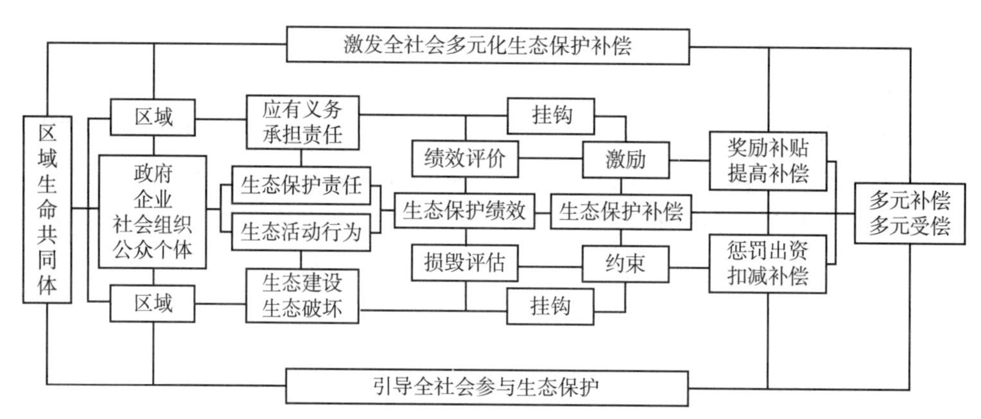

图16－5　生态保护补偿激励约束机制框架

1. 建立责任绩效奖励机制，体现公平与正义

生态保护人人有责，严格落实生态保护属地管理责任，切实加强生态系统修复和综合整治。生态保护效益体现为综合效益，系统内直接经济效益往往较低，而区域外部经济性明显。为了加强属地生态管理责任，鼓励广大区域积极开展生态建设，增强优良生态产品供给能力，应在补偿配套机制中设计责任绩效奖励机制。责任绩效奖励机制是将生态保护绩效、生态保护补偿绩效与生态保护激励挂钩，一方面按照绩效等级进行分等奖励，另一方面通过绩效分等进行生态保护补偿的动态调整，对于绩效好的地区增加补偿，对于绩效差的地区扣减补偿。建立跨区域的生态保护责任绩效奖励机制需要以下基本工作：一是明确生态保护补偿区域内各地区的生态保护责任，包括权属、职责、保护任务及保护目标等；二是

统一的生态保护绩效评估，对评估结果进行地区分等定级；三是生态保护补偿绩效评估，对补偿政策落实、生态绩效、区域发展绩效等进行评估和分等定级；四是根据绩效分等定级制定奖励办法，奖励生态保护绩效好的地区，调整生态保护补偿，保障地区之间的生态公平与生态正义。

2. 建立行为损毁约束机制，遏制生态破坏

区域发展、人的活动对自然生态系统会造成扰动，传统的生产方式表现出对自然资源的掠夺、对生态系统的破坏和环境污染。在生态文明时代，要求区域发展应遵循人与自然和谐共生的原则，实现生态效益、经济效益、社会效益的综合效益，强调人类命运共同体建设，重视区域命运共同体可持续发展，保障地区之间公正的可持续发展。为了激励各地区各主体改变传统的生产生活方式，主动积极选择生态保护行为方式，遏制生态破坏和环境污染，应在生态保护补偿配套机制中建立生态行为损毁约束机制。该机制实质是将生态破坏、环境污染及生态保护补偿落实不到位等行为与惩罚挂钩，旨在约束各主体的非生态行为。建立跨区域的生态行为损毁约束机制需要以下基本工作：一是区域发展的生态破坏、环境污染评估，对生态保护补偿区域范围内的各地区进行常态化监测督查，建立生态损毁台账；二是制定科学合理的行为损毁评估办法，纳入生态环境质量评估和年度考核；三是制定行为损毁约束办法，包括资金惩罚、干部考核提拔、生态保护补偿扣减等，鼓励各主体积极选择利于生态保护的行为方式。

3. 建立生态保护多元补偿投入机制，调动支持生态保护的积极性

生态补偿机制的建设重点是形成多元化路径。在实践探索中，主要有政府补偿、市场补偿、社会补偿三种投入类型（沈满洪，2020）。跨区域生态保护补偿涉及中央与地方各级政府的纵向行政层级，没有行政隶属关系的区域之间的横向行政层级，理清纵横向政府的生态责任、生态权益、生态绩效，首先，建立权责统一、政府主导的合理生态保护补偿机制，保障区域发展的生态公平公正；其次，着力培育生态保护补偿市场，构建“产品—价值—交易”的跨区域生态保护的市场补偿机制；最后，通过奖励宣传等，鼓励企业、社会组织团体及公众个体进行生态治理资金募捐，鼓励社会资本加入其中。借助生态文明体制机制建设、自然资源管理改革创新大好时机，应更加着力加强生态保护补偿的市场化投入。一是要将不能经济量化的生态系统服务与供给量化成产品，即界定“生态产品”；二是根据产品特性选择适宜的工具进行价值评估与货币化核算，并通过市场供给与需求给予市场定价；三是以政府作为生态补偿主导方，结合多元化和市场化补偿方式，实现生态产品价值。对于地区之间的生态关系，政府应着力调

控，让市场发挥调节作用并形成良性互动关系。在生态系统演化规律、生态系统服务及生态产品认知基础上，有针对性地选择市场化方式，切实有效地提高市场化生态保护补偿投入水平。

4. 构建生态保护多元受偿机制，激发全社会主体积极性

“保护者获得合理补偿”是补偿的基本原则，也是激励形成环保和环保行为的重要方式。生态保护人人有责，生态保护参与者贡献者均应得到合理补偿，既要体现公平公正，又要鼓励和激发各主体选择生态保护行为，为此要加快构建生态保护多元受偿机制。一是在厘清各主体的生态责任、生态权益的基础上，合理评估各主体的生态保护绩效，包括各级地方政府、企业、公众个体；二是对于生态保护绩效好的地方政府，还应核算生态保护直接成本、发展机会成本等，应对其政府给予补偿，引导地方政府积极开展生态保护，支持生态建设、环境治理及经济发展；三是对于生态保护地区的居民，因参与支持生态保护、承担了发展机会成本等应予以补偿，如直接的资金补助、创业减免税、优惠金融贷款、免费技术培训和技术服务等，增强居民生态保护意愿；四是对于企业参与生态建设和环境保护，转型升级实施绿色生产、绿色经营等，应予以生态保护补偿，可以采取资金配套、减免税、优惠金融贷款、绿色技术培训和服务等方式，推动广大企业绿色转型，激发全社会生态保护的积极性。

（二）加强跨区域生态保护补偿宣传教育

生态保护人人有责、人人参与，生态保护补偿需要全社会广泛参与和积极支持，宣传教育是全社会主动积极参与和支持的重要基础，是提高生态保护认知、增强补偿影响力的重要措施。当前，要充分利用信息技术手段，发挥新闻媒体、自媒体的作用，引导生态产品价值实现，形成环保意识，抵制环境破坏行为，引导相关市场主体广泛参与生态补偿，推动全社会参与环保。

1. 加强生态科学和环境保护科普宣传

自然生态是生物之间、生物与周围环境之间相互作用相互影响相互依存的复杂系统，根据其属性特征、区域范围等进行分类，系统通过物质交换、能量转换和信息传递而发展演化。面临生态恶化、资源破坏等问题，全社会要充分理解生态文明思想，在生产生活各个层面保护环境。为此，广大公众应掌握生态科学基本知识、环境保护基本常识，了解生态系统、生态系统服务功能、生态产品、生物多样性，植被、草原、土壤、水流等要素的生态作用及对人类的生态福祉，以

及大气污染、水污染、土壤污染等科学知识，强化各种层次的生态环境科普教育，加强公共区域、社区及企事业单位内部环境等的科普宣传，设计各类生态保护及生态补偿的科普竞赛，持续普及生态保护科学知识，使生态保护科学知识转化成为公众常识。

2. 加强生态保护补偿政策宣传解读

政策宣传解读是提高公众政策认知和政策接受度的重要基础，是落实政策的重要环节。一是广泛利用电视、广播、报纸、杂志、网站等传统媒介，以及利用微信公众号、手机 App 等新媒体方式，及时、持续进行生态保护、补偿政策的宣传，全覆盖、全过程地宣传讲解，尽可能地扩大对生态补偿的关注度和影响力；二是有针对性地进行现场宣传解读，尤其是禁止开发区、重点生态功能区，森林、草原、湿地、耕地等重要保护领域地区，以及优先优化发展区、大型企业所在地等，针对不同区域类型、不同主体、不同领域进行生态保护政策和生态保护补偿政策宣传讲解，宣传补偿的目的意义、方法措施及效益效果，全面贯彻落实补偿政策；三是积极开展典型示范区经验总结与交流，通过现场展览展示、经验通讯、绩效评估通报等形式，宣传生态保护政策，监管执行落实情况，营造珍惜环境、保护生态的良好氛围，号召各地企业、社会组织与团体等积极参与生态保护补偿行动。

3. 健全生态保护教育体系

教育是提高认识和素质的重要手段，生态保护教育不仅要提高公众认知与意愿，更重要的是要提升公众的生态环保科学素养、增强公众的环境保护能力，促进生态环保科技发展与创新。教育应从小抓起，一是将生态文明教育、生态环保理念、生态保护补偿措施等纳入幼儿园、中小学等普及性教育之中，促使生态文明教育常态化普及化；二是着力推动生态科学、环境保护专业教育，培养生态建设、环境保护事业的专业化队伍，形成一批具有补偿理论与技术的专门人才，推动补偿过程科学化规范化；三是全社会动员和参与，分类分层进行公众生态文明宣传教育，引导社会组织（团体）、企业及社区，创建线上线下学习活动平台，广泛开展生态文明公益活动，拓宽公众参与渠道，创新公众参与方式，搭建各类生态保护补偿志愿者活动平台、监督平台，加快构建多元化多层级全覆盖的生态保护补偿公众参与体系。

五、本章小结

我国跨区域生态补偿实施范围和领域不断拓展，保障机制日益完善，但还存在覆盖面不够全面、资金来源单一、各方参与积极性不高、法规制度不健全、技术标准不统一等问题。跨区域生态保护补偿是在政府主导下地区之间生态共建共治共享的重要工程之一，法律制度是其重要的支持和保障。一方面健全生态保护补偿法律体系，利用法律制度保障生态保护补偿的实施；另一方面完善生态保护补偿制度体系，确立生态保护补偿法律地位，确保有效补偿。

生态保护补偿是促进生态建设和协调经济社会发展的有效政策工具，强有力的技术支持是实现生态保护补偿规范化、标准化、制度化的基本保障。补偿主体与范围识别技术、补偿标准核算技术、补偿监测评估技术等是优化生态保护补偿技术工具的重要基础。生态保护补偿激励机制是调动各方主体积极参与生态保护和支持、促进落实生态—经济利益相关者责权利，以及约束利益主体行为的重要公共机制。相关国家政策制度明确提出要加快健全生态保护补偿的激励机制，加强教育宣传推广，引导全社会形成环保意识，鼓励全社会参与，形成利益主体共同参与的生态保护者和受益者之间的良性互动。

参考文献

[1] 安虎森，薄文广．主体功能区建设能缩小区域发展差距吗［J］．人民论坛，2011（17）：19－21.

[2] 安虎森，周亚雄．区际生态补偿主体的研究：基于新经济地理学的分析［J］．世界经济，2013，36（2）：117－136.

[3] 白冰，赵作权，张佩．中国南北区域经济空间融合发展的趋势与布局［J］．经济地理，2021，41（2）：1－10.

[4] 白月乐，吴永立，裴春燕．河北省完善生态补偿机制的路径探讨——以水资源补偿为例［J］．农村经济与科技，2019，30（20）：222－223.

[5] 蔡邦成，陆根法，宋莉娟，刘庄．生态建设补偿的定量标准——以南水北调东线水源地保护区一期生态建设工程为例［J］．生态学报，2008，28（5）：2413－2416.

[6] 蔡之兵，张可云．区域的概念、区域经济学研究范式与学科体系［J］．区域经济评论，2014（6）：5－12.

[7] 曹蕾．洪泽湖地区生态服务价值评价［J］．统计与管理，2020，35（7）：51－54.

[8] 曹莉萍，周冯琦，吴蒙．基于城市群的流域生态补偿机制研究——以长江流域为例［J］．生态学报，2019，39（1）：85－96.

[9] 曾凡银．共建新安江—千岛湖生态补偿试验区研究［J］．学术界，2020（10）：58－66.

[10] 曾贤刚，虞慧怡，谢芳．生态产品的概念、分类及其市场化供给机制［J］．中国人口·资源与环境，2014，24（7）：12－17.

[11] 曾贤刚，中国特色社会主义生态经济体系研究［M］．北京：中国环境出版集团，2019.

[12] 查爱苹，邱洁威．条件价值法评估旅游资源游憩价值的效度检验——以杭州西湖风景名胜区为例［J］．人文地理，2016，31（1）：154－160.

[13] 车东晟．政策与法律双重维度下生态补偿的法理溯源与制度重构［J］．

中国人口·资源与环境，2020，30（8）：148－157.

［14］陈传康．区域概念及其研究途径［J］．中原地理研究，1986（1）：10－15.

［15］陈传明．福建武夷山国家级自然保护区生态补偿机制研究［J］．地理科学，2011，31（5）：594－599.

［16］陈辞．生态产品的供给机制与制度创新研究［J］．生态经济，2014，30（8）：76－79.

［17］陈江龙，姚佳，徐梦月，陈雯．基于发展权价值评估的太湖东部水源保护区生态补偿标准［J］．湖泊科学，2012，24（4）：609－614.

［18］陈敏，张丽君，王如松，怀保光．1978－2003年中国生态足迹动态分析［J］．资源科学，2005（6）：32－39.

［19］陈晓红，周宏浩，王秀．基于生态文明的县域环境—经济—社会耦合脆弱性与协调性研究——以黑龙江省齐齐哈尔市为例［J］．人文地理，2018，33（1）：94－101.

［20］陈秀山，张可云．区域经济理论［M］．北京：商务印书馆，2010.

［21］陈学斌．加快建立基于主体功能区规划的生态补偿机制［J］．宏观经济管理，2012（5）：57－59.

［22］崔晨甲，李淼，高龙，乔根平．流域横向水生态补偿政策现状及实践特征［J］．水利水电技术，2019，50（S2）：116－120.

［23］崔晶．生态治理中的地方政府协作：自京津冀都市圈观察［J］．改革，2013（9）：138－144.

［24］崔相宝，苗建军．条件价值评估：一种非市场的价值评估技术［J］．武汉理工大学学报，2005，18（6）：803－807.

［25］代明，刘燕妮，陈向东．主体功能区划下的新型生态补偿措施：工业排放配额制［J］．生态经济，2012（7）：112－116.

［26］戴君虎，王焕炯，王红丽，陈春阳．生态系统服务价值评估理论框架与生态补偿实践［J］．地理科学进展，31（7）：963－969.

［27］邓晓兰，黄显林，杨秀．积极探索建立生态补偿横向转移支付制度［J］．经济纵横，2013（10）：47－51.

［28］邓新杰．异地开发——一种有效的区域生态补偿机制［D］．浙江师范大学，2007.

［29］董小君．主体功能区建设的“公平”缺失与生态补偿机制［J］．国家行政学院学报，2009（1）：38－41.

［30］杜建政．构建京津冀跨区域生态补偿机制的几点思考［J］．预算管理与会计，2019（10）：27－28.

［31］杜群，车东晟．新时代生态补偿权利的生成及其实现——以环境资源开发利用限制为分析进路［J］．法制与社会发展，2019，25（2）：43－58.

［32］杜勇，高龙，杜国志，万超，李淼，贺巍，曹月．北方跨区域横向水生态补偿机制研究——以永定河流域为例［J］．水利发展研究，2020，20（5）：11－15.

［33］杜振华，焦玉良．建立横向转移支付制度实现生态补偿［J］．宏观经济研究，2004（9）：51－54.

［34］段靖，严岩，王丹寅，董正举，代方舟．流域生态补偿标准中成本核算的原理分析与方法改进［J］．生态学报，2010，30（1）：221－227.

［35］段宜宏．跨区域生态补偿研究综述［J］．经济研究参考，2017（24）：52－56.

［36］段铸，程颖慧．基于生态足迹理论的京津冀横向生态补偿机制研究［J］．工业技术经济，2016，35（5）：112－118.

［37］段铸，刘艳．以“谁受益，谁付费”为原则建立横向生态补偿机制，京津冀如何破题［J］．人民论坛，2017（5）：96－97.

［38］樊杰，赵艳楠．面向现代化的中国区域发展格局：科学内涵与战略重点［J］．经济地理，2021，41（1）：1－9.

［39］方创琳，关兴良．中国城市群投入产出效率的综合测度与空间分异［J］．地理学报，2011，66（8）：1011－1022.

［40］方创琳．改革开放 40 年来中国城镇化与城市群取得的重要进展与展望［J］．经济地理，2018，38（9）：1－9.

［41］方恺．基于改进生态足迹三维模型的自然资本利用特征分析——选取 11 个国家为数据源［J］．生态学报，2015，35（11）：3766－3777.

［42］方若楠，吕延方，崔兴华．中国八大综合经济区高质量发展测度及差异比较［J］．经济问题探索，2021（2）：111－120.

［43］冯丹阳，赵桂慎，崔艳智．水源地生态敏感区有机农业生态补偿实践及机制研究［J］．生态经济，2017，33（12）：189－194.

［44］冯俏彬．跨区域生态补偿的国际经验与借鉴［N］．中国经济时报，2014－06－17（06）.

［45］冯之浚，杨开忠，周荣．主体功能区分类与区域经济发展［J］．中国人口·资源与环境，2008（18）：4－11.

［46］伏润民，缪小林．中国生态功能区财政转移支付制度体系重构——基于拓展的能值模型衡量的生态外溢价值研究［J］．经济研究，2015（3），47－61.

［47］傅伯杰，周国逸，白永飞，等．中国主要陆地生态系统服务功能与生态

安全 [J]. 地球科学进展, 2009, 4 (6): 571 – 576.

[48] 傅伯杰, 于丹丹, 吕楠. 中国生物多样性与生态系统服务评估指标体系 [J]. 生态学报, 2017, 37 (2): 341 – 348.

[49] 傅伯杰, 周国逸, 白永飞, 宋长春, 刘纪远, 张惠远, 吕一河, 郑华, 谢高地. 中国主要陆地生态系统服务功能与生态安全 [J]. 地球科学进展, 2009, 24 (6): 571 – 576.

[50] 高广阔, 郭毯, 吴世昌. 长三角地区生态补偿与产业结构优化研究 [J]. 上海经济研究, 2016 (6): 73 – 85, 92.

[51] 高吉喜, 王燕, 徐梦佳, 邹长新. 生态保护红线与主体功能区规划实施关系探讨 [J]. 环境保护, 2016, 44 (21): 9 – 11.

[52] 高晓龙, 程会强, 郑华, 等. 生态产品价值实现的政策工具探究 [J]. 生态学报, 2019, 39 (23): 8746 – 8754.

[53] 高新才, 王云峰. 主体功能区补偿机制市场化: 生态服务交易视角 [J]. 经济问题探索, 2010 (6): 72 – 76.

[54] 高永志, 黄北新. 对建立跨区域河流污染经济补偿机制的研讨 [J]. 中国人口·资源环境, 2008 (4): 189 – 194.

[55] 葛颜祥, 梁丽娟, 接玉梅. 水源地生态补偿机制的构建与运作研究 [J]. 农业经济问题, 2006 (9): 22 – 27, 79.

[56] 耿翔燕, 葛颜祥, 张化楠. 基于重置成本的流域生态补偿标准研究——以小清河流域为例 [J]. 中国人口·资源与环境, 2018, 28 (1): 140 – 147.

[57] 龚霄侠. 推进主体功能区形成的区域补偿政策研究 [J]. 兰州大学学报 (社会科学版), 2009, 37 (4): 72 – 76.

[58] 谷树忠. 产业生态化和生态产业化的理论思考 [J]. 中国农业资源与区划, 2020, 41 (10): 8 – 14.

[59] 谷中原, 李亚伟. 政府与民间合力供给生态产品的实践策略 [J]. 甘肃社会科学, 2019 (6): 41 – 48.

[60] 顾朝林. 城市群研究进展与展望 [J]. 地理研究, 2011, 30 (5): 771 – 784.

[61] 郭梅, 许振成, 夏斌, 张美英. 跨省流域生态补偿机制的创新——基于区域治理的视角 [J]. 生态与农村环境学报, 2013, 29 (4): 541 – 544.

[62] 郭培坤, 王勤耕. 主体功能区环境政策体系构建初探 [J]. 中国人口·资源与环境, 2011, 21 (S1): 34 – 37.

[63] 郭婉婷, 邓宇. 银川市生态系统服务价值评价及驱动力分析 [J]. 中国环境管理干部学院学报, 2019, 29 (6): 26 – 29, 41.

[64] 郭先登. 新时代大国区域经济发展空间新格局——建制市“十四五”规划期经济新方位发展研究 [J]. 经济与管理评论，2018，34 (1)：127-140.

[65] 国家发展改革委国土开发与地区经济研究所课题组. 地区间建立横向生态补偿制度研究 [J]. 宏观经济研究，2015 (3)：13-23.

[66] 韩增林，赵文祯，闫晓露，钟敬秋，孟琦琦. 基于生态系统服务价值损益的生态安全格局演变分析——以辽宁沿海瓦房店市为例 [J]. 生态学报，2019，39 (22)：8370-8382.

[67] 何军，马娅，张昌顺，刘桂环. 基于生态服务价值的广州市生态补偿研究 [J]. 生态经济，2017，33 (12)：184-188，218.

[68] 赫特纳. 地理学：它的历史、性质和方法 [M]. 王兰生，译. 北京：商务印书馆，1983.

[69] 洪传春，张雅静，刘某承. 京津冀区域生态产品供给的合作机制构建 [J]. 河北经贸大学学报，2017，38 (6)：95-100.

[70] 洪尚群，马丕京，郭慧光. 生态补偿制度的探索 [J]. 环境科学与技术，2001 (5)：40-43.

[71] 侯元兆，吴水荣. 森林生态服务价值评价与补偿研究综述 [J]. 世界林业研究，2005，18 (3)：1-5.

[72] 胡鞍钢，沈若萌，刘珉. 建设生态共同体，京津冀协同发展 [J]. 林业经济，2015 (8)：3-6，34.

[73] 胡碧霞，李菁，匡兵. 绿色发展理念下城市土地利用效率差异的演进特征及影响因素 [J]. 经济地理，2018，38 (12)：183-189.

[74] 胡佛，杰莱塔尼. 区域经济学导论 [M]. 郭万清，译. 上海：上海远东出版社，1992.

[75] 胡欢，章锦河，刘泽华，于鹏，陈敏. 国家公园游客旅游生态补偿支付意愿及影响因素研究——以黄山风景区为例 [J]. 长江流域资源与环境，2017，26 (12)：2012-2022.

[76] 胡明远，龚璞，陈怀锦，杨竺松. “十四五”时期我国城市群高质量发展的关键：培育现代化都市圈 [J]. 行政管理改革，2020 (12)：19-29.

[77] 胡伟，韩增林，葛岳静，胡渊，张耀光，彭飞. 基于能值的中国海洋生态经济系统发展效率 [J]. 经济地理，2018，38 (8)：162-171.

[78] 胡喜生，洪伟，吴承祯. 基于CVM的闽江河口湿地生态系统非使用价值评价 [J]. 中国水土保持科学，2012，10 (6)：64-70.

[79] 胡振通，柳荻，孔德帅，靳乐山. 基于机会成本法的草原生态补偿中禁牧补助标准的估算. 干旱区资源与环境，2017 (2)：63-68.

[80] 黄德生，张世秋．京津冀地区控制 PM2.5 污染的健康效益评估 [J]. 中国环境科学，2013，33 (1)：166-174.

[81] 黄建欢，方霞，黄必红．中国城市生态效率空间溢出的驱动机制：见贤思齐 VS 见劣自缓 [J]. 中国软科学，2018 (3)：97-109.

[82] 黄雷，何忠伟，陈建成．京津冀合作水源保护林生态效益补偿分摊研究 [J]. 科技和产业，2018，18 (9)：19-23.

[83] 黄莘绒，管卫华，陈明星，胡昊宇．长三角城市群城镇化与生态环境质量优化研究 [J]. 地理科学，2021，41 (1)：64-73.

[84] 黄锡生，陈宝山．生态保护补偿标准的结构优化与制度完善——以“结构—功能分析”为进路，社会科学，2020 (3)：43-52.

[85] 黄锡生，陈宝山．生态保护补偿激励约束的结构优化与机制完善 [J]. 中国人口·资源与环境，2020，30 (6)：126-135.

[86] 黄征学．统筹东中西、协调南北方的思路建议 [J]. 宏观经济管理，2016 (9)：27-29.

[87] 姜书，赵鹏．条件价值评估法在人工鱼礁经济效果评价中的应用 [J]. 中国海洋大学学报：社会科学版，2016 (1)：24-29.

[88] 蒋劭妍，曹牧，汤臣栋，马强，曹莹，薛建辉．基于 CVM 的崇明东滩湿地非使用价值评价 [J]. 南京林业大学学报：自然科学版，2017，41 (1)：21-27.

[89] 蒋永甫，弓蕾．地方政府间横向财政转移支付：区域生态补偿的维度 [J]. 学习论坛，2015，31 (3)：38-43.

[90] 金丹，卞正富．基于能值和 GEP 的徐州市生态文明核算方法研究 [J]. 中国土地科学，2013，27 (10)：88-94.

[91] 靳乐山．用旅行费用法评价圆明园的环境服务价值 [J]. 环境保护，1999 (4)：31-33.

[92] 靳乐山．中国生态保护补偿机制政策框架的新扩展——《建立市场化、多元化生态保护补偿机制行动计划》的解读 [J]. 环境保护，2019，47 (2)：28-30.

[93] 景晓栋，田泽，丁绪辉，闵义岚．我国区域生态环境效率时空特征及影响因素——基于三阶段 DEA 模型分析 [J]. 科技管理研究，2020，40 (14)：237-246.

[94] 孔凡斌．江河源头水源涵养生态功能区生态补偿机制研究 [J]. 经济地理，2010 (2)：299-305.

[95] 孔伟，任亮，治丹丹，王淑佳．京津冀协同发展背景下区域生态补偿机制研究——基于生态资产的视角 [J]. 资源开发与市场，2019，35 (1)：57-61.

[96] 赖力，黄贤金，刘伟良．生态补偿理论、方法研究进展 [J]. 生态学报，

2008 (6): 2870 – 2877.

[97] 雷海丽，方波，黄哲霏，梁皓冰. 国土空间规划下城市群高效协同发展探索——以长株潭城市群都市区空间发展战略为例 [J]. 宏观经济管理，2020 (11): 25 – 32.

[98] 李彩虹，温瑞莲，刘海清. 浅析如何做好新形势下环境保护工作 [J]. 世界环境，2014 (1): 86 – 87.

[99] 李超显. 流域区域生态补偿标准实施的对策分析——以湘江流域为例 [J]. 湖湘论坛，2015，28 (1): 76 – 80.

[100] 李繁荣. 绿色发展：补齐全面建成小康社会的生态短板——基于政策文本和实践成效的梳理 [J]. 经济问题，2020 (12): 1 – 10.

[101] 李国平，李潇，萧代基. 生态补偿的理论标准与测算方法探讨 [J]. 经济学家，2013 (2): 42 – 49.

[102] 李国平，王奕淇，张文彬. 南水北调中线工程生态补偿标准研究 [J]. 资源科学，2015 (10): 1902 – 1911.

[103] 李海燕，蔡银莺. 基于帕累托改进的农田生态补偿农户受偿意愿——以湖北省武汉市、荆门市和黄冈市典型地区为例 [J]. 水土保持研究，2016，23 (4): 245 – 250, 256.

[104] 李怀恩，谢元博，史淑娟，刘利年. 基于防护成本法的水源区生态补偿量研究——以南水北调中线工程水源区为例 [J]. 西北大学学报（自然科学版），2009，39 (5): 875 – 878.

[105] 李惠茹，丁艳如. 京津冀生态补偿核算机制构建及推进对策 [J]. 宏观经济研究，2017 (4): 148 – 155.

[106] 李加林，张忍顺. 互花米草海滩生态系统服务功能及其生态经济价值的评估——以江苏为例 [J]. 海洋科学，2003 (10): 68 – 72.

[107] 李键，王学军，等. 生态环境补偿费征收对物价水平影响的模型研究 [J]. 中国环境科学，1996 (2): 1 – 5.

[108] 李金华. 中国十大城市群的现实格局与未来发展路径 [J]. 中南财经政法大学学报，2020 (6): 47 – 56.

[109] 李磊，张贵祥. 京津冀都市圈经济增长与生态环境关系研究 [J]. 生态经济，2014，30 (9): 167 – 171.

[110] 李利峰，成升魁. 生态占用——衡量可持续发展的新指标 [J]. 资源科学，2000，15 (4): 375 – 382.

[111] 李宁. 长江中游城市群流域生态补偿机制研究 [D]. 武汉大学博士论文，2018.

[112] 李双成，傅小锋，郑度. 中国经济持续发展水平的能值分析 [J]. 自然资源学报，2001 (4)：297－304.

[113] 李双成，王珏，朱文博，等. 基于空间与区域视角的生态系统服务地理学框架 [J]. 地理学报，2014，69 (11)：1628－1639.

[114] 李双成，张才玉，等. 生态系统服务权衡与协同研究进展及地理学研究议题，地理研究，2013，32 (8)：1379－1390.

[115] 李文华，刘某承. 关于中国生态补偿机制建设的几点思考 [J]. 资源科学，2010，32 (5)：791－796.

[116] 李小燕，胡仪元. 水源地生态补偿标准研究现状与指标体系设计——以汉江流域为例 [J]. 生态经济，2012 (11)：154－157.

[117] 李晓光，苗鸿，郑华，欧阳志云，消焱. 机会成本法在确定生态补偿标准中的应用——以海南中部山区为例 [J]. 生态学报，2009 (9)：4875－4883.

[118] 李晓西，潘建成. 2011 中国绿色发展指数报告摘编（上）总论 [J]. 经济研究参考，2012 (13)：4－24.

[119] 梁流涛，祝孔超. 区际农业生态补偿：区域划分与补偿标准核算——基于虚拟耕地流动视角的考察 [J]. 地理研究，2019，38 (8)：1932－1948.

[120] 廖华. 重点生态功能区建设中生态补偿的实践样态与制度完善 [J]. 学习与实践，2020 (12)：55－62.

[121] 林爱华，沈利生. 长三角地区生态补偿机制效果评估 [J]. 中国人口·资源与环境，2020，30 (4)：149－156.

[122] 林黎. 我国生态产品供给主体的博弈研究——基于多中心治理结构 [J]. 生态经济，2016，32 (7)：96－99.

[123] 刘春腊，刘卫东，陆大道. 生态补偿的地理学特征及内涵研究 [J]. 地理研究，2014 (5)：803－816.

[124] 刘耕源，杨青，黄俊勇. 黄河流域近十五年生态系统服务价值变化特征及影响因素研究 [J]. 中国环境管理，2020，12 (3)：90－97.

[125] 刘广明，尤晓娜. 京津冀流域区际生态补偿模式检讨与优化 [J]. 河北学刊，2019，39 (6)：185－189.

[126] 刘桂环，张惠远，万军，王金南. 京津冀北流域生态补偿机制初探 [J]. 中国人口·资源与环境，2006 (4)：120－124.

[127] 刘桂环，张彦敏，石英华. 建设生态文明背景下完善生态保护补偿机制的建议 [J]. 环境保护，2015 (11)：34－38.

[128] 刘慧芳，武心依. 博弈视角下东江流域横向生态补偿的可持续性研究 [J]. 区域经济评论，2020 (4)：131－139.

［129］刘慧敏，刘绿怡，丁圣彦．人类活动对生态系统服务流的影响［J］．生态学报，2017，37（10）：3232－3242.

［130］刘俊威，吕惠进．流域生态补偿标准测算方法研究——基于水资源与水体纳污能力的利用程度［J］．浙江师范大学学报（自然科学版），2012，35（3）：352－356.

［131］刘某承，王佳然，刘伟玮，杨伦，桑卫国．国家公园生态保护补偿的政策框架及其关键技术．生态学报，2019，39（4）：1330－1337.

［132］刘强，彭晓春，周丽旋，洪鸿加，张杏杏．城市饮用水水源地生态补偿标准测算与资金分配研究——以广东省东江流域为例［J］．生态经济，2012（1）：33－37.

［133］刘通．我国禁止开发区域利益补偿政策评述［J］．宏观经济管理，2007（11）：27－32.

［134］刘文婧，耿涌，孙露，田旭，张黎明．基于能值理论的有色金属矿产资源开采生态补偿机制［J］．生态学报，2016，36（24）：8154－8163.

［135］刘小廷，任英欣．我国跨省流域生态补偿实践与反思［J］．产业与科技论坛，2020，19（6）：75－76.

［136］刘银喜，任梅．生态补偿机制中优化开发区和重点开发区的角色分析——基于市场机制与利益主体的视角［J］．中国行政管理，2020（4）：16－19.

［137］刘玉龙，许风冉，张春玲．流域生态补偿标准计量模型研究［J］．中国水利，2006（22）：35－38.

［138］柳荻，胡振通，靳乐山．生态保护补偿政策的分析框架研究综述［J］．生态学报，2018（1）：380－392.

［139］龙开胜，王雨蓉，等．长三角地区生态补偿利益相关者及其行为响应［J］．中国人口·资源与环境，2015，25（8）：43－49.

［140］卢伟．建立跨流域横向生态补偿机制的思路［J］．中国经贸导刊，2015（28）：61－62.

［141］卢远，华璀．广西1990—2002年生态足迹动态分析［J］．中国人口·资源与环境，2004，14（3）：49－53.

［142］陆新元，汪冬青，凌云，王金南，杨金田，钱小平．关于我国生态环境补偿收费政策的构想［J］．环境科学研究，1994（1）：61－64.

［143］吕康娟，蔡大霞．城市群功能分工、工业技术进步与工业污染［J］．科技进步与决策，2020（14）：47－55.

［144］吕明权，王继军，周伟．基于最小数据方法的滦河流域生态补偿研究［J］．资源科学，2012，34（1）：166－172.

[145] 马国霞，於方，王金南，等. 中国2015年陆地生态系统生产总值核算研究 [J]. 中国环境科学，2017，37 (4)：1474 - 1482.

[146] 马国霞，周夏飞，彭菲，等. 2015年中国生态系统生态破坏损失核算研究 [J]. 地理科学，2019，39 (6)：1008 - 1015.

[147] 马家龙. 市场化多元化生态保护补偿的浙江实践及启示 [J]. 中国国土资源经济，2020，33 (1)：4 - 10.

[148] 马世骏，王如松. 社会—经济—自然符合生态系统 [J]. 生态学报，1984，4 (1)：1 - 9.

[149] 马涛，谭乃榕. 区域主体功能实现与自然资源利用的定量关系研究 [J]. 中国人口·资源与环境，2020，30 (1)：30 - 40.

[150] 曼昆. 经济学原理下册 [M]. 北京：三联书店，2001，156 - 170.

[151] 毛显强，钟瑜，张胜. 生态补偿的理论探讨 [J]. 中国人口·资源与环境，2002，12 (4)：38 - 41.

[152] 么相姝，金如委，侯光辉. 基于双边界二分式CVM的天津七里海湿地农户生态补偿意愿研究 [J]. 生态与农村环境学报，2017，33 (5)：396 - 402.

[153] 孟兵站，董琳琳，彭刚. 美国湿地缓释银行对我国的借鉴与启示 [J]. 林业经济，2013 (8)：14 - 15，23.

[154] 孟庆瑜，梁枫. 京津冀生态环境协同治理的现实反思与制度完善 [J]. 河北法学，2018，36 (2)：25 - 36.

[155] 孟召宜，朱传耿，渠爱雪，杜艳. 我国主体功能区生态补偿思路研究 [J]. 中国人口·资源与环境，2008 (2)：139 - 144.

[156] 南晓莉，舒涛，侯铁珊. 我国东、中、西部地区碳排放强度变动及其因素分解研究 [J]. 科技管理研究，2014，34 (17)：206 - 210.

[157] 牛桂敏，郭珉媛，杨志. 建立水污染联防联控机制促进京津冀水环境协同治理 [J]. 环境保护，2019，47 (2)：64 - 67.

[158] 欧阳志云，朱春全，杨广斌. 生态系统生产总值核算：概念、核算方法与案例研究 [J]. 生态学报，2013，33 (21)：6747 - 6761.

[159] 欧阳志云，王效科，苗鸿. 中国陆地生态系统服务功能及其生态经济价值的初步研究 [J]. 生态学报，1999 (5)：19 - 25.

[160] 欧阳志云，郑华，岳平. 建立我国生态补偿机制的思路与措施，生态学报，2013，33 (3)：686 - 692.

[161] 彭波. 我国跨行政区湖泊治理研究 [D]. 华中科技大学，2014.

[162] 彭文英，何晓瑶. 探索跨地区生态补偿机制 [N]. 经济日报理论版，2019 - 11 - 28 (16).

[163] 彭文英，李若凡. 生态共建共享视野的路径找寻：例证京津冀 [J]. 改革，2018 (1)：86－94.

[164] 彭文英，王瑞娟，刘丹丹. 城市群区际生态贡献与生态补偿研究 [J]. 地理科学，2020，40 (6)：980－988.

[165] 乔旭宁，杨永菊，杨德刚，等. 流域生态补偿标准的确定——以渭干河流域为例 [J]. 自然资源学报，2012，27 (10)：1666－1676.

[166] 秦艳红，康慕谊. 基于机会成本的农户参与生态建设的补偿标准——以吴起县农户参与退耕还林为例 [J]. 中国人口·资源与环境，2011 (S2)：65－68.

[167] 丘水林，靳乐山. 生态产品价值实现的政策缺陷及国际经验启示 [J]. 经济体制改革，2019 (3)：157－162.

[168] 渠敬东，Huang Yushen. 项目制：一种新的国家治理体制（英文）[J]. Social Sciences in China，2012，33 (4)：28－47.

[169] 饶清华，林秀珠，邱宇，陈芳. 基于机会成本的闽江流域生态补偿标准研究 [J]. 海洋环境科学，2018，37 (5)：655－662.

[170] 任梅，王小敏，刘雷，等. 中国沿海城市群环境规制效率时空变化及影响因素分析 [J]. 地理科学，2019，39 (7)：1119－1128.

[171] 任祁荣，于恩逸. 甘肃省生态环境与社会经济系统协调发展的耦合分析 [J/OL]. 生态学报，2021 (8)：1－10.

[172] 任世丹，杜群. 国外生态补偿制度的实践 [J]. 环境经济，2009 (11)：34－39.

[173] 沈满洪，谢慧明. 跨界流域生态补偿的“新安江模式”及可持续制度安排 [J]. 中国人口·资源与环境，2020，30 (9)：156－163.

[174] 沈清基，石岩. 生态住区社会生态关系探讨 [J]. 城市规划汇刊，2003，145 (3)：11－16.

[175] 盛来运，郑鑫，周平，李拓. 我国经济发展南北差距扩大的原因分析 [J]. 管理世界，2018，34 (9)：16－24.

[176] 施晓亮. 基于主体功能区划的生态补偿机制研究——以宁波象山港区域为例 [J]. 世界经济情况，2008 (4)：80－85.

[177] 石敏俊，范宪伟，逄瑞，陈旭宇. 透视中国城市的绿色发展——基于新资源经济城市指数的评价 [J]. 环境经济研究，2016，1 (2)：46－59.

[178] 史晓燕，胡小华，邹新，林美芳，陈建勇. 东江源区基于供给成本的生态补偿标准研究 [J]. 水资源保护，2012，28 (2)：77－81.

[179] 宋准，孙久文，夏添. 城市群战略下都市圈的尺度、机制与制度 [J].

学术研究，2020（9）：92－99.

［180］孙久文．区域经济学［M］．北京：首都经济贸易大学出版社，2014.

［181］孙庆刚，郭菊娥，安尼瓦尔·阿木提．生态产品供求机理一般性分析——兼论生态涵养区“富绿”同步的路径［J］．中国人口·资源与环境，2015，25（3）：19－25.

［182］陶恒，宋小宁．生态补偿与横向财政转移支付的理论与对策研究［J］．创新，2010，4（2）：82－85.

［183］田学斌．构建京津冀生态补偿长效机制［N］．经济日报，2019－09－11（15）.

［184］万军，张惠远，王金南，等．中国生态补偿政策评估与框架初探［J］．环境科学研究，2005（2）：1－8.

［185］王德凡．内在需求、典型方式与主体功能区生态补偿机制创新［J］．改革，2017（12）：93－101.

［186］王甫园，王开泳，刘汉初．珠三角城市群生态空间游憩服务供需匹配性评价与成因分析——基于改进的两步移动搜寻法［J］．生态学报，2020，40（11）：3622－3633.

［187］王格芳．现代生态补偿研究综述［J］．资源开发与市场，2010，26（5）：447－450.

［188］王浩，陈敏建，庚克旺．水生态环境价值和保护对策［M］．北京：清华大学出版社，2004：10－15.

［189］王会，宋璨江，赵昭，张潇然．北京市居民改善空气质量的支付意愿及其影响因素分析［J］．干旱区资源与环境，2018，32（8）：16－22.

［190］王季潇，曾紫芸，黎元生．区域生态补偿机制构建的理论范式与实践进路——福建省重点生态区位商品林赎买改革案例分析［J］．福建论坛（人文社会科学版），2019（11）：185－193.

［191］王家庭，曹清峰．京津冀区域生态协同治理：由政府行为与市场机制引申［J］．改革，2014（5）：116－123.

［192］王金南，万军，张惠远．关于我国生态补偿机制与政策的几点认识［J］．环境保护，2006（19）：24－28.

［193］王金南，王夏晖．推动生态产品价值实现是践行“两山”理念的时代任务与优先行动［J］．环境保护，2020，48（14）：9－13.

［194］王金南，许开鹏，蒋洪强，等．基于生态环境资源红线的京津冀生态环境共同体发展路径［J］．环境保护，2015（23）：23－25.

［195］王景升，李文华，任青山，等，西藏森林生态系统服务价值［J］．自然

资源学报，2007，22（5）：831－841.

［196］王军，严有龙，范彦波．国外流域生态补偿制度的比较与启示［J］．中国土地，2020（7）：41－43.

［197］王丽，陈尚，任大川，柯淑云，李京梅，王栋．基于条件价值法评估罗源湾海洋生物多样性维持服务价值［J］．地球科学进展，2010，25（8）：886－892.

［198］王明．城市群生态共建共治共享的生态补偿问题研究——以湖南省长株潭城市群为例［J］．湖南行政学院学报，2020（5）：84－89.

［199］王女杰，刘建，吴大千，高甡，王仁卿．基于生态系统服务价值的区域生态补偿——以山东省为例［J］．生态学报，2010，30（23）：6646－6653.

［200］王权典．基于主体功能区划自然保护区生态补偿机制之构建与完善［J］．华南农业大学学报（社会科学版），2010，9（1）：122－129.

［201］王如松．产业生态学与生态产业研究进展［J］．城市环境与城市生态，2001（6）：63.

［202］王如松．高效·和谐：城市生态调控原则和方法［M］．长沙：湖南教育出版社，1998.

［203］王书华，毛汉英，王忠静．生态足迹研究的国内外近期进展［J］．自然资源学报，2002，17（6）：777－778.

［204］王淑佳，任亮，孔伟，唐淑慧．京津冀区域生态环境—经济—新型城镇化协调发展研究［J］．华东经济管理，2018，32（10）：61－69.

［205］王文录．构建河北坝上生态经济新高地［J］．经济论坛，2018（10）：5－10，153.

［206］王文平，姚培毅．产业集聚与生态效率——基于我国不同主体功能区的实证分析［J］．东南大学学报（哲学社会科学版），2020，22（5）：34－42，154.

［207］王效科，杨宁，吴凡，任玉芬，王思远，薄乖民，蒋高明，王玉宽，孙玉军，张路，欧阳志云．生态效益及其评价：生态效益及其特性［J/OL］．生态学报，2019（15）：1－9［2021－0501］．http：//kns. cnki. net/kcms/detail/11. 2031. Q. 20190516. 1641. 034. html.

［208］王效科，苏跃波，等．城市生态系统：人与自然复合［J］．生态学报，2020，40（15）：5093－5102.

［209］王新年，沈大军．基于讨价还价模型的跨省水源地保护生态补偿标准研究——以于桥水库为例［J］．南水北调与水利科技，2017，15（6）：88－95.

［210］王彦芳．河北坝上地区生态补偿方案研究［J］．经济论坛，2018

(10)：23－27，153.

［211］王雨蓉，曾庆敏，陈利根，龙开胜．基于IAD框架的国外流域生态补偿制度规则与启示［J］．生态学报，2021，41（5）：2086－2096.

［212］王育宝，陆扬，王玮华．经济高质量发展与生态环境保护协调耦合研究新进展［J］．北京工业大学学报（社会科学版），2019，19（5）：84－94.

［213］王昱，丁四保，王荣成．区域生态补偿的理论与实践需求及其制度障碍［J］．中国人口·资源与环境，2010，20（7）：74－80.

［214］王昱，丁四保，王荣成．主体功能区划及其生态补偿机制的地理学依据［J］．地域研究与开发，2009，28（1）：17－21.

［215］王振波，梁龙武，褚昕阳，李嘉欣．青藏高原旅游经济与生态环境协调效应测度及交互胁迫关系验证［J］．地球信息科学学报，2019，21（9）：1352－1366.

［216］魏巍贤，王月红．京津冀大气污染治理生态补偿标准研究［J］．财经研究，2019，45（4）：96－110.

［217］温薇，田国双．生态文明时代的跨区域生态补偿协调机制研究［J］．经济问题，2017（5）：84－88.

［218］吴楚豪，王恕立．中国省级GDP构成与南北经济分化［J］．经济评论，2020（6）：44－59.

［219］吴乐，孔德帅，靳乐山．中国生态保护补偿机制研究进展［J］．生态学报，2019，39（1）：1－8.

［220］吴娜，宋晓谕，康文慧，等．不同视角下基于InVEST模型的流域生态补偿标准核算——以渭河甘肃段为例［J］．生态学报，2018，38（7）：2512－2522.

［221］吴先华，孙健，陈云峰．基于条件价值法的气象服务效益评估研究［J］．气象，2012，38（1）：109－117.

［222］吴晓青，洪尚群，段昌群，曾广权，夏丰，陈国谦，叶文虎．区际生态补偿机制是区域间协调发展的关键［J］．长江流域资源与环境，2003，12（1）：13－16.

［223］吴越．国外生态补偿的理论与实践——发达国家实施重点生态功能区生态补偿的经验及启示［J］．环境保护，2014，42（12）：21－24.

［224］席恺媛，朱虹．长三角区域生态一体化的实践探索与困境摆脱［J］．改革，2019（3）：87－96.

［225］向鲜花，陈辉．主体功能区生态预算治理研究——基于共建共治共享视阈［J］．会计之友，2020（23）：109－113.

［226］肖寒，欧阳志云，赵景柱，王效科，韩艺师．森林生态系统服务功能

及其生态经济价值评估初探——以海南岛尖峰岭热带森林为例［A］. 中国生态学学会. 生态学的新纪元——可持续发展的理论与实践［C］. 中国生态学学会：中国生态学学会，2000：1.

［227］肖加元，潘安. 基于水排污权交易的流域生态补偿研究［J］. 中国人口·资源与环境，2016，26（7）：18－26.

［228］谢高地，张彩霞，张昌顺，肖玉，鲁春霞. 中国生态系统服务的价值［J］. 资源科学，2015，37（9）：1740－1746.

［229］谢高地，张彩霞，张雷明，等. 基于单位面积价值当量因子的生态系统服务价值化方法改进［J］. 自然资源学报，2015，30（8）：1243－1254.

［230］谢高地，张钇锂，鲁春霞，郑度，成升魁. 中国自然草地生态系统服务价值［J］. 自然资源学报，2001（1）：47－53.

［231］谢琼，贾琛. 共治、共建、共享——四川省成都市蒲江县明月村发展模式探讨［J］. 社会治理，2019（2）：51－57.

［232］熊鹰，王克林，蓝万炼，齐恒. 洞庭湖区湿地恢复的生态补偿效应评估［J］. 地理学报，2004（5）：772－780.

［233］徐斌. 绿色 GDP 核算统计指标体系的构建［J］. 统计与决策，2009（2）：26－27.

［234］徐大伟，荣金芳，李斌. 生态补偿的逐级协商机制分析：以跨区域流域为例［J］. 经济学家，2013（9）：52－59.

［235］徐大伟，郑海霞，刘民权. 基于跨区域水质水量指标的流域生态补偿量测算方法研究［J］. 中国人口·资源与环境，2008，18（4）：189－194.

［236］徐继华，何海岩. 京津冀一体化过程中的跨区域治理解决路径探析［J］. 经济研究参考，2015（45）：65－71.

［237］徐劲草，许新宜，王红瑞，王韶伟. 晋江流域上下游生态补偿机制［J］. 南水北调与水利科技，2012，10（2）：57－62.

［238］徐丽婷，姚士谋，陈爽，等. 高质量发展下的生态城市评价——以长江三角洲城市群为例［J］. 地理科学，2019，39（8）：1228－1237.

［239］徐孟洲，叶姗. 论政府间财政转移支付的制度安排［J］. 社会科学，2010（7）：69－79.

［240］徐梦月，陈江龙，高金龙，叶欠. 主体功能区生态补偿模型初探［J］. 中国生态农业学报，2012，20（10）：1404－1408.

［241］徐中民，程国栋，张志强. 生态足迹方法：可持续定量研究的新方法——以张掖地区 1995 年的生态足迹计算为例［J］. 生态学报，2001，21（9）：1485－1493.

[242] 徐中民，张志强，程国栋．甘肃省1998年生态足迹计算与分析 [J]．地理学报，2000 (5)：7-16.

[243] 许宪春，雷泽坤，窦园园，柳士昌．中国南北平衡发展差距研究——基于“中国平衡发展指数”的综合分析 [J]．中国工业经济，2021 (2)：5-22.

[244] 郇庆治．“十四五”时期生态文明建设的新使命 [J]．人民论坛，2020 (31)：42-45.

[245] 闫丰，王洋，杜哲，陈影，陈亚恒．基于IPCC排放因子法估算碳足迹的京津冀生态补偿量化 [J]．农业工程学报，2018，34 (4)：15-20.

[246] 闫祯，金玲，陈潇君，等．京津冀地区居民采暖“煤改电”的大气污染物减排潜力与健康效益评估 [J]．环境科学研究，2019，32 (1)：95-103.

[247] 严有龙，王军，王金满，荆肇睿．湿地生态补偿研究进展 [J]．生态与农村环境学报，2020，36 (5)：618-625.

[248] 杨春平，陈诗波，谢海燕．“飞地经济”：横向生态补偿机制的新探索——关于成都阿坝两地共建成阿工业园区的调研报告 [J]．宏观经济研究，2015 (5)：3-8，57.

[249] 杨涵，沈立成．旅游生态系统能值分析研究——以峨眉山风景区为例 [J]．生态经济，2020，36 (4)：129-132.

[250] 杨开忠．生态足迹分析理论与方法 [J]．地理科学进展，2000，15 (6)：630-636.

[251] 杨兰，胡淑恒．基于动态测算模型的跨界生态补偿标准研究——以新安江流域为例 [J]．生态学报，2020 (17)：1-11.

[252] 杨明海，张红霞，孙亚男，李倩倩．中国八大综合经济区科技创新能力的区域差距及其影响因素研究 [J]．数量经济技术经济研究，2018，35 (4)：3-19.

[253] 杨冉，马军．跨区域草原生态补偿的经济学分析 [J]．内蒙古农业大学学报（社会科学版），2017，19 (6)：47-51.

[254] 杨荣金，张一，李秀红，张乐，孙美莹，宋振威，张钰莹．创新永定河流域生态补偿机制，助力京津冀协同发展 [J]．生态经济，2019，35 (12)：134-138.

[255] 杨文杰．京津冀区域生态补偿总值量化方法及其应用管理研究 [D]．北京林业大学，2019.

[256] 杨晓萌．中国生态补偿与横向转移支付制度的建立 [J]．财政研究，2013 (2)：19-23.

[257] 杨欣，蔡银莺，张安录．农田生态补偿横向财政转移支付额度研

究——基于选择实验法的生态外溢视角. 长江流域资源与环境，2017 (3)：368 - 375.

[258] 杨永芳，王秦. 我国生态环境保护与区域经济高质量发展协调性评价 [J]. 工业技术经济，2020，39 (11)：69 - 74.

[259] 杨宇. 多指标综合评价中赋权方法评析 [J]. 统计与决策，2006 (13)：17 - 19.

[260] 杨悦，刘冬，张紫萍，徐梦佳，邹长新. 主体功能区生态环境保护政策现状与发展建议 [J]. 环境保护，2020，48 (22)：19 - 23.

[261] 杨振，牛叔文，常慧丽，等. 基于生态足迹模型的区域生态经济发展持续性评估 [J]. 经济地理，2005，25 (4)：542 - 546.

[262] 姚婧，何兴元，陈玮. 生态系统服务流研究方法最新进展 [J]. 应用生态学报，2018，29 (1)：335 - 342.

[263] 姚士谋，陈振光，王书国. 城市群发育机制及其创新空间 [J]. 科学，2007，59 (2)：23 - 27.

[264] 姚士谋，陈振光，朱英明. 中国城市群（第三版）[M]. 北京：中国科技大学出版社，2006.

[265] 姚树荣，周诗雨. 乡村振兴的共建共治共享路径研究 [J]. 中国农村经济，2020 (2)：14 - 29.

[266] 姚永玲，陈兴涛. 特区发展与"十四五"区域经济格局展望 [J]. 学术研究，2021 (2)：79 - 85.

[267] 姚震，孙月，王文. 生态产品价值实现的经济关系分析 [J]. 河北地质大学学报，2019，42 (6)：53 - 56，62.

[268] 叶文虎，魏斌，仝川. 城市生态补偿能力衡量和应用 [J]. 中国环境科学，1998，18 (4)：298 - 301.

[269] 于鹏. 多元共治下的民间水资源生态保护补偿：社会意愿与治理模式 [J]. 城市发展研究，2019，26 (11)：116 - 124.

[270] 于庆东，李莹坤. 基于CVM方法的海洋生态补偿标准——以青岛为例 [J]. 中国海洋经济，2016 (2)：149 - 166.

[271] 余光辉，耿军军，周佩纯，朱佳文，李振国. 基于谈平衡的区域生态补偿量化研究——以长株潭绿山昭山示范区为例 [J]. 长江流域资源与环境，2012 (4)：454 - 458.

[272] 余梦莉. 论新时代国家公园的共建共治共享 [J]. 中南林业科技大学学报（社会科学版），2019，13 (5)：25 - 32.

[273] 俞敏，李维明，高世楫，等. 生态产品及其价值实现的理论探析 [J].

发展研究，2020（2）：47－56.

［274］袁伟彦，周小柯．生态补偿问题国外研究进展综述［J］．中国人口·资源与环境，2014，24（11）：76－82.

［275］苑清敏，张枭，李健．基于投入产出表京津冀虚拟足迹生态补偿机制研究［J］．统计与决策，2018，34（18）：107－110.

［276］张超，钟昌标．中国区域协调发展测度及影响因素分析——基于八大综合经济区视角［J］．华东经济管理，2020，34（6）：64－72.

［277］张春晓，李艳霞．新发展理念与我国生态经济基本矛盾化解［J］．甘肃社会科学，2020（5）：148－154.

［278］张贵，齐晓梦．京津冀协同发展中的生态补偿核算与机制设计［J］．河北大学学报（哲学社会科学版），2016，41（1）：56－65.

［279］张海莹，李国平，刘向华．农地发展权补偿中农户受偿意愿与影响因素研究——以河南省农业型限制开发区为例［J］．干旱区资源与环境，2018，32（11）：29－34.

［280］张化楠，葛颜祥，接玉梅．流域内优化和重点开发区居民生态补偿意愿的差异性分析［J］．软科学，2020，34（7）：8－13.

［281］张建肖，安树伟．国内外生态补偿研究综述［J］．西安石油大学学报，2008，18（1）：21－28.

［282］张捷，莫扬．“科斯范式”与“庇古范式”可以融合吗？——中国跨省流域横向生态补偿试点的制度分析［J］．制度经济学研究，2018（3）：23－44.

［283］张捷．中国流域横向生态补偿机制的制度经济学分析［J］．中国环境管理，2017，9（3）：27－29，36.

［284］张可云．区域经济政策：理论基础与欧盟国家实践［M］．北京：中国轻工业出版社，2001.

［285］张林波，虞慧怡，郝超志，王昊，罗仁娟．生态产品概念再定义及其内涵辨析［J］．环境科学研究，2021，34（3）：655－660.

［286］张林波，虞慧怡，李岱青，贾振宇，吴丰昌，刘旭．生态产品内涵与其价值实现途径［J］．农业机械学报，2019，50（6）：173－183.

［287］张淼．跨区域水生态补偿机制研究［D］．上海师范大学，2018.

［288］张鹏飞，李红，李萍，等．基于生态足迹的成都市可持续发展研究［J］．生态科学，2019，38（5）：104－110.

［289］张琪，袁明．优化开发区环境保护的法治保障路径——以长江三角洲为例［J］．环境保护，2020，48（20）：36－40.

［290］张文翔，明庆忠，牛洁，史正涛，雷国良．高原城市水源地生态补偿

额度核算及机制研究——以昆明松花坝水源地为例［J］. 地理研究，2017，36（2）：373-382.

［291］张雅昕，刘娅，朱文博，李双成. 基于Meta回归模型的土地利用类型生态系统服务价值核算与转移［J］. 北京大学学报（自然科学版），2016，52（3）：493-504.

［292］张亚明，刘海鸥. 京津冀晋蒙生态一体化互动发展模式研究［J］. 北京行政学院学报，2013（3）：69-72.

［293］张晏. 生态系统服务市场化工具：概念、类型与适用［J］. 中国人口·资源与环境，2017，27（6）：119-126.

［294］张艺帅，赵民，程遥. 我国城市群的识别、分类及其内部组织特征解析——基于"网络联系"和"地域属性"的新视角［J］. 城市规划学刊，2020（4）：18-27.

［295］张予，刘某承，白艳莹，等. 京津冀生态合作的现状、问题与机制建设资源科学［J］. 2015，37（8）：1529-1535.

［296］张云，张贵祥. 基于区域一体化的生态经济发展研究——以京津冀北为例［J］. 经济与管理，2009，23（3）：63-67.

［297］张志强，徐中民，程国栋. 生态足迹的概念及计算模型［J］. 生态经济，2000（10）：8-10.

［298］张志强，徐中民，程国栋. 条件价值评估法的发展与应用［J］. 地球科学进展，2003，18（3）：454-463.

［299］赵同谦，欧阳志云，王效科，苗鸿，魏彦昌. 中国陆地地表水生态系统服务功能及其生态经济价值评价［J］. 自然资源学报，2003（4）：443-452.

［300］赵雪雁，董霞. 最小数据方法在生态补偿中的应用——以甘南黄河水源补给区为例［J］. 地理科学，2010，30（5）：748-754.

［301］赵云峰，侯铁珊，徐大伟. 生态补偿银行制度的分析：美国的经验及其对我国的启示［J］. 生态经济，2012（6）：34-37，41.

［302］郑海霞，张陆彪，涂勤. 金华江流域生态服务补偿支付意愿及其影响因素分析［J］. 资源科学，2010，32（4）：761-767.

［303］郑晶，于浩. 供给侧改革视角下中国省域生态产品有效供给及影响因素［J］. 应用生态学报，2018，29（10）：3326-3336.

［304］郑伟，沈程程，乔明阳，石洪华. 长岛自然保护区生态系统维护的条件价值评估［J］. 生态学报，2014，4（1）：82-87.

［305］郑雪梅，白泰萱. 大伙房水源受水城市居民生态补偿支付意愿及影响因素分析［J］. 湿地科学，2016，14（1）：65-71.

[306] 郑雪梅. 生态补偿横向转移支付制度探讨 [J]. 地方财政研究, 2017 (8): 40-47.

[307] 中国生态补偿机制与政策研究课题组. 中国生态补偿机制与政策研究 [M]. 北京: 科学出版社, 2007.

[308] 周洁, 逢勇. 江苏省流域生态补偿资金核算方法的优化 [J]. 水资源保护, 2016, 32 (6): 151-155.

[309] 周晟吕, 石敏俊, 李娜, 袁永娜. 碳税对于发展非化石能源的作用——基于能源-环境-经济模型的分析 [J]. 自然资源学报, 2012, 27 (7): 1101-1111.

[310] 朱九龙. 国内外跨流域调水水源区生态补偿研究综述 [J]. 人民黄河, 2014, 36 (2): 78-81.

[311] 朱喜安, 魏国栋. 熵值法中无量纲化方法优良标准的探讨 [J]. 统计与决策, 2015 (2): 12-15.

[312] 朱喜群. 生态治理的多元协同: 太湖流域个案 [J]. 改革, 2017 (2): 96-107.

[313] 庄国泰, 等. 生态环境补偿费的理论与实践 [A]. 国家环境保护局自然保护司编. 中国生态环境补偿费的理论与实践. 北京: 中国环境科学出版社, 1995, 88-98.

[314] Alberti M. Eco-evolutionary dynamics in an urbanizing planet [J]. Trends in Ecology & Evolution, 2015, 30 (2): 114-126.

[315] Allen W. Burton, Walter E. Davis. Ecological task analysis utilizing intrinsic measures in research and practice [J]. Human Movement Science, 2000, 15: 285-314.

[316] Arrow K J, Fisher A C. Environmental preservation, uncertainty, and irreversibility [J]. The Quarterly Journal of Economics, 1974, 88 (2): 312-319.

[317] Arturo S A, Alexande P, Andres R et al. Costa Ricas Payment for environmental services program: intention, implementation, and impact [J]. Conservation Biology, 2007, 21 (5): 1165-1173.

[318] Asheim B, Cooke P, Martin R. The rise of the cluster concept in regional analysis and policy [J]. Clusters and regional development: critical reflections and explorations, 2006: 1-29.

[319] Asquith N M, Vargas M T, Wunder S. Selling Two Environmental Services: In-kind Payments for Bird Habitat and Watershed Protection in Los Negros, Bolivia [J]. Ecological Economics, 2008, 65 (4): 675-684.

[320] Baylis K, Peplow S, Rausser G et al. Agri-environmental policies in the EU and United States: A comparison [J]. Ecological Economic, 2008, 65 (5): 753 - 764. Rica [J]. Ecological Economics, 2008, 65 (5): 712 -724.

[321] Borner J, Wunder S, Wertz-Kanounnikoff S, Tito M R, Pereira L, Nascimento N. Direct conservation payments in the Brazilian Amazon: scope and equity implications [J]. Ecological Economics, 2010, 69 (6): 1272 -1282.

[322] Bowen H R. The interpretation of voting in the allocation of economic resources [J]. The Quarterly Journal of Economics, 1943, 58 (1): 27 -48.

[323] Brookshire D S, Neill H R. Benefit transfers: conceptual and empirical issues. Water Resources Research, 1992, 28 (3): 651 -655.

[324] Burkhard B, Kroll F, Nedkov S, Müller F. Mapping ecosystem service supply, demand and budgets [J]. Ecological Indicators, 2012, 21: 17 -29.

[325] Ciriacy-Wantrup S V. Capital returns from soil-conservation practices [J]. Journal of Farm Economics, 1947, 29 (4): 1181 -1196.

[326] Ciriacy-Wantrup S V. Resource conservation: Economics and policy [M]. Berkeley: University of California Press, 1952.

[327] Costanza R, d'Arge R, de Groot R S et al. The value of the world's ecosystem services and natural capital [J]. Nature, 1997, 387: 253 -260.

[328] Cowell R. Substitution and scalar politics: negotiating environmental compensation in Cardiff Bay [J]. Geoforum, 2003, 34 (3): 343 -358.

[329] Daily G C. The value of nature and the nature of value [J]. Science, 2000, 289 (5478): 395 -396.

[330] Demsetz H. Toward a theory of property rights [J]. American Economics Review, 1967, 57 (2): 347 -359.

[331] Engel S, Pagiola S, Wunder S. Designing Payments for Environmental Services in Theory and Practice: An Overview of the Issues [J]. Ecological Economics, 2008, 65 (4): 663 -674.

[332] Fang Chuanglin, Yu Danlin. Urban agglomeration: An evolving concept of an emerging phenomenon [J]. Landscape and Urban Planning, 2017 (162): 126 - 136.

[333] Farber Stephen C, Costanza Robert, Wilson Matthew A. Economic and Ecological Concepts for Valuing Ecosystem Services [J]. Ecological Economics, 2002, 41 (3): 375 -392.

[334] Farley J, Costanza R. Payments for Ecosystem Services: From Local to

Global [J]. Ecological Economics, 2010, 69 (11): 2060 - 2068.

[335] Ferraro P J. Asymmetric Information and Contract Design for Payments for Environmental Services [J]. Ecological Economics, 2008, 65 (4): 810 - 821.

[336] Ferraro P, Simpson D. The Cost-effectiveness of Conservation Payments [J]. Land Economics, 2002, 78 (3): 339 - 353.

[337] Garrodg, Willis K G. Economic valuation of the environment [M]. Chemin form: Edward Elgar Publishing Ltd, 1999.

[338] Heyman J, Ariely D. Effort for Payment: A Tale of Two Markets 81 [J]. Psychological Science, 2004, 15 (11): 787 - 793.

[339] Hijdra A, Woltjer J, Arts J. Troubled waters: an institutional analysis of ageing Dutch and American waterway infrastructure [J]. Transport Policy, 2015 (42): 64 - 74.

[340] Holder J, Ehrlich P R. Human population and global environment [J]. American Scientist, 1974, 62 (3): 282 - 297.

[341] Johnston R J, Rolfe J, Rosenberger R S et al. Benefit transfer of environmental and resource values [J]. The economics of non-market goods and resources, 2015, 14.

[342] Johst K, Drechsler M, Watzold F. An ecological-economic modeling procedure to design compensation payments for the efficient spatio-temporal allocation of species protection measures [J]. Ecological Economics, 2002, 41 (1): 37 - 49.

[343] Kolinjivadi V, Adamowski J, Kosoy N. Recasting payments for ecosystem services (PES) in water resource management: A novel institutional approach [J]. Ecosystem Services, 2014 (10): 144 - 154.

[344] Kosoy N, Martinez-Tuna M, Muradian R et al. Payments for environmental services in watersheds: Insights from a comparative study of three cases in Central America [J]. Ecological Economics, 2007, 61 (2 - 3): 446 - 455.

[345] Lyle G, Bryan B A, Ostendorf B. Identifying the spatial and temporal variability of economic opportunity costs to promote the adoption of alternative land uses in grain growing agricultural areas: An Australian example [J]. Journal of Environmental Management, 2015 (155): 123 - 135.

[346] Macmillan D C, Harley D, Morrison R. Cost-effectiveness Analysis of Woodland Ecosystem Restoration [J]. Ecological Economics, 1998, 27 (3): 313 - 324.

[347] Maler K G, Vincent J R. Handbook of Environmental Economics Changes [M]. Amsterdam: Elsevier, 2003: 103 - 107.

[348] Marshall A. Principles of economics [M]. London: Macmillian, 1920.

[349] Matero J, Saastamoinen O. In Search of Marginal Environmental Valuations-Ecosystem Services in Finnish Forest Accounting [J]. Ecological Economics, 2007 (1): 101 - 114.

[350] Matsuoka R H, Kaplan R. People needs in the urban landscape: analysis of landscape and urban planning contributions [J]. Landscape and urban planning, 2008, 84 (1): 7 - 19.

[351] Millennium Ecosystem Assessment. Ecosystems and Human Well-being: Biodiversity Synthesis [M]. Washington DC: World Resources Institute, 2005.

[352] Munoz-Pina C, Guevara A, Torres J M et al. Paying for the Hydrological Services of Mexico's Forests: Analysis, Negotiations and Results [J]. Ecological Economics, 2008, 65 (4): 725 - 736.

[353] Muradian Roldan, Corbera Esteve, Pascual Unai et al. Reconciling theory and practice: An alternative conceptual framework for understanding payments for environmental services [J]. Ecological Economics, 2010, 69 (6): 1202 - 1208.

[354] Murray B C, Abt R C. Estimating price compensation requirements for eco-certified forestry [J]. Ecological Economics, 2001, 36 (1): 149 - 163.

[355] Natural Oceanic and Atmospheric Administration. Natural Resource Damage Assessment Guidance Document: Scaling Compensatory Restoration Actions (Oil Pollution Act of 1990) [Z]. US.

[356] Newton P, Nichols E S, Endo W et al. Consequences of Actor Level Livelihood Heterogeneity for Additionality in a Tropical Forest Payment for Environmental Services Programme with an Undifferentiated Reward Structure [J]. Global Environmental Change, 2012, 22 (1): 127 - 136.

[357] Noordwijk M V, Leimona B, Emerton L, Tomich T P, Velarde S J, Kallesoe M, Sekher M, Swallow B. Criteria and indicators for environmental service compensation and reward mechanisms: realistic, voluntary, conditional and pro-poor, Nairobi [M]. Kenya: World Agroforestry Center, 2007, 2: 37 - 38.

[358] North D C. Economic performance through time [J]. The American Economic Review, 1994, 84 (3): 359 - 368.

[359] Ohl C, Drechsler M, Johst K et al. Compensation Payments for Habitat Heterogeneity: Existence, Efficiency, and Fairness Considerations [J]. Ecological Economics, 2008, 67 (2): 162 - 174.

[360] Ostrom E. Background on the institutional analysis and development frame-

work [J]. Policy Studies Journal, 2011, 39 (1): 7-27.

[361] Ostrom E. Understanding institutional diversity [M]. New Jersey: Princeton University Press, 2005.

[362] Ostrom E. A general framework for analyzing sustainability of social-ecolodical systems [J]. Science, 2009, 325 (5939): 419-422.

[363] Pagiola S, Ramírez E, Gobbi J, et al. Paying for the environmental services of silvopastoral practices in Nicaragua [J]. Ecological Economics, 2007, 64 (2): 374-385.

[364] Pataki D E, Carreiro M M, Cherrier J, etc. Coupling biogeochemical cycles in urban environments: ecosystem services, green solutions, and misconceptions [J]. Frontiers in Ecology and the Environment, 2011, 9 (1): 27-36.

[365] Pham T T, Campbell B M, Garnett S. Lessons for Pro-poor Payments for Environmental Services: An Analysis of Projects in Vietnam [J]. The Asia Pacific Journal of Public Administration, 2009, 31 (2): 117-133.

[366] Pickett S T A, Cadenasson M L, Grove J M. Biocomplexity in coupled natural-human systems: a multidimensional framework [J]. Ecosystem, 2005, 8 (3): 225-232.

[367] Pirard R. Market-based instruments for biodiversity and ecosystem services: a lexicon [J]. Ecosystem science & policy, 2012: 19-20, 61-66.

[368] Publishing S R. Insights into Ecological Effects of Invasive Plants on Soil Nitrogen Cycles [J]. American Journal of Plant Sciences, 2015 (1): 34-46.

[369] Ruud Cuperus, Kees J. Canters. Guidelines for ecological compensation associated with highways [J]. Biological Conservation, 1999 (90): 41-51.

[370] Samuelson P A. The Pure Theory of public expenditure [J]. The Review of Economics and Statistics, 1954, 36 (4): 387-389.

[371] Scolozzi R, Geneletti D. A multi-scale qualitative approach to assess the impact of urbanization on natural habitats and their connectivity [J]. Environmental Impact Assessment Review, 2012 (36): 9-22.

[372] Sommerville M M, Jones J P G, Milner-Gulland E J. A revised conceptual framework for payments for environmental services [J]. Ecology and Society, 2009, 14 (2): 34-34.

[373] Stefano P. Payments for environmental services in Costa Rica [J]. Ecological Economics, 2008, 65 (4): 712-724.

[374] Sven Wunder. Payments for environment services: Some nuts and bolts [R].

Cifor Occasional Paper NO. 42. Center for international Forestry Research, 2013.

[375] Tacconi L. Redefining payments for environmental services [J]. Ecological Economics, 2012, 73: 29-36.

[376] Takasaki Y, Barhan B L, Coomes O T. Amazonian Peasants, Rain Forest Use, and Income Generation: The Role of Wealth and Geographical Factors [J]. Society and Natural Resources, 2001, 14 (4): 291-308.

[377] Wackernagel M. Why sustainability analyses must include biophysical assessments [J]. Ecological Economics, 1999 (29): 12-15.

[378] Weidner, H. Capacity Building for Ecological Modernization: Lessons from Cross National Re-search [J]. American Behavioral Scientist, 2002 (9): 1344.

[379] Whittington D, Pagiola S. Using contingent valuation in the design of payments for environmental services mechanisms: A review and assessment [J]. The World Bank Research Observer, 2012, 27 (2): 261-287.

[380] Williamson O E. Markets and hierarchies: anaiysis and antistrust implications [M]. New York: The Free Press, 1975.

[381] Winans K S, Tardif A, Lteif A E et al. Carbon sequestration potential and cost-benefit analysis of hybrid polar, grain corn and hay cultivation in southern Quebec, Canada [J]. Agroforestry Systems, 2015 (3): 421-433.

[382] Wunder S. Payments for environmental services: Some nuts and bolts [J]. Bogor, Indonesia: Center for International Forestry Research, 2005 (42): 24-24.

[383] Wunder S. Revisiting the concept of payments for environmental services [J]. Ecological Economics, 2015, 117 (9): 236-242.

[384] Xu D W, Rong J F, Yang N, Zhang W. Measure of watershed ecological compensation standard based on WTP and WTA [J]. Asian Agricultural Research, 2013, 5 (7): 12-16, 21-21.

后　记

本书力求揭示自然生态区域与行政区的生态系统耦合关系，厘清行政区之间的生态关系、生态贡献；科学建构生态共建共治共享的跨区域生态保护补偿理论框架，探讨生态保护区与生态受益区的科学界定理论模型、良性互动机制机理；探索具有可操作性的跨区域生态贡献及生态保护计量方法及表征指标，构建跨区域生态保护补偿计量模型。本书不同于单纯的生态系统服务研究，与流域、工程项目的生态保护补偿也有所不同，是立足于生态—经济紧密地区行政区域间生态共建共治共享目标，综合应用生态学、管理学、区域经济学等理论与方法，充分考虑了生态系统服务的区域外部性，体现了发展机会成本及利益相关方的区域之间协商，纳入生态投入消耗的绩效管理思想，结合生态扶贫、主体功能区规划、区域协调发展等，探索“为什么补”“谁补谁”“补多少”“如何补”的跨区域生态保护补偿机制构建逻辑，在学术思想及观点、研究方法综合运用上有突出特色。生态文明建设是一项长久的重大工程，跨区域生态保护补偿是一项综合的复杂的政策系统，需要持续开展更广泛的调查分析，需要广大学者们长期的共同努力。

本书相关研究过程中得到了杨开忠教授、吕宾研究员、靳乐山教授、张科利教授、刘黎明教授的指导；博士研究生何晓瑶、刘丹丹、尉迟晓娟、孙岳，硕士研究生李若凡、李迎晨、范玉博、李碧君、刘灿参与了本书的资料整理、实地调查、数据统计分析等相关工作。在此一并致谢。

作者

2022 年 1 月